人力资源和社会保障部职业能力建设司推荐
冶金行业职业教育培训规划教材

炼钢基础知识

主　编　冯　捷　张红文
副主编　沈　翃　任卫东
主　审　刘根来

北　京
冶　金　工　业　出　版　社
2025

内 容 提 要

本书为冶金行业职业技能培训教材，是参照冶金行业职业技能标准和职业技能鉴定规范，根据冶金企业的生产实际和岗位群的技能要求编写的，并经人力资源和社会保障部职业培训教材工作委员会办公室组织专家评审通过。

书中内容分为4篇共16章：第1篇为钢铁材料知识，第2篇为物理化学知识，第3篇为炼钢基本原理，第4篇为传热知识。为便于读者自学，各章均附有复习思考题。

本书也可作为职业技术院校相关专业的教材，或工程技术人员的参考用书。

图书在版编目（CIP）数据

炼钢基础知识/冯捷，张红文主编．—北京：冶金工业出版社，2005.10（2025.8重印）

冶金行业职业教育培训规划教材

ISBN 978-7-5024-3572-1

Ⅰ．炼…　Ⅱ．①冯…　②张…　Ⅲ．炼钢—基础知识　Ⅳ．TF7

中国版本图书馆CIP数据核字（2005）第070925号

炼钢基础知识

出版发行　冶金工业出版社　　**电　话**　（010）64027926

地　址　北京市东城区嵩祝院北巷39号　　**邮　编**　100009

网　址　www.mip1953.com　　**电子信箱**　service@mip1953.com

责任编辑　宋　良　杨　敏　美术编辑　彭子赫　版式设计　张　青

责任校对　王贺兰　责任印制　禹　蕊

北京富资园科技发展有限公司印刷

2005年10月第1版，2025年8月第9次印刷

787mm×1092mm　1/16；18印张；474千字；270页

定价45.00元

投稿电话　（010）64027932　**投稿信箱**　tougao@cnmip.com.cn

营销中心电话　（010）64044283

冶金工业出版社天猫旗舰店　yjgycbs.tmall.com

（本书如有印装质量问题，本社营销中心负责退换）

冶金行业职业教育培训规划教材
编辑委员会

序

吴溪淳

改革开放以来，我国经济和社会发展取得了辉煌成就，冶金工业实现了持续、快速、健康发展，钢产量已连续数年位居世界首位。这其间凝结着冶金行业广大职工的智慧和心血，包含着千千万万产业工人的汗水和辛劳。实践证明，人才是兴国之本、富民之基和发展之源，是科技创新、经济发展和社会进步的探索者、实践者和推动者。冶金行业中的高技能人才是推动技术创新、实现科技成果转化不可缺少的重要力量，其数量能否迅速增长、素质能否不断提高，关系到冶金行业核心竞争力的强弱。同时，冶金行业作为国家基础产业，拥有数百万从业人员，其综合素质关系到我国产业工人队伍整体素质，关系到工人阶级自身先进性在新的历史条件下的巩固和发展，直接关系到我国综合国力能否不断增强。

强化职业技能培训工作，提高企业核心竞争力，是国民经济可持续发展的重要保障，党中央和国务院给予了高度重视，明确提出人才立国的发展战略。结合《职业教育法》的颁布实施，职业教育工作已出现长期稳定发展的新局面。作为行业职业教育的基础，教材建设工作也应认真贯彻落实科学发展观，坚持职业教育面向人人、面向社会的发展方向和以服务为宗旨、以就业为导向的发展方针，适时扩大编者队伍，优化配置教材选题，不断提高编写质量，为冶金行业的现代化建设打下坚实的基础。

为了搞好冶金行业的职业技能培训工作，冶金工业出版社在人力资源和社会保障部职业能力建设司和中国钢铁工业协会组织人事部的指导下，同河北工业职业技术学院、昆明冶金高等专科学校、吉林电子信息职业技术学院、山西工程职业技术学院、山东工业职业学院、安徽工业职业技术学院、武汉钢铁集团公司、山钢集团济钢公司、云南文山铝业有限公司、中国职工教育和职业培训协会冶金分会、中国钢协职业培训中心、中国钢协人力资源与劳动保障工作委员会教育培训研究会等单位密切协作，联合有关冶金企业、高职院校和本科院校，编写了这套冶金行业职业教育培训规划教材，并经人力资源和社会保障部职业培训教材工作委员会组织专家评审通过，由人力资源和社会保障部职业能力建设司给予推荐，有关学校、企业的编写人员在时间紧、任务重的情况下，克服困难，辛勤工作，在相关科研院所的工程技术人员的积极参与和大力支持下，出色地完成了前期工作，为冶金行业的职业技能培训工作的顺利进行，打下了坚实的基础。相信这套教材的出版，将为冶金企业生产一线人员理论水平、操作水平和管理水平的进一步提高，企业核心竞争力的不断增强，起到积极的推进作用。

随着近年来冶金行业的高速发展，职业技能培训工作也取得了令人瞩目的成绩，绝大多数企业建立了完善的职工教育培训体系，职工素质不断提高，为我国冶金行业的发展提供了强大的人力资源支持。今后培训工作的重点，应继续注重职业技能培训工作者队伍的建设，丰富教材品种，加强对高技能人才的培养，进一步强化岗前培训，深化企业间、国际间的合作，开辟冶金行业职业培训工作的新局面。

展望未来，任重而道远。希望各冶金企业与相关院校、出版部门进一步开拓思路，加强合作，全面提升从业人员的素质，要在冶金企业的职工队伍中培养一批刻苦学习、岗位成才的带头人，培养一批推动技术创新、实现科技成果转化的带头人，培养一批提高生产效率、提升产品质量的带头人；不断创新，不断发展，力争使我国冶金行业职业技能培训工作跨上一个新台阶，为冶金行业持续、稳定、健康发展，做出新的贡献！

前　言

本书是按照人力资源和社会保障部的规划，受中国钢铁工业协会和冶金工业出版社的委托，在编委会的组织安排下，参照冶金行业职业技能标准和职业技能鉴定规范，根据冶金企业的生产实际和岗位群的技能要求编写的。书稿经人力资源和社会保障部职业培训教材工作委员会办公室组织专家评审通过，由人力资源和社会保障部职业能力建设司推荐作为冶金行业职业技能培训教材。

学习炼钢首先要了解钢铁材料的基本知识。这些知识主要包含钢的分类和钢的编号，钢铁材料的组织与性能之间的关系，钢铁材料的选用原则，钢的结构与结晶，铁碳合金相图，钢的热处理知识和元素在钢中的作用等内容。

物理化学是一门应用物理学的原理和实验方法，从物理变化和化学变化的相互联系中，研究整个化学领域内各种现象间内在联系和本质的共同规律的学科。掌握这些具有实质性的共同规律，能加深我们对物质世界的认识，促进并指导生产和科学技术的发展。

炼钢过程，实际上是在高温条件下进行的复杂的物理化学过程。为了适应生产发展的需要，不断地改进工艺流程和工艺操作，必须深入、全面地分析研究各种冶炼过程中所发生的现象，所以必须掌握一定的物理化学知识，为科学炼钢奠定理论基础。

炼钢基本原理是研究炼钢过程中所有的反应，在给定条件下，反应进行的可能性、限度；怎样选择条件使反应沿着希望的方向进行，达到预期的限度。也就是研究炼钢主要反应的热力学规律。

热力学只能预言反应的可能性，而不能回答实现这种可能性所需要的时间，即不涉及反应机理问题。所以，炼钢原理还需要研究炼钢主要反应的机理、速度，以及怎样选择条件来控制反应速度。也就是说，要研究炼钢主要反应的动力学规律。

炼钢基本原理不仅研究炼钢中主要反应的热力学和动力学，而且还要研究参与反应的物质结构和性质。在两者中涉及到的物质，最主要的是金属熔体和熔融炉渣。所以本书要讨论金属熔体、熔渣的结构及主要的物理化学性质。

传热知识主要介绍传热的目的：一是力求换热的增强或减弱。例如炼钢过程中增强向炉料的传热，加速炉料的熔化和熔池升温，这往往是提高产量的关键；又如力求减少炉内的热损失（减弱炉内与炉外大气间的传热），这对维护炉内高温，降低能耗和改善劳动条件十分重要。二是介绍确定对象的温度分布。

确定最高温度是否超过材料所允许的温度极限,或者针对温度分布解决实际问题。

学习传热知识的目的是掌握传热的一些基本知识,并在此基础上对氧气顶吹转炉和电弧炉的炉内传热进行简单的分析。

以上钢铁材料知识、物理化学知识、炼钢基本原理、传热知识4个方面,就是炼钢基础知识的基本内容。

炼钢基础是钢铁冶金专业的一门重要的技术基础课程,通过学习,可使读者掌握炼钢过程的基本规律,为学习转炉炼钢、电炉炼钢和炉外精炼知识打下理论基础。

本书由河北科技大学材料学院冯捷、首钢工学院张红文任主编;河北工业职业技术学院沈翃、石家庄信息工程职业学院任卫东任副主编,山西工程职业技术学院刘根来任主审;参加编写工作的人员有河北科技大学材料学院李立新、谭建波,承德民族职业技术学院刘晓燕,邯郸钢铁集团公司李阳、赵会敏,石家庄钢铁集团公司赵雷,济南钢铁集团公司李殿明、孙凤晓、杨娟。

本书对以培养重技能和操作为主要目标的冶金类高职高专师生、从事冶金生产的现场工程技术人员和技术工人,以及技工学校师生,都有实用价值。

在编写过程中,得到了有关单位和专家学者的大力支持,在此表示衷心的感谢。

由于水平有限,书中缺点和错误在所难免,敬请广大读者批评指正。

编 者

目　　录

第2篇 物理化学知识

第3篇 炼钢基本原理

第4篇　传热知识

绪　论

A　现代炼钢方法

a　炼钢方法的发展过程

钢是碳、硅、锰及其他元素在铁中的固溶体。钢中存在的元素可大致分为两大类:碳、锰、硅等是用以改善钢的性能,以满足工程材料要求的有益元素;另一类如磷、硫、氧、氢及氮等,是从炉料或从大气中进入钢中的,它们的存在会使大部分钢的性能变坏。炼钢的任务在于通过化学反应,除去主原料(铁水和废钢等)中的杂质,并调整钢水的成分和温度,达到规定的要求,最后铸成合格的铸坯或钢锭。

钢铁是工业的"粮食",对工业的发展、国家经济力量的水平及其增长都有很大的作用。2004 年我国钢的产量已超过 2.7 亿吨,居世界第一位,生产这么多钢,需要大量的原料和能源,故有效的操作、高产、高效、优质、节能降耗、多品种和低成本是至关重要的。国内外经验表明,采用新工艺、新技术、新型设备,实现大型化、自动化和电子计算机的应用是达到上述要求的有效方法。自动化和电子计算机的应用是我国一再强调的"用电子技术改造传统工业"这一方针的主要内容,它不仅是现代钢铁工业的标志,而且是能获得重大经济效益并在激烈的市场竞争中立于不败之地的重要措施。

自从 1856 年英国冶金学家亨利·贝塞麦发明酸性底吹空气转炉炼钢方法至今,现代炼钢生产在不断探索中发展了近一个半世纪。设备的不断更新和工艺的不断改进,使钢的产量大幅提高,钢的质量日益改善。目前,现代大规模生产的炼钢方法,按热能来源的不同,可分为两大类,即转炉炼钢法和电炉炼钢法。为了进一步提高钢的质量和扩大钢的品种还发展了各种炉外精炼技术。电炉炼钢法广义地应包括电弧炉炼钢法、感应炉炼钢法、电渣炉炼钢法等,但通常电炉炼钢法是指大规模生产的电弧炉炼钢法。当然,感应炉炼钢法、电渣炉炼钢法在特种冶炼中也占有很重要的地位。因此,炼钢的生产流程主要有以下两种:

铁水→[氧气转炉]→初炼钢水→[炉外精炼]→精炼钢水→[连铸机(模铸)]→铸坯(锭)

废钢→[电弧炉]→初炼钢水→[炉外精炼]→精炼钢水→[连铸机(锭铸)]→铸坯(锭)

学习炼钢首先要了解钢铁材料的基本知识,钢和铁都是铁碳合金,理论上将钢中碳的质量分数(又称为碳含量)$w[C] < 2.11\%$ 的铁碳合金称为钢,然而经常冶炼的钢其碳含量 $w[C] < 1.40\%$,个别合金钢中的碳含量 $w[C] = 2.30\%$(如 Cr12)。碳含量 $w[C] < 0.040\%$ 的铁碳合金叫做工业纯铁,碳含量 $w[C] > 2.11\%$ 的铁碳合金叫做生铁。钢和生铁在性能上存在着显著的差别。例如:钢具有良好的塑性和韧性,可以进行拉、压、轧、冲、拔等深加工,所以应用十分广泛;而生铁由于含碳量高而质脆、无塑性和韧性,应用受到限制,一般用来浇注铸铁件或作为炼钢用原料。

必须指出,钢不是简单的铁碳二元合金,而是以铁碳为主要元素的多元合金,这些元素如锰、硅、硫、磷、铬、镍、铜等,存在于钢中,对钢的性能产生各种影响,这些内容将在"钢铁材料知识"的课程中介绍。

钢铁生产首先是从铁矿石中还原出铁，然后将生铁炼成钢，当废钢达到相当多的数量后，废钢可作为冶炼优质钢的原料。

生铁中含碳量 $w[C] = 3.50\% \sim 4.00\%$，而大多数钢的含碳量 $w[C] < 1.40\%$，因此要把生铁炼成钢，首先必须脱碳。

生铁中磷、硫含量都比较高，它们都是钢中的有害元素（少数钢种例外），炼钢过程中必须完成去除磷、硫的任务。

生铁和废钢作为炼钢原料时，含有较多的氮、氢和杂质，这些气体元素和非金属夹杂物对钢的性能是很不利的，炼钢时必须把它们降到最低，一般情况下，去气、去夹杂物是通过脱碳来完成的，所以脱碳过程也是去气、去夹杂物的过程。

炼钢还要根据钢种所规定的化学成分，向钢中加入各种铁合金，进行成分调整，这个操作也称合金化。

冶炼后期或冶炼完毕后倒入钢包的钢液中氧含量增多，氧也是钢中的有害元素，所以还要进行脱氧操作。

出钢时钢液的温度应符合浇注工艺的要求，通常在1600℃以上，所以炼钢过程也是一个升温和调整温度的过程。

如上所述，炼钢的基本任务可以归纳为：脱碳、脱磷、脱硫、脱氧、去气、去夹杂物、调整成分和温度。

炼钢过程是一个在高温条件下的复杂多相物理化学过程，因此物理化学知识和传热知识是炼钢的重要内容。而炼钢原理是将物理化学的基本原理应用于炼钢过程，所以炼钢原理也称为炼钢过程的物理化学原理，主要研究在炼钢过程中的重要化学反应。

研究炼钢中的化学反应，必须研究在给定条件下，反应进行的可能性、方向和限度；并选择适当的条件使反应沿着指定的方向进行，达到预期的限度。即研究炼钢主要化学反应的热力学规律。

热力学只能预言反应的可能性，而不能回答实践中这种可能性所需要的时间，即不涉及反应机理问题。所以炼钢原理还需要研究炼钢主要化学反应的机理、速度及选择适当的条件来控制反应速度。即研究炼钢主要化学反应的动力学规律。

炼钢原理不仅要研究炼钢中主要化学反应的热力学和动力学，而且还要研究参与反应的物质结构和性质。在两者涉及到的物质中，主要是金属熔体和熔融炉渣。所以炼钢原理部分主要讨论金属熔体、熔渣的结构及其主要的物理化学性质。

研究化学反应的方向、限度、化学反应的热效应和化学反应的速度以及传热的基本规律等，掌握了这些基本知识后，就能对高温条件下的炼钢过程进行分析，从而创造最合适的条件，使炼钢反应得以顺利进行。例如，可找出最合适的炼钢温度；根据钢中元素氧化的先后顺序制定合理的操作步骤等。所以炼钢工在掌握冶炼操作、调整温度、加料、维护炉体等过程中，实际上都是根据一定的物理化学规律和传热规律进行的，力求使有利的反应速度加快，不利的反应速度减慢，从而提高钢的产量和质量。

炼钢基础知识是钢铁冶金专业的一门重要的技术基础课，通过本课程的学习，掌握炼钢的基本规律，为学习转炉炼钢、电炉炼钢、炉外精炼打下理论基础。

工业性的炼钢生产已有100多年的历史，近几十年来发展尤为迅速，钢的产量、质量大大提高，设备和工艺都不断更新。目前主要的炼钢方法有氧气转炉炼钢法、电弧炉炼钢法以及正在被普遍采用的炉外精炼法。现分别简述如下。

b　各种炼钢方法的特点

氧气转炉包括氧气顶吹转炉、氧气底吹转炉、氧气侧吹转炉及顶底复吹转炉等，目前生产上使用的主要是氧气顶吹转炉。氧气顶吹转炉最早是由奥地利钢铁联合公司于1952年和1953年分别在林茨和多纳维茨两地建成并投入生产，故常简称为LD。它的主要原料是铁水，同时可配加10%～30%的废钢；生产中不需要外来热源，依靠吹入的氧气与铁水中的碳、硅、锰、磷等元素反应放出的热量使熔池获得所需的冶炼温度。其突出的优点是生产周期短、产量高；而不足的是，生产的钢种有限，主要冶炼低碳钢和部分合金钢。此外，20世纪70年代初诞生的顶底复吹转炉近年来已有长足的发展。

电炉炼钢法是以电能为主要能源，废钢为主要原料的炼钢方法，1897年产生于德国。其显著的优点是，熔池温度易于控制和炉内气氛可以调整，故常用来生产优质钢和高合金钢。此外，它不像氧气转炉那样需配建一套庞大的炼铁生产系统，同时本身的设备也比较简单，因而投资小，建厂快。自20世纪60年代以来，电弧炉在向大型化发展的同时，采用了高功率(400～700 kV·A/t)，甚至超高功率(700～1000 kV·A/t)的供电系统和水冷炉壁、助熔技术、自动化操作及偏心炉底出钢等技术，使其“电能耗高、生产率低”的状况得到了明显的改观，一些大型电弧炉已大量用于冶炼碳素钢，电炉钢的产量占世界钢产量的比例逐年增加。

所谓炉外精炼，是指从初炼炉即氧气转炉或电弧炉中出来的初炼钢水，在另一个冶金容器中进行精炼的工艺过程。精炼的目的是进一步去气、脱硫、脱氧、排除夹杂物、调整及均匀钢液的成分和温度等，提高钢的质量；同时，缩短初炼炉的冶炼时间，降低生产成本。精炼的手段有真空、吹氩、搅拌、加热、喷粉等。近30年来，炉外精炼技术得到了迅速发展，具体方法多达30余种，可根据不同的精炼任务进行选用。常见的有真空脱气法如VD法、RH法和DH法、钢包炉精炼法如LF法和ASEA-SKF法、真空氧气脱碳法即VOD法、氩氧混合脱碳法即AOD法以及各种喷粉法等。

在炼钢生产技术的发展过程中，各种炼钢方法凭借各自的优势进行竞争和发展。20世纪50年代，氧气顶吹转炉以其优质、高产、低成本的优点击败了曾经垄断了炼钢生产长达多半个世纪的平炉而成为主要的炼钢方法之一。炉外精炼技术出现后，“氧气转炉→炉外精炼”的炼钢工艺得到了迅速的发展，使其“品种少”的状况明显改善；而且，钢的质量进一步提高，已能代替电弧炉生产大部分优质钢、合金钢甚至不锈钢。尽管电炉钢的比例不断增大，但目前世界上氧气转炉钢的产量仍占总产量的60%以上。

电弧炉炼钢法是生产优质钢、高合金钢的传统方法，但近年来大部分优质钢已由“氧气转炉→炉外精炼”的工艺流程生产。所以除少数合金钢外，电弧炉炼钢的传统模式“熔化→氧化→还原”，已不再固定不变，而是熔氧结合以提高生产率、降低能耗为宗旨，将钢水的质量问题留待炉外精炼来解决，电弧炉则仅作为熔化、脱磷的容器即初炼炉。目前，电弧炉的合理容量已达150t以上；每炉钢的生产周期，已从传统工艺的3～4 h左右缩短到40～60 min左右；每吨钢的电耗也相应地从500～700 kW·h降低到了300～400 kW·h，甚至更低。加之水电工业的发展，电价下降，以及充足的原料来源，使得电炉炼钢得以稳步发展，电炉钢产量目前已达总产量的30%左右。

B　炼钢的生产过程

不同的炼钢方法，其冶炼过程各不相同。即使同一炼钢方法，对于不同的钢种，其生产过程也不尽相同。炉外精炼的方法更是多达几十种。现仅将氧气顶吹转炉、电弧炉及钢包精炼炉的基本冶炼过程分别简述如下。

a　氧气顶吹转炉的炼钢过程

氧气顶吹转炉炼钢的基本过程是:装料(即加废钢、兑铁水)→摇正炉体→降枪开始吹炼并加入第一批渣料→(吹炼中期)加入第二批渣料→(终点前)测温、取样→(碳、磷及温度合格后)倾炉出钢并进行脱氧合金化,如图1所示。

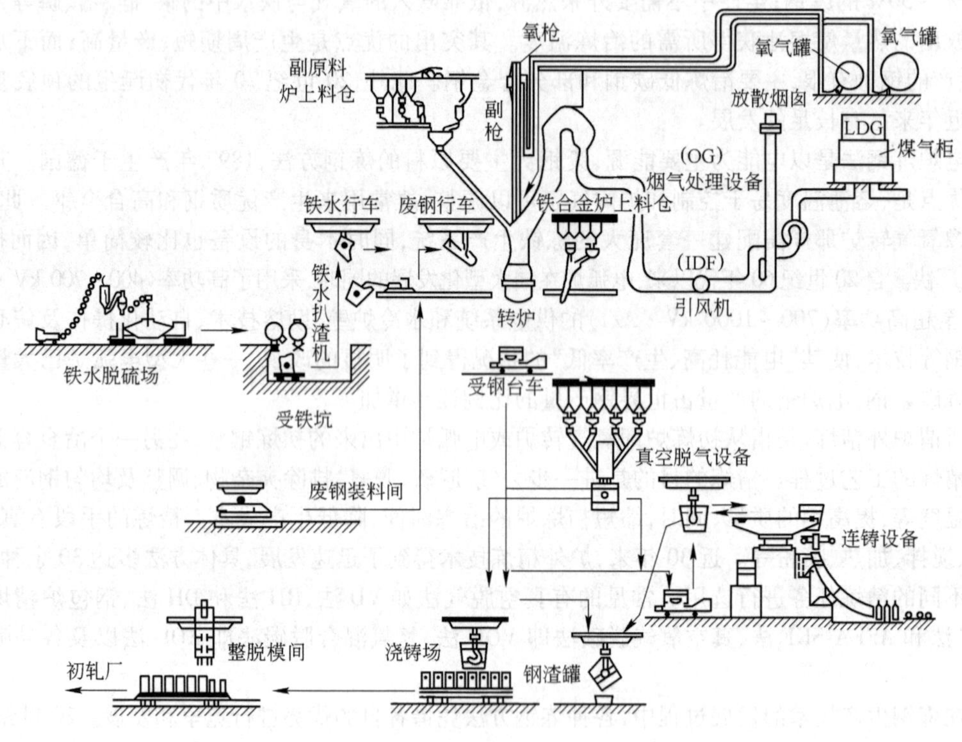

图1　转炉炼钢的主要设备和工艺流程

起初,氧气顶吹转炉炼钢中的冷却剂的加入量及供氧量等全凭操作者的经验确定,因此很难一次同时命中终点碳和终点温度。一般都是在终点前测温、取样,根据检测到的信息再凭经验进行相应的修正操作,使冶炼过程到达终点。这种传统的操作方法既费时、费力,又增加了原材料消耗。1959年,美国的琼斯·劳夫林钢铁公司首次对转炉炼钢过程进行计算机静态控制,即根据原材料条件、所炼钢种吹炼终点的温度和含碳量要求,利用计算机求出冷却剂的加入量、供氧量及各种造渣材料的用量,并按计算结果进行装料和吹炼;冶炼中则同传统的做法一样,凭操作者的经验进行修正操作。随着电子计算机技术和检测技术的迅速发展,目前已能利用计算机对炼钢过程进行动态控制,即在利用计算机进行装料计算的基础上,根据吹炼过程中计算机凭借检测系统提供的钢液成分、熔池温度及炉渣状况等有关量随时间变化的动态信息,及时对吹炼参数如枪位、氧压等进行修正,使冶炼过程顺利地到达终点。应用电子计算机控制转炉炼钢过程,可显著提高和稳定钢的质量,降低原材料消耗,提高劳动生产率和改善劳动条件。

b　电弧炉的炼钢过程

电弧炉的结构如图2所示。

电弧炉炼钢,按照生产工艺的不同可分为氧化法、不氧化法和返回吹氧法三种。

氧化法冶炼是电弧炉炼钢的传统方法，其生产过程主要由装料、熔化期、氧化期、还原期和出钢五个阶段组成。它的最大特点是有一个氧化期，通过向熔池吹氧、加矿进行脱碳、脱磷，同时使熔池沸腾以去除钢中的气体和非金属夹杂物。因此，氧化法冶炼可以用普通废钢为原料，获得含磷量及气体和夹杂物都较低的钢，这也就是一般钢种大多采用氧化法冶炼的原因。其缺点是：如果炉料中配有合金钢返回料，则其中的一些合金元素会被氧化而损失于炉渣之中。

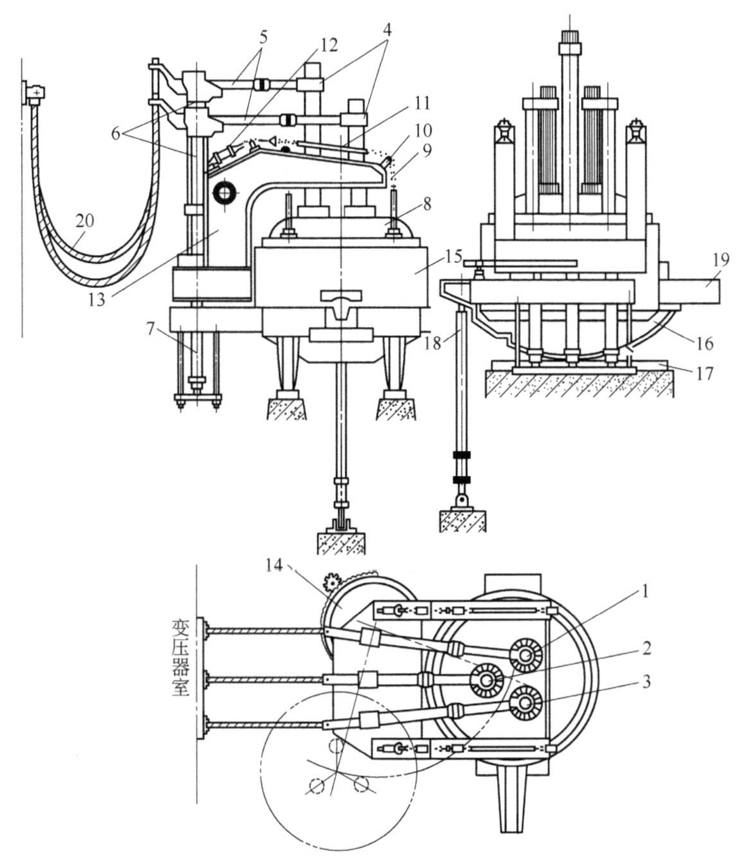

图2　电弧炉炼钢结构示意图

1—1 号电极；2—2 号电极；3—3 号电极；4—电极夹持器；5—电极支撑横臂；6—升降电极立柱；7—升降电极液压缸；8—炉盖；9—提升炉盖链条；10—滑轮；11—拉杆；12—提升炉盖液压缸；13—提升炉盖支撑臂；14—转动炉盖机构；15—炉体；16—摇架；17—支撑轨道；18—炉液压缸；19—出钢槽；20—电缆

不氧化法是用合金钢返回料如切头、切尾、废坯、铸余等为炉料冶炼合金钢的一种生产工艺，目的是回收利用原料中的合金元素。与氧化法相比，其冶炼过程中无氧化期，炉料熔化完毕经还原脱氧、调整成分和温度后即可出钢，因此冶炼时间比氧化法短，生产率较高。此外，由于回收利用了炉料中的合金元素，可减少铁合金的用量，生产成本也比氧化法低。低合金钢、不锈钢、高速工具钢等都可以用该法冶炼。其不足之处在于冶炼中不能去除钢中的磷、气体及夹杂物，因此对炉料的质量要求十分严格，只能使用清洁、无锈、含磷低的返回废钢，有时还不得不配用工业纯铁；同时，钢液成分基本上取决于配料成分，这就要求配料计算要十分精确，装料称量要绝对准确。为此,该种炼钢方法用得较少。

返回吹氧法也是利用合金钢返回料冶炼合金钢。与不氧化法不同的是,根据碳与氧的亲和力在一定温度下比某些合金元素如铬等与氧的亲和力大的原理,冶炼中当钢液温度上升到一定值时开始吹氧脱碳,不仅可以防止合金元素大量氧化,而且达到了强化冶炼过程和去除钢中夹杂物和气体的目的。其基本生产过程是:装料→熔化并升温→吹氧脱碳→预还原→脱氧调整成分和温度→出钢。返回吹氧法常用于冶炼含有钨、铬、镍等不易氧化元素的高合金钢,如不锈钢、高速工具钢等。由于可以吹氧脱碳,炉料中不需配用价格很高的软铁,生产成本较低。同时,钢中的气体及夹杂物少而质量较高。必须指出的是,同不氧化法一样,返回吹氧法也不能有效地去磷。

c　钢包炉的精炼过程

钢包炉的精炼方法因所生产的钢种和精炼的目的不同而不同,多达近十种。但是,精炼的工艺手段不外乎真空脱气、电弧加热、吹氩或电磁搅拌、吹氧脱碳、加合金脱氧及调成分等。比如,ASEA-SKF 法配有真空脱气、电弧加热、电磁搅拌和添加合金等装置;LF 真空精炼法(有的 LF 炉为非真空精炼)则配备了真空脱气、电弧加热、吹氩搅拌、添加合金等装置如图 3 所示;MVOD 法及 VOD 法还增加了吹氧脱碳装置。它们的精炼过程大同小异,较为常用的 LF 法的基本精炼过程为:

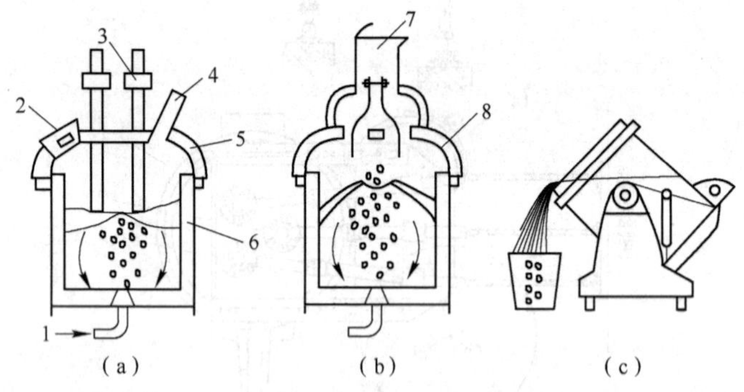

图 3　LF 钢包炉基本功能示意图

(a) 加热工位;(b) 脱气工位;(c) 除渣工位

1—吹氩;2—取样测温孔;3—电弧加热系统;4—加料口;5—加热用炉盖;6—钢包;7—抽气管道;8—真空炉盖(炉盖上有加料口、取样测温孔、吹氧孔及氧枪、窥视孔等)

盛接初炼钢水并除渣→吹氩搅拌、真空脱气同时还原脱氧→吹氩搅拌、电弧加热并调成分→浇铸。

第 1 篇　钢铁材料知识

《钢铁材料知识》主要介绍钢的分类和钢的编号、钢铁材料的组织与性能之间的关系、钢铁材料的选用原则、钢的结构与结晶、铁碳合金相图、钢的热处理知识和元素在钢中的作用等内容。

1　钢的分类及性能

1.1　钢的分类和牌号

钢是以铁为基体、碳为主要元素的多元合金。钢的品种繁多,其成分、性能和用途各不相同。为了便于生产、管理和使用,必须对钢进行分类、命名和编号。通常把钢分成碳素钢和合金钢两大类。

1.1.1　碳素钢的分类、牌号及用途

1.1.1.1　碳素钢的分类

钢中碳的质量分数(又称为碳含量)$w[C] < 2.11\%$,而且不含有特意加入合金元素的钢称为碳素钢,简称碳钢。碳素钢冶炼较容易,价格低廉,可以满足一般零件和工具的使用要求,所以在机械制造、建筑、交通运输等各种行业中得到了广泛的应用。

碳素钢的分类方法很多,常用的分类方法有以下几种:

A　按钢的含碳量分类

低碳钢:含碳量 $w[C] < 0.25\%$;

中碳钢:含碳量 $w[C] = 0.25\% \sim 0.60\%$;

高碳钢:含碳量 $w[C] > 0.60\%$。

实际使用的碳素钢,含碳量 $w[C]$一般不大于 1.35%,而含碳量 $w[C] < 0.04\%$ 的钢称为工业纯铁。

必须指出,这是一种习惯上的分类法,其实在低碳钢和中碳钢或中碳钢和高碳钢之间,碳含量并没有严格的界限。

B　按钢的质量分类

碳素钢质量高低的区分,一般是指钢中有害元素硫和磷的含量高低。

普通质量钢:$w[S] \leqslant 0.050\%$,$w[P] \leqslant 0.040\%$;

优质钢: $w[S] \leqslant 0.035\%$,$w[P] \leqslant 0.035\%$;

高级优质钢:$w[S] \leqslant 0.025\%$,$w[P] \leqslant 0.025\%$;

特级质量钢:$w[S] \leqslant 0.015\%$,$w[P] \leqslant 0.025\%$。

C　按钢的用途分类

碳素结构钢:主要用于制造各种机械零件和工程结构件,其含碳量一般都低于0.7%。

碳素工具钢:主要用于制造各种刀具、模具和量具,其含碳量一般都高于0.7%。

1.1.1.2　碳素钢的牌号及用途

我国钢种牌号是用化学元素符号、汉语拼音字母和阿拉伯数字相结合的方法表示的。

A　普通碳素结构钢(简称普碳钢)

按供应的条件可分为:

甲类钢:按力学性能(钢的强度、塑性、韧性等)供应的钢(钢的力学性能将在1.2节介绍)。

乙类钢:按化学成分供应的钢。

特类钢:按力学性能和化学成分供应的钢。

普通碳素结构钢的牌号由代表屈服点的拼音字母"Q"、屈服点的数值、质量等级符号和脱氧方法符号四部分按顺序组成。例如,Q235-A.F表示屈服点为235N/mm^{2}的A级沸腾钢(屈服点在1.2节介绍)。普通碳素结构钢因价格便宜,产量较大,主要用于金属结构件和一般机械零件。表1-1列出部分普通碳素结构钢的牌号、化学成分及用途。

表1-1　普通碳素结构钢的化学成分及用途

<table>
<tr><th rowspan="3">牌 号</th><th rowspan="3">等级</th><th colspan="5">化学成分 w/%</th><th rowspan="3">脱氧方法</th><th colspan="3">拉伸试验</th><th rowspan="3">相当于GB700—79牌号</th><th rowspan="3">应用举例</th></tr>
<tr><th rowspan="2">C</th><th rowspan="2">Mn</th><th>Si</th><th>S</th><th>P</th><th rowspan="2">σ_s/MPa</th><th rowspan="2">σ_b/MPa</th><th rowspan="2">δ_b/%</th></tr>
<tr><th colspan="3">不大于</th></tr>
<tr><td>Q195</td><td>—</td><td>0.06~0.12</td><td>0.25~0.50</td><td>0.30</td><td>0.050</td><td>0.045</td><td>F.b.Z</td><td>(195)</td><td>315~390</td><td>33</td><td>A1. B1</td><td rowspan="3">用于制作钉子、铆钉、垫块及轻负荷冲压件</td></tr>
<tr><td rowspan="2">Q215</td><td>A</td><td rowspan="2">0.09~0.15</td><td rowspan="2">0.25~0.55</td><td rowspan="2">0.30</td><td>0.050</td><td rowspan="2">0.045</td><td rowspan="2">F.b.Z</td><td rowspan="2">215</td><td rowspan="2">335~410</td><td rowspan="2">31</td><td>A2</td></tr>
<tr><td>B</td><td>0.045</td><td>B2</td></tr>
<tr><td rowspan="4">Q235</td><td>A</td><td>0.14~0.22</td><td>0.30~0.65</td><td>0.30</td><td>0.050</td><td>0.045</td><td>F.b.Z</td><td rowspan="4">235</td><td rowspan="4">375~460</td><td rowspan="4">26</td><td>A3</td><td rowspan="4">用于制作小轴、拉杆、连杆、螺栓、螺母、法兰等不太重的零件</td></tr>
<tr><td>B</td><td>0.12~0.20</td><td>0.30~0.70</td><td>0.30</td><td>0.045</td><td>0.045</td><td>F.b.Z</td><td>C3</td></tr>
<tr><td>C</td><td>≤0.18</td><td rowspan="2">0.35~0.80</td><td rowspan="2">0.30</td><td>0.040</td><td>0.040</td><td>Z</td><td>—</td></tr>
<tr><td>D</td><td>≤0.17</td><td>0.035</td><td>0.035</td><td>TZ</td><td>—</td></tr>
<tr><td rowspan="2">Q255</td><td>A</td><td rowspan="2">0.18~0.28</td><td rowspan="2">0.40~0.70</td><td rowspan="2">0.30</td><td>0.050</td><td rowspan="2">0.045</td><td rowspan="2">Z</td><td rowspan="2">255</td><td rowspan="2">410~510</td><td rowspan="2">24</td><td>A4</td><td rowspan="3">用于制作拉杆、连杆、转轴、心轴、齿轮和键等</td></tr>
<tr><td>B</td><td>0.045</td><td>C4</td></tr>
<tr><td>Q275</td><td>—</td><td>0.28~0.38</td><td>0.50~0.80</td><td>0.30</td><td>0.045</td><td>0.045</td><td>Z</td><td>275</td><td>490~610</td><td>20</td><td>C5</td></tr>
</table>

注:1. 表中符号意义:Q—屈服点"屈"的汉语拼音字母的字头;A、B、C、D—质量等级;F—沸腾钢;b—半镇静钢;Z—镇静钢;TZ—特殊镇静钢。在牌号中Z、TZ符号予以省略。

2. 拉伸试验值适用于钢板厚(或直径)16mm以下的钢材。

B　优质碳素结构钢

根据钢中含锰量可分为普通含锰量钢和较高含锰量钢两组,较高含锰量钢在牌号后面标出元素符号“Mn”（或“锰”），例如60Mn(60锰)。

优质碳素结构钢的牌号用两位数字表示，这个两位数即该钢的平均含碳量的万分之几。例如：20钢表示平均含碳量 $w[C]=0.20\%$ 的优质碳素结构钢；08钢表示平均含碳量 $w[C]=0.08\%$ 的优质碳素结构钢。优质碳素结构钢和普通碳素结构钢及高级优质钢的主要区别是化学成分中的磷、硫含量不同，高级优质钢应在钢号后添加“A”，例如20A优质碳素结构钢。优质碳素结构钢的牌号、化学成分和用途见表1-2。

表1-2 优质碳素结构钢的牌号、化学成分及用途

类别	牌号	化学成分 w/%					用途
		C	Si	Mn	S	P	
低碳钢	08F	0.05~0.11	≤0.030	0.25~0.50	≤0.035	≤0.035	主要用于制造冲压件、焊接结构件及强度要求不高的机械零件。如深冲器件、压力容器、销孔、法兰盘、螺钉、垫圈等
	08	0.05~0.12	0.17~0.35	0.35~0.65	≤0.035	≤0.035	
	10F	0.07~0.14	≤0.070	0.25~0.50	≤0.035	≤0.035	
	20	0.17~0.24	0.17~0.35	0.35~0.65	≤0.035	≤0.035	
	25	0.22~0.30	0.17~0.35	0.50~0.80	≤0.035	≤0.035	
中碳钢	30	0.27~0.35	0.17~0.35	0.50~0.80	≤0.035	≤0.035	主要用于制造受力较大的机械零件。如连杆、曲轴、齿轮和联轴节等
	40	0.37~0.45	0.17~0.35	0.50~0.80	≤0.035	≤0.035	
	45	0.42~0.50	0.17~0.35	0.50~0.80	≤0.035	≤0.035	
	50	0.47~0.55	0.17~0.35	0.50~0.80	≤0.035	≤0.035	
	55	0.52~0.60	0.17~0.35	0.50~0.80	≤0.035	≤0.035	
高碳钢	65	0.62~0.70	0.17~0.35	0.50~0.80	≤0.035	≤0.035	主要用来制造气门弹簧、螺旋弹簧等弹性元件及耐磨件
	70	0.67~0.75	0.17~0.35	0.50~0.80	≤0.035	≤0.035	
	75	0.72~0.80	0.17~0.35	0.50~0.80	≤0.035	≤0.035	
	85	0.82~0.90	0.17~0.35	0.50~0.80	≤0.035	≤0.035	
较高含锰量钢	20Mn	0.17~0.24	0.17~0.35	0.50~1.00	≤0.035	≤0.035	性能优于碳含量相同的碳钢，用于制作比同类碳钢要求较高、截面较大的工件
	45Mn	0.42~0.50	0.17~0.35	0.50~1.00	≤0.035	≤0.035	
	65Mn	0.62~0.70	0.17~0.35	0.90~1.20	≤0.035	≤0.035	

C 碳素工具钢

碳素工具钢的牌号是以汉字“碳”或拼音字母“T”后面标以阿拉伯数字来表示的，其数字表示钢中平均含碳量的千分之几。例如碳8(T8)表示平均含碳量为0.8%的碳素工具钢，碳12(T12)表示平均含碳量为1.20%的碳素工具钢。

碳素工具钢主要用于制造刀具、模具和量具，所以钢硬度要高、耐磨性要好。工具钢是含碳量在0.70%以上的高碳钢，而且都是优质钢和高级优质钢。碳素工具钢的牌号、化学成分及用途见表1-3。

D 铸造碳钢

铸造碳钢的含碳量一般在0.20%~0.60%之间，若含碳量过高则钢的塑性差，在铸造时就容易产生裂纹。铸造碳钢的牌号是用铸钢两字的汉语拼音字母头“ZG”后面加两组数字组成，第一组数字代表屈服强度值，第二组数字代表抗拉强度值。例如：ZG270-500表示屈服强度为270MPa、抗拉强度为500MPa的铸造碳钢。铸造碳钢的牌号、化学成分及用途见表1-4。

表1-3　常用碳素工具钢的牌号、化学成分及用途

牌号	化学成分 w/%					应用举例
	C	Mn	Si	P	S	
			不大于			
T7	0.65~0.74	≤0.40	0.35	0.030	0.035	受冲击需较高硬度和耐磨性的工具。如木工用錾子、锤头、钻头和模具等
T8	0.75~0.84	≤0.40	0.35	0.030	0.035	受冲击需较高硬度和耐磨性的工具。如木工用錾子、锤头、钻头和模具等
T8Mn	0.80~0.90	0.40~0.74	0.35	0.030	0.035	受冲击需较高硬度和耐磨性的工具。如木工用錾子、锤头、钻头和模具等
T9	0.85~0.94	≤0.40	0.35	0.030	0.035	受中等冲击的工具。如刨刀、冲模、板牙、手工锯条、卡尺等
T10	0.95~1.04	≤0.40	0.35	0.030	0.035	受中等冲击的工具。如刨刀、冲模、板牙、手工锯条、卡尺等
T11	1.05~1.14	≤0.40	0.35	0.030	0.035	不受冲击,而要求极高硬度、耐磨的机件。如钻头、锉刀、刮刀和量具等
T12	1.15~1.24	≤0.40	0.35	0.030	0.035	不受冲击,而要求极高硬度、耐磨的机件。如钻头、锉刀、刮刀和量具等
T13	1.26~1.35	≤0.40	0.35	0.030	0.035	不受冲击,而要求极高硬度、耐磨的机件。如钻头、锉刀、刮刀和量具等

表1-4　铸造碳钢的牌号、化学成分及用途

牌号		化学成分 w/%				主要用途
新牌号	原牌号	C	Si	Mn	S与P	
		不大于				
ZG200-400	ZG15	0.20	0.50	0.80	0.040	机座、变速箱体等
ZG230-450	ZG25	0.30	0.50	0.90	0.040	砧座、轴承箍、外壳、底板等
ZG270-500	ZG35	0.40	0.50	0.90	0.040	轧钢机机架、连杆,箱体、曲轴、轴承座等
ZG310-570	ZG45	0.50	0.60	0.90	0.040	大齿轮、缸体、制动轮、辊子
ZG340-640	ZG55	0.60	0.60	0.90	0.040	齿轮、棘轮等

1.1.2　合金钢的分类、牌号及用途

1.1.2.1　合金钢的分类

所谓合金钢就是在碳素钢中有意识地加入一种或多种适量的合金元素,使之改善性能或具有某种特殊性能的钢。合金钢有多种分类方法,最常见的分类方法有两种:

A　按用途分类

(1) 合金结构钢。用于制造机械零件和工程结构的钢。

(2) 合金工具钢。用于制造重要的刃具、模具和量具的钢。

(3) 特殊性能钢。具有某种特殊物理性能和化学性能的钢。例如耐酸不锈钢、耐热钢和耐磨钢等。

B　按合金元素的含量分类

(1) 低合金钢。合金元素总含量小于5%。

(2) 中合金钢。合金元素总含量为5%~10%。

（3）高合金钢。合金元素总含量大于10%。

此外，还可按钢中所含合金元素的种类，可以分为锰钢、铬钢、铬镍钢、硅铬钢、铬钼钨钢以及铬钨锰钢等。

1.1.2.2　合金钢的牌号及用途

我国合金钢的牌号采用碳含量、合金元素的名称及含量以及质量级别来编号。这种编号方法简明易懂，现将合金结构钢、合金工具钢和特殊性能钢的编号方法及用途介绍如下。

A　合金结构钢

合金结构钢的牌号采用“两位数字”加元素符号（或汉字）再加“数字”表示。前面两位数字表示钢的平均含碳量的万分之几；元素符号（或汉字）表明钢中所含的合金元素，元素符号后面的数字表示该元素平均含量的百分数，凡元素平均含量小于1.5%时不标数字，平均含量在1.5%～2.5%、2.5%～3.5%之间时，则相应地标数字2、3，依此类推；高级优质钢在钢号尾部加标注符号“A”或“高”。例如：60Si2Mn钢表示平均含碳量$w[C]=0.60\%$，合金元素硅的含量在1.5%～2.5%之间，锰的含量$w[Mn]<1.5\%$；又如12CrNi3A表示平均含碳量$w[C]=0.12\%$，铬含量$w[Cr]<1.5\%$，镍含量$w[Ni]$在2.5%～3.5%之间，这是高级优质合金钢。

合金结构钢是合金钢中用途最广、用量最大的一类钢，按用途可分为低合金高强度结构钢和机械制造用钢两类。

低合金高强度结构钢是一种低碳（碳含量$w[C]<0.20\%$）、低合金（合金元素总量小于3%）的钢，它与相同含碳量的碳素结构钢相比，由于合金元素的强化作用，强度（特别是屈服点）要高得多，并且有良好的塑性、韧性、耐腐蚀性和焊接性。因此广泛用于制造桥梁、船舶、车辆、锅炉、压力容器和大型钢结构件等。例如用16Mn钢代替Q235-A钢，其强度和耐大气腐蚀性均可提高20%以上，而重量却减轻了20%左右。

机械制造用钢主要用于制造各种机械零部件。按照用途和热处理的特点又可分为调质钢、渗碳钢、弹簧钢等。

常用合金结构钢的牌号、成分及用途见表1-5。

B　合金工具钢

合金工具钢的牌号和合金结构钢的区别仅在于含碳量的表示方法不同，它是用一位数字表示平均含碳量的千分之几，例如：9CrSi工具钢平均含碳量$w[C]=0.90\%$，主要合金元素铬、硅的含量都是低于1.50%；当含碳量为1%左右时，则不标数字。如Cr12工具钢含碳量$w[C]=0.95\%\sim1.05\%$，合金元素铬的含量$w[Cr]=11.5\%\sim13.5\%$。

合金工具钢主要用于制造尺寸大、精度高和形状复杂的模具、量具以及切削速度较快的刀具。合金工具钢按用途可分为刃具钢、模具钢和量具钢。

（1）刃具钢。主要用于制造切削用刃具的钢种，属于低合金钢种，钢中碳含量$w[C]$必须在0.80%～1.40%之间，铬是这类钢的主要合金元素，一般含量$w[Cr]=0.5\%\sim1.50\%$（个别钢号可达3%）。例如Cr12、9CrSi、CrWMo、CrW等钢号。

（2）模具钢。用作锻造、冲压切料、压铸等模具的钢种。按其使用性能又可分为两类：金属在热状态下变形的模具用钢和金属在冷状态下变形的模具用钢。

金属热变形模具钢。主要是中碳合金钢，含碳量在0.30%～0.60%范围内。钢中含有多种合金元素，如5CrNiMo、6SiMnV、3Cr2W8V等钢号。

金属冷变形模具钢。这类钢属于高碳合金钢，含碳量均在0.8%以上，铬是这类钢的重要元素。常用钢号有9Cr2、9CrSi、CrWMn以及Cr12MoV等。

表1-5　常用合金结构钢的牌号、化学成分及用途

分类	牌　号	主要成分 $w/\%$						用　途
		C	Si	Mn	S	P	其他成分	
低合金高强度钢	09MnNb	≤0.12	0.20～0.60	0.80～1.20	≤0.045	≤0.045	Nb:0.015～0.05	桥梁，铁路车辆，船舶压力容器，车辆起重机，输油管道，钢结构，石油化工压力容器，锅炉
	16Mn	0.12～0.20	0.20～0.60	1.20～1.60	≤0.045	≤0.045		
	15MnMo	0.12～0.18	0.20～0.60	1.20～1.60	≤0.045	≤0.045	V:0.04～0.12	
	20MnSi	0.17～0.25	0.40～0.80	1.20～1.60	≤0.05	≤0.045		
	14MnMoTi	0.10～0.18	0.20～0.50	1.20～1.60	≤0.045	≤0.045	Mo:0.0～0.65 V:0.05～0.15	
合金调质钢	40Cr	0.37～0.45	0.20～0.40	0.50～0.80	≤0.035	≤0.035	Cr:0.80～1.10	轴，齿轮，转固件。如：汽车半轴、机床主轴、连杆盖、锤杆、汽轮机轴、转子
	35SiMn	0.32～0.40	1.10～1.40	1.10～1.40	≤0.035	≤0.035		
	40CrMn	0.37～0.45	0.20～0.40	0.90～1.20	≤0.035	≤0.035	Cr:0.90～1.20	
	30CrMnSi	0.27～0.34	0.90～1.20	0.80～1.10	≤0.035	≤0.035	Cr:0.80～1.10	
合金渗碳钢	20Cr	0.17～0.24	0.17～0.37	0.50～0.80	≤0.035	≤0.035	Cr:0.70～1.00	齿轮，小轴，活塞销。如：汽车、拖拉机齿轮、轴离合器、大型齿轮和轴
	20CrMnTi	0.17～0.24	0.17～0.37	0.80～1.10	≤0.035	≤0.035	Cr:1.00～1.30 Ti:0.06～0.12	
	12CrNi3A	0.10～0.17	0.20～0.40	0.30～0.80	≤0.035	≤0.035	Cr:0.60～0.90 Ni:2.75～3.25	
	20Cr2Ni4	0.17～0.24	0.20～0.40	0.30～0.60	≤0.035	≤0.035	Cr:1.25～1.76 Ni:3.25～3.75	
合金弹簧钢	65Mn	0.62～0.70	0.17～0.37	0.90～1.20	≤0.035	≤0.035		小尺寸扁圆弹簧，汽车拖拉机减振弹簧，车辆板簧，螺旋弹簧，气门弹簧
	60Si2Mn	0.57～0.65	1.50～2.00	0.60～0.90	≤0.035	≤0.035		
	50CrMn	0.46～0.54	0.17～0.37	0.70～1.00	≤0.035	≤0.035	Cr:0.90～1.20	
	50CrVA	0.46～0.54	0.17～0.37	0.50～0.80	≤0.025	≤0.025	Cr:0.80～1.10 V: 0.10～0.20	

（3）量具用钢。用来制作各种量具的钢。量具是用来计量物体尺寸的，这就要求量具本身的尺寸必须精确，经久不变形、不磨损，所以这类钢的含碳量大部分都较高，如 Cr12、Cr12MoV、CrMn、CrWMn、9Mn2V 等。

常用合金工具钢的牌号及主要成分列于表1-6。

表1-6　常用合金工具钢的牌号及主要成分

钢　号	化学成分 $w/\%$					
	C	Si	Mn	S,P	Cr	其他元素
9Mn2V	0.85～0.95	≤0.35	1.70～2.00	≤0.030		V:0.10～0.25
Cr12	0.95～1.10	≤0.35	≤0.40	≤0.030	11.50～13.50	
Cr12MoV	1.45～1.70	≤0.40	≤0.35	≤0.030	11.00～12.50	V:0.15～0.30，Mo:0.40～0.60
CrWMo	0.90～1.05	0.15～0.35	0.80～1.10	≤0.030	0.90～1.20	W:1.20～1.60
9CrSi	0.85～0.95	0.30～0.60	0.95～1.25	≤0.030	1.20～1.60	

续表 1-6

钢　号	化学成分 w/%					
	C	Si	Mn	S,P	Cr	其他元素
CrMn	1.30~1.50	≤0.030	0.45~0.75	≤0.030	1.30~1.60	
Cr	0.95~1.10	≤0.030	≤0.40	≤0.030	0.75~1.05	
5CrMnMo	0.50~0.60	0.25~0.60	1.20~1.60	≤0.030	0.60~0.90	Mo:0.15~0.35
5CrNiMo	0.50~0.60	≤0.35	0.50~0.80	≤0.030	0.50~0.80	Mo:0.15~0.30,Ni:1.40~1.80
5Cr4W5Mo2V	0.40~0.50	≤0.40	0.20~0.60	≤0.030	3.80~4.50	W:4.50~5.30,Mo: 1.70~2.30 V: 0.80~1.20
3Cr2W8V	0.30~0.40	≤0.35	0.20~0.60	≤0.030	2.20~2.70	V: 0.20~0.50,W :7.50~9.00
9Mn2	0.85~0.95	≤0.35	1.70~2.00	≤0.030		
5CrMnMoV	0.45~0.55	1.50~1.80	0.50~0.70	≤0.030	0.20~0.40	Mo:0.30~0.50 ,V: 0.20~0.30
6SiMnV	0.55~0.65	0.80~1.10	0.90~1.20	≤0.030		V: 0.15~0.30

C　特殊性能钢

这是具有特殊物理和化学性能的钢的总称,包括不锈耐酸钢、热强钢和耐热不起皮钢、高速工具钢和滚动轴承钢等。

(1) 不锈耐酸钢是不锈钢和耐酸钢的统称。在空气中能抵抗腐蚀的钢叫不锈钢,在某些化学介质中(酸、碱、盐等)能抵抗腐蚀的钢叫耐酸钢。因此不锈钢不一定耐酸,而耐酸钢通常具有良好的不锈性能。

不锈耐酸钢中碳含量通常都比较低,表示碳含量的数字可以省略,如 Cr17、Cr17Ni2、Cr25等。但是重复钢号和含碳量较高的钢号,在钢号前用一位数字表示碳含量的千分之几。例如Cr13 型钢用 1Cr13、2Cr13、3Cr13、4Cr13 分别表示平均含碳量为 0.10%、0.20%、0.30%、0.40%;又如 9Cr18 的平均含碳量为 0.90%,元素后面的数字为该元素在钢中的质量百分含量。这里要注意两个区别:其一是不锈耐酸钢前不写数字,其含碳量通常不高于 0.12%,而合金工具钢的钢号前不写数字,其含碳量通常在 1% 左右。其二是不锈耐酸钢含碳 0.20% 的钢,其含碳量用一位数字“2”表示,如 2Cr13;而合金结构钢同样含碳 0.20% 的钢,其含碳量用两位数字“20”表示,如20Cr。

不锈耐酸钢根据钢中元素铬和镍的含量,可以分为铬不锈钢和铬镍不锈钢两大类。

通常钢中铬含量在 12.50% 以上,铬不锈钢的典型钢号为 1Cr13、2Cr13。铬镍不锈钢中含镍量在 8% 以上,典型钢号为 1Cr18Ni9Ti。

(2) 热强钢和耐热不起皮钢。这类钢主要用于锅炉、内燃机的阀门和化工石油工业的设备构件等。热强钢在高温下能抗氧化和耐介质腐蚀,并具有抗蠕变及抗破断能力。如1Cr14Ni14W2Mo2Ti,4Cr14Ni14W2Mo 等钢号。耐热不起皮钢要求在高温下具有抗氧化能力,但对抗蠕变及抗破断能力无严格要求或要求较低,典型钢号有 4Cr9Si2 等。

(3) 高速工具钢。这类钢主要用于制造在高温下(600℃左右)能保持高速切削的刀具。钢中含有高的碳量,主要合金元素是钨、钼、钒、铬等,钢号前表示碳含量的数字一般都省略。典型钢号如 W18Cr4V、W6Mo5Cr4V2 等。

(4) 滚动轴承钢。主要用来制造各种机械上的滚珠、滚柱和轴承套圈,也可用来制造冲模、轧辊等。典型的钢号是高碳铬钢,其含碳量在 1% 左右,含铬量在 0.5%~1.65% 之间。其编号方法为:在钢牌号前不标碳含量的数字而冠以“滚”或“G”,表示是滚动轴承钢,牌号中铬元素后的数字表示含铬千分之几,而其他元素含量仍按百分之几表示。例如:GCr15 含铬量是 1.5% 左右,而不是 15%;GCr15SiMn 中铬含量为 1.5% 左右,而硅、锰的含量均小于 1.5%。

典型的特殊性能钢列于表 1-7。

表 1-7　某些特殊性能钢的牌号、化学成分和用途

钢种	牌号	化学成分 w/%						主要用途
		C	Si	Mn	Cr	Ni	其他合金元素	
铬不锈钢	2Cr13	0.16 ~ 0.24	≤0.60	≤0.60	12.00 ~ 14.00			汽轮机叶片,水压机阀等
	3Cr13	0.25 ~ 0.34	≤0.60	≤0.60	12.00 ~ 14.00			医疗器械工具用钢,弹簧,水压机阀等
铬镍不锈钢	0Cr18Ni9	≤0.06	≤1.00	≤2.00	17.00 ~ 19.00	8.00 ~ 11.00		强腐蚀介质中的设备。如化工生产中的吸收塔、热交换器,贮藏酸类容器等;制作 610℃ 以下长期工作的过热气管道及结构部件等
	1Cr18Ni9Ti	≤0.12	≤1.00	≤0.60	17.00 ~ 19.00	8.00 ~ 11.00	Ti:0.8 ~ 5	
耐热不起皮钢	4Cr9Si2	0.35 ~ 0.50	2.00 ~ 3.00	≤0.70	8.00 ~ 10.00			加热炉底板,内燃机阀门,渗碳处理用的渗碳箱,化工石油设备的构件等
	Cr13SiAl	0.10 ~ 0.20	1.00 ~ 1.50	≤0.70	12.00 ~ 14.00		Al:1.00 ~ 1.80	
热强钢	1Cr14Ni14W2Mo2Ti	≤0.15	≤1.00	≤0.70	13.00 ~ 15.00	13.00 ~ 15.00	W:2.00 ~ 2.75 Mo:0.45 ~ 0.60 Ti:0.5 ~ 5	制造 600℃ 以下工作零件,如汽轮机叶片、发动机排气阀及锅炉的零部件等
	4Cr14Ni14W2Mo	0.40 ~ 0.50	≤1.00	≤0.70	13.00 ~ 15.00	13.00 ~ 15.00	W:1.75 ~ 2.25 Mo:0.26 ~ 0.40	
高速工具钢	W6Mo5Cr4V2	0.80 ~ 0.90	≤0.35	≤0.35	3.80 ~ 4.40		Mo:4.75 ~ 5.75 W:5.75 ~ 6.75 V:1.80 ~ 2.20	制造 600 以下的高速切削工具,如钻头,铣刀、车刀及冷冲模等
滚动轴承钢	GCr15	0.95 ~ 1.05	0.15 ~ 0.35	0.20 ~ 0.40	1.30 ~ 1.65			主要制造滚珠、滚柱、轴承套圈,也可制造冷冲模具、轧辊等耐磨零件
高锰钢	ZGMn13	0.90 ~ 1.40		11.0 ~ 14.0				车辆履带、球磨机衬板、挖掘机铲斗和铁轨分道岔等

1.2　钢的性能

钢的性能包括物理性能、化学性能、工艺性能和力学性能。从事钢铁冶炼工作的人员必须了解钢的性能并应用于实践。

1.2.1　钢的力学性能

在生产实践中钢铁材料在外力作用下会变形、断裂，当外力限制在某一范围内时，它就不会发生宏观变形或变形后并不断裂，这就是钢的一种力学性能。

由钢制成的各类零部件和设备，在使用过程中都会受到不同形式的外力作用，通常称这种外力为载荷。钢抵抗载荷作用的种种特性，就称为钢的力学性能。

根据载荷作用性质的不同，它可以分为静载荷、冲击载荷和疲劳载荷等三种。

静载荷：指在长时间内持续作用的大小和方向不变或变化很小的载荷；

冲击载荷：指在很短时间内突然增加的载荷；

疲劳载荷：指大小和方向作周期性变化的动载荷（也称循环载荷）。

根据载荷作用方式的不同，它可分为拉伸载荷、压缩载荷、弯曲载荷、剪切载荷和扭转载荷，如图 1-1 所示。

钢铁材料受载荷作用后，所引起的几何形状和尺寸的变化称为变形，如图 1-2 所示。

变形有弹性变形和塑性变形两种。

弹性变形：指材料受外力的作用发生变形后，能随外力的去除而变形消失，这种变形称为弹性变形。

塑性变形：指材料受外力的作用而发生变形，当载荷去除后变形仍不消失，这种变形称为塑性变形。

钢的力学性能通常包括强度、塑性、硬度、韧性和疲劳等。

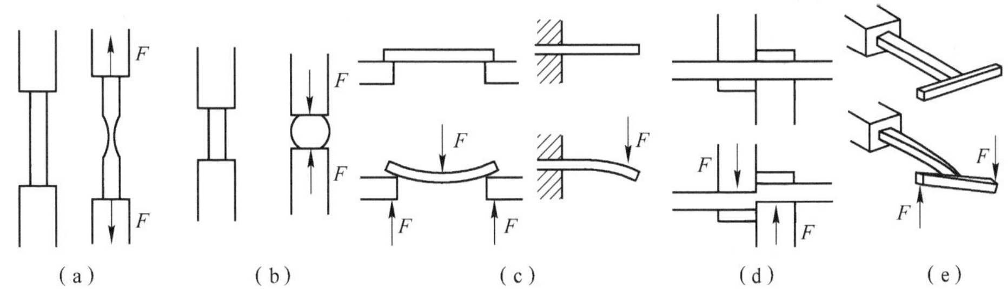

图 1-1　载荷的形式

(a) 拉伸载荷；(b) 压缩载荷；(c) 弯曲载荷；(d) 剪切载荷；(e) 扭转载荷

1.2.1.1　强度

钢在载荷作用下，抵抗塑性变形或断裂的能力称为钢的强度。常用比例极限、屈服点、抗拉强度等指标来衡量强度的高低。

为了便于比较各种钢铁材料的强度，常用钢铁材料抵抗变形和断裂时的应力来衡量。所谓应力是指钢铁材料在载荷作用下单位截面积上所产生的内力（即材料内部所产生的抵抗力）。计算公式如下：

$$\sigma = F/S \tag{1-1}$$

式中　σ——应力，Pa；

F——载荷，N；

S——横截面积，m^2。

1 Pa = 1 N/m^2，当面积单位为 1 mm^2时，应力用兆帕（MPa）为单位；1 MPa = 1 N/mm^2 = 10^6 Pa。

例题 1-1 某钢丝绳的横截面积为 409 mm^2，受拉伸载荷 8180 kgf，求应力是多少？

解： $\sigma = F/S = 8180/409 = 20\ kgf/mm^2 = 196\ N/mm^2 = 196\ MPa$。

由计算可知，该钢丝绳所受应力是 196 MPa。

注意：力的国际单位是牛（N），应力的国际单位为帕（Pa），1kgf/mm^2 = 9.8 N/mm^2 = 9.8 MPa。

一般情况下，用抗拉强度作为判别钢强度高低的指标，而抗拉强度的大小通常用拉伸试验来测定。

拉伸试验中的试样形状尺寸和加工要求均有明确的规定，标准试样分为长短两种。长试样 $l_0 = 10d_0$，短试样 $l_0 = 5d_0$，其中 l_0为原始标定长度，简称标距；d_0为原始试样直径，一般为 10 mm。拉伸试样形状如图 1-3 所示。

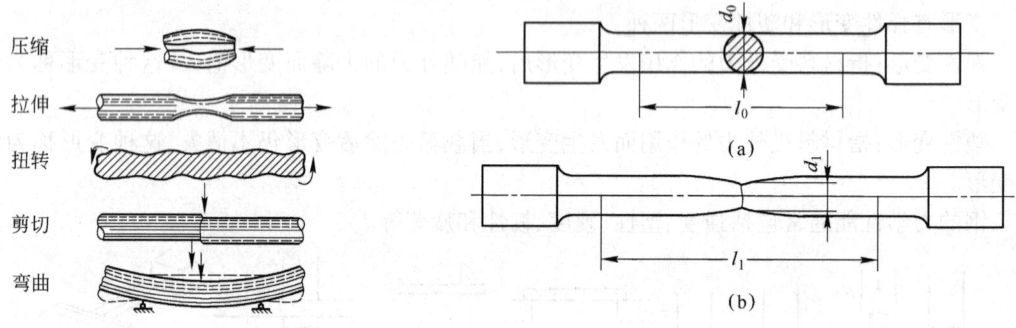

图 1-2 金属受载荷时的变形示意图

图 1-3 圆形拉伸试样
（a）拉伸前；（b）拉伸后

拉伸试样的方法是用静载荷对低碳钢标准试样进行轴向拉伸，连续测定力的增加和相应的伸长变形，直至断裂。然后根据试验测得的数据，求出有关的力学性能。

A 力－伸长曲线分析

拉伸试验中记录的拉伸力与伸长的关系曲线叫作力－伸长曲线。图 1-4 是低碳钢的力－伸长曲线示意图。图中纵坐标表示力 F，单位为 N；横坐标表示试样的伸长量 Δl，单位为 mm。图中明显表现出四个变形阶段：

oe——弹性变形阶段。试样变形完全是弹性的，卸载后试样即恢复原状。F_e为试样弹性变形阶段的最大载荷。

es——屈服阶段。当载荷超过 F_e时，若卸载的话，试样仍能保持一部分残余变形。当载荷增加到 F_s时，图中出现平台似的锯齿状，这种在载荷不增加或略有减少的情况下，试样继续发生变形的现象叫做“屈服”。屈服后试样将残留较大的塑性变形，F_s称为屈服载荷。

sb——强化阶段。在屈服阶段以后，欲使试样继续伸长，必须不断加载，随着塑性变形增大，试样变形抗力也逐渐增加，这种现象称为“形变强化”。F_b为拉伸时的最大载荷。

bz——断裂阶段（局部塑性变形阶段）。当载荷达到最大值 F_b时，试样的直径会发生局部收缩，称为“缩颈”，同时试样变形所需的载荷也随之降低。由于缩颈后截面积急剧减少，试样不足以抵抗载荷的作用，直至在 z 点处发生断裂。

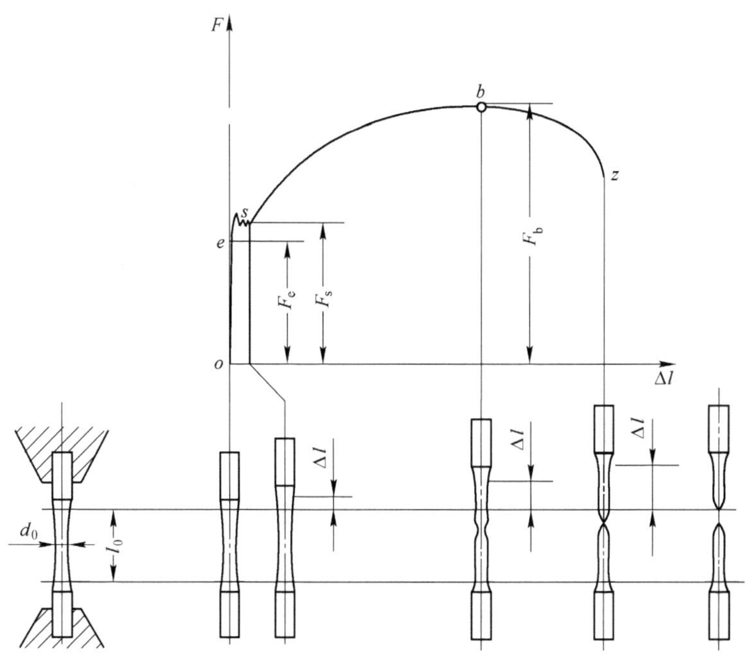

图 1-4　低碳钢力 - 伸长曲线示意图

B　强度指标

（1）比例极限。载荷与变形成正比关系时的最大应力称为比例极限。用符号 σ_e 表示。数学表示式为：

$$\sigma_e = F_e/S_0 \tag{1-2}$$

式中　σ_e——比例极限，MPa；

F_e——载荷与变形成正比关系时的最大载荷，N；

S_0——原始试样的截面积，mm^2。

（2）屈服点。在载荷不增加或保持恒定的情况下，试样仍能明显地产生塑性变形时的应力称为"屈服点"。用符号 σ_s 表示。数学表示式为：

$$\sigma_s = F_s/S_0 \tag{1-3}$$

式中　σ_s——屈服点，MPa；

F_s——明显地产生屈服时的载荷，N；

S_0——原始试样的截面积，mm^2。

有些钢材并没有明显的屈服现象产生，为表示这些材料的屈服点，规定以试样伸长量达到试样原始标定长度 0.2% 时的应力作为屈服点，称为屈服强度或条件屈服极限。用符号 $\sigma_{0.2}$ 表示。

屈服点是选用钢材时非常重要的力学性能指标，钢材所受的应力一般都应小于屈服点，否则就会明显地产生塑性变形。例如：钢包耳轴受到的载荷不应高于它的屈服点，否则就会因耳轴变形而导致钢包翻倒和钢水倾出。

（3）抗拉强度。钢材被拉断前所能承受的最大应力称为抗拉强度，用符号 σ_b 表示，数学表示式为：

$$\sigma_b = F_b / S_0 \tag{1-4}$$

式中 σ_b——抗拉强度，MPa；

F_b——试样所能承受的最大载荷，N；

S_0——原始试样的截面积，mm^2。

抗拉强度可以衡量材料在拉伸载荷作用下的最大均匀变形的抗力，也是机械零件设计和选材的主要依据之一。

1.2.1.2 塑性

"塑性"是不同于"塑性变形"的两个概念。所谓"塑性"是指金属材料在外力作用下，能够稳定地发生永久变形并能继续保持其完整性而不被破坏的性能。通常用钢在断裂前产生永久变形的大小来界定钢的塑性好坏。例如钢、铜、铝等材料塑性良好，可拉制成线材，轧制成板材。塑性指标用伸长率和断面收缩率表示。

A 伸长率

伸长率是试样拉断后，标定长度的伸长量与原始标定长度之比值的百分数，用符号 δ 表示，数学表示式为：

$$\delta = \frac{(l_1 - l_0)}{l_0} \times 100\% \tag{1-5}$$

式中 δ——伸长率，%；

l_1——试样拉断后的标定区间长度，mm；

l_0——试样的原始标定长度，mm。

伸长率与试样尺寸有关，同一种金属材料用不同尺寸的试样，所测得的伸长率数值是不相同的。为了便于比较，规定用短试样所测的伸长率用 δ_5 表示，而用长试样所测的伸长率用 δ_{10} 或 δ 表示。

B 断面收缩率

断面收缩率是断口面积的缩减量与原始横截面积之比值的百分数，用符号 ψ 表示，数学表示式为：

$$\psi = \frac{S_0 - S_1}{S_0} \times 100\% \tag{1-6}$$

式中 ψ——断面收缩率，%；

S_1——试样拉断后细颈处最小横截面积，mm^2；

S_0——试样原始横截面积，mm^2。

必须指出，测定材料塑性指标有多种方法，用拉伸试验测定塑性指标 δ 和 ψ 是一种常用的方法。测定方法不同，塑性指标也不同。伸长率和断面收缩率的数值越大，表示材料的塑性越好。塑性好的金属可以冲压或大变形量加工。

例题 1-2 对某钢材直径 $d_0 = 10$ mm 的短试样进行拉伸试验，测得屈服时载荷为 28.5 kN，试样拉断前的最大载荷为 53 kN，试样拉断后的长度为 62.5 mm，断裂处的直径为 $d_1 = 7$ mm。求试样的 σ_s、σ_b、δ_5 与 ψ 的值为多少？

解：(1) 计算 S_0 和 S_1

$S_0 = \pi d_0^2/4 = 3.14 \times 10^2/4 = 78.50\ mm^2$

$S_1 = \pi d_1^2/4 = 3.14 \times 7^2/4 = 38.47\ mm^2$

(2) 计算 σ_s 和 σ_b

$\sigma_s = F_s/S_0 = 28500/78.5 = 363.06$ MPa

$\sigma_b = F_b/S_0 = 53000/78.5 = 675.16$ MPa

（3）计算 δ_5 与 ψ

$$\delta = \frac{l_1 - l_0}{l_0} \times 100\% = \frac{62.5 - 5 \times 10}{5 \times 10} \times 100\% = 25.00\%$$

$$\psi = \frac{S_0 - S_1}{S_0} \times 100\% = \frac{78.5 - 38.47}{78.5} \times 100\% = 50.99\%$$

1.2.1.3 硬度

所谓硬度是材料对更硬物体压入其基体时所表现的抵抗力。常采用压痕、划痕的深度或压痕、划痕单位表面积所承受的载荷值作为硬度高低的指标。

硬度值是通过硬度试验法测定的，根据测定方法不同，可分为布氏硬度、洛氏硬度和维氏硬度等。

A 布氏硬度

布氏硬度的测定是用一定直径的球体（钢球或硬质合金球），以相应的试验力压入试样表面，经规定的保持时间后卸除试验力，用测量表面压痕直径来计算出硬度值。这个测定方法如图 1-5 所示。

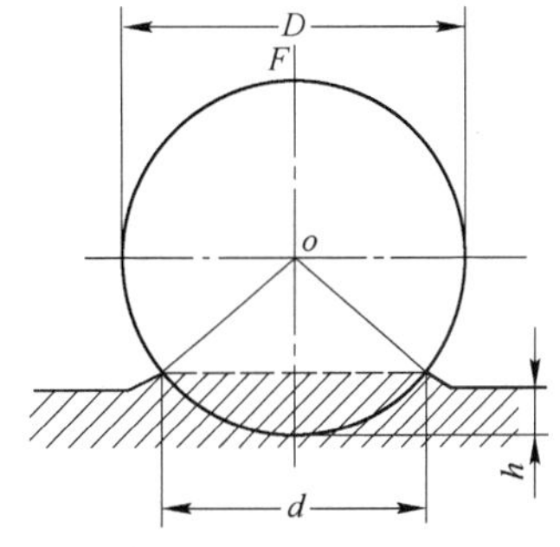

图 1-5 布氏硬度测定法示意图

布氏硬度值是用球面压痕单位表面积上所承受的平均压力来表示。符号是 HBS（试验压头为淬硬钢球）或 HBW（试验压头为硬质合金球）。布氏硬度值计算公式如下：

$$\text{HBS(HBW)} = 0.012\left[\frac{2F}{\pi D\left(D - \sqrt{D^2 - d^2}\right)}\right] \quad (1\text{-}7)$$

式中 HBS——用钢球作硬度试验时的布氏硬度值；

HBW——用硬质合金球作硬度试验时的布氏硬度值；

F——试验力，N；

D——球体直径，mm；

d——压痕平均直径，mm。

由式 1-7 可见，当外力 F 和压头球体直径 D 一定时，布氏硬度值仅与压痕直径 d 的大小有关。d 越小，HBS（HBW）越大，也就是硬度越高：相反，d 越大，HBS（HBW）就越小，硬度也就越低。

在实际应用时，布氏硬度一般不用计算，而是由专用放大镜量出压痕直径 d，再查阅硬度表，即可得出相应的布氏硬度值。

布氏硬度的表示方法：规定符号 HBS 或 HBW 之前的数字为硬度值，符号后面按球体直径、试验力、试验保持时间（10 ~ 15 s 不标）的顺序用数字表示出试验条件。例如 180/HBS10/1000/40 表示用直径 10 mm 的钢球，在 9800（1000 × 9.8）N 的试验力作用下，保持 40 s 时测得的布氏硬度值为 180；又如 530HBW5/750 表示用直径 5 mm 的硬质合金球，在 7350（750 × 9.8）N 的试验力的作用下保持 10 ~ 15 s 时，测得的布氏硬度值为 530。

布氏硬度测定值适用于各种退火及调质钢材，但对于高硬度的材料用布氏硬度测试就 较困难，需要用洛氏硬度和维氏硬度。

B 洛氏硬度

洛氏硬度是在洛氏硬度试验机上测得的，用符号 HR 表示。最常用的方法是在试验时采用120°的金刚石圆锥体作压头，如图 1-6 所示。

C 维氏硬度

维氏硬度用符号 HV 表示。试验原理和布氏硬度基本相同，也是以压痕表面积上的平均压力作为硬度值。载荷根据不同要求加以选择，压头是两面夹角为 136°的金刚石四棱角锥体，如图 1-7 所示。三种硬度测试的区别主要是压头不同。

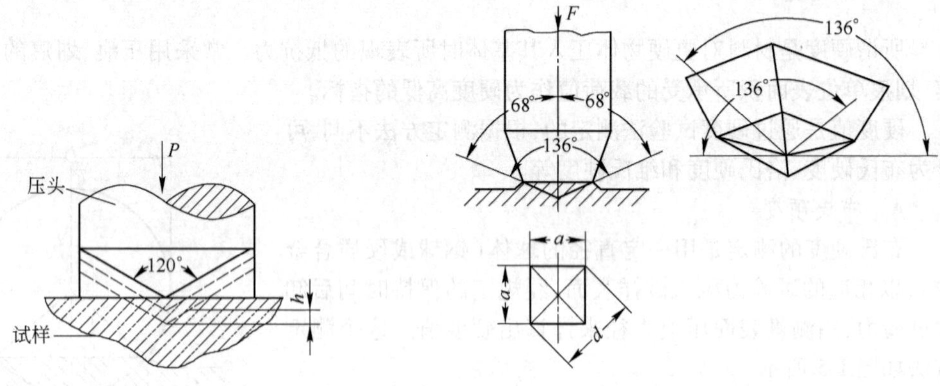

图 1-6 洛氏硬度测试用压头示意图

图 1-7 维氏硬度测试用压头示意图

1.2.1.4 韧性

钢的韧性是指钢材抵抗冲击载荷作用而不被破坏的能力。材料韧性的好坏，可通过冲击试验测定，用冲击韧性值表示。冲击韧性用符号 A_K 表示，单位为 J/cm²。A_K 值越大，材料的韧性越好。

测定冲击韧性的原理是能量守恒定律，是在冲击韧性试验机上测定的。如图 1-8 所示，将摆锤 7 升到一定高度，使其具有一定的位能，然后摆锤自由下落（位能转变成动能），将放于支座钳口 1 上的试样冲断。此时指针 4 在刻度盘 3 上的读数即为试样所承受的冲击吸收功值 A'_K。

$$A_K = A'_K / S_0 \tag{1-8}$$

1.2.1.5 疲劳强度

A 疲劳

机械零件在工作过程中各点的应力随着时间作周期性的变化，这种随时间作周期性变化的应力称为交变应力（也称循环应力），如图 1-9 所示。在交变应力的作用下，金属材料发生突然断裂的现象称为疲劳。

B 疲劳强度

钢材抵抗疲劳的能力用疲劳强度（疲劳极限）来衡量。疲劳强度越大，钢材抗疲劳性能越好。所谓疲劳强度，就是金属材料在无数次对称循环的交变载荷作用下而不破坏的最大应力，用 σ_{-1} 表示。通常规定钢在经受 $10^6 \sim 10^7$ 周次的交变载荷作用时（不锈钢取 10^8 周次），不产生破裂的最大应力，称为钢的疲劳强度。

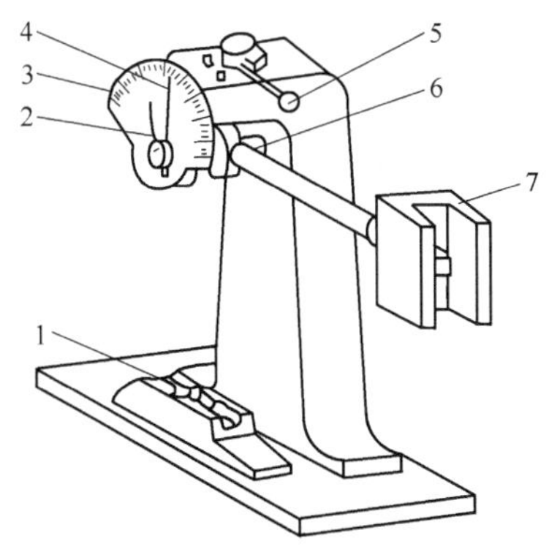

图 1-8 手动摆锤式冲击试验机
1—支座钳口;2—拨针;3—刻度盘;4—指针;
5—手柄;6—摆轴;7—摆锤

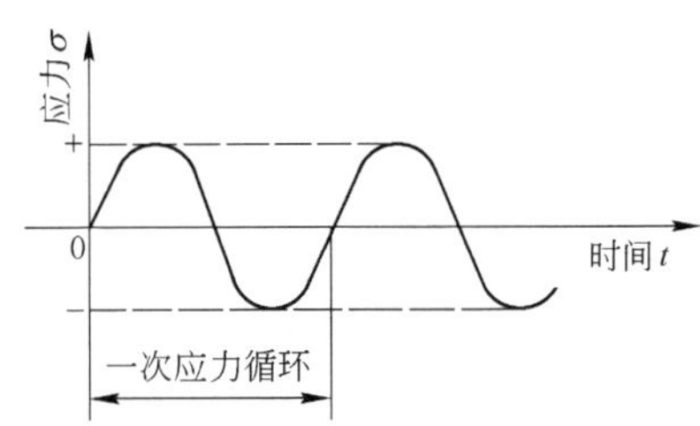

图 1-9 对称循环交变应力示意图

1.2.2 钢的物理性能

钢的物理形态有液态(钢水)和固态(钢锭、钢坯和各种钢材)。这里只介绍固态钢的物理性能。

1.2.2.1 密度

单位体积钢的质量称为钢的密度。通常固态钢的密度为 7.8 ~ 7.9 g/cm^3。因为钢的密度大于 5 g/cm^3,所以称为重金属。

1.2.2.2 熔点

金属和合金从固态向液态转变时的温度称为熔点。钢的组成不同,其熔点也不相同,正常情况下碳钢的熔点在 1450 ~ 1500℃之间。

1.2.2.3 热膨胀性

钢的体积随温度而变化称为钢的热膨胀性。在工程施工和零件制作等实际生产中,必须要考虑钢材热膨胀性的影响。例如,铺设钢轨时,在两根钢轨衔接处要留有一定的空隙,以便钢轨在长度方向留有膨胀的余地,防止道轨受热后畸变;轴与轴之间要根据钢的膨胀系数控制间隙尺寸;又如在制定钢的热处理、铸造等工艺时,必须考虑钢的热膨胀性,以避免工件的变形和开裂。

1.2.2.4 磁性

金属被磁场磁化或吸引的性能称为磁性。钨钢和铬钢被磁化后磁性不会消失,称为硬磁性材料,可用来制造永久磁铁;硅钢磁化后随着磁场消失而失去磁性,称为软磁性材料,可用来制作电机和变压器铁心。

钢具有良好的导电和导热性,但钢是铁碳合金,相对而言,其导电导热性不如纯金属。

1.2.3 钢的化学性能

钢在常温下抵抗氧、水气及其他化学介质腐蚀破坏作用的能力称为钢的耐腐蚀性。钢在高温下抗氧化作用的能力称为钢的抗氧化性。钢的耐腐蚀性和抗氧化性总称为钢的化学稳定性。钢材在高温下的化学稳定性称为热稳定性。钢在这方面的性能与它的成分和组织有关,在不同的使用条件下,应选用不同的钢号。

1.2.4 钢的工艺性能

钢的工艺性能是指钢对各种加工工艺的适应能力,它包括铸造性能、锻压性能、焊接性能、切削性能和热处理性能等。钢的工艺性能直接影响加工后的钢材质量,是选材和制订工艺时必须考虑的因素。

1.2.4.1 铸造性能

钢水铸造成形并获得优良铸件的能力称为铸造性能。衡量铸造性能的指标有流动性、收缩性和偏析等。流动性是钢水流动的能力,它主要受钢的化学成分、浇注温度等影响。流动性良好的钢水容易充满铸型,且有利于熔渣和气体的上浮,使铸件清晰完整。收缩性是指铸件在凝固和冷却过程中体积和尺寸减少。收缩率小则缩孔、疏松少,铸件比较致密。偏析是指金属凝固后,内部化学成分和组织不均匀。偏析小则钢各部分成分比较均匀,力学性能差异小。铸铁比铸钢的铸造性能好,高碳钢比低碳钢的铸造性能好。

1.2.4.2 锻压性能

锻压性能主要是指钢在压力加工时改变形状和尺寸而不产生裂纹的性能。钢具有良好的锻压性能,可以通过锻造、轧制、挤压等加工工艺,获得所需要的形状和尺寸的钢材。而铸铁几乎没有可锻压性。

1.2.4.3 切削加工性能

切削加工性是指钢材被切削加工的难易程度。通常是以钢经切削后的表面光洁度、切削刀具的寿命和切削速度来衡量钢的切削性能的好坏。具有适当硬度和足够脆性的金属材料容易切削,所以铸铁比钢易切削,碳钢的切削性能比高合金钢好。

1.2.4.4 焊接性能

钢的焊接性能是指钢对焊接加工的适应性,即在一定的焊接工艺条件下,获得优质焊接接头的难易程度。对碳钢和低合金钢而言,焊接性与钢材的化学成分有关。例如低碳钢的焊接性能好,而高碳钢、铸铁的焊接性能较差。

思 考 题

1. 什么叫钢,钢是怎样分类的?
2. 什么叫碳素钢,它的分类方法有哪几种?
3. 碳素结构钢和碳素工具钢在主要化学成分和用途方面有什么不同?

4. 叙述普通碳素结构钢、优质碳素结构钢、碳素工具钢和铸造碳钢的牌号表示方法及其主要用途。
5. 下列钢号属于哪一类钢种，其符号和数字各表示什么意义？
   Q215，10F，20A，45，T12，ZG230-450，T8Mn，T8，60Mn。
6. 什么叫合金钢，它的分类方法有哪几种？
7. 叙述合金结构钢、合金工具钢和滚动轴承钢的牌号表示方法和主要用途，并举例说明。
8. 不锈耐酸钢的钢号表示与合金结构钢和合金工具钢有什么区别？举例说明。
9. 什么叫特殊性能钢，它包括哪几类钢种？各举一个牌号说明。
10. 指出下列钢号属于哪一类钢种？含碳量和合金元素的含量大致是多少？并说明这些钢种的主要用途。
   20MnSi，12CrNi3A，35SiMn，55Si2Mn，9Mn2V，35Si2MnMoVA，CrWMn，9CrSi，2Cr13，1Cr18Ni9Ti，4Cr9Si2，W6Mo5Cr4V2，W18Cr4V，ZGMn13，GCr15。
11. 钢的力学性能含义是什么，它包括哪些内容？
12. 什么叫载荷，根据作用性质和作用方式是怎样分类的？
13. 什么叫变形，变形有哪两类？各自的含义又是什么？
14. 什么叫应力，应力越大，表示金属抵抗变形能力越大，这种说法对吗，为什么？
15. 硬度和强度有何异同点？
16. 什么叫疲劳，什么叫疲劳强度，钢的疲劳强度又是什么？
17. 钢的物理性能和化学性能有哪些？
18. 钢的工艺性能包括哪些？

2 金属结构与结晶

2.1 晶体的结构

不同的金属和合金具有不同的力学性能,例如钢的强度和塑性比铸铁高,而铸造性能却不如铸铁,低碳钢具有高的塑性和韧性,而高碳钢具有高的硬度和耐磨性。不同成分的金属材料所表现出的这种性能上的差异,都是由于其晶体结构所决定的。因此知道金属的晶体结构及其对金属性能的影响是很重要的。

2.1.1 晶体结构的概念

在物质内部,凡是原子作有序、有规则排列的称为晶体。晶体和非晶体不同,它具有固定的熔点,其性能呈各向异性。绝大多数金属和合金都属于晶体,都具有良好的导电性和导热性,有一定的强度和塑性等。若要知道金属晶体为什么会具有这些特性,就必须从金属原子的结构特点来加以分析。

2.1.1.1 金属键

金属原子的最外层电子与原子结合力较弱，容易脱离轨道而在金属内部自由运动，形成电子气，金属原子失去最外层的电子后变成正离子，电子气中的电子不属于某个原子所有，是为整个金属中的正离子所共有。由于公有化的电子和正离子相互吸引，使金属原子按照一定的几何规律结合成为晶体。金属原子的这种结合方式称为“金属键”。图 2-1 为金属原子结构示意图。

由于正离子和大量公有化电子之间的强大引力,使金属晶体结合得非常牢固,所以金属通常具有较高的强度。在电场的作用下,电子会做定向移动,所以金属呈现导电性。这说明金属晶体的各种特性和结构特点都与金属键的结合方式密切相关。

2.1.1.2 晶格和晶胞

晶体内部的原子是有序有规则排列的,为了便于理解把原子看成一个小球,不再化成离子和电子,则金属晶体的各种特性是由这些小球按一定的几何规律堆积在一起而显示出来的。为了形象地表明晶体中原子堆积的规律,将每个原子简化成一个点,用假想的线将这些点连接起来,构成有明显规律性的空间格子。这种表示原子在晶体中排列形式的空间格架叫做“晶格”。显然,晶格是金属原子有规则排列的抽象化,晶格上的每个点称为结点。必须指出,原子在晶格结点上并不是固定不动的,而是以结点为中心作高频率的振动,随着温度升高,原子的振动幅度也增大。图 2-2a 为晶格示意图。

由图可见,晶格是由许多形状、大小相同的最小几何单元重复堆积而成的。能够完整地反映晶格特征的最小几何单元称为晶胞(图 2-2b),利用晶胞来反映金属中原子排列的规律性比用晶格要简单明了得多。

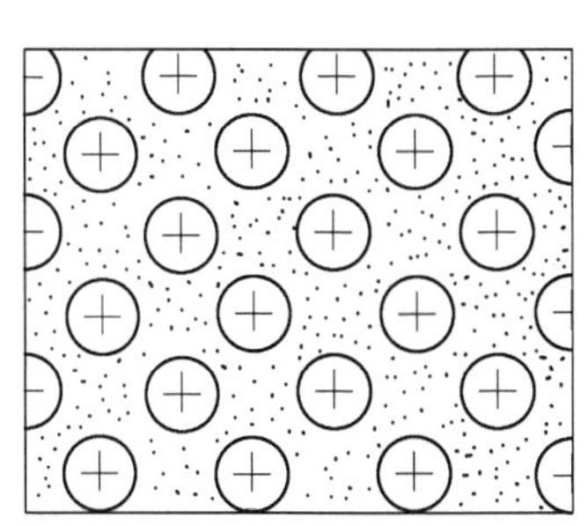

图 2-1 金属原子结构示意图

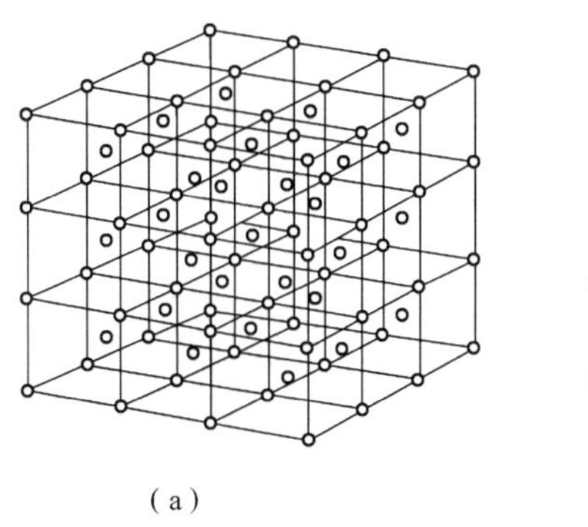

图 2-2 晶格晶胞示意图
(a) 晶格示意图;(b) 晶胞示意图

2.1.1.3 晶格常数

各种元素的原子半径大小不同,组成的晶胞大小也不可能相同。如图 2-3 所示,晶胞的大小和形状可用棱边长度 a、b、c 及棱边夹角 α、β、γ 来表示。晶胞棱边长度称为晶格常数。晶格常数的单位为 Å(埃,1Å $=10^{-10}$m)。对于立方晶体来说,晶胞三个方向上的边长是相等的,即 $a=b=c$,用一个晶格常数 a 表示即可。

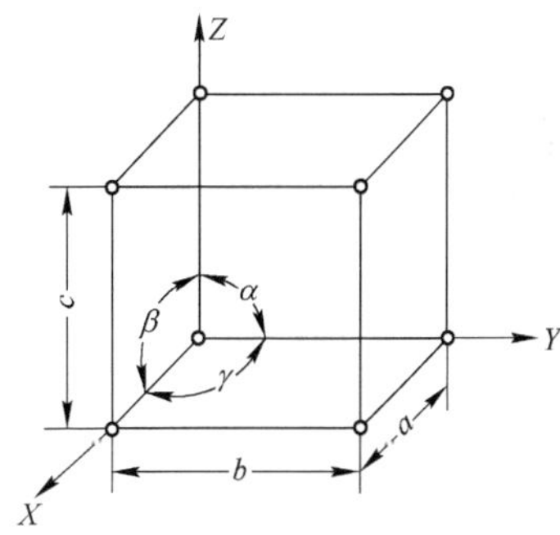

图 2-3 简单立方晶胞表示法

2.1.2 金属晶格的类型

金属键结合力强且无方向性,所以金属晶体中原子具有趋于密排的倾向,常常形成高度对称性的晶格类型。绝大多数金属是属于体心立方、面心立方和密排六方三种晶格。

2.1.2.1 体心立方晶格

在金属晶体中通过一系列原子所构成的平面称为晶面;通过两个以上原子的直线表示某一原子粒在晶格空间的位向称为晶向。立方晶格中的晶面、晶向如图 2-4、图 2-5 所示。

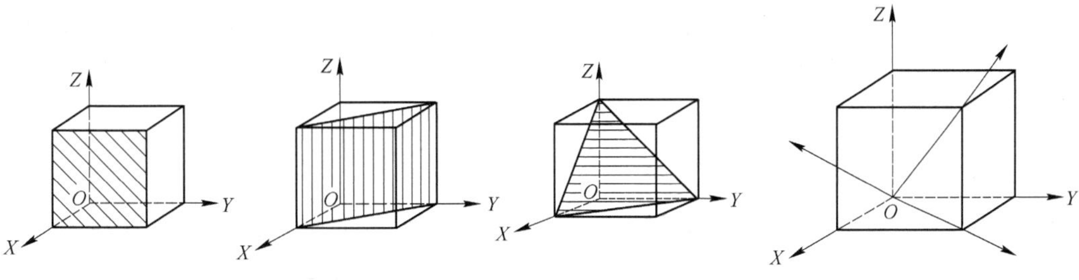

图 2-4 立方晶格中的某些晶面

图 2-5 立方晶格的晶向

体心立方的晶胞是一个立方体，原子位于立方体的中心和八个顶角，如图2-6a所示。把晶胞放到晶格中去观察得知：体心立方晶体中的每一个原子都处于晶格的体心上，所以 称为体心立方晶格。属于体心立方晶格类型的有 $\alpha-Fe$ 以及铬、钨、钼等金属。

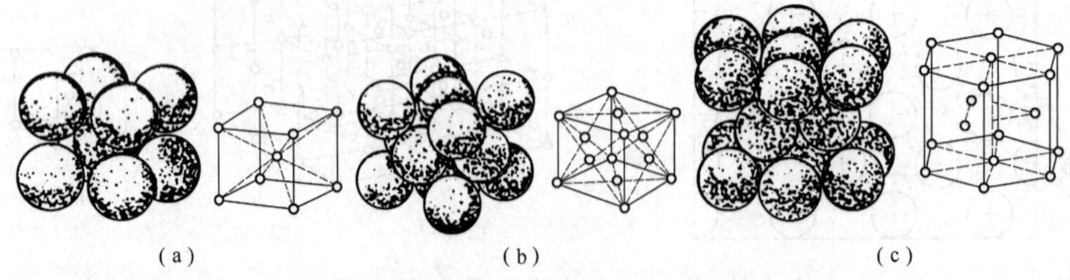

图2-6　常见晶胞示意图
(a) 体心立方晶胞；(b) 面心立方晶胞；(c) 密排六方晶胞

2.1.2.2　面心立方晶格

面心立方晶格的晶胞也是一个立方体，原子位于立方体六个面的中心和八个顶角上，如图2-6b所示。由于原子处于立方体侧面的中心故称面心立方晶格。属于这种晶格类型的有 $\gamma-Fe$ 以及铝、铜、铅等金属。

2.1.2.3　密排六方晶格

密排六方晶格的晶胞是一个正六方柱体，原子排列在柱体上、下底面的中心和每个角顶上，另有三个排列在柱体内。面心立方晶胞的晶格常数 $a = b \neq c, c/a \approx 1.58 \sim 1.89$，如图2-6c所示。属于这种晶格类型的有镁、锌、铍等金属。

2.1.2.4　致密度

晶胞中原子排列的紧密程度可以用配位数和致密度两个参数表示。

所谓配位数是指晶格中任一原子周围所紧邻的等距离的原子数目，如图2-7所示。

由图2-7a可以看出，体心立方晶格中任一原子周围所邻近的等距离的原子数是8；由图2-7b和图2-7c可以看出，面心立方和密排六方晶格的配位数都是12（面心立方晶格中用数字标明的12个原子；密排六方晶格在同一平面上有6个相邻原子，上、下两面各有三个原子）。配位数的数值越大，在晶胞总体积中原子所占的体积百分数越大，即致密度越高。根据致密度为晶胞中原子占有的体积除以晶胞的体积进行计算得知，体心立方晶胞的致密度为68%；面心立方和密排六方的晶胞的致密度为74%。

2.1.3　晶体结构的缺陷

如前所述，在晶格中每个结点上都应占有原子，这是一种很理想晶体。实际上使用的金属材料不是纯金属，而有其他元素的原子进入，以及在冶炼后的结晶过程中受到各种因素的影响，使本来有规律的原子堆积方式受到干扰，出现不规则的原子堆积，尤其在不同晶粒的晶界处更为明显。晶体中出现的各种不规则的原子堆积现象称为晶体的缺陷。晶体的缺陷对金属的性能有明显的影响，根据缺陷存在的几何特点，可以分为点缺陷、线缺陷和面缺陷。

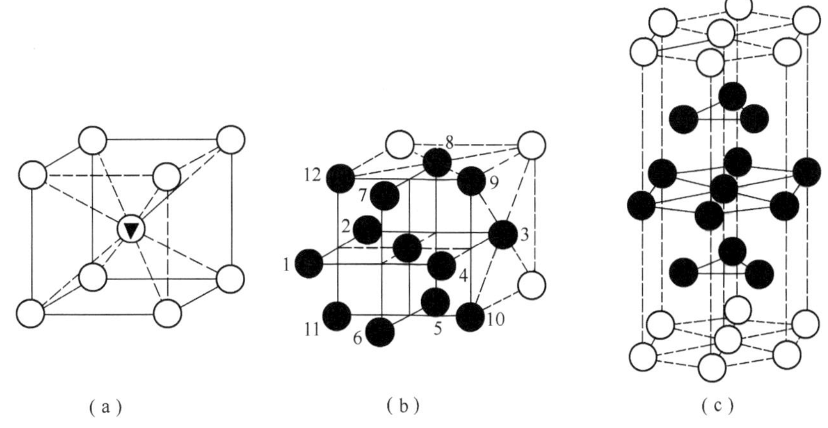

图 2-7 晶格的配位数示意图
(a) 体心立方;(b) 面心立方;(c) 密排六方

2.1.3.1 点缺陷

点缺陷是指晶体空间中体积很小的缺陷,最基本的形式是晶格的空位和间隙原子。如果在晶格上应该有原子的地方而没有原子,在那里就会出现“空洞”,这种原子堆积上的缺陷就叫作晶格“空位”。同时,在少数个别晶格的空隙处出现了多余的原子或挤入外来原子,则把这种缺陷叫作间隙原子,如图 2-8 所示。

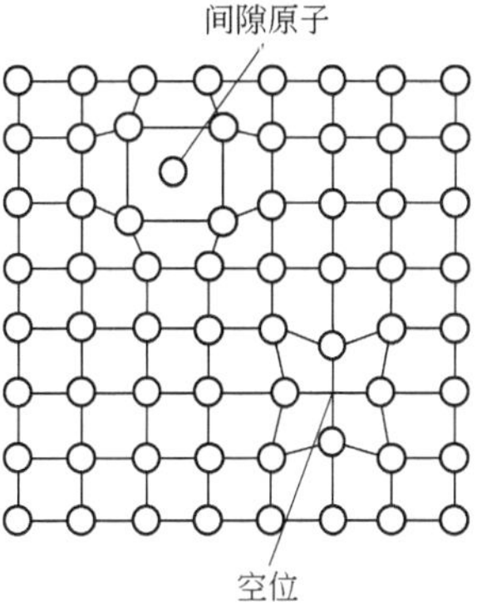

图 2-8 空位和间隙原子

晶格空位和间隙原子一般是由原子的热运动造成的。原子本是以晶格结点为中心而振动,但随着温度的升高振幅加大,在某一瞬间,个别原子会获得足够高的能量而脱离原来的晶格位置,跑到晶格的间隙处成为间隙原子,而原来的位置便出现空位。显然,这些缺陷会使晶格产生变形,这种现象称“晶格畸变”。晶格空位和间隙原子在晶体中的移动,是固态金属进行扩散的依据。

2.1.3.2 线缺陷

线缺陷是指在晶体中呈线性分布的缺陷,这种缺陷的具体形式是各种位错。所谓位错,就是在晶体中某处有一列或若干列原子发生有规律的错排现象。最基本的位错叫作刃型位错,如图 2-9 所示。

由图 2-9 可见,在这个晶体的某一水平面(*ABCD*)的上方,多出了半个原子面(*EFGH*),它中断于 *ABCD* 面上的 *EF* 处;这半个原子面如同刀刃一样插入晶体,故称刃型位错。在位错的附近区域,晶格发生畸变,造成应力集中区。位错在晶体中大量的存在,是晶体中最重要的一种缺陷。位错有一个明显的特点,就是很容易在晶体中移动,金属材料的塑性变形便是通过位错运动和增殖来实现的。

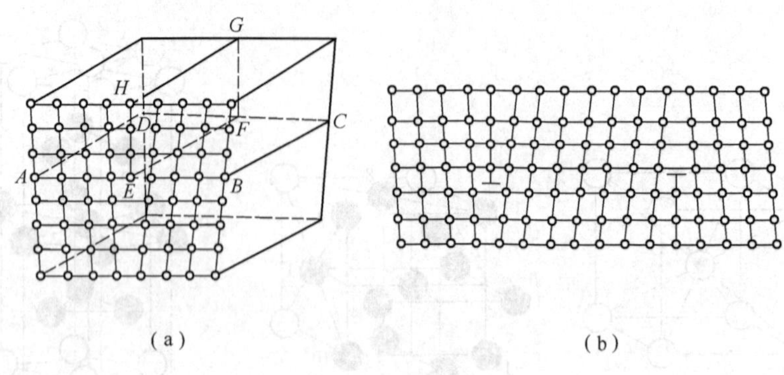

图 2-9　刃型位错示意图
(a) 立体图；(b) 平面图

2.1.3.3　面缺陷

面缺陷是指晶体中呈面状分布的缺陷，通常是指金属晶体中的晶界和亚晶界。实际金属均为多晶体，是由大量外形不规则的小晶体即晶粒组成。每个晶粒可视为单晶体，所有晶粒的结构可以相同，但彼此之间的位向不同，位向差为几度或几十度。晶粒与晶粒之间的接触界面称为晶界。

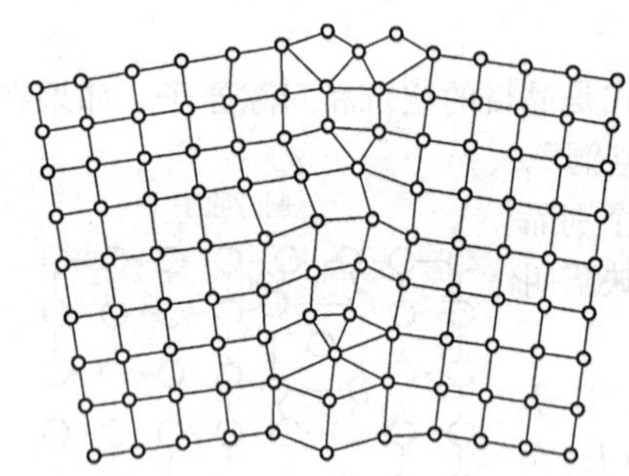

图 2-10　晶界过渡结构示意图

晶界过渡结构如图 2-10 所示，晶界处的原子排列是不规则的，原子处于不稳定的状态。晶界具有一系列与晶内不同的重要特性。例如：

(1) 晶界易腐蚀，熔点较低；

(2) 当能量达到相变时，晶界处优先产生新的转变物；

(3) 原子在晶界上扩散比在晶粒内部迅速；

(4) 晶界对金属的塑性变形起阻碍作用，所以在室温下晶界处的硬度、强度要高于晶内等等。

实验证明，即使在一颗晶粒内部其晶格位向也并不像理想晶体那样完善，而是分隔成许多尺寸很小、位向差也很小的小晶块，它们互相嵌镶成一颗晶粒，这些小晶块称为亚晶粒，亚晶粒之间的界面称为亚晶界。如图 2-11 所示，在亚晶界处的原子排列与晶界相似，也是不规则的。综上所述，实际使用的并不是完全理想的晶体结构，而是多晶体。在多晶体的每个晶体内部，由于存在晶格空位、间隙原子、位错、晶界及亚晶界等点、线、面缺陷，故造成了晶格畸变，引起塑性变形抗力的增大，从而使金属的强度提高。

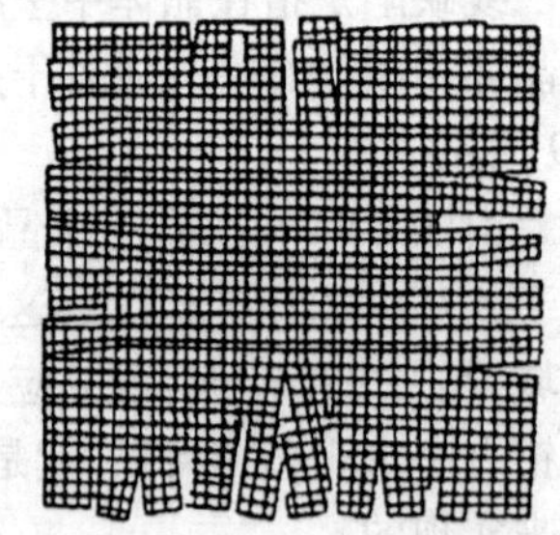

图 2-11　亚晶示意图

2.2　金属的结晶

金属与合金一般都要经过熔炼和铸造，都要经历由液态变成固态的结晶过程，也就是原子由不规则排列的液体逐步过渡到原子规则排列的晶体过程。金属与合金的内部组织与结晶过程有密切的关系，因此，掌握金属结晶过程的规律，对于控制金属材料内部组织和性能是十分必要的，也有利于理解某些合金的液、固态转变过程。

2.2.1 纯金属的冷却

2.2.1.1 冷却曲线

金属的实际结晶温度可用热分析方法测定，热分析装置如图 2-12 所示。首先将少量纯金属放在小坩埚里加热熔化，然后以缓慢的速度进行冷却。在冷却过程中每隔一定时间记录一次温度。并将记录的数据描绘在温度和时间的坐标图上，便获得纯金属的冷却曲线。纯金属冷却曲线绘制过程如图 2-13 所示。

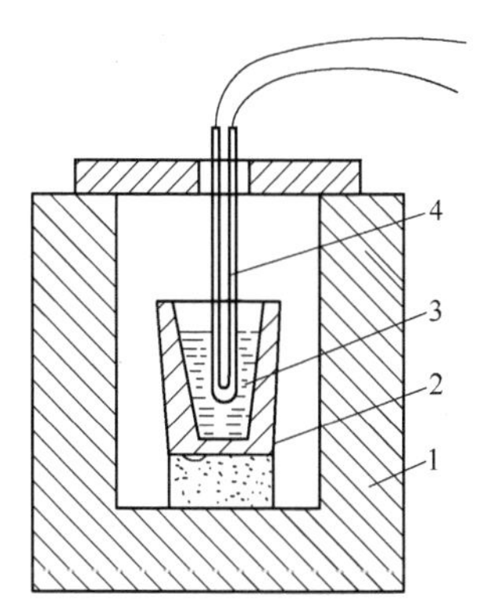

图 2-12 热分析装置示意图

1—电炉；2—坩埚；3—金属液；4—热电偶

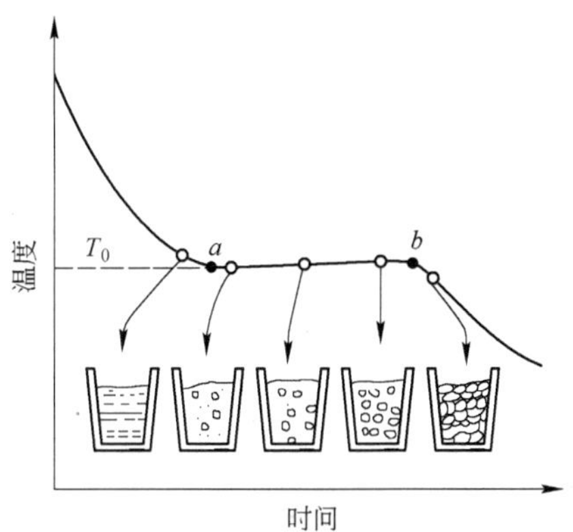

图 2-13 纯金属冷却曲线的绘制过程

由冷却曲线可见，液体金属随着冷却时间的延长，温度不断下降，当冷却到 a 点时，液态金属开始结晶并放出结晶潜热，由于结晶潜热补偿散失的热量，因此温度不随时间的延长而下降。$a \sim b$ 之间的水平线段（平台）即为结晶阶段，它所对应的温度就是纯金属的液态结晶温度。

2.2.1.2 过冷现象及过冷度

在极缓慢地冷却和加热条件下，纯金属的结晶温度与它的熔化温度相当，这个温度称为理论结晶温度，可见在理论结晶温度时，金属既结晶又熔化，固液两相处于平衡状态。要使液态金属结晶，温度必须低于理论结晶温度，如图 2-14 所示。T_0是理论结晶温度，T_1为金属的实际结晶温度。金属的实际结晶温度比理论结晶温度低。这种现象叫过冷现象，理论结晶温度与实际结晶温度之差称为过冷度，用符号 ΔT 表示：$\Delta T = T_0 - T_1$。

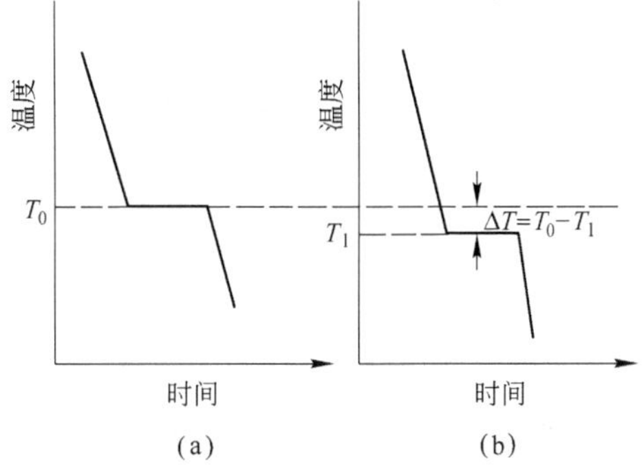

图 2-14 纯金属的冷却曲线

(a) 金属的理论结晶温度；(b) 金属的实际结晶温度

实验证实，过冷度不是恒定值，与冷却速度有关。同一金属从液态冷却时，冷却速度越大，结晶时过冷度也越大。液态金属只有过冷到 T_0

以下，才能具备结晶时所需要的能量条件，所以说过冷是金属结晶的必要条件。

2.2.2　纯金属的结晶

在一定的过冷度条件下，结晶是从液态金属中能首先形成一些微小而稳定的固体质点处开始的，这些固体质点称为晶核。然后以晶核为核心不断地向液态金属中长大，晶核长大时首先生长的晶柱叫作一次晶轴，在一次晶轴侧面长出的晶柱叫作二次晶轴，依此类推，还可以从二次晶轴上长出三次晶轴……，这些晶轴彼此交错，宛如树枝，故称为树枝状晶体，简称枝晶，如图 2-15 所示。因此，结晶过程是形核和晶粒长大的过程。

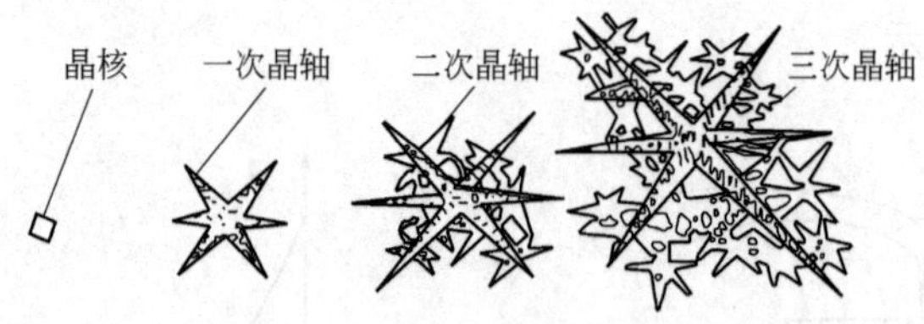

图 2-15　树枝状晶体成长示意图

在金属结晶过程中，由于晶核是按树枝状骨架方式长大，当发展到与相邻的树枝状骨架相遇时，树枝状骨架才停止发展，但此时骨架仍处于液体之中，骨架内将不断生长出次级晶轴，早生长的晶轴逐渐加粗，使液体越来越少，直至枝晶间的液态金属全部凝固为止。如图 2-16 所示。

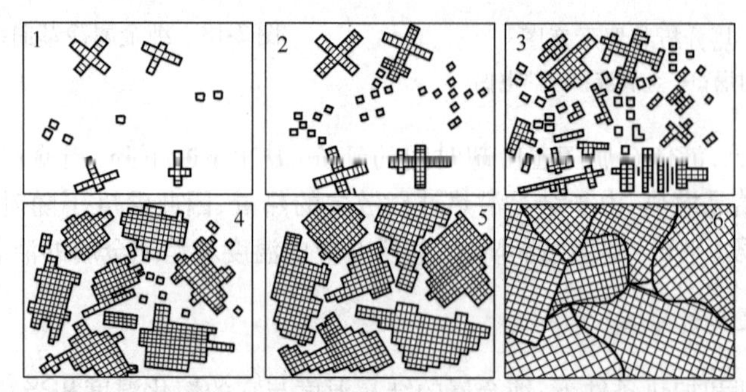

图 2-16　纯金属结晶过程示意图

1—液体及产生的晶核；2、3、4—晶核长大及新晶核的形成；

5、6—晶核继续长大成晶粒至全部液体凝固

由晶核成长起来的、外形不规则而内部原子排列规则的小晶体称为“晶粒”。由于每个晶粒的位向不同，使它们相遇时不能合为一体，中间由一层分界层隔开（称为晶界），结晶后的晶体由许多晶粒组成，称为多晶体（图 2-17a）；如果结晶后的晶粒呈相同的位向，这种晶体称为单晶体（图 2-17b）。单晶体的性能是“各向异性”的，而多晶体由于各晶粒的位向不一致，它们自身的各向异性彼此抵消，所以显示出“各向同性”。

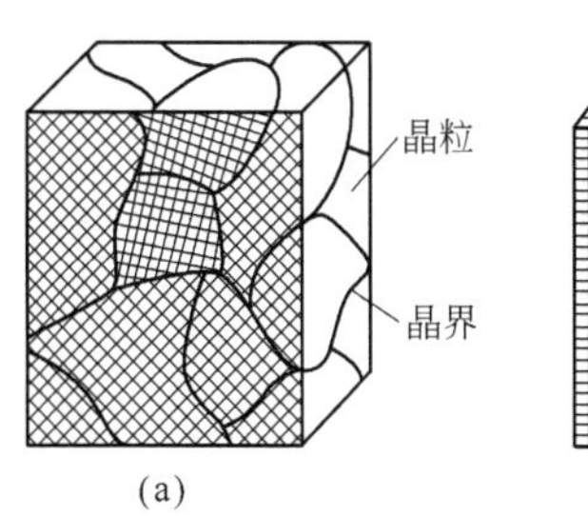

(a)

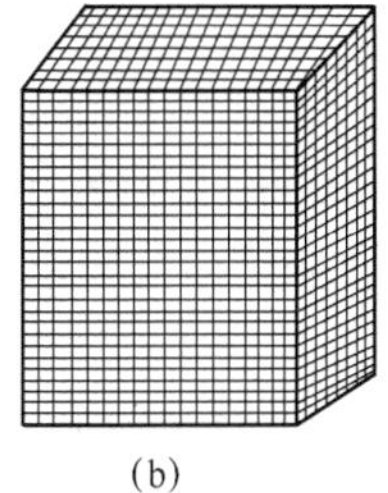
(b)

图 2-17　晶体示意图
(a) 多晶体;(b) 单晶体

2.2.3　晶粒大小的控制

金属晶粒大小对它的力学性能有很大的影响。普遍认为,在室温条件下,细晶粒金属具有较高的强度和韧性。表 2-1 说明晶粒大小对纯铁力学性能的影响。

表 2-1　晶粒大小对纯铁力学性能的影响

晶粒平均直径/mm	σ_b/MPa	σ_s/MPa	δ/%
70	184	34	30.6
25	216	45	39.5
2.0	268	58	48.8
1.6	270	66	50.7

由表 2-1 可见,细晶粒的力学性能比粗晶粒好。为了提高金属的力学性能,就必须控制金属结晶后的晶粒大小。结晶过程既然是形核和长大两个基本过程组成,那么结晶后的晶粒大小必然与形核速度和长大速度密切相关。形核速度又叫形核率,即单位时间内单位体积中产生晶核的数目,用符号 N 表示,单位为生核数/(s · mm^3);晶核长大速度即单位时间内晶核向周围成长的线速度,用符号 v 表示,单位为 mm/s。形核率越大,结晶后的晶粒越多,晶粒也就越细小。因此,细化晶粒的根本途径是控制形核率。常用的细化晶粒的方法有以下几种:

2.2.3.1　增加过冷度

实验证明,冷却速度越大,过冷度 ΔT 越大,即实际结晶温度越低,液态金属的结晶倾向便越大。这种倾向在结晶过程中的具体表现就是形核率 N 和长大速度 v 都随过冷度 ΔT 的增加而显著增大。如图 2-18 所示。

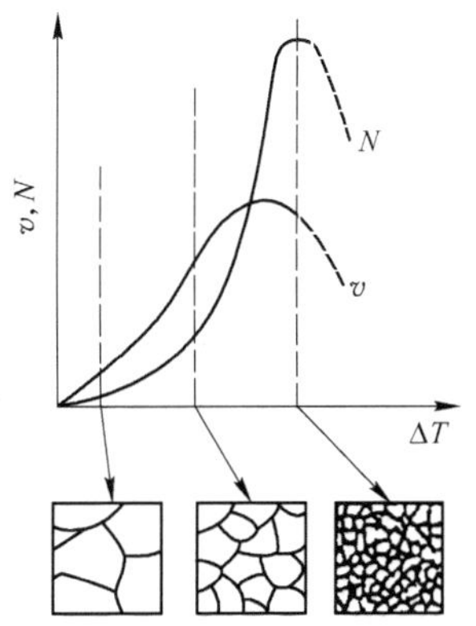

图 2-18　形核率和长大速度与过冷度关系示意图

金属在结晶后的晶粒大小与结晶过程中形核率和成长速度的比值有关。比值越大晶粒越细,反之则越粗。由图2-18可以看出,形核率与长大速度的比值,是随过冷度的增加而增大的。因而金属的冷却速度越大,则获得的晶粒就越细。

增加过冷度只适用于中小型铸件,对于大型铸件,增加冷却速度是有一定限度的。另外冷却速度过大也会引起金属中铸件应力的增加,给零件造成变形、开裂等缺陷。

2.2.3.2 变质处理

多数金属不可能是绝对纯的，当金属液中含有某些未熔质点悬浮存在时，其中某些质点可作为依托而使形核所需的能量降低，使形核率明显增加，这称为非匀质形核，从而达到细化晶粒的目的。

因此，在液态金属结晶前，有目的地加入一些其他金属或合金作为形核剂（又叫变质剂），使它弥散分布在金属液中起到非均质形核的作用，使晶粒显著增加。这种细化晶粒的方法称为变质处理。实践证明，在钢液中加入铝、钛、硼等，在铸铁中加入硅铁、硅钙合金等都能起到细化晶粒的作用。

2.2.3.3 振动处理

在金属液结晶过程中，采用机械振动、超声波振动和电磁搅拌等措施，把长大过程中的枝晶破碎，被破碎细化的枝晶又可起到新晶核的作用，从而提供了更多的结晶核心，最终达到了细化晶粒的目的。

2.2.4 纯铁的同素异构转变

自然界有些金属在固态下存在着两种以上的晶格形式，称为金属的同素异构性；固态金属随温度变化由一种晶格转变为另一种晶格的现象称为同素异构转变；金属中不同晶格形式存在的晶体称为该金属的同素异晶体。金属中的同素异晶体按其稳定存在的温度，由低温到高温依次用希腊字母 α、β、γ、δ 来表示。

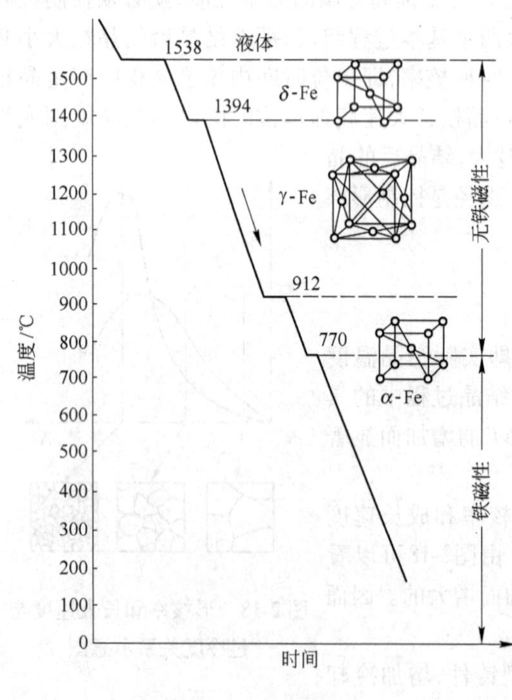

图 2-19 纯铁的冷却曲线

具有同素异构转变的金属有铁、锡、锰、钛等元素，例如，钛在不同温度下，晶格有密排六方和体心立方两种类型。纯铁的同素异构转变可从图 2-19 纯铁的冷却曲线看出，液态纯铁在 1538℃ 开始结晶，得到具有体心立方晶格的 $\delta-Fe$，继续冷却到 1394℃ 时发生同素异构转变，$\delta-Fe$ 转变成面心立方晶格的 $\gamma-Fe$，再冷却到 912℃ 时又发生了同素异构转变，$\gamma-Fe$ 转变为体心立方晶格的 $\alpha-Fe$。如果再继续冷却到室温，晶格类型不再发生变化。这一系列转变的表达式如下：

$$\underset{\text{体心立方晶格}}{\delta-Fe} \overset{1394℃}{\Leftrightarrow} \underset{\text{面心立方晶格}}{\gamma-Fe} \overset{912℃}{\Leftrightarrow} \underset{\text{体心立方晶格}}{\alpha-Fe}$$

铁的同素异构转变是铁极为重要的一种性质，由于有了这种性质，才能通过改变化学成分和热处理工艺，使钢的组织结构发生变化，从而改善了钢的力学性能。铁的晶格不同，其溶解碳和其他元素的能力也不相同，当温度改变而引起铁的同素异构转变时，就会有碳化物的析出或溶解，这是改善钢的组织结构和性能的基本条件之一。

金属的同素异构转变，实质上是原子重新排列的一个结晶过程，又称“重结晶”。它与液态金属的结晶过程有许多相似之处，譬如有一定的转变温度，转变时有过冷现象，有放出或吸收潜热，转变过程也是一个形核和晶体长大的过程。但也有不同的地方，首先同素异构转变是属于固态相变，转变时需要较大的过冷度，同时晶格的转变伴随着金属体积的变化，所以会产生较大的内应力。例如 γ - Fe 转变成为 α - Fe 时，铁的体积会膨胀 1% 左右，这是导致工件变形和开裂的重要因素。

同素异构转变时，新相一般在旧相的晶界处形成晶核。因为晶界处原子的活动能力较高，有利于重新改组晶格。新晶核互相接触长大，直到完全取代旧相为止。实验证明，控制冷却速度可以改变同素异构转变后的晶粒大小，从而改善金属的力学性能。

思考题

1. 什么叫晶体，晶体有哪些特点？
2. 什么叫金属键，解释金属晶体为什么能具有种种的性能？
3. 什么叫晶格，什么叫晶胞，什么叫晶格常数，什么叫晶向和晶面？并画图示意。
4. 叙述体心立方晶格、面心立方晶格和密排六方晶格的含义，并画出它们的晶胞结构示意图。
5. 什么叫配位数？画出三种典型晶格的配位数示意图。
6. 什么叫致密度，面心立方晶胞、体心立方晶胞和密排六方晶胞的致密度各是多少？
7. 什么叫做缺陷，晶体结构的缺陷分为哪几类？
8. 什么叫晶格畸变，什么叫位错，固态金属的扩散和塑性变形的依据是什么？
9. 什么叫晶界，晶界具有哪些与晶内不同的特性？
10. 晶体内部存在着哪些缺陷，这些缺陷对金属的力学性能有什么影响？
11. 什么叫过冷现象与过冷度，过冷度大小与哪些因素有关？
12. 金属结晶的必要条件是什么，为什么？
13. 什么叫单晶体和多晶体，其性能有何区别？
14. 细化晶粒的常用方法有哪几种？
15. 什么叫同素异构性，什么叫同素异晶体和同素异构转变？
16. 叙述纯铁的同素异构转变过程，并写出它的同素异构转变表达式。
17. 什么叫结晶？掌握结晶过程的意义是什么？
18. 纯金属的冷却曲线是怎样绘制的，为什么冷却曲线上会出现平台现象？
19. 纯金属结晶过程是怎样的？
20. 晶粒大小对力学性能有何影响，又与哪些因素密切相关？
21. 变质处理的原理是什么？
22. 改善钢的组织结构和性能的最基本条件是什么？
23. 金属的同素异构转变与液态金属结晶有何异同之处？

3 铁碳合金

前一章叙述的是纯金属的结构和结晶,但人们实际使用的金属材料绝大多数是合金。本章将介绍合金的基本结构、合金相图、结晶过程及其组织,并在此基础上着重探讨铁碳合金的成分、组织和性能之间的关系。

3.1 合金组织

合金是由两种或两种以上的金属或金属与非金属组成的具有金属特性的物质。例如碳钢和生铁都是铁和碳为主的合金,黄铜是铜和锌组成的合金。

组成合金最基本的独立物质称为组元。组元可以是金属元素,也可以是非金属元素或稳定的化合物。根据组成合金组元数目的多少,合金可以分为二元合金、三元合金和多元合金等。给定的组元可以由不同的配比组成一系列成分不同的合金,构成一个合金系。因此合金系也可分为二元系、三元系和多元系等。

在合金中具有同一聚集状态、相同成分、相同结构和性能,并有明显分界面的均匀部分叫做“相”。液态物质称为液相,固态物质称为固相,在固态下金属可以是单相,也可以是多相数量,形态、大小和分布方式不同的各种相组成了合金的“组织”,用肉眼或低倍放大镜就能观察到的组织称作宏观组织;要借助金相显微镜才能观察到的组织叫作显微组织(或高倍组织)。

在液态时,大多数的合金组元都能相互溶解而形成一个均匀的液溶体,但在冷却结晶时,由于各组元的特性和相互作用,在固态合金中可能出现固溶体、金属化合物或几个相的混合物等三类不同的合金组织。

3.1.1 固溶体

当合金由液态结晶成固态时，两种或两种以上的组元在固态时相互溶解，形成均匀的结晶相称为固溶体。固溶体的晶格类型必定与其中某一组元的晶格类型相同，此组元称为溶剂，而其他组元的晶格结构就消失，称为溶质。在一般情况下，溶剂含量较多，而溶质含量较少。所以说，溶质原子溶入溶剂中，形成了一种均匀的结晶相，仍保持着溶剂的晶体结构，这种晶体称为固溶体。根据溶质原子在溶剂晶格中所处的位置不同，固溶体可分为间隙固溶体和置换固溶体两类。

3.1.1.1 间隙固溶体

溶质原子处于溶剂晶格的间隙之中而形成的固溶体,称为间隙固溶体(图 3-1a)。由于溶剂晶格的空隙有限,所能溶解的溶质原子数也有限,因此这类固溶体也称有限固溶体。间隙固溶体的溶解度与溶质原子的大小及溶剂晶体结构的间隙大小、形状等因素有关。间隙固溶体必须要求溶质原子尺寸较小,所以一些原子半径小于 1Å(1Å = 0.1 nm = 10^{-10} mm)的非金属元素,如氢、硼、碳、氧及氮等。

3.1.1.2 置换固溶体

溶质原子置换了溶剂晶格中某些结点位置上的溶剂原子而形成的固溶体，称为置换固溶体（图3-1b）。

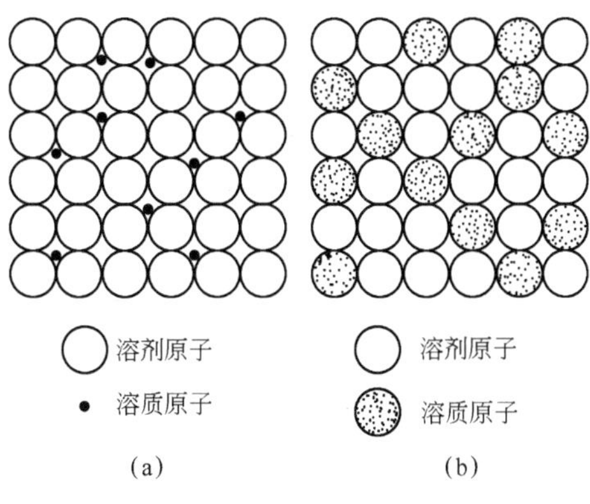

图3-1 固溶体结构示意图
(a) 间隙固溶体；(b) 置换固溶体

在置换固溶体中，溶质在溶剂中的溶解度主要决定于两者原子半径的差别以及它们在周期表中相隔的距离和晶格类型。这三者间的差距越小，溶解度就越大。如果差距很小，且晶格类型相同，那么，它们往往能相互无限溶解，形成无限固溶体。例如铁和铬、镍、铜。相反，差别越大，溶解度就越小，就只能形成有限固溶体。有限固溶体（有限置换固溶体和间隙固溶体）的溶解度还与温度有关，一般情况是温度越高，其溶解度就越大。

3.1.1.3 固溶体的性能

固溶体虽然仍保持溶剂原有的晶格类型，但由于溶质原子的溶入及原子半径的差异，必然引起溶剂晶格间距的变化而产生晶格畸变（如图3-2所示），从而导致合金性能变化：如固溶体的塑性比纯金属低，材料的电阻增加导电性下降等。由于塑性变形抗力的增加而使强度、硬度提高，这种现象称为固溶强化。固溶强化是提高金属材料力学性能的重要手段之一。

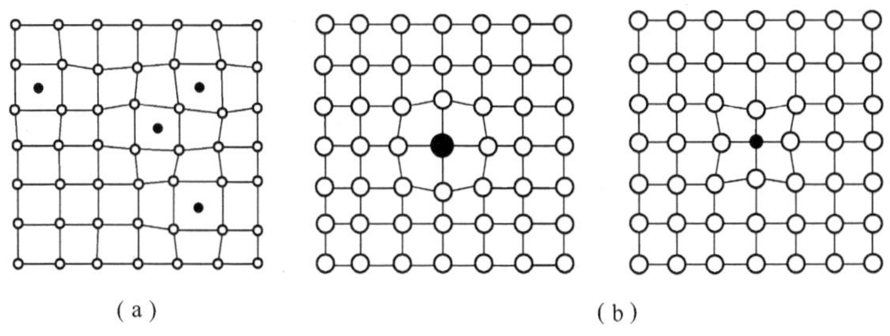

图3-2 形成固溶体时的晶格畸变
(a) 间隙固溶体；(b) 置换固溶体

3.1.2 金属化合物

当组成合金的两个组元性质相差较大（在化学元素周期表上的位置相距较远），往往形成化合物。金属材料中的化合物可以分为金属化合物和非金属化合物两类。凡是有相当程度的金属键结构，并具有明显金属特性的化合物都称为金属化合物，它可以成为金属材料的组成相。例如碳钢中的 Fe_3C（称为渗碳体）、黄铜中的 CuZn（β' 相）。凡是没有金属特性的化合物，称为非金属化合物。例如碳钢中依靠离子键结合的 FeS 和 MnS 都是非金属化合物。这些非金属化合物是由合金原材料带入或在冶炼过程中形成的杂质，数量虽少，但对合金性能的影响一般都是不利的，所以称为非金属夹杂。

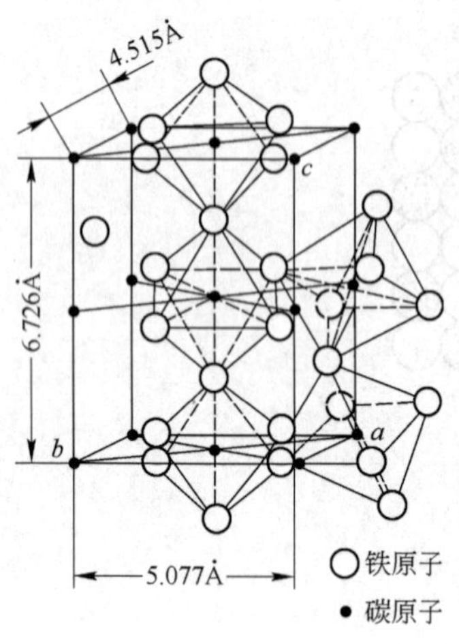

图 3-3 渗碳体（Fe_3C）的晶体结构

金属化合物的晶格类型与组成化合物各组元的晶格类型完全不同，一般都可以用化学分子式表示。例如钢中的渗碳体是一种复杂晶体结构的间隙化合物，如图 3-3 所示，并可用分子式 Fe_3C 来表示。钢中其他常见的金属化合物列于表 3-1。

由于金属化合物的晶格与组元晶格完全不同，因此其性能也不同于组元。金属化合物的熔点一般都比较高，性能硬而脆。一些碳化物的硬度和熔点列于表 3-2 中。根据合金中金属化合物的结构性质和特点，金属化合物大致上可划分成正常价化合物、电子化合物和间隙化合物三类。

表 3-1 常见金属化合物分子式和结构类型

化合物的分子通式	钢中可能遇到的化合物	结构类型
M_4X	Fe_4N，Nb_4C，Mn_4N	面心立方
M_2X	Fe_2N，Cr_2N，W_2C，Mo_2C	密排六方
MX	TaC，TiC，ZrC，VC	面心立方
	ZrN，VN，TiN，WC	体心立方
	MoN，CrN	简单六方
MX_2	ZrH_2，TiH_2	面心立方

表 3-2 一些碳化物（间隙相）的硬度和熔点

碳化物类型	间隙相						
分子式	TiC	ZrC	VC	NbC	TaC	WC	MoC
硬度/HV	2850	2840	2010	2060	1550	1730	1480
熔点/℃	2410	3805	3023	3770 ± 125	4150 ± 140	2867	2960 ± 50

3.1.2.1 正常价化合物

这类化合物的元素是严格按原子价规律结合的，其成分固定不变。通常是由金属元素与周期表中Ⅳ、Ⅴ、Ⅵ族元素组成的，例如 Mg_2Sn、MgS、MgPb 等。

3.1.2.2 电子化合物

这类化合物的特征是按照一定电子浓度 $C_电$ 的比值组成一定晶格类型的化合物。所谓电子浓度,是指化合物中的价电子数与原子数之间的比值:

$$C_{电}=\frac{价电子数}{原子数}$$

例如电子浓度为3/2时,通常具有体心立方晶格(简称β相);电子浓度为21/13时,具有复杂立方晶格(简称γ相);电子浓度为7/4时,具有密排六方晶格(简称ε相)。

3.1.2.3 间隙化合物

这是过渡族金属元素与氢、氮、碳、硼等原子半径较小的元素形成的金属化合物。

凡是具有简单晶格形式的间隙化合物又称间隙相,如VC、WC、TiC等。不过在实际合金中,这些空隙没有填满,所以多数间隙相都是一个成分可变的相,它相当于以间隙相为基体的缺位固溶体。图3-4和图3-5为TiC间隙相结构和缺位固溶体示意图。当非金属元素原子与过渡族金属元素原子半径的比值大于0.59时,所形成的化合物一般具有复杂的晶体结构,如前所述的渗碳体。在合金钢中还有Cr23C6、Cr7C3、Fe4W2C、Fe2B等。在钢铁材料中,间隙相一般都起强化相作用。

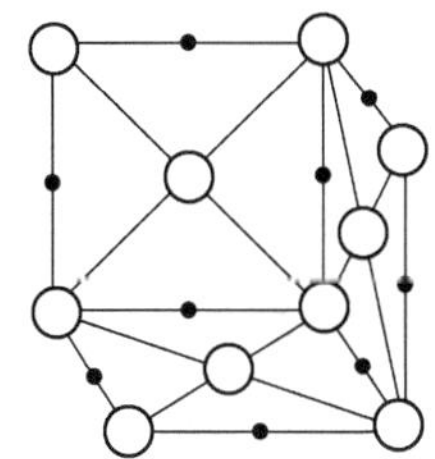

图3-4 TiC间隙相结构

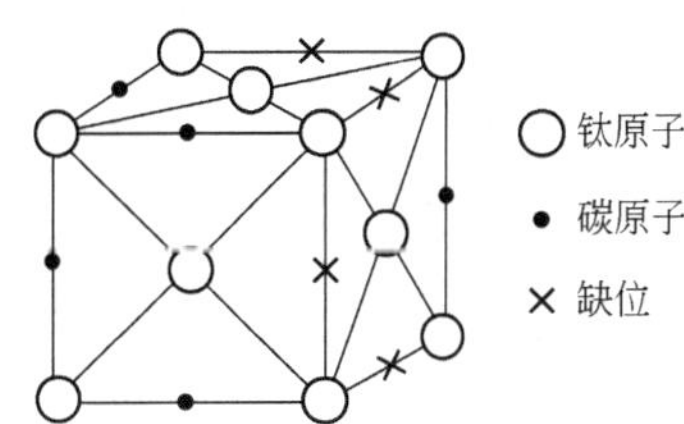

图3-5 TiC缺位固溶体示意图

3.1.3 多相混合物

工业上实际使用的合金中,由单一相组成的材料是很少的,绝大多数是纯金属、固溶体或金属化合物所组成的多相混合物。可见,由各个相组成的混合物实际上就是合金组织。

混合物中各组成分仍保持各自原来的晶格。混合物的性能取决于各组成相的性能及其大小、数量、形态及分布。在合金中最常见的是以固溶体为基体,加上少量金属化合物所组成的混合物,当金属化合物呈细小颗粒均匀分布于固溶体基体上时,会明显提高合金的强度、硬度和耐磨性。这称为弥散强化,在材料工业中获得广泛应用。

3.2 二元合金相图

如前所述,合金的组织比纯金属复杂,因为同一合金系中,组织会因成分和温度的变化而变化。因此为了掌握合金组织与性能之间的关系,必须了解合金的结晶过程、各组织的形成及其变化规律。合金相图是研究这些规律的有效工具。

3.2.1 二元合金相图的建立

合金相图又称合金平衡图或合金状态图。它表示在平衡状态下,合金的组成相(或组织状态)和温度、成分之间关系的图解。所谓平衡状态是指一定成分的合金在一定温度下停留足够长的时间,使所存在的各相达到几乎不再转变的状态。相图是研究和选用合金、制订冶炼、铸造、压力加工、焊接、热处理等工艺的重要依据。

3.2.1.1　二元合金相图的表示方法

纯金属只需用一条温度纵坐标,就能把不同温度下的组织状态表示出来,如图3-6为纯铜的冷却曲线及相图。图中S点为纯铜冷却曲线上的理论结晶温度(1083℃)在温度轴上的投影,即纯铜的相变温度(称相变点)。S点以上表示纯铜处于液相;S点以下表示纯铜为固相,在1083℃固液两相共存。所以可把竖直线ab看成为无同素异晶转变的纯金属相图。

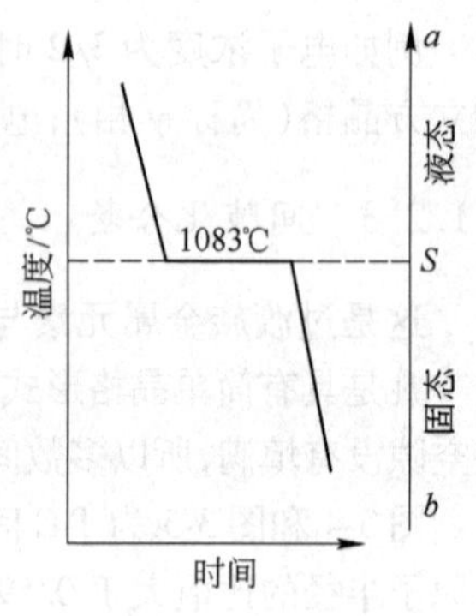

图3-6　纯铜冷却曲线

那么,二元合金呢?二元合金组成相的变化不仅与温度有关,还与合金成分有关,所以必须增加一条表示成分变化的横坐标。由表示温度变化的纵坐标与表示成分变化的横坐标所组成的平面图形,就是二元合金相图。

3.2.1.2　建立二元合金相图的试验方法

合金相图都是用实验方法测定出来的,最常使用的方法是热分析法。现以Cu-Ni合金为例,测定临界点和绘图的步骤如下:

(1)配置若干组不同成分的Cu-Ni合金,见表3-3。

表3-3　不同组成分的Cu-Ni合金固液相临界点

合金序号	化学成分 w/%		临界点/℃	
	Cu	Ni	开始结晶温度	终了结晶温度
1	100	0	1083	1083
2	80	20	1175	1130
3	60	40	1260	1195
4	40	60	1340	1270
5	20	80	1410	1350
6	0	100	1455	1455

(2)用热分析法测定出各组合金的冷却曲线,如图3-7a所示。

(3)找出各冷却曲线上的临界点(相变点),也就是合金的结晶开始和终了温度,见表3-3。必须注意,所有临界点的测定都是在极其缓慢冷却的条件下进行的(即在平衡状态下进行的),否则,因冷却速度变化,临界点也会发生变化。

(4)将所找出的临界点标在成分、温度坐标系的坐标图上,并连接各相同含义的临界点,就获得如图3-7b所示的Cu-Ni二元合金相图。

显然,配置成分不同的合金数目越多、成分越精确、冷却速度越缓慢、测温越准确,则所获得的相图也越精确。

3.2.2　水平截线法则和杠杆定律

单相区内只存在一个相,所以相的成分就是该合金的成分,相的质量就是该合金的质量。而在液、固两相区内,由于合金正处于结晶过程中,液、固相的成分及其相对量都会发生不断的变化。如

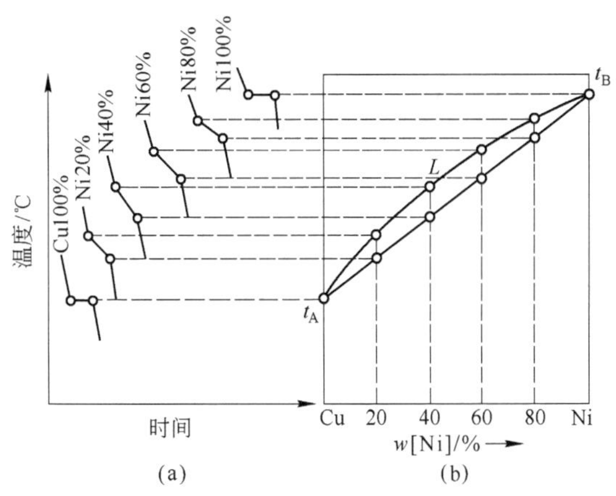

图 3-7 热分析法建立 Cu-Ni 合金相图

(a) 不同成分 Cu-Ni 合金的冷却曲线;(b) Cu-Ni 合金平衡相图

图 3-8a 所示,成分为 $w[\text{Ni}]=x_{\%}$ 的 Cu-Ni 合金,在温度 t 由液相成分为 $x_{1\%}$ 的 $a_{液}$ 与固相成分为 $x_{2\%}$ 的 $b_{固}$ 所组成,$a_{液}$ 和 $b_{固}$ 是 t 温度下共存的两个平衡相的成分,这一规律称为水平截线法则。

水平截线法则并没有确定每个平衡单相的相对量,而杠杆定律是在水平截线法则的基础上确定两平衡相相对质量的法则。合金中液相与固相的质量比和水平截线分割两线段的长度成反比。设图 3-8a 中成分为 $w[\text{Ni}]=x_{\%}$ 的 Cu-Ni 合金的总质量为 m,在温度 t 时,合金中液相质量为 $m_{液}$,固相质量为 $m_{固}$。

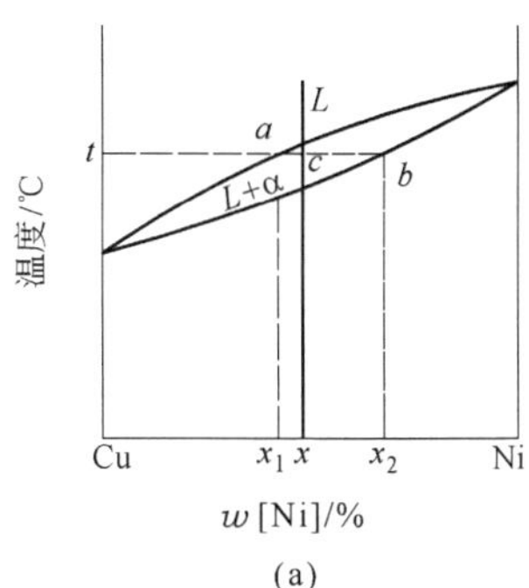

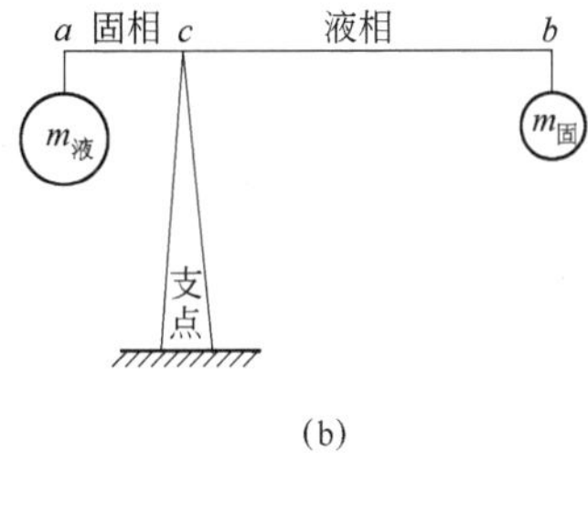

图 3-8 杠杆定律示意图

(a) 相图中的杠杆定律;(b) 杠杆定律的力学图示

$$\frac{m_{液}}{m_{固}}=\frac{\overline{bc}}{\overline{ac}} \tag{3-1}$$

由式 3-1 还可求出合金中液、固两相的相对量(相的质量分数)的表达式:

液相成分: $w(液) = m_{液}/m = (\overline{bc}/\overline{ab})\times 100\%$ (3-2)

固相成分: $w(固) = m_{固}/m = (\overline{ac}/\overline{ab})\times 100\%$ (3-3)

式 3-1 与力学中的杠杆定律相似,如图 3-8b 所示,杠杆的支点为合金的原始成分 c 点,杠杆的两端表示该温度下两平衡相的成分,杠杆的长度表示合金的质量,两平衡相的质量与杠杆臂长成反比，所以称为杠杆定律。

必须指出，实际上大多数二元相图的形式都比较复杂，然而复杂的相图都可以看成是由若干个基本的、简单的相图所组成。所以其他类型的二元相图也同样可以用杠杆定律来确定平衡两相区中两相的成分及相对量。但三相共存时，上述杠杆定律不适用。下面对两种基本相图进行简要分析。

3.2.3　匀晶相图

凡是两组元在液态时完全互溶，结晶后形成无限固溶体的合金相图称为匀晶相图（或 称两相完全互溶相图）。如 Cu-Ni、Fe-Cr、Fe-Ni、Cr-Mo 等合金都属于这类相图。现以 Cu-Ni 合金相图为例对匀晶相图进行分析。

3.2.3.1　相图分析

图 3-9a 为 Cu-Ni 合金相图，图中温度 t_A 为纯铜熔点（1083℃），t_B 为纯镍熔点（1455℃）。上面一条曲线为液相线，代表各种成分的 Cu-Ni 合金冷却过程中开始结晶或加热过程中熔化终了的温度；下面一条曲线为固相线，代表各种成分的 Cu-Ni 合金冷却过程中结晶终了或加热过程中开始熔化的温度。

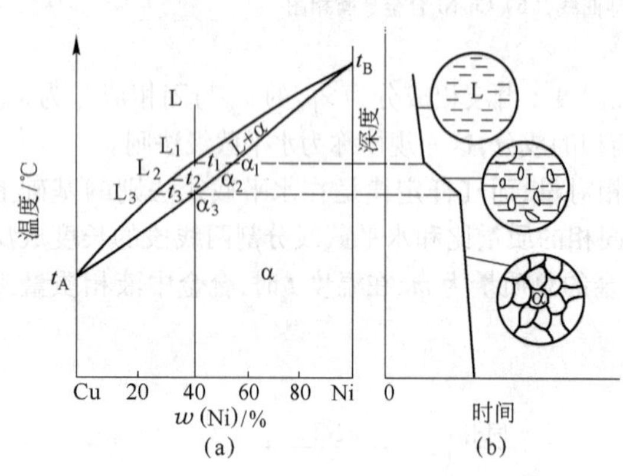

图 3-9　Cu-Ni 合金相图及结晶过程示意图

液相线和固相线将整个相图分割成三个不同的相区，液相线上方为单相液相区，用“L”表示；固相线以下是单相固相区，为铜和镍组成的无限固溶体，用“α”表示；在液相线与固相线之间是液、固相并存的两相区，结晶是在一个温度范围内进行的，用“L + α”表示。

3.2.3.2　合金平衡结晶过程分析

平衡结晶是指在无限缓慢的冷却条件下结晶，结晶凝固的每个阶段都处于平衡状态。现用图 3-9a 来分析含 Ni40% 的 Cu-Ni 合金的平衡结晶过程。当合金自高温液态缓慢冷却到与液相线相交的温度 t_1 时，根据杠杆定律可知，水平线段 $L_1α_1$ 代表液相的量（含 Ni 40%）此时液相中开始结晶出 α 固溶体，当继续缓慢冷却到温度 t_2 并通过原子充分扩散达到平衡状态时，代表液相量的线段缩短成为 $t_2α_2$，而代表固相量的线段增长为 L_2t_2；当继续缓慢冷却到温度 t_3 时，合金结晶终了，这时整个线段 $L_3α_3$ 都代表固相的量，最终获得与原合金成分相同（含 Ni 40%）的单相 α 固溶体。

由上述分析可知，固溶体的结晶过程虽然与纯金属一样，也是包括形核、长大两个基本过程，但是合金并不是在某个温度下完成结晶，而是在一定的温度范围内进行结晶，并随着温度降低，固相的量不断增多，液相的量不断减少。其规律是固相成分不断地沿固相线变化，液相成分不断地沿液相线变化。

3.2.3.3　合金不平衡结晶过程分析

合金在结晶过程中只有在极其缓慢的冷却，使原子能充分扩散的条件下，固相成分才能沿固相线不断地变化，最终获得与原液态合金成分相同的均匀的 α 固溶体。但在实际生产条件下，合金溶液在浇注后冷却速度都比较快,扩散尚未充分进行就已继续冷却,而且在固态条件下原子扩散又很困难,结果造成先结晶的固溶体含高熔点组元(如Cu-Ni合金中的镍)较多,后结晶的固溶体中含低熔点的组元较多(如Cu-Ni合金中的铜)。这样,就会造成在一个晶粒内部的化学成分不均匀,这种现象称为晶内偏析。这种结晶称为选分结晶。

由于晶体是按树枝状方式长大的,这就使先结晶长大的主轴(枝干)成分与后生长的次级晶轴成分、枝晶间的成分都不相同,所以晶内偏析呈树枝状分布,故又称为枝晶偏析。枝晶偏析会造成合金性能不均匀,从而降低合金的力学性能和加工工艺性能。

枝晶偏析是不平衡组织,它有向平衡组织转化的自发倾向。在室温下这种转化很慢,当提高温度并长时间的保温,可使原子充分扩散达到成分均匀化的目的,这种方法称为均匀化退火。

3.2.4 共晶相图

凡是二元合金系中两组元在液态完全互溶,在固态只能有限溶解,在共晶温度时由一个液相同时结晶出两种成分不同的固相(形成两相混合物),即发生共晶转变,这类合金的相图称为共晶相图。如Pb-Sn、Pb-Sb、Al-Si等二元合金系都属于这类相图。现以Pb-Sn合金相图为例进行分析。

3.2.4.1 相图分析

图3-10为Pb-Sn合金相图。图中t_A,t_B分别表示Pb和Sn的熔点;t_AEt_B为液相线,在此线上方的区域为均匀液相区,用符号“L”表示;t_AMENt_B为固相线,在此线以下的区域为固相区;α和β是该合金系在固态时的两个基本相,α相是Sn溶于Pb中的固溶体,β相是Pb溶于Sn中的固溶体,*MF*和*NG*分别表示α相和β相的饱和溶解度曲线(简称固溶线)。*MEN*线为α、β、L上三相共存的水平线(共晶线)。

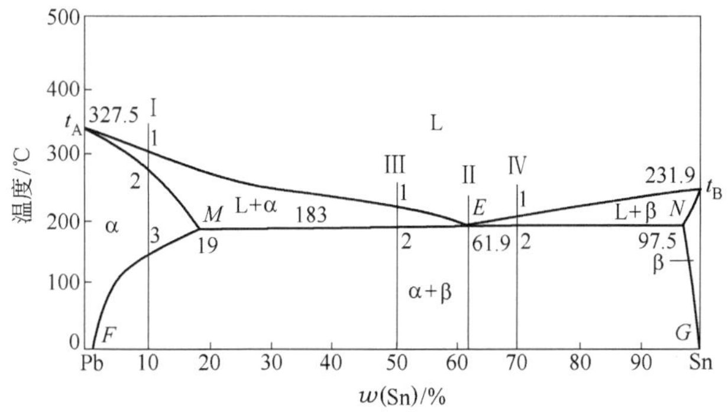

图3-10 Pb-Sn合金相图

相图中有L、α、β三个单相区和L+α,L+β,α+β三个两相区。可以把共晶相图看成是由两个互不相溶的匀晶相图的叠加图,*E*点是两液相线的交点。

3.2.4.2 共晶合金平衡结晶过程分析

现以图3-10中所给出的四个典型的Pb-Sn合金成分为例进行分析。

(1) 成分在*FM*之间的合金(合金Ⅰ):这类合金由液相缓慢冷却到1点时,从液相中开始结晶出 Sn 溶于 Pb 的 α 固溶体；随着温度的降低，α 固溶体的量不断增多，液相的量不断减少，液相成分沿 $t_A E$ 线变化，固相 α 相成分沿 $t_A M$ 线变化；当继续缓慢冷却到与固相线相交的点 2 时，液相全部凝固成 α 固溶体，其成分为原液态合金的成分；再继续冷却到点 3，在点 2 ~ 3 温度范围内，α 固溶体成分不发生变化；点 3 在 α 固溶体的固溶线上，即 Sn 在 Pb 中的溶解度已达到饱和，所以从点 3 冷却到室温的过程中，多余的 Sn 以 β 固溶体的形式从 α 固溶体中析出，用 $β_{Ⅱ}$ 表示，以区别于从液相中直接结晶出来的初生 β 固溶体。所以合金Ⅰ的室温组织为 $α + β_{Ⅱ}$，如图 3-11 所示。

（2）共晶合金（合金Ⅱ）：图 3-10 中合金Ⅱ由液体缓慢冷却到 E 点时，在液相中同时结晶出 α 和 β 两种固溶体，即发生共晶转变，也称共晶反应：$L_E \rightarrow α_M + β_N$。这一转变在温度 t_E 恒温下进行，直到液相完全消失为止。这时得到的组织是 $α_M$ 和 $β_N$ 属两种固溶体的混合物，称为共晶组织或共晶体，E 点称为共晶点。此时，$α_M$ 和 $β_N$ 两种固溶体的相对量可以用杠杆定律求得：

$$m_{α_M} = (NE/MN) \times 100\%$$

$$m_{β_N} = (ME/MN) \times 100\%$$

从共晶温度 t_E 继续冷却时，共晶组织中 α 和 β 两种固溶体的成分分别沿固溶线 MF 和 NG 而变化，同时从 α 和 β 固溶体中分别析出 $α_{Ⅱ}$ 和 $β_{Ⅱ}$ 固溶体，直到室温为止。因为共晶体中析出的 $α_{Ⅱ}$ 和 $β_{Ⅱ}$ 数量很少，在显微组织上也难以区别，所以可不予考虑，共晶合金的组织为（α + β）。图 3-12 是这类合金的冷却曲线及结晶过程示意图。

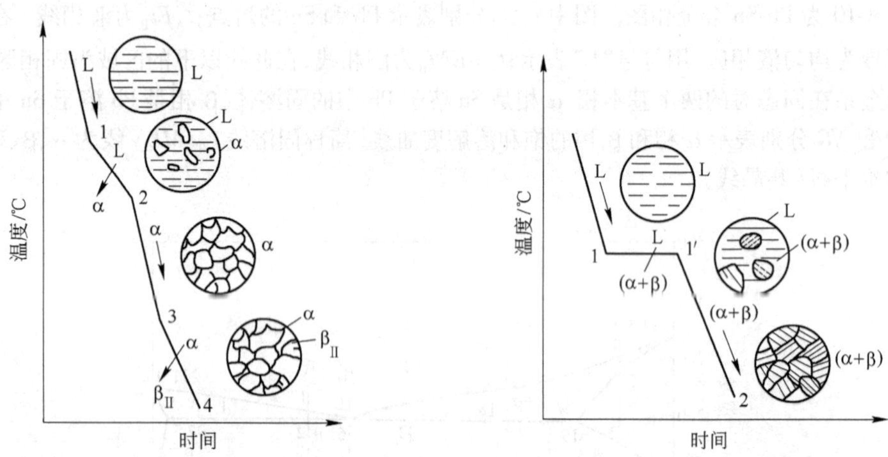

图 3-11　合金Ⅰ的冷却曲线及结晶过程示意图　　图 3-12　合金Ⅱ的冷却曲线及结晶过程示意图

（3）亚共晶合金（合金Ⅲ）；图 3-10 中成分在 M 点和 E 点之间的合金称为亚共晶合金。合金Ⅲ由液相缓慢冷却到点 2 以上的结晶过程和匀晶相图的结晶过程一样，从液相中结晶出 α 相，使液相成分沿 $t_A E$ 线沿 E 点变化，固相成分沿 $t_A M$ 线向 M 点变化，达到点 2 时，E 点成分的液相将发生共晶反应；$L_E \rightarrow (α + β)$。这种转变一直进行到剩余液体全部变成共晶体为止；在点 2 合金继续冷却时，由于固溶体溶解度的改变，从 α 固溶体（包括初生 α 和共晶体中的 α）内不断析出 $β_{Ⅱ}$，而从共晶体中 β 固溶体内析出 $α_{Ⅱ}$，直至室温；由于 $α_{Ⅱ}$ 和 $β_{Ⅱ}$ 析出量不多，除了在初生的 α 固溶体中可看到 $β_{Ⅱ}$ 之外，共晶体中析出的一般难以分辨。所以亚共晶合金组织是由初晶 α 固溶体、次生 $β_{Ⅱ}$ 和共晶体（α + β）所组成。图 3-13 是亚共晶合金的冷却曲线及结晶过程示意图。

（4）过共析合金（合金Ⅳ）：图 3-10 中成分在 E 点和 N 点之间的合金称为过共晶合金。过共晶合金的结晶过程的分析方法和步骤与上述亚共晶合金相似，只是初晶改为 β 固溶体。所以室

温组织应为初晶 β 固溶体、次生 α_{II} 和共晶体（α + β）所组成。图 3-14 是合金Ⅳ的冷却曲线及结晶过程示意图。

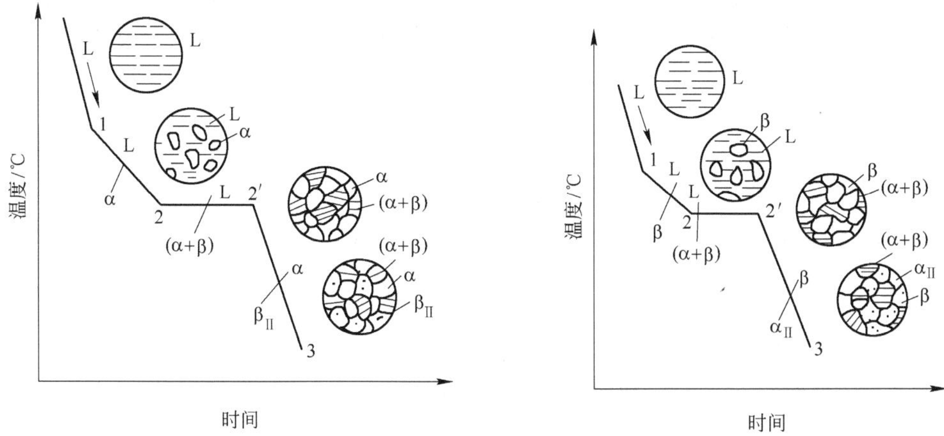

图 3-13 亚共晶合金的冷却曲线及结晶过程示意图

图 3-14 过共析合金冷却曲线及结晶过程示意图

综上所述，Pb-Sn 合金系几种典型成分合金的平衡结晶过程中只出现 α 和 β 两相，称为该合金的相组分（相组成物）；但是固溶体 α 相和 β 相可以单独出现，也可以是混合物形式出现，即共晶体（α + β），这种共晶体中由于固溶体 α 相和 β 相的含量不同，在金相显微镜下观察，各自具有独特的形貌，所以作为金相组织中的一种组成体，称为组织组分（组织组成物）。合金的性能不仅与相组分有关，而且与组成组织的各个相的数量、形态、大小有关，所以常用合金的组织组分来表示合金的显微组织，并以此填写相图。例如，图 3-15 为用组织组分填写的 Pb-Sn 合金相图。

3.2.4.3 共晶合金不平衡结晶产生的伪共晶组织

在平衡结晶条件下，只有共晶成分才能获得 100% 的共晶组织，但在冷却速度较快的不平衡结晶时，成分在共晶点附近的亚共晶合金和过共晶合金都可能全部是共晶体，这种由非共晶成分的合金所得到的共晶组织称为伪共晶组织。由图 3-16 看出，当合金溶液过冷到两条液相线延长线所包围的影线区，便可得到伪共晶组织。因为这时对 α 和 β 来说都具有过冷度，既可结晶出 α，又可结晶出 β，它们同时结晶出来就形成伪共晶组织。

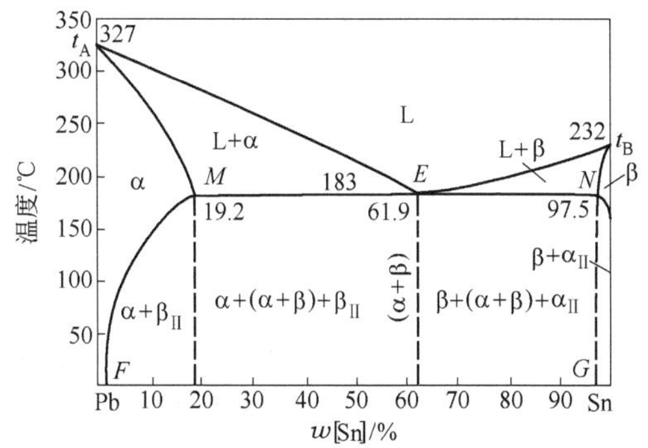

图 3-15 按组织组分填写的 Pb-Sn 合金相图

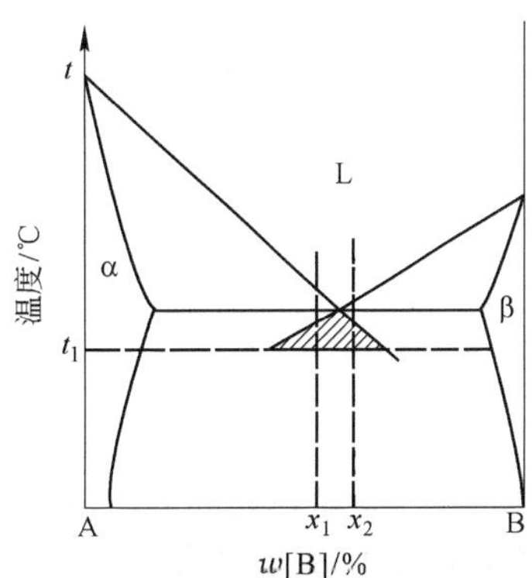

图 3-16 产生伪共晶组织示意图

3.2.4.4　密度偏析

在亚共晶或过共晶结晶过程中，如果初晶的密度与剩余液相的密度相差很大，则密度较小的初晶将上浮，密度大的初晶将下沉。这种由于密度不同而引起的成分的不均匀现象，称为密度偏析，又称区域偏析。

两组元的密度差越大、液固相线间距越大、冷却速度越慢、密度偏析程度就越大。密度偏析会造成凝固后的合金各部分性能不同，从而降低合金的使用性能和加工工艺性能。为减少或避免这种偏析，可以提高结晶时的冷却速度或搅拌液态金属，使偏析相来不及沉浮；也可在合金中加入某些元素，使其生成高熔点和液相密度相近的化合物，悬浮于液相中，起到阻止偏析物上浮或下沉的作用。

3.3　铁碳合金相图

铁与碳可以形成 Fe_3C、Fe_2C、FeC 等一系列稳定的金属化合物，但是当碳在铁中的含量大于5%时，使铁碳合金的性能变得很脆，而无实用价值，所以在铁碳合金相图中只需研究 Fe-Fe_3C 部分。

3.3.1　铁碳合金中的基本相

Fe-Fe_3C 相图如图 3-17 所示。

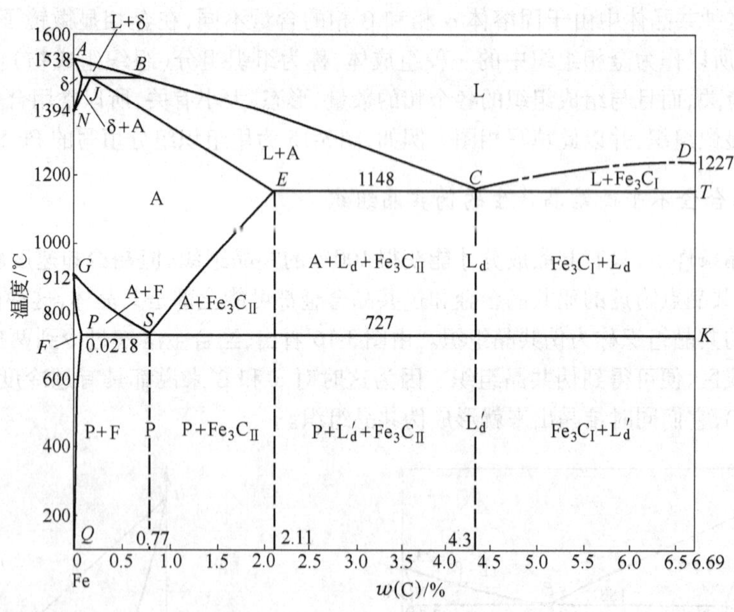

图 3-17　Fe-Fe_3C 相图

Fe 和 Fe_3C 是组成此相图的两个基本组元。由于铁与碳之间相互作用不同，铁碳合金在固态下的相结构也形成固溶体和金属化合物两类。属于固溶体相的有铁素体和奥氏体，属于金属化合物的是渗碳体（Fe_3C）。

3.3.1.1 铁素体

铁素体是碳溶解于 $\alpha-Fe$ 中的间隙固溶体,用符号 F 表示。它保持 $\alpha-Fe$ 的体心立方晶格,由于 $\alpha-Fe$ 晶格间隙很小,所以溶碳能力差,碳的最大溶解度是在727℃时为0.0218%,到室温时仅0.0008%,所以室温时铁素体的力学性能几乎与纯铁相同,数值为:抗拉强度 $\sigma_b=180\sim280$ MPa;屈服强度 $\sigma_{0.2}=100\sim170$ MPa;伸长率 $\delta=30\%\sim50\%$;断面收缩率 $\psi=70\%\sim80\%$;冲击韧性值 $A_K=160\sim200$ J/cm^2;硬度约为80 HBS。可见,铁素体的强度、硬度不高,但有良好的塑性和韧性。

铁素体的显微组织与纯铁一样,呈明亮的多边形晶粒组织,如图3-18所示。

在温度为770℃时,铁素体会发生磁性转变。即温度低于770℃时有磁性,高于770℃后将失去磁性。

当温度在1394℃以上,碳溶于 $\delta-Fe$ 中而形成间隙固溶体,$\delta-Fe$ 仍然是体心立方晶格,但晶格常数与 $\alpha-Fe$ 不同,为了与α铁素体区别,称之 δ 铁素体,用符号 δ 表示。

3.3.1.2 奥氏体

奥氏体是碳溶解于 $\gamma-Fe$ 中形成的间隙固溶体,用符号A表示。它保持 $\gamma-Fe$ 的面心立方晶格。碳的最大溶解度在1148℃时为2.11%,然后随着温度降低而减少,在727℃时为0.77%。奥氏体的显微组织如图3-19所示,其晶粒与铁素体相似,也是多边形,但晶界较平直、晶粒内常有平行线段(孪晶)出现。

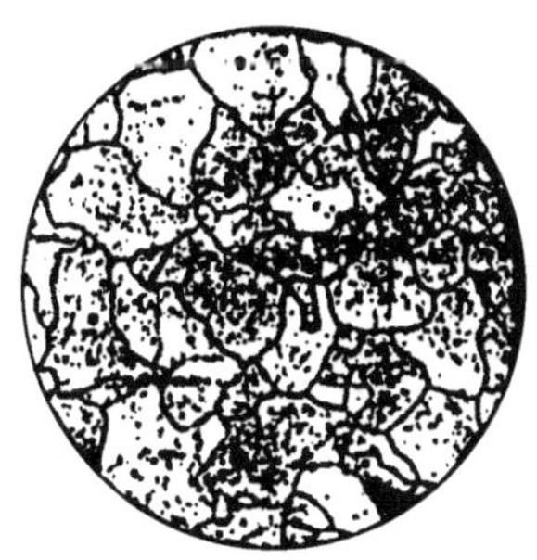

图3-18 铁素体显微组织

图3-19 奥氏体显微组织

奥氏体的力学性能与其含碳量多少及晶粒大小有关。通常它的硬度为170~220HBS,而伸长率可达40%~50%,可见,奥氏体有较好的塑性,易于锻造和轧制。

一般情况下,奥氏体只存在于727℃以上的高温范围内。奥氏体是一种非铁磁性相。

3.3.1.3 渗碳体

渗碳体的分子式是 Fe_3C,有时也用C表示。它是一种具有复杂晶格的间隙化合物,其晶格结构见图3-3。

渗碳体的含碳量 $w[C]=6.69\%$,熔点约为1227℃(未能获得公认,因此 $Fe\text{-}Fe_3C$ 相图上的CD线用虚线表示),不发生同素异晶转变,但有磁性转变,转变温度为230℃,温度低于230℃时有弱铁磁性,在230℃以上失去铁磁性。渗碳体具有很高的硬度(950~1050HV),而塑性和韧性几乎为零,脆性很大。

渗碳体不被硝酸酒精溶液腐蚀，显微组织呈白亮色；在苦味酸钠（碱性）腐蚀下被染成黑色。渗碳体在钢和铸铁中与其他相共存时，呈片状、粒状、网状等。渗碳体是钢中的主要强化相，它的数量、形态、大小与分布状态对钢的性能有很大影响。

渗碳体在一定条件下会发生分解，形成石墨的自由碳：$Fe_3C \longrightarrow Fe + C_{石墨}$。

渗碳体中碳原子可能被氮等小尺寸原子所置换；而渗碳体中铁原子也可被其他金属原子（如铬、锰等）所置换，被置换后的渗碳体称为合金渗碳体，如$(Fe,Mn)_3C$，$(Fe,Cr)_3C$等。

3.3.2　铁碳合金相图分析

因为纯铁具有同素异构转变，且α－Fe与γ－Fe的溶碳能力不同，使得图3-17所示的Fe-Fe_3C相图比前面已学的二元合金相图复杂得多，图左上部分（δ转变）实用意义不大，为了便于分析，所以把它简化。简化后的铁碳合金相图如图3-20所示。

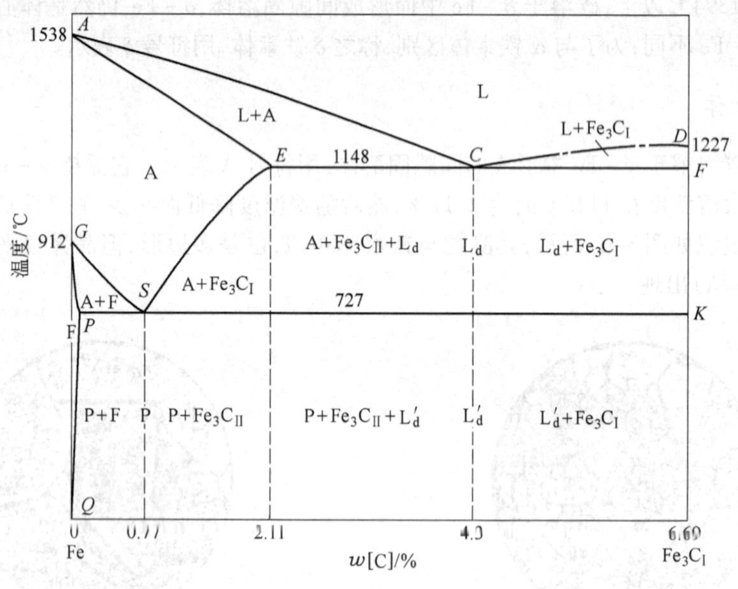

图3-20　简化后的Fe-Fe_3C相图

3.3.2.1　Fe-Fe_3C相图中的特性点

*A*点：纯铁熔点，1538℃。

*D*点：渗碳体熔点，1227℃。

*E*点：温度为1148℃，碳在γ－Fe中最大溶解度，$w[C]=2.11\%$（此为钢和生铁的分界成分点）。

*C*点：共晶点，温度为1148℃，$w[C]=4.3\%$，在恒温下发生共晶转变，结晶出奥氏体和渗碳体所组成的混合物（共晶体），这种共晶体称为莱氏体，用符号L_d表示。反应式为：

$$L_C \overset{1148℃}{\Leftrightarrow} (A_E + Fe_3C)$$

*G*点：温度为912℃，是铁的同素异构转变温度。

$$\alpha - Fe \overset{912℃}{\Leftrightarrow} \gamma - Fe$$

*P*点：温度为727℃，碳在α－Fe中的最大溶解度，$w[C]=0.0218\%$。

Q 点：室温，碳在 α－Fe 中的最大溶解度，$w[C]=0.0008\%$。

S 点：共析点，温度为727℃，这点上的奥氏体(含 $w[C]=0.77\%$)将在恒温下同时析出铁素体和渗碳体的混合物，称为共析混合物。这个共析混合物称为珠光体，用符号 *P* 表示。这个转变称为共析转变。其反应式为：

$$A_S \overset{727℃}{\Leftrightarrow} (F_P + Fe_3C)$$

共析转变与共晶转变的区别：前者是固态发生转变，后者是液态发生转变。由于固态原子扩散更困难，所以共析体比共晶体更细密。

3.3.2.2 Fe-Fe_3C 相图中的特性线

(1) *AC* 线和 *DC* 线为液相线：

液态合金冷却到 *AC* 线温度时，开始结晶出奥氏体。

液态合金冷却到 *DC* 线温度时，开始结晶出渗碳体。

(2) *AECF* 线为固相线：

AE 线段是奥氏体结晶终了线；

ECF 线段是共晶线，液态金属冷却到共晶线温度(1148℃)时，将发生共晶转变生成莱氏体。

(3) *ES* 线为碳在奥氏体中固溶线。*E* 点处奥氏体中的溶解度最大，随着温度下降溶解度沿ES下降，至727℃(S点)溶解度仅为 $w[C]=0.77\%$。因此，凡是含碳量 $w[C]>0.77\%$ 的铁碳合金，由1148℃冷却到727℃的过程中，过剩的碳将以渗碳体形式从奥氏体中析出。为了与液态合金中直接析出的渗碳体区别，把从液态直接析出的渗碳体称一次渗碳体($Fe_3C_{Ⅰ}$)把从奥氏体中析出的渗碳体称为二次渗碳体($Fe_3C_{Ⅱ}$)。

(4) *GS* 线为冷却时由奥氏体转变成铁素体的开始线，或者说是加热时铁素体转变成奥氏体的终了线。

(5) *GP* 线为冷却时奥氏体转变成铁素体的终了线，或者说是加热时铁素体转变成奥氏体的开始线。

(6) *PSK* 线称为共析线。奥氏体冷却到共析温度时，将发生共析转变而生成珠光体。因此，在1148℃至727℃间的莱氏体是由奥氏体与渗碳体组成的混合物，而在727℃以下的莱氏体是由珠光体与渗碳体组成的混合物，为区别两者，把后者称为变态莱氏体，用符号 L'_d 表示。变态莱氏体含有大量脆、硬的渗碳体，是一种脆硬组织，其硬度为560HBW，伸长率 $\delta=0\%$。

(7) *PQ* 线为碳在铁素体中的固溶线。碳在铁素体中的最大溶解度为 *P* 点，随着温度下降，溶解度逐渐减小，至室温时，铁素体中溶碳量几乎为零(0.0008%)。因此，由727℃冷却到室温的过程中，过剩的碳将以渗碳体的形式析出，称为三次渗碳体($Fe_3C_{Ⅲ}$)。

3.3.2.3 Fe-Fe_3C 相图中的相区

相图中有三个单相区：

液相区(L)——*ACD* 线上方；

奥氏体区(A)——*AESG* 相区；

铁素体区(F)——*GPQ* 以左。

有五个两相区，它们分别存在于相邻的两个单相区之间即：

$$L+A, L+Fe_3C, F+A, A+Fe_3C, F+Fe_3C$$

根据上述分析，可把 Fc-Fc_3C 相图近似看成为由共晶相图(右上部)、匀晶相图(左上部)和共析相图(左下部)等三部分组成。

3.3.3 典型的铁碳合金结晶过程及其组织

根据铁碳合金的不同成分和组织，按照相图中 P 点和 E 点分为三大类：

（1）工业纯铁。$w[C] < 0.0218\%$ 的铁碳合金。

（2）碳钢。$w[C] = 0.0218\% \sim 2.11\%$ 的铁碳合金：

亚共析钢，$w[C] = 0.0218\% \sim 0.77\%$；

共析钢，$w[C] = 0.77\%$；

过共析钢，$w[C] = 0.77\% \sim 2.11\%$。

（3）白口铸铁。含 $w[C] = 2.11\% \sim 6.69\%$：

亚共晶白口铁，$w[C] = 2.11\% \sim 4.3\%$；

共晶白口铁，$w[C] = 4.3\%$；

过共析白口铁，$w[C] = 4.3\% \sim 6.69\%$。

下面对碳钢进行分析。图3-21为碳钢成分及相应的冷却曲线和结晶过程中组织转变示意图。

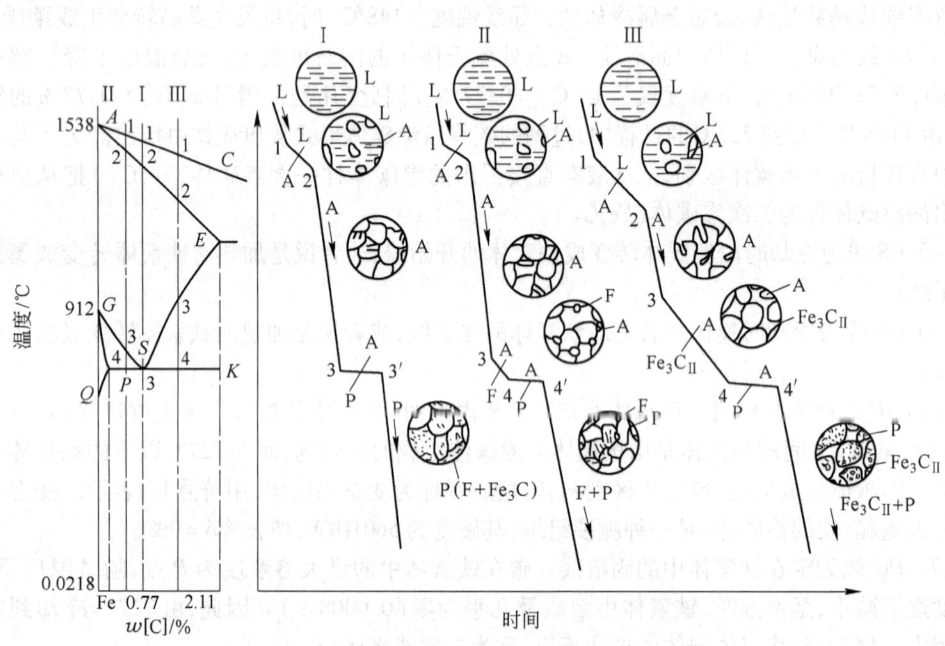

图3-21 钢的典型合金结晶过程分析示意图

3.3.3.1 共析钢（合金Ⅰ）

图3-21中合金Ⅰ为共析钢。共析钢在点1～3的温度区间，其分析方法与匀晶相图完全一样：当液态合金冷却到与液相线 AC 相交于点1的温度时，就开始结晶出奥氏体，随着温度下降，奥氏体不断增加，其成分沿固相线 AE 变化，而剩余液相逐渐减少，其成分沿液相线 AC 变化，到达点2时，液相全部结晶成奥氏体，其平均成分与原合金相同；从点2至点3温度范围内，合金的组织不变，待冷却到点3时（727℃），将发生共析转变。

共析转变：$A_s \xrightarrow{727℃} (F + Fe_3C)$，形成珠光体，此时，$A_s$、$(F + Fe_3C)$同时存在。当温度继续下降时，铁素体的成分会沿固溶线 *PS* 变化，所以析出三次渗碳体（$Fe_3C_{Ⅲ}$）。三次渗碳体常与共析时产生的渗碳体连在一起而不易分辨，而且数量很少，所以可忽略不计。

共析钢的整个冷却过程可用下式表示：

$$L \xrightarrow{t(点1\sim2)} L + A \xrightarrow{t(点2\sim3)} A \xrightarrow{t(点3)} A + P(F + Fe_3C) \xrightarrow{t(<点3)} P(F + Fe_3C)$$

共析钢的室温组织仍为珠光体，它是铁素体与渗碳体按片层状交替排列的混合物，称为片状珠光体，其显微组织如图 3-22 所示。当显微镜的放大倍数足够大、分辨能力又较高时，就可看到渗碳体是呈黑色边缘围着的白色窄条，如图 3-22b。

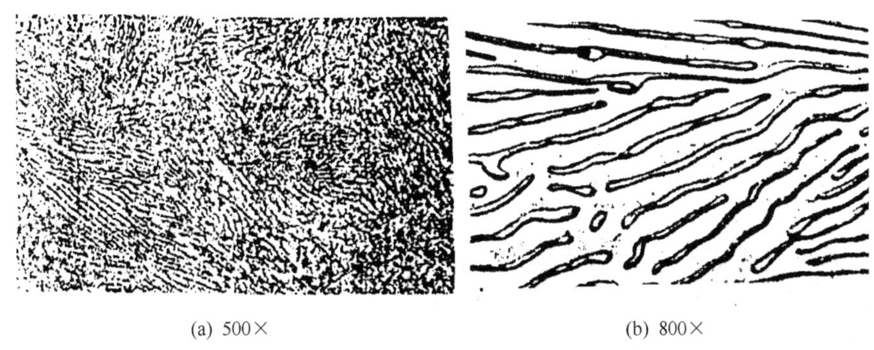

(a) 500×　　(b) 800×

图 3-22　片状珠光体

3.3.3.2　亚共析钢（合金Ⅱ）

图 3-21 中合金Ⅱ为亚共析钢。亚共析钢在点 1 ~ 3 温度区间的结晶过程与共析钢相似。待合金冷却到与 *GS* 线相交的点 3 时，奥氏体开始析出铁素体，称为先析铁素体；随着温度下降，铁素体量不断地增加，其成分沿 *GP* 线变化，而奥氏体量逐渐减少，其成分沿 *GS* 线变化；当冷却到与共析线 *PSK* 相交的点 4 的温度时，铁素体中含碳量 $w[C] = 0.02189\%$，而剩余的奥氏体正好为共析成分（$w[C] = 0.77\%$），因此这些剩余的奥氏体就发生共析转变而形成了珠光体，所以此时 A、F 与 $P(F + Fe_3C)$共存；当温度继续下降时，铁素体中析出的三次渗碳体同样可忽略不计，所以亚共析钢的室温组织为铁素体和珠光体。

亚共析钢整个冷却过程可用下式表示：

$$L \xrightarrow{t(点1\sim2)} L + A \xrightarrow{t(点2\sim3)} A \xrightarrow{t(点3\sim4)} A + F \xrightarrow{t(点4)} A + F + P(F + Fe_3C) \xrightarrow{t(<点4)} F + P(F + Fe_3C)$$

亚共析钢中含碳量越多，其组织中珠光体量也越多。图 3-23 是不同含碳量的亚共析钢的显微组织，图中黑色部分为珠光体，白色部分为铁素体。

3.3.3.3　过共析钢（合金Ⅲ）

图 3-21 中合金Ⅲ为过共析钢。过共析钢在点 1 ~ 3 温度区间的结晶过程与亚共析钢一样。待合金冷却到与 *ES* 线相交的点 3 温度时，奥氏体中溶碳量因达到饱和而开始析出二次渗碳体，它会沿奥氏体晶界析出而呈网状分布，这种二次渗碳体称为先析渗碳体。随着温度继续降低，析出的二次渗碳体量不断增加，剩余奥氏体中溶碳量沿 *ES* 线变化而逐渐减少，当冷却到与共析线

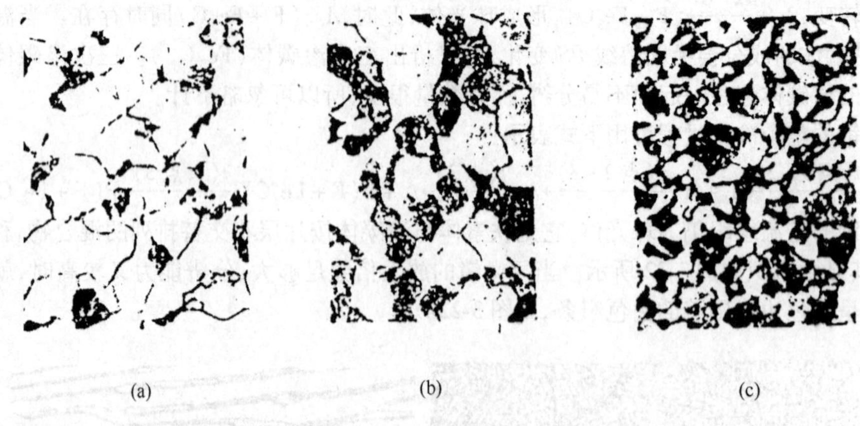

图 3-23　不同碳含量的亚共析钢显微组织
(a) $w[C]=0.15\%$;(b) $w[C]=0.25\%$;(c) $w[C]=0.40\%$;

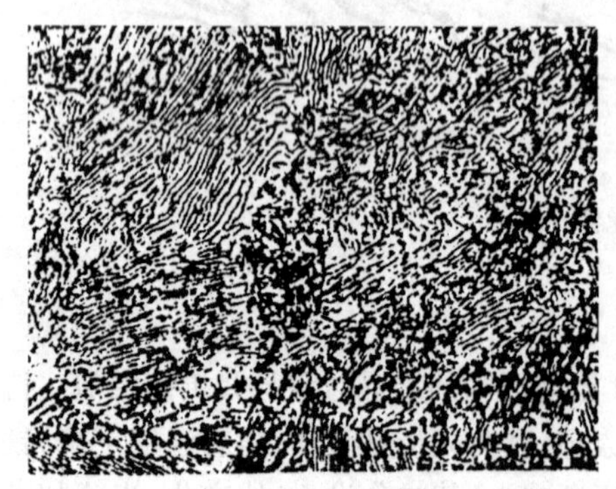

图 3-24　过共析钢显微组织
($w[C]=1\%$)

PSK 相交与点4温度时,剩余奥氏体的含量又正好为共析成分($w[C]=0.77\%$),从而发生共析转变形成珠光体,此时,A、P($F+Fe_3C$)、Fe_3C_{II} 共存。温度再继续下降时,合金组织基本不变。所以过共析钢的室温组织为网状的渗碳体和珠光体,如图 3-24 所示。

过共析钢整个冷却过程可用下式表示:

$$L \xrightarrow{t(点1\sim2)} L+A \xrightarrow{t(点2\sim3)} A \xrightarrow{t(点3\sim4)} A+Fe_3C_{II} \xrightarrow{t(点4)} A+P(F+Fe_3C)+Fe_3C_{II} \xrightarrow{t(<点4)} P(F+Fe_3C)+Fe_3C_{II}$$

所有过共析钢的结晶过程和室温组织都相似,其区别只在于二次渗碳体随钢中碳含量的增加而增加。当 $w[C]=0.11\%$ 时,其数量最多。

3.3.4　碳含量对铁碳合金组织与性能的影响

合金的各种性能与其显微组织有密切关系,因此研究合金相图,就能对合金的性能特征及其变化规律作出推断。首先要了解一般合金的性能与相图关系,以便于掌握铁碳合金的性能与其相图的关系。

3.3.4.1　合金性能与相图之间的关系

合金的强度、硬度和电阻率与相图有密切关系,下面分别以匀晶相图和共晶相图进行分析。

(1) 匀晶相图是形成单相固溶体的相图。由于溶质的溶入而造成晶格畸变,从而引起合金的固溶强化,并使合金中自由电子的运动增加阻力。所以,固溶体的强度、硬度和电阻都高于溶剂的纯金属(如图 3-25 所示)。

固溶体合金的铸造性能:当液相线和固相线在同一温度下的水平间距越大,则结晶出的固相成分与剩余液相的成分差别也越大,则产生的偏析就越严重;液相线与固相线之间的垂直距离越大,则结晶时液、固两相共存的时间越长,形成树枝状晶体的倾向就越大,因此液体在铸型内流动时的阻力也越大,使其流动性变得越差,也越不容易获得外界液体的补充,从而造成铸件组织的疏松(即分散缩孔增加),如图3-26所示。

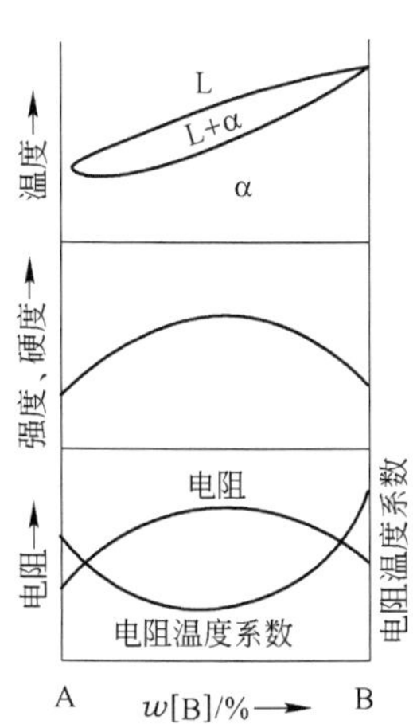

图3-25 固溶体合金的强度、硬度和电阻与相图的关系

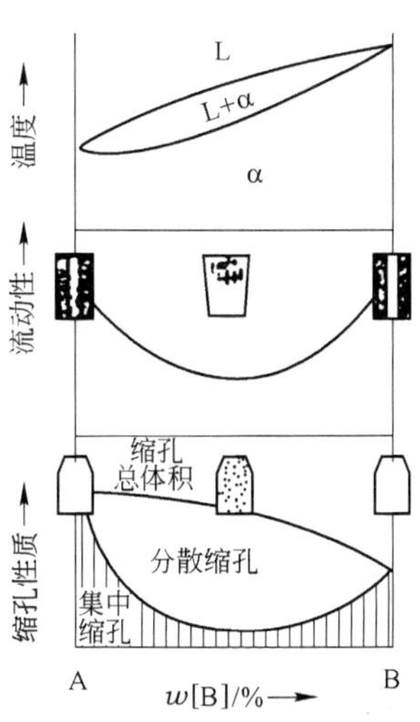

图3-26 固溶体合金的铸造性能与相图的关系

(2) 共晶相图是形成两相混合物的相图。这种混合物合金的性能处于两相性能之间,并与合金成分成直线关系(如图3-27所示)。当然这种合金的性能还与两相的密度、形态有关。其铸造性能同样取决于合金结晶区间的大小,因此共晶合金浇注时的流动性最好,而且熔点低,在恒温下结晶,所以凝固后的组织致密(如图3-28所示)。

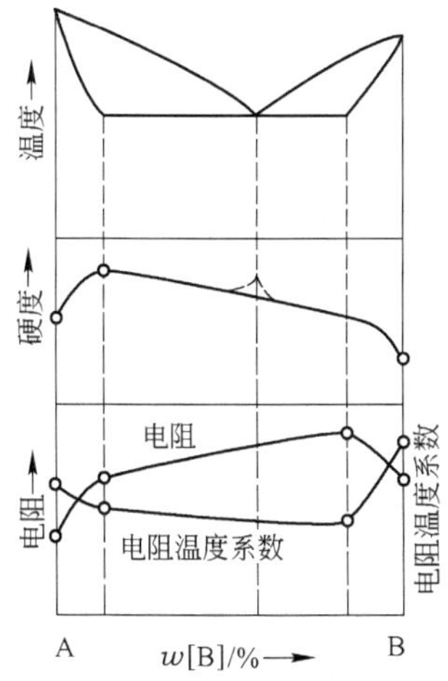

图3-27 两相混合物合金的硬度、电阻与相图间的关系

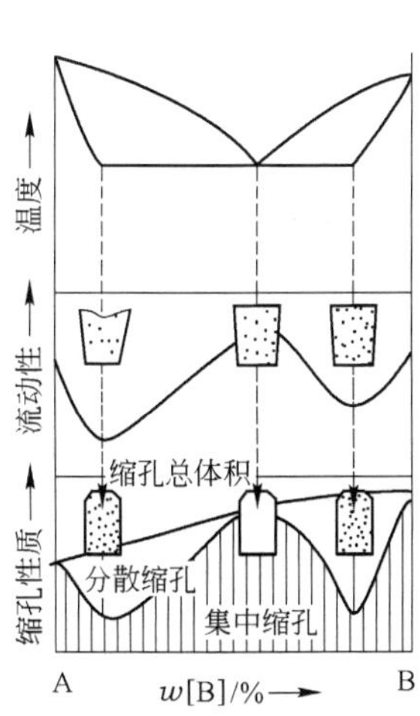

图3-28 两相混合物合金的铸造性能与相图间的关系

3.3.4.2 碳含量对 $Fe\text{-}Fe_3C$ 合金组织的影响

根据前面对 $Fe\text{-}Fe_3C$ 相图的分析可知，不同种类的铁碳合金具有不同的室温组织，并可用杠杆定律求出缓冷后的组织组成、相组成和碳含量之间的定量关系，其结果归纳于图3-29之中。铁碳合金的室温组织都是由铁素体和渗碳体两相组成，其中铁素体是软韧的相，而渗碳体是脆硬的相。由图3-29可知，随着含碳量的不断增加，组织中的渗碳体相的数量也相应增加，而且渗碳体的大小、形态和分布也会发生变化。如在工业纯铁中是呈细粒状的三次渗碳体，随碳含量的增加，在珠光体中出现呈层片状的共析渗碳体，继而出现分布于珠光体晶粒晶界上的网状渗碳体（一次渗碳体），最后出现变态莱氏体基体的共晶渗碳体。这一组织的变化，是引起铁碳合金性能变化的根本原因。

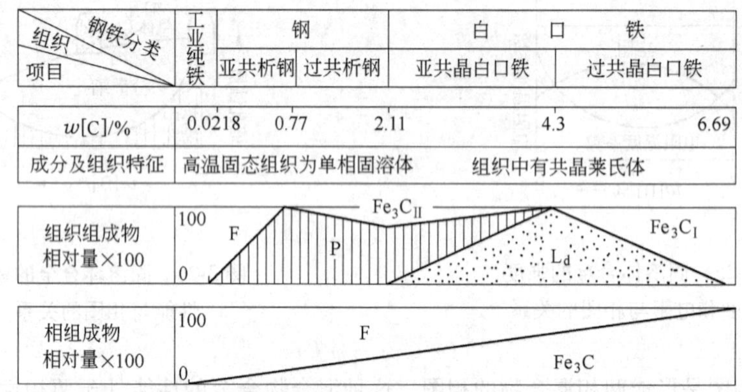

图3-29 铁碳合金的成分与组织的关系

含碳量变化到某一值时，还会引起铁碳合金组织的突变（某一组织的出现或消失）。例如，含碳量 $w[C] > 0.0218\%$ 后，才会出现珠光体组织，而含碳量 $w[C]$ 在 $0.0218\% \sim 0.77\%$ 之间，仅会引起铁素体和珠光体相对量的变化，只有当含碳量 $w[C] = 0.77\%$ 时才会使铁素体晶粒消失，当含碳量 $w[C] > 0.77\%$ 时，又会出现新的组织组分网状二次渗碳体。这种组织突变的分界线，成为钢铁分类的又一标准。即按室温时的平衡组织分类，可将钢分为亚共析钢、共析钢和过共析钢三类。这一现象就是量变引起质变的自然法则在铁碳合金相图中的具体体现。

3.3.4.3 碳含量对碳素钢性能的影响

含碳量对退火钢力学性能的影响如图3-30所示。

工业纯铁和低碳钢：因含碳量少而使得强化相（硬脆的渗碳体）数量也少，所以此类合金以铁素体的性能为主，即塑性和韧性好，强度和硬度低。

亚共析钢：随着含碳量的增加，钢中渗碳体量随珠光体量的增加而增加，而铁素体的相对量随之减少，所以图3-30中钢的强度、硬度直线上升，而塑性、韧性逐渐降低。

共析钢：其组织为100%的珠光体，具有较高的强度和硬度，但塑性和韧性较低。

过共析钢：随着含碳量的继续增加，渗碳体不仅数量增加，而且形态与分布也发生变化，不仅有珠光体内的层片状渗碳体，还有晶界上的二次渗碳体。当含碳量 $w[C] > 0.90\%$ 之后，特别是大于1.20%，晶界上已形成网状的二次渗碳体，习惯上称为网状渗碳体，钢的硬度虽然继续提高,脆性却大大增加,强度也明显降低。所以碳素钢的含碳量 $w[C]$ 应控制在不大于 1.40%,以保证具有一定的塑性、韧性和强度。

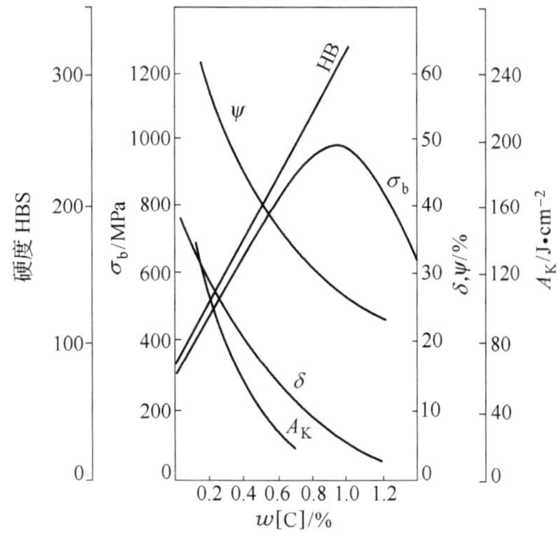

图 3-30 含碳量对退火钢的力学性能的影响图

3.3.5 铁碳相图的应用

$Fe-Fe_3C$ 相图在生产中具有重要的实用价值,除了可以分析不同成分的铁碳合金的性能、组织指导和选择钢铁材料外,还是制定冶炼、浇注、锻造、轧制及热处理等工艺的重要依据。

3.3.5.1 在冶炼、浇注方面的应用

合金的铸造性能取决于合金熔点的高低,以及相图中液、固相线的水平间距和垂直距离。熔点越高,液、固相线距离越大,合金的铸造性能就越差。因此可以根据相图来确定铸造性能良好的合金成分及浇注温度。

由图 3-31 可见,共晶成分(含碳 $w[C]=0.3\%$)附近的铁碳合金(铸铁),不但液、固相线的间距最小,而且液相线温度也最低,所以流动性最好,铸件的分散缩孔少、成分偏析小,是铸造性能最好的铁碳合金。偏离共晶成分的铸铁,其性能变差。

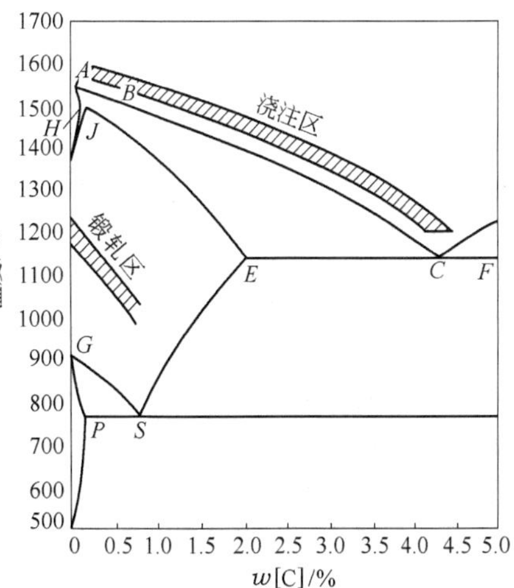

图 3-31 $Fe-Fe_3C$ 相图与铸锻工艺的关系

碳素钢中的熔点比铸铁高得多,随着含碳量的增加,液相线与固相线的间距也增大,由于浇注前必须要有一定的钢水过热度(钢水温度与钢熔点的差值)。因此碳钢的出钢温度要高于铸铁,这样钢中气体含量就较高,会影响铸钢件的内在质量,而且碳钢的流动性比铸铁差,容易形成分散缩孔,影响铸件的致密性。另外,因熔点较高,对耐火材料的要求也较高,故在机械制造中铸钢的含碳量 $w[C]=0.15\%\sim0.60\%$,而且只用来制造一些形状复杂、难以进行锻造和切削加工,并且对强度和韧性要求

较高的铸件。

$Fe\text{-}Fe_3C$ 相图还是确定所炼钢种和铸铁的出炉温度的重要依据。例如碳钢的出钢温度首先是依据含碳量来确定该钢种的熔点,再加上所需的过热度等因素来确定的,出钢温度是炼钢生产过程中一个十分重要的工艺因素。

另外,模铸生产中浇注完毕至开始脱模的时间间隙,以及连续铸钢的拉坯速度与二次冷却水用量,也可依据 $Fe\text{-}Fe_3C$ 相图帮助确定。液相线越高,固、液相线间距越大,从浇注完至脱模的时间间隙就越长,连铸的拉坯速度就越慢,二次冷却水用量也越多。

3.3.5.2 在压力加工方面的应用

钢处于单相奥氏体状态时,塑性最好、强度较低(即变形抗力较低),最有利于塑性变形。所以钢的轧制与锻造通常选择在 $Fe\text{-}Fe_3C$ 相图中奥氏体单相区的温度范围内进行。如图3-31 所示的奥氏体区中阴影部分。实际生产中,各种碳钢的锻轧开始温度在 1250 ~ 1150℃之间,终轧温度一般在 950 ~ 900℃之间,而终锻温度较低,在 900 ~ 850℃之间。如有特殊要求,可采取特殊的措施降低终轧温度(控制轧制)或在轧制后对制件采取加快冷却的措施。

3.3.5.3 在热处理方面的应用

热处理是通过钢在固态下加热、保温和冷却的操作来改变钢的内部组织,从而获得所需性能的一种工艺方法。这是一种提高和改善钢材性能的重要工艺手段,也可改善工件的加工工艺性能和加工质量。$Fe\text{-}Fe_3C$ 相图是确定钢热处理工艺的重要依据,尤其是确定热处理的加热温度。因此 $Fe\text{-}Fe_3C$ 相图是掌握和制定钢热处理工艺的基础。

思 考 题

1. 举例解释下列名词:合金、组元、相、组织。
2. 什么叫固溶体,什么叫金属化合物,它们的结构和性能各有什么特点?
3. 固溶体如何分类?
4. 什么叫固溶强化,什么叫弥散强化,两者有何区别?
5. 金属化合物如何进行分类?
6. 组织、显微组织及宏观组织三者之间有何区别?
7. 形成固溶体与形成金属化合物的根本区别是什么?
8. 你已知有哪些强化金属材料力学性能的方法,它们有何区别?
9. 铁和铬可以无限互溶,已知室温 $\alpha-Fe$ 为体心立方晶格,问铬应是什么晶体结构?
10. 试比较纯金属、固溶体、共晶体三者在结晶过程和显微组织上的异同点。
11. 解释下列名词:相图、液相线、固相线、相组分、组织组分、选分结晶、伪共晶组织。
12. 什么叫枝晶偏析,产生的原因是什么,可用什么方法减轻和消除?
13. 什么叫密度偏析,它有何危害性,如何减轻和消除这种偏析?
14. 什么是匀晶相图,什么是共晶相图,什么叫共晶反应?如何表示?
15. 分析下面的 Mg-Cu 相图(附图 1)

    (1)在图中各区域内填写组织组分和相组分;

    (2)在各区域中是否有镁固溶体相存在,为什么?

(3) 求 $w[Cu]=20\%$ 的合金冷却到 500℃、400℃时各相的成分和相对量。

16. 如附图 2 所示的一个共晶转变。

(1) 试标注尚未标出的相区的组织组分。

(2) 指出组织中共晶体最多和最少的成分。

(3) 指出组织中 β_{II} 最多和最少的成分。

(4) 指出最易和最不容易产生枝晶偏析的成分。

(5) 计算含 30% 硼的合金在高于 250℃、刚冷到 180℃(共晶转变尚未开始)和 180℃(共晶转变完毕)时的组织中有哪些组织组分,并求出它们的相对量。

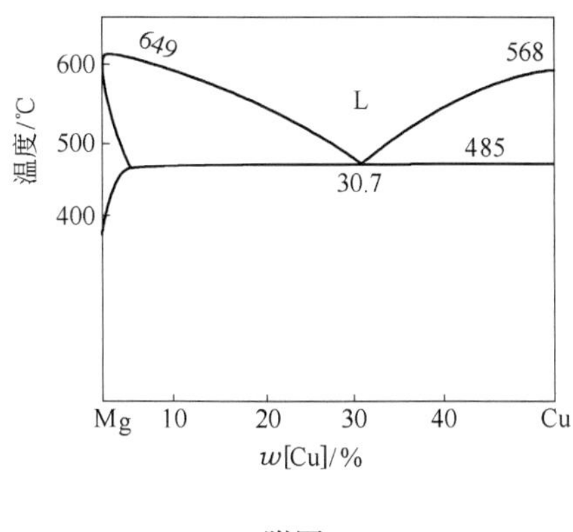

附图 1

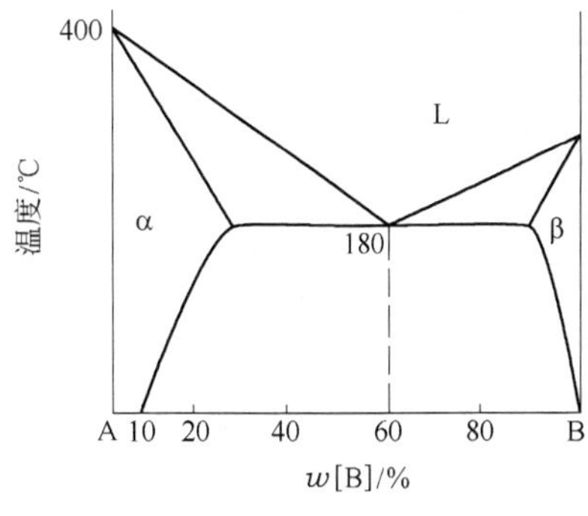

附图 2

17. 有形状、尺寸相同的两个 Cu-Ni 合金铸件。一个含 $w[Ni]=90\%$,另一含 $w[Ni]=50\%$,然后自然冷却,问哪个铸件偏析严重,为什么?

18. 一块低碳钢和一块白口生铁,大小形状一样,如何迅速区别它们?

19. 根据 $Fe\text{-}Fe_3C$ 相图填写下表。

含碳量 w/%	温度/℃	显 微 组 织	温度/℃	显 微 组 织
0.20	800		900	
0.77	700		800	
1.20	700		800	

20. 现有形状、尺寸完全相同的四块平衡状态的铁碳合金,它们的含碳量分别为:$w[C]=0.2\%$、$w[C]=0.4\%$、$w[C]=1.26\%$、$w[C]=4.5\%$。根据你所学知识,可用哪些方法来区分它们?

21. 为什么捆扎物件一般用铁丝(镀锌低碳钢丝),而起重机吊物却用钢丝绳(用 60、65、70、75 等钢制成)?

22. 你能用量变必然会引起质变的观点来分析碳钢中碳含量与组织、性能的关系吗?

4　钢的热处理

钢的热处理是将固态钢进行适当加热、保温和冷却，从而改变其组织、获得所需性能的一种工艺，它在机械制造业中占有极重要的地位。必须指出，钢的性能主要取决于钢的成分和纯度（内因），而热处理是通过外界温度变化来改变钢的组织形态，在一定范围内能改善钢的性能（外因）。根据加热温度和冷却方法的不同，钢的热处理可分为退火、正火、淬火、回火以及某些零部件的表面热处理等五大类。

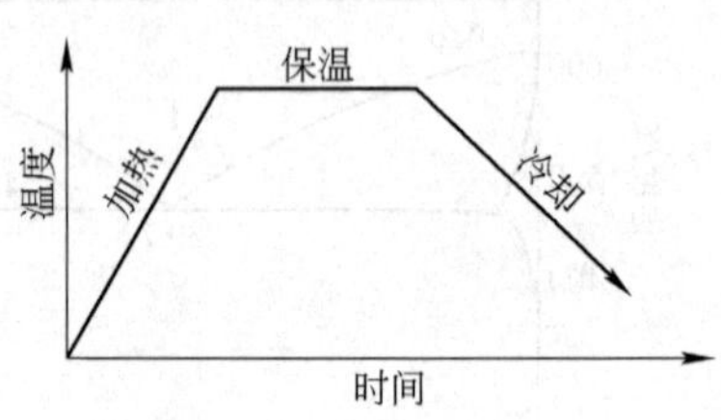

图 4-1　热处理工艺曲线示意图

热处理方法虽然很多，但任何一种热处理工艺都是由加热、保温和冷却三个阶段所组成。最基本的热处理工艺曲线如图 4-1 所示。因此，要正确掌握热处理工艺，必须首先了解钢在加热、保温和冷却过程中的相变规律。

4.1　钢在加热和冷却时的转变

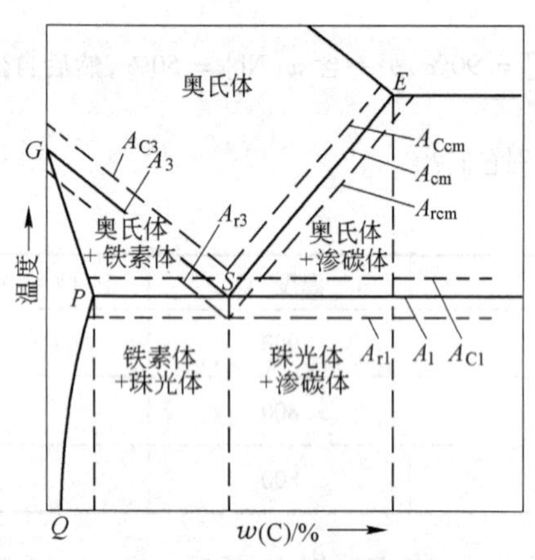

图 4-2　加热和冷却时碳钢的临界点位置

由于铁具有同素异构转变的性能，所以各类钢加热到一定的温度时都能获得奥氏体，并在不同的冷却制度下（含保温）获得不同的组织（即固态相变）。这是热处理能改变钢性能的根本原因。

由 $Fe-Fe_3C$ 相图可知，*PS*、*GS*、*ES* 三条线是钢在极其缓慢的加热和冷却时的固态相变温度线，称临界温度或临界点，可分别用符号 A_1、A_3、A_{cm} 表示。但实际上在加热和冷却时，钢的组织转变总是滞后于温度变化的，而且加热和冷却速度越快，滞后现象就越严重。所以在加热时要高于相图上的临界点，在冷却时要低于相图上的临界点。为了便于区别，通常分别用 A_{C1}、A_{C3}、A_{Ccm} 表示加热时的各临界点，分别用 A_{r1}、A_{r3}、A_{rcm} 表示冷却时的各临界点，如图 4-2 所示。

4.1.1　钢在加热时的转变

4.1.1.1　钢的奥氏体化

将钢从室温加热到相变临界点温度以上，都会发生单相奥氏体转变，这个转变过程称为奥氏体化。共析钢加热到 A_{C1} 以上珠光体中的铁素体和渗碳体都要向奥氏体转变。这一转变过程同样遵循相变的形核与长大的基本规律，其基本过程分四阶段进行：产生 A 晶核；A 晶核的长大；A 晶粒内的残余渗碳体溶解；A 晶粒内成分的均匀化。

整个奥氏体化的实质是铁原子的重新排列（重结晶 $\alpha-Fe\rightarrow\gamma-Fe$）和碳原子的重新溶解

(溶解于 γ – Fe 中)。这是依靠原子的扩散过程来完成的。完成奥氏体化对于亚共析钢需加热到 A_{C3} 以上,而过共析钢需加热到 A_{Ccm} 以上。

4.1.1.2 奥氏体晶粒的长大

奥氏体晶粒大小用晶粒度表示。钢由室温加热到临界温度以上,奥氏体形成刚刚完成,其晶粒边界刚刚相互接触时的晶粒大小,称为奥氏体起始晶粒度。起始晶粒度与原始组织晶粒的粗细和热处理工艺有关。加热速度愈快,相变温度愈高,形核率急剧增加,所得奥氏体的起始晶粒度愈细;原始组织弥散度愈大,奥氏体晶粒度也愈细。

随着加热温度的升高或保温时间的延长,奥氏体的晶粒就会长大。因为高温下原子扩散能力强,有利于晶粒长大,小晶粒长大后,晶界总面积减少,表面能量降低,使奥氏体更稳定。因此晶粒长大是一个自发的过程。

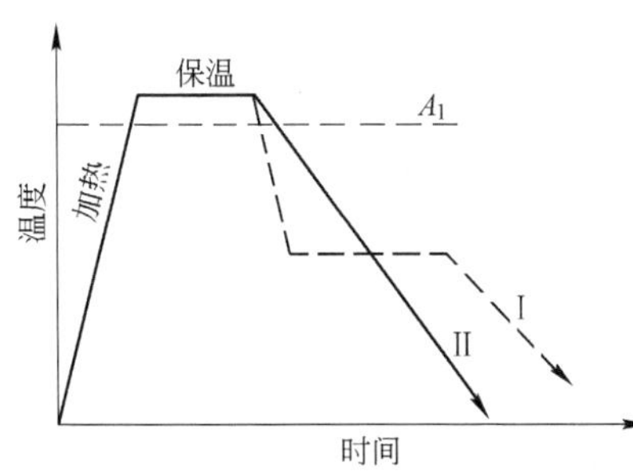

图 4-3 不同冷却方式示意图
I—分阶段冷却;II—连续冷却

当钢加热并保温获得均匀的奥氏体后,刚刚开始冷却时的奥氏体晶粒,其大小称为奥氏体的实际晶粒度。实际晶粒度的大小基本上决定了钢热处理后的晶粒大小。因此,它对钢冷却后的组织和性能影响很大。奥氏体实际晶粒度越细,冷却后钢组织的晶粒也越细。细晶粒组织不仅强度、塑性比粗晶粒高,其韧性也好。因此细化晶粒成为提高钢的性能的重要途径之一。所以,为了获得细小而均匀的奥氏体实际晶粒度,必须严格控制加热温度和保温时间,如果加热温度过高或保温时间过长,就会造成奥氏体实际晶粒度的粗化和表面严重氧化、脱碳(即过热),甚至引起晶界和局部的熔化(即过烧);如果提高加热速度和在冶炼时加入钒、钛和铌等合金元素,都有利于奥氏体实际晶粒度的细化;此外,用铝脱氧的钢,由于铝在钢中形成的 AlN 六方晶格结构弥散析出在晶界上,有阻止奥氏体晶粒长大的作用。

4.1.2 钢在冷却时的转变

在热处理中,常采用分阶段冷却和连续冷却两种冷却方式进行组织转变,即等温转变和连续冷却转变。其工艺曲线如图 4-3 所示。图中 I 为分阶段冷却曲线,II 为连续冷却曲线。

4.1.2.1 过冷奥氏体的等温转变

奥氏体在临界点以下是不稳定的,但因为有滞后现象,所以并不立刻就会发生相变,这个滞后时间称为孕育期,在共析温度以下存在的奥氏体称为过冷奥氏体。

将钢经奥氏体化后迅速冷却到相变点以下某一温度,并保持恒温,让过冷奥氏体完成相变过程,称为过冷奥氏体的等温转变。然后再继续冷却到室温(即所谓的分阶段冷却)。

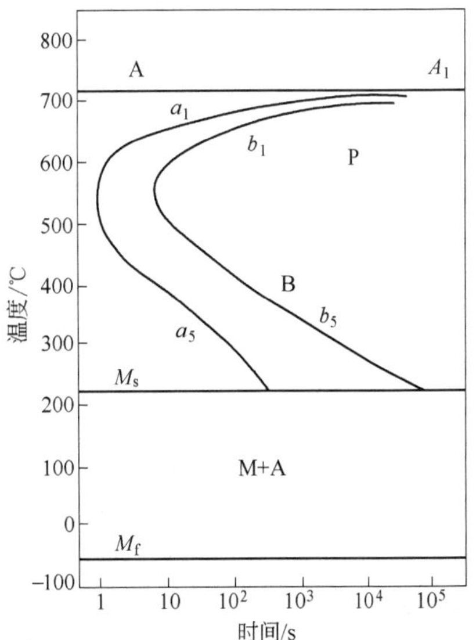

图 4-4 共析钢的等温转变图

过冷奥氏体在不同过冷度下的等温转变过程中,转变温度、转变时间与转变产物之间关系的图形,称为过冷奥氏体等温转变曲线,简称“C 曲线”。图 4-4 为实验测得的共析钢的等温转变图。图中 $a_1 \sim a_5$ 为过冷奥氏体转变的开始线，$b_1 \sim b_5$ 为过冷奥氏体转变的终了线；A_1 以上是奥氏体稳定区，A_1 以下 $a_1 \sim a_5$ 左为过冷奥氏体区，$a_1 \sim a_5$ 与 $b_1 \sim b_5$ 之间为转变区，$b_1 \sim b_5$ 的右边为转变产物区。

过冷奥氏体由于转变温度不同，其转变产物也不同。

A 高温转变

转变温度在 $A_1 \sim 550$℃之间，这是珠光体转变区。奥氏体等温分解成铁素体和渗碳体的片层状混合物（片状珠光体）。根据珠光体片层间距，由大到小，分别称为珠光体、索氏体和托氏体（又称屈氏体），分别用符号P,S,T表示。由表4-1可见，转变温度越低，珠光体片层间距越小，变形抗力越大，强度和硬度越高，而且塑性和韧性也有所改善。

表4-1 共析钢珠光体转变所形成的组织

组织名称	符号	形成温度范围/℃	大致片层间距/μm	硬度HRC
珠光体	P	$A_1 \sim 680$	0.6～0.8	<25
索氏体	S	680～600	0.1～0.3	25～35
托氏体	T	600～550	约0.1	35～40

B 低温转变

转变温度为图4-4中 $M_s \sim M_f$ 温度之间。当钢从奥氏体区急冷到某一低温时，奥氏体便向马氏体转变，这个温度称为马氏体转变点，用符号 M_s 表示。因为转变温度低，原子已无扩散能力，因此只有铁的晶格改变（γ-Fe→α-Fe），而大量的碳原子存在于α-Fe中，所以马氏体是碳在α-Fe中的过饱和固溶体，用符号"M"表示。图中 M_f 是马氏体转变终了的温度线。

马氏体转变有以下几个特点：

（1）是非扩散型转变；

（2）必须在 $M_s \sim M_f$ 温度范围内才能进行；

（3）马氏体转变速度极快，其数量的增加不是靠已形成的马氏体长大，而是靠新马氏体的产生；

（4）其转变过程随温度的下降才能继续进行，马氏体数量才能继续增加，否则会中途停止，所以马氏体不是等温转变的产物，而只有在低温下连续冷却才能获得；

（5）马氏体转变时会发生体积膨胀而产生很大的内应力，从而有可能使转变不能进行到底，剩余未转变的奥氏体称为残余奥氏体。

钢中含碳量与马氏体性能的关系为：高碳钢（w［C］>1.0%）形成针状马氏体，其性能是硬度高而脆性大；低碳钢（w［C］=0.2%）形成板条状马氏体，其性能具有良好的强度和较好韧性；含碳量 w［C］=0.2%～1.0%的碳钢，组织为针状和板条状的混合物，其性能介于它们之间。

C 中温转变

转变温度在550℃至马氏体转变点 M_s 温度之间。此时转变温度较低，原子扩散能力减弱，过冷奥氏体虽然仍分解为铁素体和渗碳体的混合物，但铁素体中碳含量已超过它的溶解度，所以形成过饱和碳的铁素体和极分散的渗碳体的混合物，称为贝氏体，可用符号"B"表示。根据奥氏体等温转变温度，贝氏体可分为：上贝氏体（转变温度为550～350℃）和下贝氏体（转变温度为350℃～M_s）。

贝氏体形成温度愈低，铁素体愈细，渗碳体颗粒愈多、愈小、愈分散，因而下贝氏体不仅具有高的强度、硬度和耐磨性,同时具有良好的韧性和一定的塑性。

4.1.2.2　过冷奥氏体的连续转变

在连续冷却过程中过冷奥氏体所发生的相转变，称为过冷奥氏体的连续转变。为了使奥氏体全部过冷到马氏体转变温度以下而获得马氏体组织，其冷却速度必须等于或大于$v_{临}$，$v_{临}$是保证奥氏体全部冷却到马氏体区的最小冷却速度，称为马氏体转变的临界冷却速度。一切使“C 曲线”右移的因素，即提高过冷奥氏体稳定性的因素，都会使$v_{临}$减小，有利于马氏体的转变。因为过冷奥氏体连续转变曲线测定很困难，所以在实际生产中常用其等温转变曲线来代替。

4.2　钢的退火和正火

退火与正火是热处理常用的基本工艺之一。其目的在于消除钢材经过热加工(铸造、锻轧、焊接)所引起的组织不均匀、晶粒粗大、带状组织和残余内应力等缺陷;或是为以后的切削加工、淬火等准备好条件,所以称预先热处理。当然,退火和正火也可作为热处理的最后工序(成品热处理)。

4.2.1　退火

退火是将钢加热到适当温度(稍高或稍低于临界温度),保持一段时间(保温),然后缓慢冷却(一般随炉冷却)的一种热处理工艺。

4.2.1.1　退火目的

(1) 降低钢的硬度,提高塑性;
(2) 细化晶粒,均匀成分;
(3) 消除内应力,防止开裂和变形。

4.2.1.2　主要退火方法

A　完全退火

将钢完全奥氏体化（加热到A_{C3}+（30～50)℃，保温)，随后缓慢冷却，获得接近平衡状态的组织。完全退火主要是为了细化晶粒、消除内应力和降低硬度。这种工艺不适用于过共析钢，因为过共析钢加热到A_{Ccm}上后，在缓慢冷却时会沿晶界析出网状渗碳体，严重降低钢的强度。

B　球化退火

将钢加热到A_{C1}以上20～30℃，保持一定时间，随后缓慢冷却获得球状珠光体组织。渗碳体球状化可以降低硬度、提高塑性，便于切削，也可减少淬火时的内应力及残余奥氏体数量。

球化退火只适用于高碳钢(共析钢和过共析钢)。如果原始组织中存在明显网状渗碳体,应先正火消除然后球化退火。

C　消除应力退火

将钢加热到低于A_{C1}100～200℃(约500～600℃),保温一定时间后缓慢冷却。消除应力退火工艺不发生相变只是消除内应力。

4.2.2　正火

正火亦称“常化”，是将钢加热到临界点（A_{C3}或A_{Ccm}）以上30～50℃或更高的温度，保温一定时间，使组织完全奥氏体化和均匀化，然后在空气中冷却的热处理工艺。

正火与退火相比，具有冷却速度快、过冷度大、晶粒较细、强度、硬度较高等特点。

4.2.3　退火与正火的选择

退火和正火的作用基本相似，在工艺上的主要区别是正火冷却速度较快。退火和正火的工艺曲线如图4-5所示。但在实际选用时，选择正火还是退火应从以下几个方面考虑。

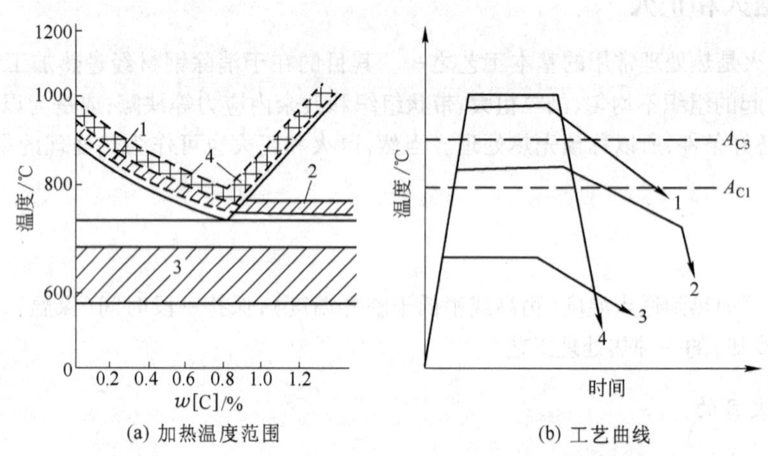

图4-5　各种退火和正火的工艺曲线示意图

1—完全退火；2—球化退火；3—消除应力退火；4—正火

4.2.3.1　改善切削性能

一般认为硬度在170～230HBS的范围内，钢的切削性能较好。硬度过高，加工困难，刀具容易损坏；硬度太低会“粘刀”，也使刀具发热磨损，而且加工后工件表面不光洁。因此低碳钢应采用正火处理，使硬度略有提高，高碳钢应采用退火处理来降低硬度。图4-6为碳钢退火和正火处理后的硬度值范围，其中影线部分是切削性能较好的硬度值范围。

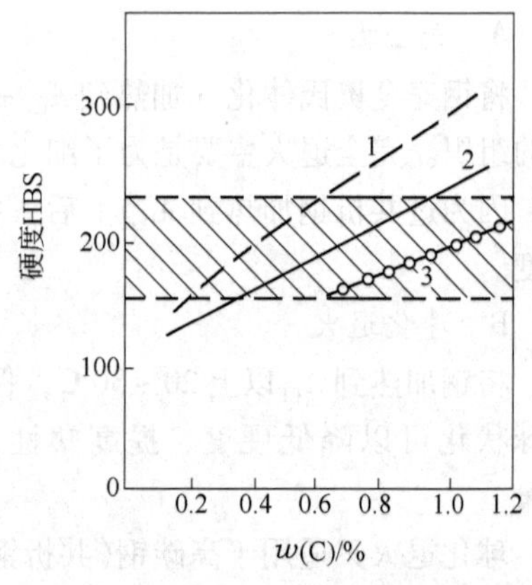

图4-6　正火和退火处理后钢的硬度

1—正火；2—退火；3—球化退火

4.2.3.2　提高使用性能

钢正火处理后的力学性能比退火处理要好，如表4-2所示。所以可以作为要求不高的普通工件的最终热处理。

表 4-2　45 钢正火、退火后力学性能

状　态	σ_b/MPa	δ_5/%	A_K/J·cm^{-2}	HBS
退　火	650～700	15～20	40～60	约 180
正　火	700～800	15～20	50～80	约 220

4.2.3.3　提高经济效益

正火比退火的生产周期短，成本低，操作方便，能源消耗少，所以在可能的条件下应优先考虑。

4.2.3.4　消除过共析钢中二次渗碳体

采用正火处理，因为正火冷却速度较快，使二次渗碳体来不及沿晶界析出。这一措施是为球化退火作好组织准备。

4.3　钢的淬火与回火

4.3.1　淬火

将钢加热到 A_{C3} 或 A_{C1} 以上某一温度，保持一定时间，然后以大于临界冷却速度急速冷却，获得马氏体组织的热处理工艺称为淬火。

淬火的目的是为了获得马氏体，然后通过不同的回火方法，获得所需要的综合力学性能。

4.3.1.1　加热温度

对于亚共析钢，淬火加热温度为 A_{C3} 以上 30～50℃，以获得完全的细晶粒奥氏体。温度过高会使晶粒粗化，使马氏体发脆；温度过低，淬火组织中会出现未溶铁素体而降低硬度。

共析钢和过共析钢的加热温度为 A_{C3} 以上 30～50℃，此时钢大部分转变成奥氏体，尚存留一部分未溶渗碳体，使淬火后均匀分布在马氏体基体上。这种淬火称为不完全淬火。不完全淬火前，钢应先进行球化退火处理，使淬火后的渗碳体呈细小的颗粒状、防止马氏体粗化及降低内应力，这样更能提高钢的耐磨性。

碳钢的淬火温度范围如图 4-7 所示。

4.3.1.2　淬火介质

淬火时既要获得马氏体，又要减少相变内应力，因此如何选择淬火介质是淬火工艺中一个极为重要的问题。

淬火介质要既能使钢过冷到 M_s 温度以下，淬成马氏体，又能使 $v_{冷}$ 变慢而降低淬火内应力，减少工件变形或开裂。理想的淬火冷却速度为图 4-8 中 C 曲线“鼻尖”左方附近。

常用的冷却介质有水、盐水及油。

A　水

是最普通的淬火介质，在高温区（650～500℃）冷却速度较低，不超过 200℃/s，而在较低温度范围内（300～200℃），冷却速度可高达 700℃/s。为此，在 C 曲线鼻尖附近温度（650～500℃）范围内，钢在水中的冷却速度不够快，很易产生珠光体型转变；而在低温的马氏体转变区里，工件的冷却速度过大，会产生很大的内应力，使工件容易变形。所以水一般用于 $v_{临}$ 大的碳钢。

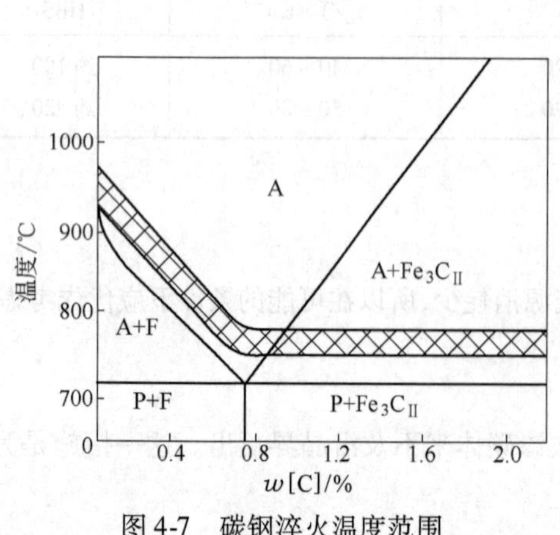

图4-7 碳钢淬火温度范围

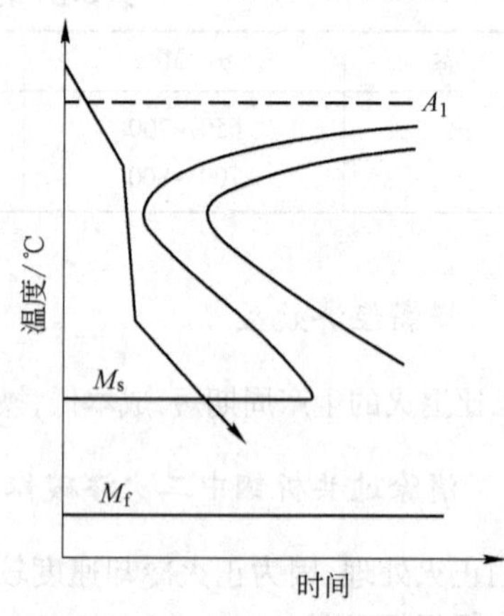

图4-8 钢的理想淬火冷却速度

B 盐水溶液

水中加入 NaCl 能大大提高水的冷却能力。浓度为含 5% ~15% NaCl 的水溶液，在 650 ~500℃高温下冷却速度最大（高达 1100℃/s），能将钢迅速冷却到 *C* 曲线的鼻尖部温度以下，在 300 ~200℃区间内冷却速度比纯水要快，200℃以下与纯水相同。所以，淬火的变形和开裂的倾向与水一样。

C 油（矿物油）

油在高温区（650 ~500℃）冷却速度仅为 100℃/s 左右，不能用于碳钢淬火，在 300 ~200℃温度区里冷却速度为 20℃/s。尽管油有许多缺点，如易燃、成本高及在高温下冷却能力较低，但由于它在低温区域具有较低的冷却速度，所以常用于 *C* 曲线右移得较多的合金钢，使工件在淬火过程中变形和开裂的倾向大大减小。

4.3.1.3 淬火冷却方法

为了使钢淬火时最大限度地减少变形和避免开裂，除了正确地进行加热和合理地选择冷却介质外，还应根据工件的成分、尺寸、形状和技术要求确定合适的淬火冷却方法。淬火方法很多，现介绍常用的几种。

A 单液淬火

即在单一淬火介质中冷却。这种方法操作简单，是目前机械化热处理设备中采用最多的淬火冷却方法。碳钢工件一般用水或盐水冷却，形状复杂的碳钢小工件及某些合金钢工件用油淬。

这种方法存在的问题是：水淬容易变形开裂；油淬冷却缓慢，淬火后硬度不足。

B 双液淬火

先后在两种不同冷却能力的介质中冷却淬火。通常在高温区用水或盐水冷却，而在低温区用油冷，这种方法叫"水淬油冷法"。它克服水冷和油冷存在的缺点，发挥各自的优点。但是操作困难，不易掌握。

C 分级淬火

这是将工件放入温度在 M_s点附近的盐浴炉中停留一段时间，使工件各部分温度与盐浴温度一致，然后取出空冷或油冷。这种方法又称分段淬火或热浴淬火。采用这种方法内应力更小，但碳钢会因冷却能力不足而产生非马氏体组织。

D　等温淬火

将工件快速冷却到贝氏体转变温度区(250～400℃)保温较长时间,获得贝氏体组织。这种方法显著减小内应力和变形,并使工件的强度、韧性、硬度配合良好。

4.3.1.4　淬透性和淬硬性

钢的淬透性是指淬火时获得淬硬深度的能力（即获得马氏体的能力）。它是钢本身固有的属性，决定于$v_{临}$的大小，即过冷奥氏体的稳定性。一切提高奥氏体稳定性的因素，都能提高钢的淬透性。例如绝大多数的合金元素都能提高过冷奥氏体的稳定性，使$v_{临}$降低，所以合金钢的淬透性比碳钢好。淬透层的厚度不仅与淬透性有关，还与工件的尺寸、形状、淬火介质有关。图4-9表示冷却速度与工件淬硬深度的关系，由于中心冷却速度的降低而造成钢件中心未被淬透。

淬硬性是指钢经淬火后能够达到的最高硬度。它主要取决于钢淬火加热时固溶于奥氏体中的含碳量,含碳量越多,硬度越高。必须注意钢的淬透性和淬硬性是两个完全不同的概念。

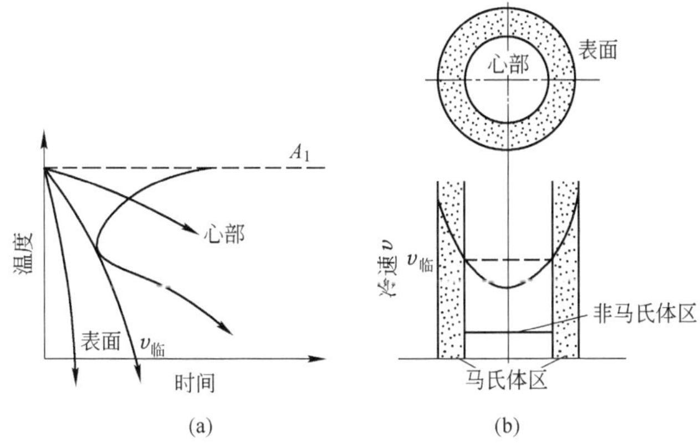

图4-9　冷却速度与工件淬硬深度的关系
(a) 工件截面上不同冷却速度;(b) 淬硬区与未淬硬区示意图

4.3.2　钢的回火

回火是将淬火后的钢再加热到A_{C1}相变点以下某一温度,保温一定时间,然后冷却到室温的热处理工艺。

工件淬火后不能直接使用,因为马氏体组织虽然具有高的硬度,但塑性和韧性较低,是硬而脆的组织,而且淬火后的组织是不稳定的非平衡组织,存在很大的内应力,如不及时回火消除内应力,会引起工件变形甚至开裂。所以回火的目的是稳定组织,消除内应力,提高韧性和塑性,调整强度和硬度。

决定回火钢的组织和性能的主要因素是回火温度。回火温度是根据工件所需的力学性能来选定的。

4.3.2.1　低温回火

回火温度小于250℃,在此温度范围内,马氏体中的过饱和碳原子开始以碳化物形式逐渐析出,使马氏体中碳的过饱和量降低,晶格畸变减弱。这种由过饱和α固溶体和析出的极细的碳化物（称 ε 碳化物）所形成的组织称回火马氏体。

低温回火能部分消除淬火钢的内应力，并使钢的硬度高（58～64HRC）、耐磨性好、有一定的韧性。适用于各种高碳的切削刀具、冲模、拉模、滚动轴承等。

4.3.2.2　中温回火

回火温度为 350～500℃，在此温度范围内，残余奥氏体开始分解，向下贝氏体转变，从过饱和固溶体中析出的碳化物转变为稳定的渗碳体（Fe_3C），当回火温度达到 400℃后，α 固溶体中过饱和的碳已完全析出，α-Fe 晶格恢复正常变为铁素体。在 400～500℃内形成的组织为铁素体和弥散分布的极细小片状或颗粒状渗碳体混合物，称为回火托氏体。这时淬火应力基本消除，钢具有高的弹性极限、屈服点和适当的韧性，硬度可达 40～50HRC。适用于制作弹性零件等。

4.3.2.3　高温回火

回火温度大于 500℃，这时形成的组织为铁素体和均匀分布的细粒状渗碳体混合物，称为回火索氏体。比正火处理具有更好的综合性能，硬度为 25～40HRC。

淬火加高温回火在生产中称为“调质”。调质处理被广泛应用于受力构件，如齿轮、曲轴等。

由上可知，钢淬火后随着回火温度的提高，其硬度、强度逐渐下降，而塑性、韧性不断地增加，如图 4-10 所示。

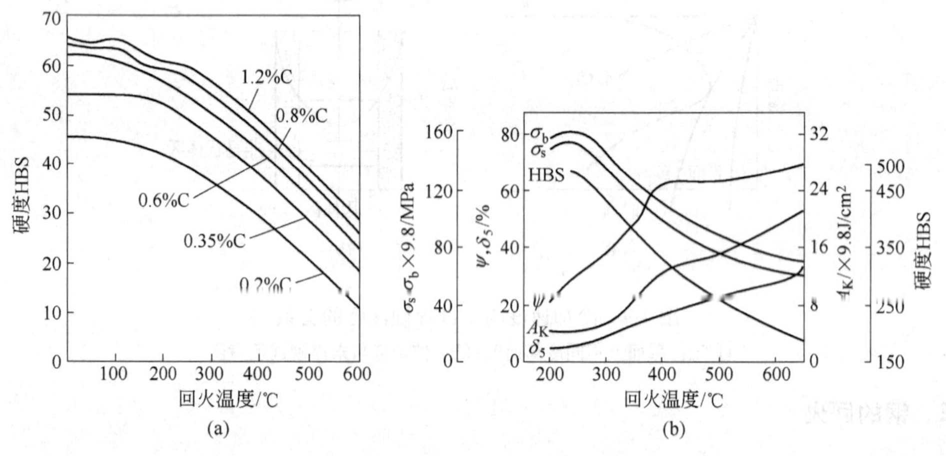

图 4-10　淬火钢的力学性能随回火温度的变化

4.4　钢的表面处理

在机械设备中，有许多零件（如齿轮、曲轴等）是在冲击载荷及表面摩擦条件下工作的，这类零件表面需要有高硬度和耐磨性，而心部需要有足够的塑性和韧性。这样，前一节所述的普通热处理工艺就很难满足这一要求。为此，就需进行表面热处理。表面热处理可分为表面淬火和化学热处理两种。

4.4.1　表面淬火

仅对钢件表层进行淬火的局部热处理方法称为表面淬火。根据淬火加热方法不同，主要分为火焰加热淬火、感应加热淬火以及新技术激光淬火。

4.4.1.1 火焰加热淬火

应用氧-乙炔(或其他可燃气体)火焰对零件表面进行加热,随之快速冷却的工艺称为火焰淬火。

火焰淬火的淬硬层深度一般为2~6 mm。这种方法淬火质量不易控制,但不需特殊设备。适用于单件或小批量生产,主要用于中碳钢和中碳合金钢制造的大型工件,如轧辊、齿条、齿轮等。

4.4.1.2 感应加热淬火

利用感应电流通过工件表面(集肤效应)产生热效应,使工件表面快速加热,然后快速冷却的淬火工艺称为感应淬火。

这种方法的特点是:加热速度快,淬火质量好,淬火深度易于控制,易于实现机械化和自动化,适用于大批量生产。

4.4.1.3 激光相变硬化

利用激光将钢加热到相变温度以上,由于金属导热性好,然后在自身急速冷却后获得高硬度的马氏体组织。其相变硬化原理与普通淬火相同,只是激光加热速度快、温度高、冷却速度快,故淬火马氏体含有较高的碳和合金元素,从而获得高硬度和热稳定性。

4.4.2 钢的化学热处理

将工件置于一定温度的活性介质中保温,使一种或几种元素渗入它的表层,以改变其化学成分、组织和性能的热处理工艺称为化学热处理。化学热处理种类很多,根据渗入元素的不同,可分渗碳、渗氮、碳氮共渗(氰化)、渗硼、渗金属等多种。无论哪种方法,都通过以下三个基本过程来完成:

(1) 分解。介质在一定温度下发生化学分解,产生渗入元素的活性原子(或离子);

(2) 吸收。活性原子被工件表面吸收,即溶入钢的固溶体或与钢中某元素形成化合物;

(3) 扩散。渗入的活性原子,由表面向中心扩散,形成一定厚度的扩散层(即渗入层)。

下面以渗碳和渗氮为例加以说明。

4.4.2.1 渗碳

将钢件在渗碳介质中加热并保温,使碳原子渗入表层的化学热处理工艺称为渗碳。可见渗碳件必须是低碳钢或低碳合金钢。表面渗碳后经淬火和低温回火,获得高硬度,而心部仍具有低碳钢的高韧性。

渗碳方法可分为固体渗碳、盐浴渗碳及气体渗碳三种。

因为渗碳工艺加热温度高(900~950℃),且容易出现网状渗碳体,所以渗碳后必须进行合适的淬火及回火处理。如出现网状渗碳体,还需球化退火。

4.4.2.2 渗氮(氮化)

渗氮是向钢的表层渗入氮原子的过程。目前应用的渗氮方法有气体渗氮和离子渗氮,它与渗碳相比较,渗氮有以下特点:

(1) 渗氮层的硬度和耐磨性极高。如38CrMoAl钢渗氮层硬度高达1000HV以上(相当于69

~72HBC)；

(2) 渗氮件具有良好的耐蚀性，可防水、蒸气、碱性溶液的腐蚀；

(3) 渗氮温度低，渗氮后不必淬火，工件变形小；

(4) 渗氮件采用含铝、铬、钼等合金元素的中碳合金钢，以便生成氮化物而提高性能。

气体渗氮采用(NH_3)作介质，渗氮层厚度一般可为0.1~0.6 mm。

离子渗氮是利用工件(阳极)和阴极之间产生气体电离，进行渗氮的一种工艺。离子渗氮法速度快、生产周期短，渗氮质量高，工件变形小。但设备要求高，投资大。

其他化学热处理法，在此不再一一举出。

思考题

1. 什么叫热处理？举例说明它在实际应用中的重要作用。
2. 解释下列符号的含义：A_{C1}，A_{C3}，A_{Ccm}，A_{r1}，A_{r3}，A_{rcm}。
3. 解释下列各名词：
   (1) 奥氏体的起始晶粒度，实际晶粒度；
   (2) 珠光体，索氏体，托氏体，贝氏体，马氏体；
   (3) 奥氏体，过冷奥氏体，残余奥氏体；
   (4) 分阶段冷却，连续冷却，等温转变，临界冷却速度。
4. 马氏体转变有哪些特点？
5. 下表所列的三种材料各制成三块试样分别加热到表中所列的三种温度，保温一定时间再缓慢冷却后，将每一种试样晶粒的粗细程度填入下表分别比较。

材　　料	加热温度/℃		
	600	830	930
粗晶粒工业纯铁 粗晶粒45钢 细晶粒45钢			

6. 根据下表所列要求，归纳、比较共析碳钢过冷奥氏体冷却转变中几种产物的特点。

过冷奥氏体冷却转变产物	表示符号	形成条件	相组分	力学性能(定性)
珠光体 索氏体 托氏体 上贝氏体 下贝氏体 马氏体				

7. 分别比较45钢、T12钢经不同热处理后硬度的高低，并说明是什么原因。
   (1) 45钢分别加热到700℃、750℃、840℃后投入水中；
   (2) T12钢分别加热到700℃、750℃、900℃后投入水中。
8. 哪些因素会影响马氏体转变的$v_{临}$的大小？比较$w[C]=0.2\%$和$w[C]=1.0\%$，哪个$v_{临}$大？
9. 什么叫“孕育期”，你能用相变形核和原子扩散能力的关系来解释温度T对孕育期的影响吗？
10. 有两块大小相同、含碳量$w[C]=0.40\%$的碳钢，同时加热到840℃，一块充分保温后投入水中，另外一块立刻投入水中快冷。试问它们的室温硬度是否一样，为什么？

11. 什么叫完全退火,它的适用范围怎样?
12. 什么叫球化退火,为什么过共析钢采用球化退火而不采用完全退火?
13. 什么叫正火,在工艺上它和退火的主要区别是什么,其目的和适用范围与退火有哪些主要不同之处?
14. 选择下列钢的退火方法,并指出退火的目的和退火后的组织:
    (1) 经冷轧后的20钢板,要求降低硬度;(2) 具有片状渗碳体的T12钢;(3) 35钢铸造齿轮。
15. 指出下列钢正火的主要目的及正火后的组织:
    (1) 20钢齿轮;(2) 45钢小轴;(3) T12钢锉刀。
16. 在生产中常用增加钢中珠光体数量来提高亚共析钢的强度,为此应采用什么热处理工艺,为什么?
17. 什么叫淬火,工件为什么要淬火?
18. 淬火钢的加热温度如何选择,为什么?
19. 选用淬火介质的原则是什么,有哪几种常用的淬火介质,它们的适用范围如何?
20. 常用的淬火方法有哪些?
21. 什么叫淬透性,有哪些影响因素,它与淬硬性有何区别?
22. 什么叫回火,回火的目的有哪些,淬火后为什么必须及时回火?
23. 常用的回火方法有哪几种,所得的组织和性能有何区别?
24. 现有20、45、T8、T12钢的试样一批,分别加热到780℃、840℃、920℃后,各得到什么组织;然后在水中淬火,各得到什么组织;淬火后马氏体中含碳量各为多少。这四种钢最合适的淬火温度分别应该是多少?
25. 选择上题四个钢的回火温度,并说明它们回火的目的、回火后的组织及比较它们的硬度。
26. 分析下面几种说法是否正确,为什么?
    (1) 过冷奥氏体的冷却速度越快,钢冷却后硬度越高。
    (2) 钢中合金元素越多,则淬火后硬度越高。
    (3) 同一钢材在相同加热条件下,水淬比油淬的淬透性好;小件比大件的淬透性好。
    (4) 冷却速度愈快,马氏体转变点M_s、M_f愈低。
    (5) 淬火钢回火后的性能主要取决于$v_{冷}$。
    (6) 为了改善碳素工具钢的切削加工性应采用完全退火热处理。
27. 什么叫表面热处理,它分为哪两大类?
28. 火焰淬火和感应淬火、激光淬火有什么区别?
29. 什么叫化学热处理,渗透过程分哪三个阶段进行?
30. 什么叫氮化处理,与渗碳比较,它有哪些优点?

5 钢中元素作用

如前所述,钢材可以通过热处理工艺改变组织,从而改善钢的性能。但是热处理方法只是决定性能的外界因素,成分变化才是决定性能的内在因素,而且是决定钢性能的根本原因。因此要大幅度提高钢的性能,必须从改变成分入手。

5.1 钢中常存元素

碳钢不仅是碳含量 $w[C] \leqslant 2.11\%$ 的铁碳合金,而且由于原材料中含有一些其他元素及冶炼工艺的原因(如加入脱氧剂等),使钢含有少量的硅、锰、硫、磷等元素,它们不是有目的而加入,但又不可避免地存在于钢中,所以称为钢中常存元素。然而,这些元素的存在,对碳钢的组织和性能也必然有影响。因此,在一般钢中都规定出它们最高许可量。

5.1.1 碳的影响

碳是碳钢中除铁元素之外的最主要元素。通过前面的讲述,已经掌握了碳对钢的组织和性能影响的基本规律。所有碳钢的室温组织都由铁素体和渗碳体两相组成。铁素体作为基本相,渗碳体作为强化相。前者塑性、韧性好,后者硬度高、脆性大。所有碳钢的室温组织都含有较高强度的共析组织珠光体,而高温时都可转变成具有良好塑性的单相奥氏体。

随着碳含量的增加,碳钢中铁素体量逐渐减少,而渗碳体量却不断增加(珠光体量也不断增加)。所以碳钢随着碳含量的增加其塑性、韧性不断降低,而强度、硬度不断增加。但是当碳含量 $w[C] > 0.9\%$,特别是大于1.2%之后,因晶界上出现网状渗碳体,使碳钢强度明显降低。所以碳元素是决定碳钢性能的根本因素。

碳钢中碳的来源主要是炼钢所用的金属料(铁水、生铁块、废钢、铁合金等);电弧炉炼钢用的石墨电极。

5.1.2 锰的影响

碳钢中锰的来源主要是炼钢用的脱氧剂,其次是炼钢用的钢铁料。锰可溶于铁素体和渗碳体中,使钢的强度和硬度提高。在脱氧时,锰可以提高硅、铝等其他脱氧剂的脱氧效果。锰还能和硫生成高熔点 MnS,从而减轻硫对钢的危害性。当锰含量不多时对钢性能的影响不明显。所以锰在钢中是有益元素,在普碳钢中锰含量一般为 $w[Mn] = 0.25\% \sim 0.80\%$。

5.1.3 硅的影响

碳钢中硅主要来自炼钢用的脱氧剂,硅的脱氧能力比锰强,硅能溶于铁素体形成固溶体,使之固溶强化,提高钢的强度、硬度、弹性,所以硅是钢中的有益元素。但由于含量少,所以强化作用不明显。在镇静钢中含硅量 $w[Si]$ 一般在 0.15% ~ 0.40% 之间,沸腾钢中只含有 0.03% ~ 0.07% 的硅。

硅在提高强度、硬度的同时,也会降低塑性和韧性。特别是当生成的脱氧产物来不及排除而残留在钢中时,就成为夹杂物而影响钢的性能。

5.1.4 硫的影响

钢中硫的来源主要是生铁、矿石、燃料、废钢和造渣剂。在固态下，硫在钢中的溶解度极小，以 FeS 的形态存在于钢中。FeS 还与铁、FeO 等生成低熔点的共晶体，在钢冷凝过程中沿晶界呈网状析出，其熔点（985～860℃）远低于热轧或热锻时钢的加工温度（约 1000～1200℃）。因此在热加工时沿晶界分布的 Fe-FeS、FeS-FeO 共晶体已熔化，破坏了各晶粒间的连接，导致钢的开裂。这种在热加工时发生晶界开裂的现象叫作热脆。另外，硫在钢的冷凝时会产生严重的晶界偏析而加剧了这个危害性，所以硫在钢中是有害元素。

5.1.5 磷的影响

磷主要由矿石、生铁和废钢带入。一般情况下，钢中磷能全部溶于铁素体，有强烈的固溶强化作用，使钢的强度、硬度增加，而塑性、韧性则显著降低，而且钢的冲击韧性值随温度降低而减小。磷使钢的脆性转变温度升高，造成低温脆化的现象，称为冷脆。另外磷在结晶过程中晶内偏析严重，更增加了这种危害性。磷的偏析还会使钢在热轧后出现带状组织而影响钢材性能，所以磷在钢中是有害元素。

应当指出，在特定的条件下可利用磷和硫来改善钢的切削性能，高磷薄板钢是利用磷防止叠轧时薄板的粘结等。

5.2 钢中气体元素

炼钢所用原材料及整个冶炼和浇注过程中都与空气接触，因而钢液中总会吸收一些气体，如氧、氮、氢等。它们存在于钢中会形成气泡或夹杂物（氧化物、氮化物），因此对钢的质量产生不良影响。

5.2.1 氧的影响

氧在固态钢中的溶解度远低于在钢液中的溶解度（氧在低碳钢液中溶解度为 0.03%～0.08%，在室温时其溶解度小于 0.0003%），所以液态钢在温度降低和凝固时氧以氧化物的形式析出。

炼钢过程是一个高温氧化和还原的过程，因此在冶炼过程中要向炉内供氧，用来氧化钢中的杂质元素。但是产生的氧化产物，部分会残留在钢中成为夹杂物，降低钢的各种性能，如塑性、韧性、强度、疲劳强度等力学性能都下降，并且提高钢的脆性转变温度；氧还会与碳反应生成 CO 气泡，形成气孔缺陷。如前所述，FeO 与 FeS 的共晶体会造成钢的热脆。所以冶炼优质钢和合金钢必须脱氧和排除脱氧产物。目前，生产中采用的合金脱氧、保护浇注、炉外精炼、真空冶炼等技术，目的就是尽量减少钢中的氧。这就是氧在炼钢过程中的两重性。

5.2.2 氮的影响

钢中氮来自炉料和炉气，碳素钢中的氮含量 $w[N]$ 在 0.001%～0.02% 之间。氮能溶于铁中，在 α-Fe 中的溶解度 591℃时为 0.1%，而在室温时只有 0.001%。因此，氮能固溶于钢中，也能以氮化物和气体形式存在于钢中。

钢材在室温长时间放置时，溶于铁素体中过饱和的氮会以 Fe_4N 形式析出，从而使钢的强度、硬度升高，而塑性、韧性下降，这种现象叫时效。钢中含氮量越高，这种时效倾向就越大。如果在浇注前向钢液中加入少量的铝（每 1 t 钢加 0.5～1.0 kg 铝），可以形成 AlN 而大大降低固溶于铁素体中的氮化物,从而降低氮的时效作用。

氮以氮化物质点形式存在于钢中,能阻碍奥氏体晶粒长大,细化钢的晶粒,从而改善钢的力学性能。

氮还能以气体形式存在于钢中,使钢中产生气泡和疏松。

5.2.3　氢的影响

钢中氢主要是由锈蚀潮湿的炉料,炉气和浇注系统的水分带入。氢以间隙原子形式固溶于铁中,所以氢在固态钢中的溶解度很小,并随温度降低而降低。钢中含氢量很小,一般在0.0005% ~0.0025%之间。

氢会使钢的塑性、韧性降低,易于脆断,引起"氢脆";氢还会使钢内部产生显微裂纹,使钢基体的连续性遭到破坏。由氢而造成的微裂纹有两类:在钢材试样横向酸蚀面上呈放射状的细裂纹(在钢材断口上呈银亮色的斑点)和氢气泡及显微孔隙在加工时沿轧制方向上被拉长而形成的微裂纹,前者称"白点",后者称"发纹"。为防止钢中微裂纹的产生,在炼钢和浇注过程中应采取各种工艺措施,尽量降低钢中氢含量。

5.3　合金元素在钢中的作用

为了改善钢的力学性能或获得某些特殊性能,在炼钢过程中有目的地加入的一些元素,称为合金元素。这种钢也称为合金钢。合金元素不在于其数量的多少,主要在于它的作用大小。锰含量$w[Mn]>0.80\%$、硅含量$w[Si]>0.50\%$才能称为合金元素,而硼含量$w[B]=0.005\% \sim 0.0035\%$时,就称作合金元素。钢中常用合金元素有锰、硅、铬、镍、钼、钨、铜、钒、钛、锆、钴、铝、硼、稀土等。

5.3.1　合金元素在钢中存在形式

在合金的相结构中有合金固溶体和金属化合物两大类型。因此,合金元素与钢中铁、碳两个基本组元作用,就会产生以下两种存在形式。

5.3.1.1　形成合金渗碳体

几乎所有合金元素都能或多或少地溶入铁素体中，形成合金铁素体。其中原子半径很小的元素（如氮、硼）与铁形成间隙式固溶体；原子半径大的元素（如锰、镍）与铁形成置换式固溶体。合金元素的溶入，因原子半径的差异而引起铁素体晶格畸变，产生固溶强化，使铁素体的强度、硬度升高，塑性、韧性有所降低，如图5-1和图5-2所示。由图5-2中可见，铬含量$w[Cr] \leqslant 2.0\%$、镍含量$w[Ni] \leqslant 5.0\%$及锰含量$w[Mn]=1\%$左右时，在强化铁素体的同时，仍能提高钢的韧性。

5.3.1.2　形成合金碳化物

在钢中形成碳化物的元素有铁、锰、铬、钼、钨、钒、锆、铌、钛等。根据合金元素与碳亲和力的大小和元素在钢中含量的多少,钢中合金碳化物可分为合金渗碳体和特殊碳化物两种类型。

锰为弱碳化物形成元素，铬、钼、钨为中强碳化物形成元素，它们在钢中含量不多时，一般都倾向于形成合金渗碳体，如$(Fe,Mn)_3C$、$(Fe.Cr)_3C$、$(Fe,W)_3C$等，即铁原子被部分合金元素取代。合金渗碳体的硬度和稳定性都略高于渗碳体，是一般低合金钢中的碳化物的主要存在形式。

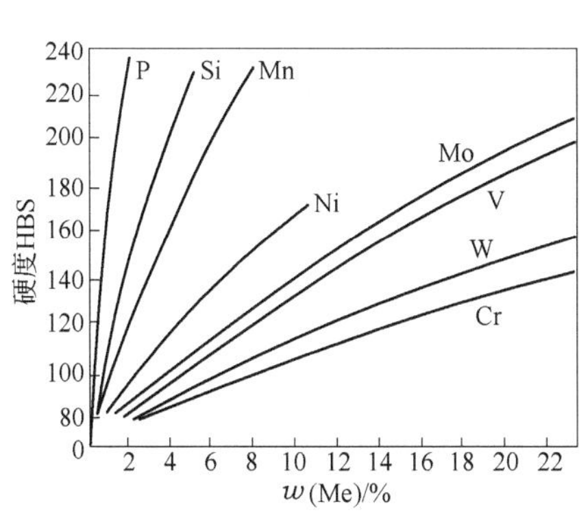

图 5-1 合金元素对铁素体硬度的影响

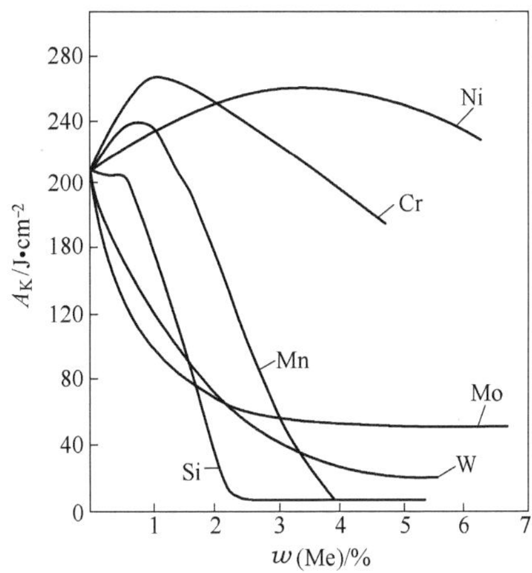

图 5-2 合金元素对铁素体韧性的影响

钒、铌、钛等是强碳化物形成元素，它与碳会形成与渗碳体完全相同的特殊碳化物，如 VC、NbC、TiC 等；而中强碳化物形成元素含量足够高时（ >5% ）也能形成特殊碳化物，如 WC、MoC、$Cr_{23}C_6$、Fe_3W_3C 等。这些特殊碳化物具有更高的熔点、硬度和耐磨性，并且更为稳定。合金碳化物是钢中的强化相，其种类、性能和在钢中的析出形式、颗粒大小及分布状态，会直接影响到钢的性能及热处理时的相变。

5.3.2 合金元素对 Fe-Fe_3C 相图的影响

合金元素加入铁碳合金中，会使 Fe-Fe_3C 相图发生变化。

5.3.2.1 对基本相的影响

合金元素以两种方式对奥氏体区发生影响。镍、钴、锰等元素的加入，使 A_1、A_3 下降，使奥氏体区扩大。例如，图 5-3a 为锰加入后的影响。铬、钨、钼、钒、钛、铝、硅等元素，使 A_1、A_3 上升，即缩小奥氏体区域。例如图 5-3b 为铬加入后的影响。所以，当钢中锰、镍等元素的含量足够高时，便会在室温下获得单相奥氏体，称为奥氏体钢；当铬、硅等含量足够高时，便会使奥氏体区完全消失，在室温时获得单相的平衡组织铁素体，称为铁素体钢。

5.3.2.2 对 S、E 点位置的影响

大多数合金元素均使 S 点、E 点左移（见图 5-4、图 5-5），即降低了奥氏体发生共析转变所需的含碳量 $w[C]<0.77\%$。例如含碳量 $w[C]=0.4\%$ 具有亚共析组织的碳钢，当加入 14% 铬后，因 S 点左移，就使该合金钢具有过共析钢的平衡组织。同样，E 点的左移，会使出现莱氏体的含碳量降低，如含碳量 $w[C]\leqslant 1.5\%$ 的高速钢，在铸态组织中却出现合金莱氏体，这种钢称为莱氏体钢。

5.3.3 合金元素对钢热处理的影响

钢在加热和冷却时所发生的相变，多数是扩散型相变，其过程与原子扩散速度有关。合金元素对扩散速度的影响为：

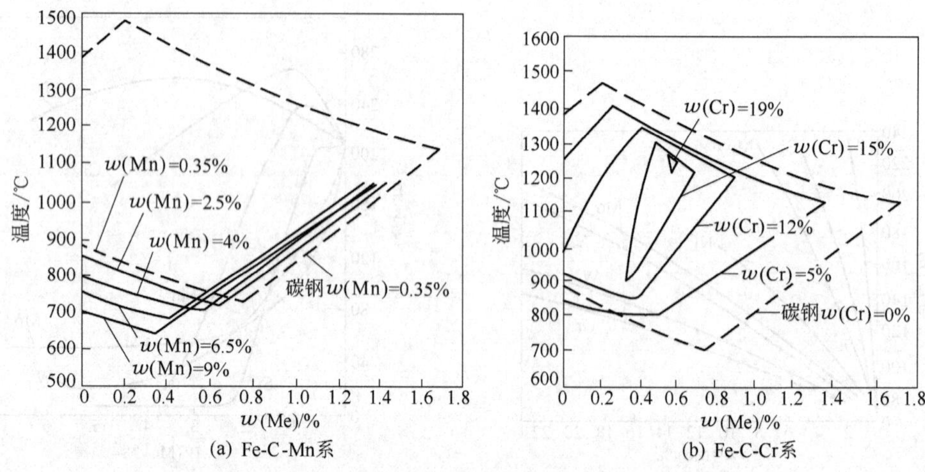

(a) Fe-C-Mn系　　(b) Fe-C-Cr系

图5-3　合金元素对 $Fe\text{-}Fe_3C$ 相图中奥氏体的影响

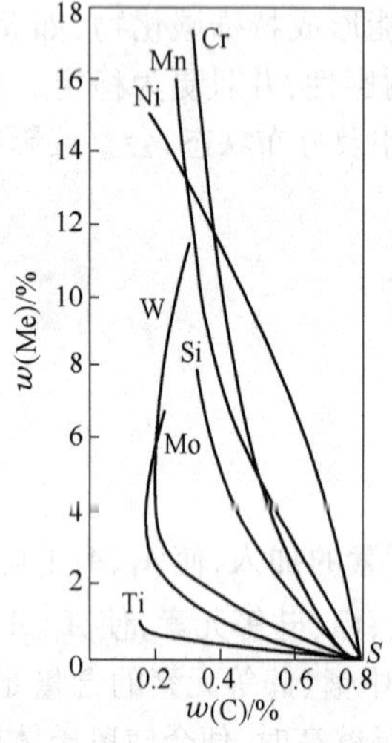

图5-4　合金元素对共析点 S 含碳量的影响

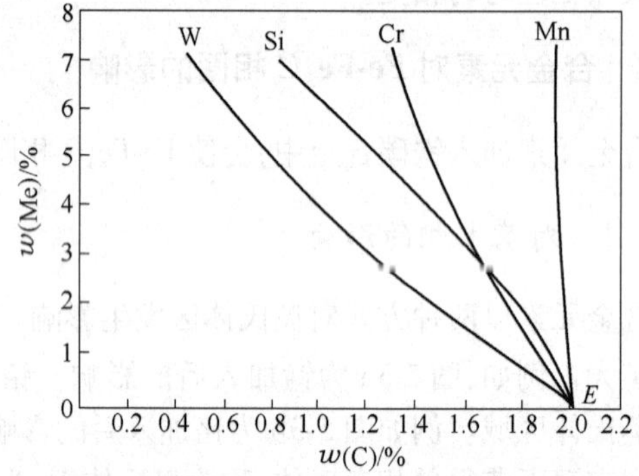

图5-5　合金元素对 E 点含碳量的影响

(1) 合金元素均能增加铁原子间的结合力,使铁的自扩散速度下降;

(2) 合金元素自身在固溶体中扩散速度变慢;

(3) 不少合金元素能形成碳化物,既降低碳的扩散速度,使碳化物不易析出,析出后也不易聚集长大。因此,在其他条件相同时,合金钢扩散型相变过程比碳钢慢。所以,合金元素对钢的热处理有以下的影响。

5.3.3.1　合金元素对钢加热转变的影响

大多数合金元素(除镍、钴外)都减缓奥氏体化的过程,特别是含有强碳化物形成元素的钢。为得到比较均匀的、含有足够数量合金元素的奥氏体,并能充分发挥合金元素的有益作用,就需更高的加热温度与较长的保温时间，使合金元素溶解于奥氏体中。如含铬的碳化物在850℃才会大量溶解，含钨、钼的碳化物在950℃才显著溶解，而含钒、钛、铌的碳化物则在1050℃左右才溶解。

合金元素（除锰、磷外）都会阻碍奥氏体晶粒长大，能形成稳定碳化物的合金元素，以弥散质点的形式分布于奥氏体晶界上，所以能阻止奥氏体晶粒的长大。凡形成碳化物的能力越强的元素，阻止晶粒长大的作用就越大，非碳化物形成元素镍、硅、铜、钴等阻止奥氏体晶粒长大的作用较弱。

合金元素减慢奥氏体化过程和阻止其晶粒的长大，能降低热加工或热处理时钢对过热的敏感性，有利于控制生产工艺；使钢的晶粒变细，有利于提高钢的强度和韧性；因不易过热，而有利于淬火后获得较细的马氏体；有利于提高加热温度，使更多的合金元素溶入奥氏体，从而提高淬火后的性能，又可减少淬火时的变形和开裂。

5.3.3.2　合金元素对钢冷却转变的影响

合金元素（除钴和含铝2.5%以上外）溶入奥氏体后，使奥氏体稳定性增加（*C*曲线右移）。但是非碳化物形成元素和弱碳化物形成元素的作用很小，与碳钢差别不大，其*C*曲线如图5-6a所示，与碳钢相似（略为右移）。而碳化物形成元素溶入奥氏体后，不仅使*C*曲线右移，而且使*C*曲线形状发生改变，形成两个*C*曲线，上面一条曲线为奥氏体到珠光体型转变，下面一条曲线为奥氏体到贝氏体型转变，如图5-6b所示。含有碳化物形成元素的钢，其*C*曲线分解为珠光体和贝氏体两个转变区，并推迟了珠光体和贝氏体的转变。

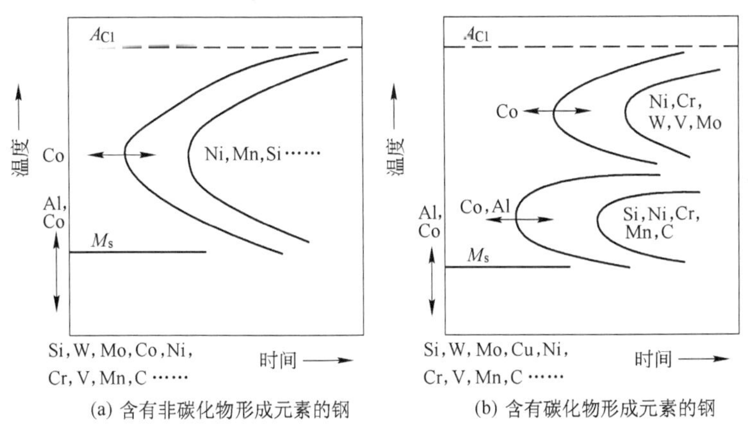

(a) 含有非碳化物形成元素的钢　(b) 含有碳化物形成元素的钢

图5-6　合金元素对*C*曲线的影响

必须指出，合金元素（或碳化物）只有溶于奥氏体内，才能提高奥氏体的稳定性。否则，未溶解的物质可能成为冷却过程中奥氏体分解产物的核心，反而加速珠光体转变。

由于合金元素提高了奥氏体的稳定性，故降低了淬火临界冷却速度，增大了钢的淬透性。如果多种元素同时加入，其作用更大。所以要获得淬透性好的钢，可采用“多元少量”的合金化原则。

合金钢的淬透性好，所以可以采用冷却能力较弱的油作为淬火介质，如采用等温淬火、分级淬火，从而减少工件的变形与开裂倾向；并且还可增加工件的淬硬深度，获得沿截面方向均匀的、较高的力学性能。

多数合金元素溶于奥氏体后均使 M_s点和 M_f点降低，其中锰、铬、镍的作用最强。只有铝、钴能提高 M_s点，而硅的影响不大。合金元素对 M_s点的影响如图 5-7 所示。显然 M_s点越低，淬火后钢中残余奥氏体的数量就越多。图 5-8 为合金元素对含碳量 $w[C]=1\%$ 的钢，在 1150℃淬火后残余奥氏体数量的影响。如高速工具钢 W18Cr4V 淬火后的残余奥氏体数量可达 25%。残余奥氏体不仅会降低淬火后的硬度，而且会影响淬火工件的尺寸稳定性或引起变形。

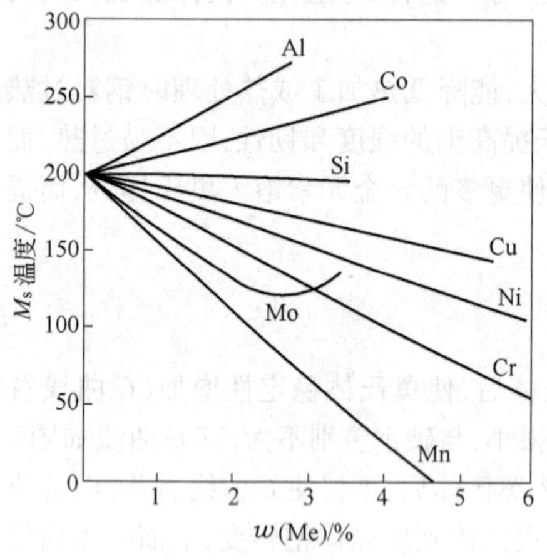

图 5-7 合金元素对 M_s 点的影响

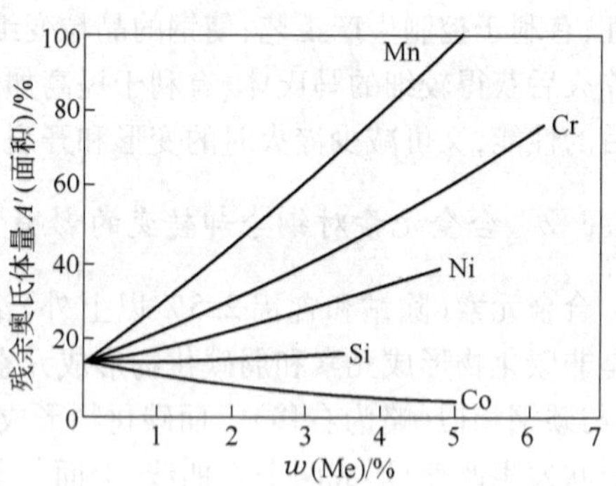

图 5-8 合金元素对残余奥氏体数量的影响

5.3.3.3 合金元素对淬火钢回火转变的影响

淬火钢回火转变属于扩散型转变，因此合金元素一般都是起阻碍回火转变的作用。

A 提高淬火钢回火稳定性

淬火钢在回火时，抵抗软化（强度、硬度下降）的能力称为回火稳定性。

由于合金元素溶入马氏体，使原子扩散速度减慢，因而在回火过程中马氏体不易分解、碳化物不易析出，析出后也较难聚集长大。因此与碳钢相比，在相同温度回火时，合金钢中碳化物细小分散，数量较多，所以其强度和硬度下降较少，即比碳钢具有较高的回火稳定性。所以在同一温度回火时，合金钢的强度和硬度比碳钢高；在达到同一硬度的条件下，合金钢的回火温度比碳钢高，回火时间也可适当延长，对进一步消除残余应力有利。图 5-9 为合金元素对钢回火硬度的影响。

B 回火时产生二次硬化现象

钢在回火时出现硬度回升的现象称为二次硬化（图 5-9 中曲线 1，2，3）。钼、钨、钒钢都具有二次硬化现象。这些含有较强碳化物形成元素的钢，产生二次硬化的原因是：在 400℃以下回火时，从马氏体中析出合金渗碳体，使钢的硬度下降，但当回火温度升高到 500～600℃时，会从马氏体中析出特殊碳化物，如 Mo_2C、W_2C、VC 等，析出的碳化物高度弥散分布在马氏体基体上，并与马氏体保持很强的结合力，增强了变形抗力，使钢的硬度反而有所提高，这就形成了二次硬化。这种二次硬化实质上是一种弥散硬化。另外，在某些高合金钢淬火组织中，残余奥氏体量较多，而且十分稳定，当加热到 500～600℃时会析出一些特殊碳化物，使奥氏体中的碳及合金元素降低而提高了 M_s温度，所以在随后的冷却过程中就有部分残余奥氏体转变成马氏体，这也是回火时产生二次硬化的原因之一。高速钢、耐热钢等在高温下具有保持高硬度的能力（称红硬性），主要是由于二次硬化。

C 回火时产生第二类回火脆性

淬火钢在回火后出现韧性显著下降的现象,称为回火脆性。所有淬火钢只要在 250 ~ 350℃温度范围内回火,都会出现不同程度的脆性,称为第一类回火脆性,或称低温回火脆性;但某些合金钢在 450 ~ 650℃范围内回火时,又会出现回火脆性,称为第二类回火脆性,或称为高温回火脆性。如图 5-10 所示。

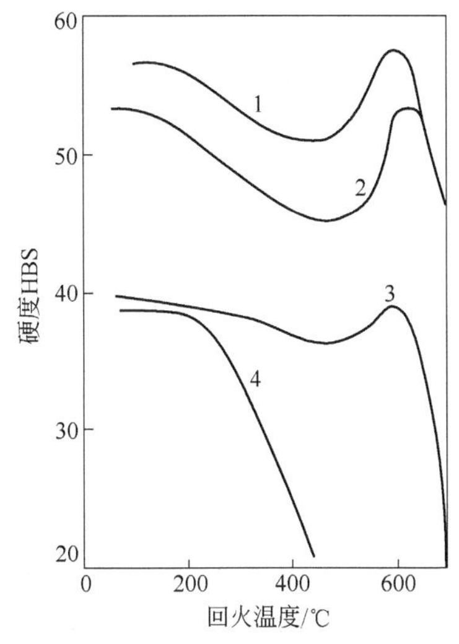

图 5-9 合金元素对钢回火硬度的影响

1—w[C]=0.43%;2—w[C]=0.32%,w[V]=1.36%;3—w[C]=0.11%,w[Mo]=2.14%;4—w[C]=0.10%

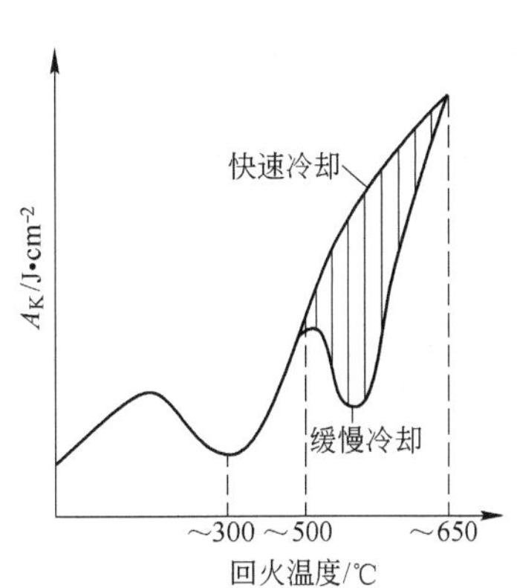

图 5-10 回火温度对合金钢冲击韧性影响示意图

第一类回火脆性产生的原因是由于沿马氏体边界析出极细的薄片碳化物所致,也可能是磷、锡、锑、砷等杂质元素偏聚于晶界而引起。它不仅降低钢的冲击韧性,而且还使冷脆转变温度升高。所以应避免在 250 ~ 350℃范围内回火,并尽量降低钢中杂质元素的含量。第一类回火脆性的特点是:回火脆性的发生与回火后冷却速度无关,且具有不可逆性。所以出现脆性后可加热到350℃以上,使脆性消失,然后再把钢重新加热到 250 ~ 350℃范围内,脆性不会再出现。

第二类回火脆性的特点是与回火冷却速度有关,而且具有可逆性。通常在脆化温度范围内回火后缓冷才出现脆性。出现这类回火脆性后,可采用短期加热到回火温度后快速冷却的方法来消除。但是,消除了回火脆性的钢,如重新在脆性区温度范围内回火并缓慢冷却,则脆性又会出现。所以也称为可逆回火脆性。为降低或消除第二类回火脆性,应提高钢的纯洁度,减少杂质元素的含量。小截面工件在脆化温度回火后采用快冷;大截面工件则采用含有钨(w[W]=1.0%)或钼(w[Mo]=0.5%)的合金钢。

5.3.4 合金元素对钢性能的影响

了解合金元素在钢中存在的形式,对 Fe-Fe_3C 相图和钢热处理的影响,目的是为了应用合金元素来改善钢的性能或使钢具有某种特殊的性能。下面以常用的合金元素及其典型钢种为例进行说明。

5.3.4.1　铬

铬是合金钢中最常用的合金元素之一，对钢的性能影响主要有以下几个方面。

A　固溶强化

铬能溶解于铁素体中形成合金铁素体，产生固溶强化作用。而且当其含量小于 2% 时，在使铁素体强度和硬度提高的同时还能提高钢的韧性。因此在合金结构钢中获得广泛应用。如渗碳钢 15Cr、20CrNi3、20CrMnTi；调质钢 40Cr、40CrNi、40CrMnMo 等。

B　提高淬透性

铬能提高过冷奥氏体的稳定性，使 *C* 曲线右移，从而改善淬火钢的回火组织和性能。所以广泛用于调质钢和弹簧钢，如 40Cr、50CrVA 等。铬在高速工具钢淬火加热时几乎全部溶入奥氏体，提高了奥氏体的稳定性，明显提高钢的淬透性。

C　提高硬度和耐磨性

因为铬和碳生成合金渗碳体和碳化物，所以在高碳钢中提高淬透性的同时，能进一步提高钢的强度和耐磨性。在滚动轴承钢中，铬是最主要的合金元素，如 GCr15；在各类工具钢中也常作为主要元素，如 Cr12、Cr4W2MoV 等。铬在合金钢中如果只起固溶强化、提高淬透性、硬度、耐磨性时，其含量除高速钢为 4% 左右外，一般都不超过 2%。

C　提高耐腐蚀性

所谓腐蚀是指金属基体受到外界介质的作用而逐渐被破坏的现象，它可分为化学腐蚀和电化学腐蚀两类。化学腐蚀是钢与介质接触产生化学反应所造成，大部分金属材料发生的腐蚀属于电化学腐蚀，因为两种不同电极电位的金属相组织有电解质溶液存在时，就会形成原电池（微电池），使电极电位较低的金属成为阳极而不断地被腐蚀。例如钢中铁素体的电极电位低于渗碳体，当有电解溶液（如水）存在时，铁素体就成为阳极而被腐蚀。

铬能提高腐蚀的原因：铬能在金属表面形成一层致密的氧化膜（Cr_2O_3），称为钝化膜，使钢表面与外界介质隔离，防止化学腐蚀；铬能提高钢基体（铁素体、奥氏体、马氏体）的电极电位，提高抗电化学腐蚀的能力；铬含量达一定值可使钢获得单相铁素体组织，阻止形成微电池。所以铬能大大提高钢的耐腐蚀能力，是各类不锈耐腐蚀钢不可缺少的主加合金元素，如 1Cr13、Cr17Ni2、1Cr18Ni9Ti 等。这类钢的含铬量都很高（$w[\mathrm{Cr}] \geqslant 13\%$）。

5.3.4.2　镍

镍在固溶强化、提高淬透性的影响方面与铬具有相似的作用，而且还能增加钢的冲击韧性，在此不再重复。

镍与铬配置成的铬镍钢，在常温下能抵抗化学腐蚀，在高温下有耐蚀及耐热能力，且有一定强度和较高的冲击韧性。在铬镍不锈耐酸钢中，镍的加入量达到 $w[\mathrm{Cr}]/w[\mathrm{Ni}] \leqslant 2$，可以使钢获得单相奥氏体，大大提高钢的耐腐蚀能力。

5.3.4.3　钒、钛、铌

钒、钛、铌是钢中常用的合金元素，能提高和改善钢的性能。

A　提高淬透性

这些合金元素都能提高过冷奥氏体的稳定性，使 *C* 曲线右移，降低马氏体临界转变冷却速度，从而提高淬透性，减少马氏体转变时的内应力。所以很多结构钢中都含有这些元素，例如渗碳钢 20MnV、20CrMnTi，调质钢 40CrV，弹簧钢 50CrVA 等。

B 提高回火稳定性

这些都是强碳化物形成元素，因此淬火加热时，部分溶入奥氏体并在淬火后存在于马氏体中，从而增加了马氏体的回火稳定性。

C 提高硬度

这些元素与碳所生成的特殊碳化物，在回火时呈弥散质点分布于马氏体基体上，产生弥散硬化和二次硬化作用。

D 细化晶粒，提高强度

这些元素都部分溶于铁素体中产生固溶强化作用，同时使 $Fe\text{-}Fe_3C$ 相图中共析点 S 左移，从而增加珠光体数量。又因为生成高熔点均匀分布的碳化物小质点，既有弥散强化作用，又能增加形核数量和阻止晶粒长大，起到细化晶粒的作用。由于这些因素的影响，提高了钢的强度和韧性，特别是屈服比，所以在合金钢中得到广泛的应用。

钛和铌在奥氏体不锈耐酸钢中，能与碳生成稳定的碳化物，避免产生铬的碳化物而降低晶界附近的含铬量，防止发生晶间腐蚀。

5.3.4.4 钨和钼

钨和钼大量应用于合金工具钢中。它们的主要作用如下：

A 提高回火稳定性

钨和钼生成的碳化物，能减缓回火时的组织转变，提高了回火稳定性，并能防止回火脆性的出现。所以凡是有此要求的钢都可加入钨和钼。例如 20CrMnMo、18Cr2Ni4WA、42CrMo、CrWMn、Cr4W2MoV 等钢种。

B 提高红硬性

钨和钼是提高红硬性效果很好的合金元素，因为在高碳钢中能生成很稳定的碳化物 Fe_4W_2C，Fe_4Mo_2C，淬火加热时，一部分溶于奥氏体，淬火后形成含有大量钨和钼（及其他合金元素）的马氏体，这种马氏体有很高的稳定性，并在560℃左右析出弥散的特殊碳化物 W_2C、Mo_2C，造成二次硬化，使钢的红硬性可达600℃。此外，这些特殊碳化物的存在，还能提高钢的耐磨性及阻止晶粒长大，提高钢的强度。因此在高速工具钢中都含有大量的钨和钼，如 W18Cr4V、W6Mo5Cr4V2 等。

因为高速工具钢含有大量钨、钼、铬和钒等合金元素，导致热敏感性大、导热性差，所以铸坯或钢锭要缓冷，并进行退火处理，以减少相变时产生的内应力，防止产生裂纹。铸态高速钢存在大块鱼骨状共晶碳化物，需通过锻造破碎，再等温球化退火来改善其切削性能，并为最后淬火作组织准备。

5.3.4.5 硅和锰

锰和硅是有益元素，在合金钢中有以下作用。

A 固溶强化

锰和硅都能部分溶于铁素体而显著提高其强度和硬度。但当 $w[Mn] > 1.5\%$、$w[Si] > 0.6\%$ 时，将降低其韧性和塑性。

B 提高淬透性

锰和硅都能提高钢的淬透性，再加上强化铁素体的作用，所以在弹簧钢中加入锰和硅，可以大大提高淬火和中温回火后的屈服比、弹性极限。例如 65Mn 60Si2Mn、55Si2MnB 等弹簧钢和大型轴承钢 GCr15SiMn 等。

C　其他影响

在电工钢中硅能增加导磁率,但含量 $w[Si]$ 一般不超过 4.5%。在不锈钢中作为辅加元素,提高热强度,如 4Cr9Si2;生成 SiO_2 钝化膜提高抗氧化性,如 3Cr18Mn12Si2N;在高碳钢中加入 $w[Mn]=11\%\sim14\%$ 时,经热处理后可获得单相奥氏体,其耐磨性极好,极易加工硬化,而且其硬度随着冲击载荷增大而提高,是制造坦克履带的专用钢,如 2CrMn13。锰还能减轻钢中硫的危害性。

5.3.4.6　其他合金元素

铝:可以细化晶粒,提高耐大气、海水等的腐蚀能力,可与氮生成高硬度的 AlN,以提高钢表面耐磨性和硬度。例如氮化钢 38CrMoAl($w[Al]=0.70\%\sim1.10\%$)。

硼:能细化晶粒,并极大地提高钢的淬透性,只需微量($w[B]<0.005\%$)就能取得明显效果。例如 50B 钢。

稀土元素:微量稀土元素可以细化晶粒,降低有害杂质的危害性,降低冷脆性。

铜:在钢中会使钢产生网状裂纹,是有害元素,但与其他元素配合使用,有一定的防腐蚀作用。

磷、硫:是钢中有害元素,但在易切削钢中可作为合金元素加入,改善切削性能。

铅、锡、砷、锑和铋:都会降低钢的性能,是有害的杂质元素,不能作为合金元素使用。

从以上所述可知,同一种合金元素在不同的钢中,所起的主要作用是不一样的;数量的多少,其作用也会发生变化。另外还需指出,对提高和改善钢的性能,采用多种合金元素比单一合金元素的效果好。

思　考　题

1. 说明锰和硅在碳钢中的作用和含量。
2. 什么叫热脆?分析其产生的原因。
3. 分析磷对钢性能的影响。
4. 如何理解磷和硫对钢性能的影响。
5. 举例来说明钢中常存元素对碳钢性能的影响。
6. 钢中气体主要有哪些?它们对钢的性能有什么影响。
7. 如何理解氧对炼钢和钢性能影响的两重性。
8. 钢中气体含量有哪些方法控制?
9. 什么叫合金钢,什么叫合金元素?
10. 为什么合金钢比碳钢的力学性能好?
11. 合金元素为什么能提高钢的淬透性,淬透性高低对钢有何影响?
12. 合金元素为什么能提高钢的回火稳定性,回火稳定性高的钢有何优点?
13. 何谓红硬性,哪类钢红硬性最好,为什么?
14. 解释二次硬化、回火脆性并简单分析其原因。
15. 为什么铬、镍等合金元素可以提高钢的防腐蚀能力?
16. 说明下列合金钢的类别、碳与合金元素大致含量、主要作用和用途:
    40Cr　60Si2Mn　GCr15　W18Cr4V　1Cr18Ni9Ti　09MnV　20CrMnTi
17. 说明 4Cr13 属于共析钢,W18Cr4V 属于莱氏体钢的原因?

18. 硅、锰存在于钢中，是否都能看作为合金元素，为什么？

19. 说明某些合金钢引起下列现象的原因？

（1）高温锻轧后，经空气冷却获得马氏体组织；

（2）在室温下能获得单一奥氏体组织；

（3）在相同调质处理下，合金钢有较高的力学性能。

20. 你能说明合金元素铬在下列钢号中的不同含量及作用吗？

40Cr　GCr15　4Cr13　Cr18Ni9Ti

21. 请判断下列说法是否正确，为什么？

（1）40Mn 是合金结构钢，16Mn 是优质碳素结构钢；

（2）GCr15 钢中铬的含量 $w[\mathrm{Cr}]\approx15\%$；

（3）1Cr13 钢中碳含量 $w[\mathrm{C}]\approx1\%$；

（4）W18Cr4V 钢的含碳量 $w[\mathrm{C}]\geqslant1\%$。

第2篇　物理化学知识

物理化学是一门应用物理学的原理和实验方法，从物理变化和化学变化的相互联系中，研究整个化学领域内各种现象间内在联系和本质的共同规律的学科。掌握这些具有实质性的共同规律，能加深我们对物质世界的认识，促进并指导生产和科学技术的发展。

炼钢过程，实际上是在高温条件下进行的复杂的物理化学过程。为了适应生产发展的需要，不断地改进工艺流程和工艺操作，必须深入、全面地分析研究各种冶炼过程中所发生的现象，所以必须掌握一定的物理化学知识，为科学炼钢奠定理论基础。

6　炼钢过程的热能

6.1　热力学第一定律

6.1.1　炼钢过程的热效应

6.1.1.1　热力学第一定律的基本知识

A　系统与环境

人们把所研究的物质称为系统，而把系统以外，和系统密切相关的物质称为环境。由于系统与其周围物体是人为地划界隔离的，因而系统可大可小，完全由人们的研究需要而定。譬如研究炼钢反应时即可以把钢液及炉渣看成是一个系统，而把钢渣以外的部分如炉气、炉衬等看作是环境；也可单独把钢液作为系统，而把炉渣、炉气、炉衬等作为环境。

系统可以依据它与环境间是否存在物质与能量交换而分为三类，系统与环境间既存在物质交换，又存在能量交换的系统称为敞开系统；只存在能量交换，而没有物质交换的系统称为封闭系统；物质与能量交换两者都不存在的系统称为孤立系统。

B　系统的性质

系统的性质就是系统的各种物理量，它包括系统的物理性质和化学性质。物理性质如温度、压力、体积、浓度、密度、黏度、内能等。化学性质如酸性、碱性、金属性、非金属性、氧化性、还原性等。

C　状态和状态函数

系统的状态是系统物理性质和化学性质的综合表现。系统性质中只要有任意一个性质发生变化，系统的状态就发生变化，若系统所有性质都确定时，系统的状态也就确定。系统的各性质之间，彼此是相互联系的，相互制约的，即系统的性质（如温度、压力、体积、内能等）称为系统的状态函数。

6.1.1.2　热效应及热化学方程式

A　热效应

在等温等压或等容条件下进行的化学反应，系统所吸收或放出的热量叫做化学反应热效应。

热化学中热效应用 Q 来表示，并规定吸热为正值，放热为负值。

化学反应热效应的大小与参加反应物质的性质、数量、聚集状态、温度和压力等因素有关。

B 热化学方程式

凡是注明物质的聚集状态及热效应的化学方程式叫做热化学方程式。

书写热化学方程式时，应分别在式中标明：参与反应物质的摩尔数；物态，指物质的聚集状态是固、液、气态。对不同固态结晶状态，也应分别注明，如 $C_{(石墨)}$、$C_{(金刚石)}$；除 298 K 和 101.3 kPa 的标准状态条件外，必须注明反应进行中温度与压力等；某个化学反应如果正反应是放热、逆反应就是吸热，两者数量相同，符号相反。

6.1.1.3 热力学第一定律

A 能量的形式及其转化

能量有各种不同的形式。物理过程或化学过程，必然伴随着能量从一种形式到另一种形式的转化，或从一个物体传递给另一个物体，而在转化和传递中能量的数量保持不变。这是因为物质在不同类型的运动中，产生了不同形式的能量。

例如机械运动产生机械能，热运动产生内能，此外还有电能、磁能、化学能及原子能等。

能量是可以互相转化的。例如，内能与机械能的转化；在高炉内燃烧焦炭供热以炼铁；炽热的灯丝发光等，都是各种热能与内能之间的相互转化。

B 热力学第一定律及其数学式

任何过程中，当系统内的能量发生变化时，必然伴随吸热和放热，对外做功或得到功，否则这个能量不可能变化。其变化规律为系统内能的变化等于系统从环境吸收的热量减去它对环境所做的功。因此，热力学第一定律指出："一个孤立系统的各种形式的能量总和是一个常量"。换言之，能量可以从一种形式转变为另一种形式，但人们不可能创造能量或消灭能量。

所谓系统的内能是它具有的各种形式能量的总和。用符号 U 代表内能，其单位是 J，或 kJ。它包括系统内分子运动的动能、分子和分子间相互作用的势能、分子内部原子和电子运动的能量以及原子核内的能量等。但内能不包括系统作宏观机械运动的动能和系统在外力场中的势能。

一定状态下系统内能的绝对值目前尚无法测定，因此，在讨论系统的能量问题时，必须选定某一状态为参考状态，进而探讨系统在某一状态和参考状态之间的差值。内能是系统的一种性质，因而它是状态函数。系统处于一定状态，内能有一定值；系统的状态变化时，内能的变化只决定于始态内能值和末态内能值，而与过程所经历的途径无关。

设一个系统从状态1变化到状态2，过程中系统和环境间交换了热量 Q 和功 W，则热力学第一定律可表述为：

$$\Delta U = U_2 - U_1 = Q - W \tag{6-1}$$

式中 ΔU——内能的变化值；

U_1——始态内能值；

U_2——末态内能值；

Q——系统和环境交换的热能量，一般规定系统吸热为正值，放热为负值；

W——系统对环境所做的功或环境对系统所做的功，系统对环境做功为正，环境对系统做功为负。

(1) 热与功。实验证明能量的转换只有两种形式，即热与功，热与功是能量传递或交换形式，它们都不是状态函数，因为处于一定状态（即不平衡状态或静止状态）的物质既不放热也不吸热，更不做功，无从谈起热和功的问题，只有在过程进行中才能放热或吸热，做功或得到功。所以功和热是过程进行中的物理量。

（2）膨胀功。当系统发生变化时，往往伴随着体积变化，因此常常有膨胀功。膨胀功的大小与过程有关。过程不同，膨胀功也不同。当外力 $p_{外}$ 为常数时，体积由 V_1 变到 V_2 时所做膨胀功为：

$$W = p_{外}(V_2 - V_1) \tag{6-2}$$

6.1.1.4　恒压热效应与恒容热效应

A　恒容热效应

一个化学反应如果在恒定的容积内进行，这个反应的热效应称为恒容热效应，用 Q_V 来表示。

根据热力学第一定律

$$\Delta U = Q_V - W$$

式中，$W = p_{外}(V_2 - V_1)$，在恒容条件下 $V_2 - V_1 = 0$，所以恒容热效应 Q_V 可用下式表示

$$Q_V = \Delta U \tag{6-3}$$

B　恒压热效应

一个化学反应如果在恒定的压力下进行，这个反应的热效应就称为恒压热效应。用 Q_p 来表示：

根据热力学第一定律

$$\begin{aligned}
\Delta U &= Q_p - W \\
&= Q_p - p_{外}(V_2 - V_1) \\
Q_p &= \Delta U + p_{外}V_2 - p_{外}V_1 \\
&= U_2 - U_1 + p_{外}V_2 - p_{外}V_1 \\
&= (U_2 + p_{外}V_2) - (U_1 + p_{外}V_1)
\end{aligned} \tag{6-4}$$

括号内 $(U + pV)$ 中 U 是内能、p 是压力、V 是体积，它们都是状态函数，所以 $(U + pV)$ 也是状态函数。令 $(U + pV) = H$ 代入式6-4：

$$Q_p = H_2 - H_1 = \Delta H \tag{6-5}$$

式中　H——焓；

ΔH——为焓的变化值，是状态函数；

Q_p——恒压热效应。

而对于一个无限小的变化过程

$$dU = \delta Q - \delta W \tag{6-6}$$

上述功和热是系统和环境进行能量交换的两种形式，它们的单位都是 J 或 kJ。我们规定：凡是使系统能量增加的功和热均取正值，反之则取负值。

注意：在上述无限小变化过程中，功和热的交换量写成 δQ 和 δW，而不写成 dQ 和 dW，这意味着功和热不是系统的状态函数。系统在一个过程中与环境所交换的功或热是与过程所经历的途径有关的。

6.1.2　比热容与焓变计算

6.1.2.1　比热容

比热容定义为单位数量（通常取 1 mol）的物质在加热（或冷却）过程中温度升高（或降低）

1K 所吸收(或放出)之热量,其定义式为

$$C_m = \frac{\delta Q}{dt}$$

对于 1 mol 理想气体的恒容过程

$$C_{V,m} = \frac{\delta Q_V}{dt} = \frac{dU_m}{dt} \tag{6-7}$$

而对于恒压过程

$$C_{p,m} = \frac{\delta Q_p}{dt} = \frac{dH_m}{dt} \tag{6-8}$$

比热容的单位是 J/(mol · K)。炼钢上常用的是恒压 $C_{p,m}$。

对于理想气体,$C_{p,m}$和 $C_{V,m}$关系是

$$C_{p,m} - C_{V,m} = R \tag{6-9}$$

上式是理想气体的恒压摩尔热容与恒容摩尔热容的关系式,其中 R 是通用气体常数。而 $C_{p,m}$和 $C_{V,m}$的比值称为比热容商。

$$C_{p,m}/C_{V,m} = \gamma \tag{6-10}$$

由于物质的热容随温度的变化呈非线性关系,故一般多用实验式来表达它们之间的关系

$$C_{p,m} = a + bT + cT^2 \text{或} C_{p,m} = a + bT + c'T^{-2} \tag{6-11}$$

式中,a、b、c 均为系数,对于炼钢中常用的物质,可以由有关热力学书籍查出这些系数值。

6.1.2.2　升温过程的焓变计算

设在恒压下加热某物质,使其自 298K 经相变温度 T_t、熔点 T_f和沸点 T_b而达到 T,则从

$$dH = nC_{p,m}dT$$

积分可得

$$Q_p = \Delta H = \int_{298}^{T_t} nC_{p,m}(S_1)dT + n\Delta H_t + \int_{T_t}^{T_f} nC_{p,m}(S_2)dT + n\Delta H_f + \int_{T_f}^{T_b} nC_{p,m}(l)dT + n\Delta H_b + \int_{T_b}^{T} nC_{p,m}(g)dT \tag{6-12}$$

式中　ΔH_t、ΔH_f和 ΔH_b——分别为物质的相变潜热、熔化潜热和汽化潜热;

T_t、T_f和 T_b——分别为物质的相变温度、熔点和沸点。

利用式 6-12 可计算炼钢生产中的加热炉料使之升温一定数值所需的热量。

例题 6-1　已知,纯铁的熔点为 1538℃,其固态比热容 $C_{p,m} = 17.47 + 2.48 \times 10^{-2}T$　J/(mol · K),试计算 1 kg 铁从 600 K 加热升温到 1600 K 需要热量多少?

解:将有关数据代入式 6-12,可求得 1 摩尔铁从 600 K 加热升温到 1600 K 需要热量为

$$\begin{aligned}\Delta H &= n\int_{600}^{1600}(17.47 + 2.48 \times 10^{-2}T)dT \\ &= \frac{1000}{56}[17.47(1600 - 600) + 2.48 \times 10^{-2} \times \frac{1}{2} \times (1600^2 - 600^2)] \\ &= \frac{1000}{56}(17470 + 27280) \\ &= 799107(J)\end{aligned}$$

所以,1 kg 铁共需热量为 799107 J。

6.1.3 化学反应热效应和盖斯定律

按照热力学第一定律，在恒温、恒压的条件下，反应物质焓的总和与生成物质焓的总和之差应该等于化学反应的热效应，即

$$\Delta_r H = \Sigma H_{生成物} - \Sigma H_{反应物} \tag{6-13}$$

盖斯在 1840 年指出：若以相同的反应物，经过不同的途径得到相同的生成物，则反应的恒压热效应或恒容热效应是一定的，与过程的途径无关。不难理解，既已明确过程在恒压或恒容下进行，热效应当然不再和过程有关。

6.1.4 基尔霍夫定律

在恒压下，将式 6-13 对温度微分

$$\frac{d\Delta_r \mathrm{H}}{d\mathrm{T}} = \Sigma\left(\frac{d\mathrm{H}}{d\mathrm{T}}\right)_{生成物} - \Sigma\left(\frac{d\mathrm{H}}{d\mathrm{T}}\right)_{反应物} = \Sigma \nu_B \Delta_r \mathrm{C_p}(B) \tag{6-14}$$

这就是著名的基尔霍夫定律，它说明：过程焓变的温度系数等于由该过程所引起的热容的变化。

如果对上式作定积分，则有

$$\Delta_r H^{\ominus}(T\mathrm{K}) = \int_{T_1}^{T_2} \Delta_r C_p \mathrm{d}T \tag{6-15}$$

如果 $T_1 = 298$ K，则

$$\Delta_r H^{\ominus}(T\mathrm{K}) = \Delta_r H^{\ominus}(298\mathrm{K}) + \int_{298}^{T_2} \Delta_r C_p \mathrm{d}T \tag{6-16}$$

式中，$\Delta_r C_p = \sum \nu_B C_{p,m}(\mathrm{B})$，式中 B 代表反应式中的物质，$\nu_B$为该物质的化学计量系数，反应物的$\nu_B$为负值，生成物的 ν_B为正值。

6.1.5 标准生成热

由稳定单质化合生成 1 mol 化合物的反应热效应称为该化合物的生成热（$\Delta_f H_m$），标准状态下的生成热叫做标准生成热，以 $\Delta_f H_m^{\ominus}(\mathrm{B}, T\mathrm{K})$ 表示。实验表明，压力对焓变的影响不大，可以忽略不计，故 $\Delta_f H_m^{\ominus}$ 的上角标“$\ominus$”经常不予标注，即 $\Delta_f H_m^{\ominus}$ 与 $\Delta_f H_m$ 通用。炼钢中常用的化合物的 $\Delta_f H_m^{\ominus}(\mathrm{B}, 298\ \mathrm{K})$值可以由有关热力学书籍查出；稳定单质的 $\Delta_f H_m^{\ominus}(\mathrm{B}, 298\ \mathrm{K}) = 0$。

由于 H 是广度性质，具有加和性，所以 298 K 时的反应热效应为：

$$\Delta_r H^{\ominus}(298\ \mathrm{K}) = \Sigma\ \nu_B \Delta_f H_m^{\ominus}(\mathrm{B}, 298\ \mathrm{K}) \tag{6-17}$$

式中，B 代表反应式中的物质，ν_B为该物质的化学计量系数，反应物的 ν_B为负值，生成物的 ν_B为正值。

已知 298 K 的反应热效应，便可利用式 6-16 计算出任何温度的反应热效应。

例题 6-2 试求 1600℃、101325Pa 条件下反应 $C_{(石)} + 1/2\{O_2\} = \{CO\}$ 的热效应。

已知：$C_{p,m}(\mathrm{C}) = 17.5 + 4.27 \times 10^{-3} T$ J/(mol·K)；

$C_{p,m}(O_2) = 34.6 + 1.09 \times 10^{-3} T$ J/(mol·K)；

$C_{p,m}(\mathrm{CO}) = 27.61 + 5.02 \times 10^{-3} T$ J/(mol·K)；

$\Delta_f H_m^{\ominus}(\mathrm{CO}, 298\ \mathrm{K}) = -110.54$ kJ/mol。

解： 应用基尔霍夫定律

$$\Delta_r H^{\ominus}(1873\ \mathrm{K}) = \Delta_r H^{\ominus}(298\ \mathrm{K}) + \int_{298}^{1873} \Delta_r C_{p,m} \mathrm{d}T$$

式中，$\Delta_r H^{\ominus}$(298 K)为 298 K 时该反应的热效应，可根据式 6-17 由参与反应各物的标准生成热求得：

$$\Delta_r H^{\ominus}(298\ \text{K}) = \Delta_f H_m^{\ominus}(\text{CO}, 298\ \text{K}) = -110.54\ (\text{kJ}) = -110540\ (\text{J})$$

式中，$\Delta_r C_p = \Sigma \nu_B C_{p,m}(B)$

$$= 27.61 + 5.02 \times 10^{-3} T - (17.5 + 4.27 \times 10^{-3} T) - 0.5 \times (34.6 + 1.09 \times 10^{-3} T)$$

$$= -7.19 + 0.205 \times 10^{-3} T$$

所以，在 1600℃、101325Pa 条件下该反应的热效应为

$$\Delta_r H^{\ominus}(1873\ \text{K}) = \Delta_r H^{\ominus}(298\ \text{K}) + \int_{298}^{1873} \Delta_r C_p \text{d}T$$

$$= -110540 + \int_{298}^{1873} (-7.91 + 0.205 \times 10^{-3} T)\text{d}T$$

$$= -110540 - 7.19(1873 - 298) + \frac{1}{2} \times 0.205 \times 10^{-3}(1873^2 - 298^2)$$

$$= -110540 - 11324 + 350$$

$$= -121514\ (\text{J})$$

$$= -121.514\ (\text{kJ})$$

例题 3　已知一定温度下的

$$2C_{(石)} + \{O_2\} = \{CO\} \qquad \Delta_r H_{m,1} = -221.08\text{kJ} \tag{1}$$

$$3Fe + 2\{O_2\} = Fe_3O_4 \qquad \Delta_r H_{m,2} = -1117.3\text{kJ} \tag{2}$$

求：该温度下反应 $Fe_3O_4 + 4C_{石} = 3Fe + 4\{CO\}$ 的热效应。

解：由已知反应的热效应，求另一反应的热效应可用盖斯定律，即对于恒压过程，无论反应是一步完成还是分步完成，其热效应是相同的。由于所求反应的方程式可由 2 ×（1）-（2）得到，所以 $Fe_3O_4 + 4C_{石} = 3Fe + 4\{CO\}$ 的热效应为：

$$\Delta_r H = 2\Delta_r H_{m,1} - \Delta_r H_{m,2} = 2(-221.08) - (-1117.3) = 675.14(\text{kJ})$$

6.2　热力学第二定律

6.2.1　热力学第二定律

热力学第一定律是自然界的普遍定律，它告诉我们自然界里无论发生什么样的过程，一个孤立系统的总能量是保持不变的。这是千真万确的，迄今为止，没有发现任何一种系统、任何一种过程违背第一定律。但是，如果把这个定律颠倒过来叙述，就不对了："在一个孤立系统里，只要使系统的总能量保持不变，这个过程就可以进行。"实际上，很多并不违反第一定律的过程却绝对不可能发生。这就产生了在不违反第一定律的前提下，过程进行的可能性和方向问题。对于这一问题，热力学第一定律无能为力，只能由著名的热力学第二定律来解决。

热力学第二定律有多种表述，其中的一种说法是"一切自动过程都是不可逆的"。或者，实际上能够发生的过程都是不可逆的。

既然自动过程具有不可逆性，而一个不可逆过程的始态和末态间必然存在着差别，这就使人联想到可能存在着一个由第二定律确定的状态函数，在所有的自动过程中，这个函数只能在一个

方向上单调地变化。

人们终于找到了这个由第二定律所决定的状态函数，并命名为熵(S)，它的定义式是

$$dS = \frac{\delta Q_R}{T} \tag{6-18}$$

即熵的变化等于可逆过程的热温熵。

从这个定义式很难看出熵的物理意义。从统计的观点来看，一个由大量质点组成的系统总是要自动地从混乱程度低(即热力学概率小)的状态向混乱程度高(即热力学概率高)的状态过渡，而熵正是混乱度(即热力学概率)的函数，它们之间的定量关系为

$$S = k\ln\Omega \tag{6-19}$$

式中 k——玻耳兹曼常数；

Ω——混乱度，即可能实现某种状态的微观状态数。

众所周知，在不可逆过程中 $\delta Q_{iR} < \delta Q_R$，而熵是状态函数，所以

$$dS > \frac{\delta Q_{iR}}{T} \tag{6-20}$$

对于孤立系统 $\delta Q = 0$，结合式 6-18 和式 6-20 可以得到

$$dS \geqslant 0 \tag{6-21}$$

可见，在孤立系统中，过程自动向熵值增大的方向进行；过程达到平衡时，系统的熵值最大。

应该强调，用熵变来判断过程进行的可能性和方向，仅限于孤立系统。

6.2.2 自由能

大多数冶金过程发生在恒温恒压的条件下，且系统通常只做膨胀功，对于这类过程，为了判断过程的方向和限度，在第一、第二定律的基础上定义了一个新的状态函数，它就是自由能 G：

$$G = H - TS \tag{6-22}$$

恒温下其变量为

$$\Delta G = \Delta H - T\Delta S \tag{6-23}$$

显然，自由能 G 也是系统的性质，为状态函数，也具有加和性。

6.3 溶液

所谓溶液是指由两种或两种以上物质组成的均一体系，其成分能在一定范围内变动。冶金中的钢液、熔渣及均匀的混合气体等都是多组分的溶液。

6.3.1 理想溶液

在任何温度、任何压力和任何浓度下，如果溶液中每一组元都服从拉乌尔定律，即称之为理想溶液。拉乌尔定律的数学式是

$$p_i = p_i^* \cdot x_i \tag{6-24}$$

式中 x_i——理想溶液中组元 i 的摩尔分数；

p_i^*——纯组元($x_i = 1$)的饱和蒸汽压。

要满足上述定义，各组元的分子体积必须非常接近，异名分子间的相互作用力和同名分子间的相互作用力应该基本相同，而且在形成溶液时也没有缔合、离解等现象发生。

由于各组元的摩尔体积相差不大，且混合时相互吸引力无变化，所以形成的溶液的体积将等于混合前各组元体积的总和；同时，混合时没有热效应；另外，在恒温、恒压下形成溶液时自由能

的变化为

$$\Delta G = RT\sum x_{\mathrm{i}} \cdot \ln x_{\mathrm{i}} \tag{6-25}$$

因为 $x_{\mathrm{i}}<1$,所以 $\Delta G<0$,过程自发进行。

可以想像,这样的理想溶液实际上是不存在的。生产中遇到的一般都不是理想溶液。但是如果一种实际溶液和上述理想溶液偏差不大,如铁和锰所形成的溶液,则不妨用理想溶液的规律去处理,这样可以使问题简化。

6.3.2　稀溶液

设两组元 1 和 2 形成溶液,这两组元不具备理想溶液组元所具有的特性。如果溶质 2 的浓度和溶质 1 的浓度相比较非常小,即 $x_1\to 1$, $x_2\to 0$ 时,所形成的溶液称为理想稀溶液,简称稀溶液。例如氢、氮、氧等溶于钢或渣中,或硫、磷等溶于钢液中所形成的溶液均属于此类。

在稀溶液中,组元 1 分子四周几乎全是同名分子,也即该组元分子在溶液中所处的条件与在纯物质中几乎没有什么不同,故对组元 1 的行为,仍可用理想溶液的定律(即拉乌尔定律)加以描述:

$$p_1 = p_1^* x_1$$

组元 2 分子四周也几乎全是组元 1 的分子,其所处条件与在纯组元中差别极大。组元 2 即稀溶液中溶质的蒸汽压可用亨利定律加以描述,其数学式为

$$p_2 = KC_2 \tag{6-26}$$

式中　C_2——溶解过程达到平衡时溶质在溶液中的浓度,它可以采用任一浓度单位,在冶金中常采用质量百分浓度;

p_2——溶解过程达到平衡时,溶质在液面上的蒸汽分压;

K——比例常数,称为亨利常数,其值随 T、P、组元性质以及所用的浓度单位有关。

例如氢在金属中的溶解,在气相中它呈分子状态,在金属中则以原子状态存在,其溶解反应为:

$$1/2H_2 = [H]$$

一定温度下溶解过程达到平衡时,溶解度与分压间的关系为

$$p_2^{1/2} = KC_2 \tag{6-27}$$

此式称为平方根定律或西华特定律。

6.3.3　真实溶液和活度

如前所述,理想溶液各组元在任何浓度都服从拉乌尔定律,但这种溶液实际上是不存在的。实际溶液大多数对拉乌尔定律呈现或大或小的偏差,也就是说,蒸汽压往往大于或者小于拉乌尔定律的计算值,即对拉乌尔定律有正偏差或者负偏差。

发生偏差的原因之一是液体中有缔合分子存在,形成溶液时缔合分子解离,因而引起偏差,如反应

$$\mathrm{A}n = n\mathrm{A} \tag{6-28}$$

可使单位体积中分子数增多,既然蒸汽压数值正比于单位体积中的分子个数,故蒸汽压将发生正偏差。

通常缔合分子解离时 $\Delta H>0$,故可认为形成溶液时,如果 $\Delta H>0$ 将有正偏差。

与此相反,如果形成溶液时组元间形成化合物将使单位体积中的分子个数减少,而且分子越复杂就越不容易挥发。这时溶液蒸汽压将会发生负偏差,这种情况常在 $\Delta H<0$ 时发生。

另外，形成溶液时分子间引力的改变也会导致偏差。

对于稀溶液中的溶质，当溶液不够稀时，实测的蒸汽压值也常与按亨利定律的计算值有偏差。

拉乌尔定律和亨利定律是讨论理想溶液和稀溶液的热力学性质的基础，其他定律都是在这两个基本定律的基础上建立起来的。如果溶液蒸汽压的数值不服从这两个基本定律，那么其他定律也就都不成立了。

拉乌尔定律和亨利定律的形式简单，物理含义明确，应用起来非常方便。人们希望对实际溶液的参量加以校正，从而保留两个定律的原来形式，使之对实际溶液也能适用。

对于理想溶液的组元 i，其蒸汽压值服从拉乌尔定律，即

$$p_i = p_i^* x_i$$

而对于实际溶液中的组元 i，其蒸汽压的数值不服从拉乌尔定律，即

$$p_i \neq p_i^* x_i$$

式中的 p_i^* 是 i 在纯态时的饱和蒸汽压，对于一定的 i 和在恒温下，p_i^* 为一恒量，所以上述蒸汽压 p_i值的变化，其问题显然出在 x_i，要对实际溶液组元 i 的浓度 x_i 进行修正。

把实际溶液中组元 i 的浓度 x_i 乘上一个校正系数 γ_i可以得到如下等式

$$p_i = p_i^* \gamma_i x_i \tag{6-29}$$

γ_i称为组元 i 的活度系数，其值一般由实验得出。令

$$\gamma_i x_i = a_i \tag{6-30}$$

a_i称为组元 i 的活度，则可得

$$p_i = p_i^* a_i \tag{6-31}$$

由上二式可以看到，活度实际上是被校正后的浓度，或叫作有效浓度。显然，经过上述校正，公式 6-31 保留了拉乌尔定律的原来形式。应该注意，如果我们找出了某一组成的实际溶液中某一组元在某温度的活度，则在应用拉乌尔定律或者其他由此导出的各定律的数学式时，都必须用活度来代替浓度。

显然，对于理想溶液

$$\gamma_i = 1; a_i = x_i; p_i = p_i^* x_i$$

当溶液对拉乌尔定律有正偏差时

$$\gamma_i > 1; a_i > x_i; p_i > p_i^* x_i$$

而当溶液对拉乌尔定律有负偏差时

$$\gamma_i < 1; a_i < x_i; p_i < p_i^* x_i$$

对于稀溶液，公式 6-24 中 C_2的浓度以质量分数表示时，则当 $w[\mathrm{B}]_{\%} = 1$ 时，$K = p_2$。所以 K 的物理含义是当溶质浓度为单位浓度(1%)时，溶质的蒸汽压值，它在恒温时也应是个常量。如果溶质的浓度不十分低，溶质的蒸汽压对于亨利定律也有偏差。采用同样的处理方法，将 C_2乘上一个校正系数，可以得到

$$p_i = K f_i C_i \tag{6-32}$$

$$p_i = K a_i \tag{6-33}$$

$$a_i = f_i C_i \tag{6-34}$$

式中，f_i为组元 i(不太稀溶液中的溶质)的活度系数。对于理想的稀溶液，由于溶质服从亨利定律，对始浓度没有必要进行校正，所以$f_i = 1$，而 $a_i = C_i$。

由以上讨论可知，活度系数 γ 和 f 可以用来衡量实际溶液和理想溶液的偏差程度。但是偏差是一个相对的概念，要比较偏差的大小必须选择一个标准状态，而标准状态的选定则是人为

的，选定时要考虑应用是否方便。我们规定某组元的活度等于 1 的状态是该组元的标准状态，而所选定的标准状态应该使理想溶液或理想稀溶液的组元活度等于其浓度。

对于理想溶液中的组元和理想稀溶液里的溶剂，以拉乌尔定律为基础，选择纯物质为标准状态：

$$x_i = p_i / p_i^*$$

对于实际溶液，以 a_i 代替 x_i，可得

$$a_i = p_i / p_i^*$$

对于纯物质 i 因为 $p_i = p_i^*$，活度 $a_i = 1$，所以纯物质 i 就是物质 i 的标准状态，即对于纯物质 i，$x_i = 1$，$a_i = 1$，因此 $\gamma_i = 1$，$a_i = x_i$。

对于稀溶液里的溶质，选定标准状态时，一般以亨利定律为基础。在火法冶金中，浓度的单位常用质量分数，人们以浓度为 1% 又服从亨利定律的假想状态为标准状态。

此时，亨利定律写为

$$p_i = Kw[\mathrm{B}]_{\%}$$

对于不理想的稀溶液

$$a_i = p_i / K \tag{6-35}$$

$$a_i = f_i w[\mathrm{B}]_{\%} \tag{6-36}$$

在标准状态时，$a_i = w[\mathrm{B}]_{\%} = 1$，$f_i = a_i / w[\mathrm{B}]_{\%} = 1$。

把式 6-30 和式 6-32 写成通式，可得

$$a = p / p_{(标)} \tag{6-37}$$

可见，活度可以认为是两个蒸气压的比值，其中分母是标准状态的蒸气压。于是活度可以定义为组元在溶液中的实际蒸气压与它在标准状态时的蒸气压之比。当组成一定时，测得的 p 一定，但如选定的 $p_{(标)}$ 不同，则算出的活度值也不相同。炼钢中常见物质的标态通常按以下方法选择：

作为溶剂的铁液，如果其中其他元素的溶解量不高，可视 $w[\mathrm{Fe}] = 100\%$，$x_{\mathrm{Fe}} = 1$，以纯物质为标态，$a_{\mathrm{Fe}} = x_{\mathrm{Fe}} = 1$，$\gamma_{\mathrm{Fe}} = 1$；

钢液中的溶质元素以 1% 为标态，$a_i = f_i \cdot w[\mathrm{B}]_{\%}$，对于形成饱和溶液的溶质则以纯物质为标态，其活度 $a = 1$；

理想溶液的组元以纯物质为标态，稀溶液的溶质则以 1% 为标态，可分别用其浓度代替活度；

熔渣中的主要组元的浓度往往比较高，常以纯物质为标态；

有气体参加反应时，以其分压为 100 kPa 时为标准状态。

6.4 化学反应的方向、限度和速度

6.4.1 化学反应的方向

在炼钢过程中自始至终进行着一系列的化学反应，在炼钢炉内的反应可近似地认为是在恒温、恒压下进行的。炉内反应能否进行，反应的方向如何，这是我们要了解和解决的问题。

A 自发过程

所谓自发过程就是不需要借助外力的作用，过程能够自动进行。从实际经验可知，一切自发过程都具有一定的方向性，即过程只能自动地向某一方向进行，而不可能自动地向相反方向进行。如流动的水总是从高处流向低处；热量总是从温度高的物体向温度低的物体传递等。但这

些现象的反过程在没有外力作用下则不能自动进行。

一切自发过程不仅具有一定的方向性，而且还有一定的限度，决不能无限地进行下去。这个限度就是单方向地趋于平衡状态。

B 可逆过程

是指一个过程进行以后，只要沿着原来过程的方向，用相同的手段可以使系统及环境都回到原来状态。此过程为可逆过程。

C 反应过程的方向性判据

用什么来作判断化学反应进行的方向和限度呢？人们经过长期的实践，在大量的实验材料面前，使用判断和推理的方法，采用自由能（G）作为恒温、恒压下化学反应进行的方向和限度的判据。

反应物（始态）→产物（末态）

始态的自由能为 G_1 即 $G_{反}$，末态的自由能为 G_2 即 $G_{产}$，反应过程自由能变化为：

$$\Delta_r G = G_{产} - G_{反} = \sum \nu_B G_B \tag{6-38}$$

在恒温、恒压的条件下，判断过程如下：

若 $\Delta_r G < 0$，即 $G_{产} < G_{反}$，系统末态的自由能小于始态的自由能，过程将自发进行。

若 $\Delta_r G > 0$，即 $G_{产} > G_{反}$，系统末态的自由能大于始态的自由能，反应逆向进行。

若 $\Delta_r G = 0$，即 $G_{产} = G_{反}$，自由能达极小值时，过程达到限度，或者说系统达到平衡状态，这就是最小自由能原理。

由于炼钢反应可近似地认为是在恒温恒压下进行，可用 $(\Delta_r G)_{T,p} = 0$ 来表示反应达平衡状态，此式称为平衡的热力学条件。

6.4.2 化学平衡及影响因素

6.4.2.1 化学平衡的基本概念及表示方法

大多数的化学反应都具有可逆性，反应可以向某一方向进行，也可以向相反方向进行。在某一条件下，若正方向反应速度和逆方向反应速度相等，反应物与产物的浓度长时间保持不变，当物质系统达到了这一状态时，即称为化学平衡。

当化学反应达平衡状态时，各物质的浓度存在什么样的定量关系呢？可用平衡常数的表示式来说明：

对于任一化学反应

$$bB + dD = gG + eE$$

$$K_a = \frac{a_G^g \cdot a_E^e}{a_B^b \cdot a_D^d} \tag{6-39}$$

式 6-39 为平衡常数的表示式，可理解为：在一定温度下，反应达到平衡时，其平衡常数等于产物与反应物活度（或分压）适当方次的乘积之比。

由该式看出：K 值越大，表示反应达到平衡时产物越多，余下的反应物越少。显然可根据 K 值的大小来衡量反应进行的限度。

6.4.2.2 影响化学平衡的因素

实践表明影响化学平衡的因素有温度、浓度（或分压）与总压力。

A　平衡常数随温度而变化

同一化学反应在不同的温度下平衡常数 K 值不同。实际生产过程表明：对于吸热反应，随着温度升高，平衡常数增大；对于放热反应，随着温度升高，平衡常数减小。前者温度升高有利于反应向生成物方向进行；后者温度升高，不利于反应向生成物方向进行。

B　反应物质的浓度（或分压）对平衡的影响

实践证明：当一定温度下反应处于平衡时，若增加反应物的浓度（或分压）或者减少产物的浓度（或分压），反应向着产物的方向移动；相反，若减小反应物的浓度（或分压）或者增大产物的浓度（或分压）反应向着反应物的方向移动。

C　总压对平衡的影响

当温度一定时，若反应中气体反应物及气体产物的摩尔数不等时，改变反应的总压，平衡移动的方向总是向着对抗外界条件改变的方向进行。

6.4.3　氧化物的标准生成自由能和分解压

炼钢炉内的反应可近似地认为是在恒温恒压下进行的。炉内反应能否进行，可以根据标准生成吉氏自由能的改变来判断。反应的自由能变化负值越大，它发生反应的趋势也越大。

6.4.3.1　氧化物的标准生成自由能

氧化物标准生成自由能用 $\Delta_f G_m^\ominus$ 表示，所谓标准生成自由能是指：在标准状态下（298K、101.3kPa）由稳定单质生成1 mol物质时的自由能的变化称为该物质的标准生成自由能。伴随的自由能变化为：

$$\Delta G^\ominus = \Delta H^\ominus - T\Delta S^\ominus \qquad (6\text{-}40)$$

为了便于比较各种元素在不同温度下与氧的亲和力及其反应的自由能变化，可以把各种氧化物标准生成自由能与温度的关系用作图的方法表示出来。见图6-1。该图指出了这些元素氧化的相对趋势及反应发生的条件。

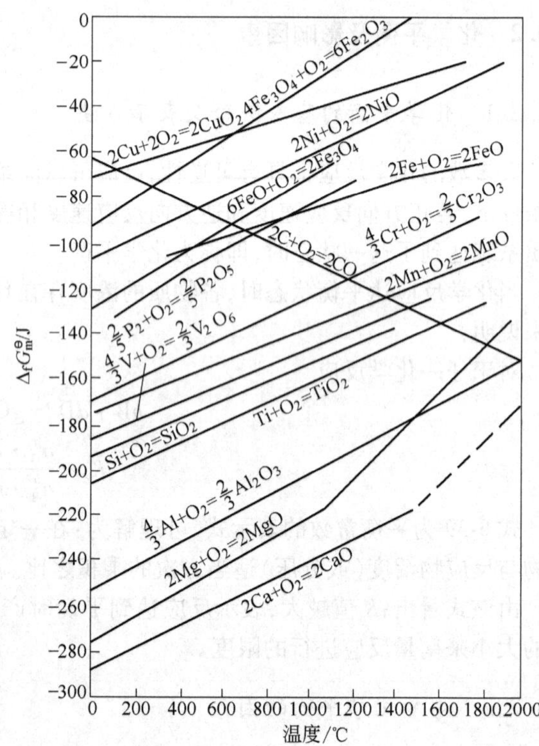

图6-1　氧化物的标准生成自由能与温度的关系

关于图6-1的几点说明：

（1）图中所列的 $\Delta_f G_m^\ominus$ 是指由稳定单质与分压为101.3 kPa，1 mol的氧化合成氧化物的自由能变化。

（2）图中直线发生的转折现象，是由于参加反应的物质在转变温度时，发生了相变。物质的聚集状态不同其自由能数值亦不同，因此 $\Delta_f G_m^\ominus$-T 的关系在转折点（即相变点）处要发生变化。

（3）图中这些元素的氧化物均为纯物质。$\Delta_f G_m^\ominus$ 是氧化物稳定性的量度，即某元素与氧亲和力大小的量度。$\Delta_f G_m^\ominus$ 负值越大，说明该元素与氧的亲和力越大，氧化物稳定性越大。从图中各条直线来看除一氧化碳外，其他元素与氧的亲和力都随温度升高而减小，即氧化物的稳定性减小。一氧化碳随温度升高其自由能负值增加，稳定性增强。

不同元素对氧的亲和力在高温下大致按：铜、镍、铁、铬、锰、钒、硅、钛、铝、镁、钙顺序依次增大。

有些元素如铁、锰、碳等能够形成多价氧化物如 FeO、Fe_2O_3、Fe_3O_4、MnO、MnO_2、CO、CO_2等，一般规律是低价氧化物在高温较为稳定，而高价氧化物在低温较为稳定。如在高温下 FeO、MnO、Cu_2O、CO 就比相应的高价氧化物 Fe_2O_3、MnO_2、CuO、CO_2稳定。

在指定的温度下，可由氧势图比较各种氧化物的稳定顺序，如果还已知气相中氧的压力，则可由氧势图确定某一元素在指定的条件下是否会进行氧化。

与氧化物相似，各种硫化物的稳定性也可以用它们的标准生成自由能来加以比较，并可作出硫化物标准生成自由能随温度而变化的图形。

各种元素与硫的结合能力按照如下顺序增大：铂、银、铅、钴、铁、铜、锌、锰、铝、钠、钡、锶、钙、铯。

可见镁、钙与硫有很强的结合能力，当形成 MgS 与 CaS 时能够稳定存在，而且不溶于金属中。在生产中镁可以用作铁水炉外脱硫剂，石灰中 CaO 与铁水作用进行脱硫正是由于能够形成稳定的 MgS 及 CaS，而且它们不溶于铁水。

6.4.3.2 分解压

所谓分解压是指在一定温度下，当分解反应只有一个产物为气体的多相反应的平衡压力。

分解压力的大小是衡量该化合物稳定程度的一个尺度。分解压越大，表示该化合物越容易分解，即化合物不稳定；反之，当分解压越小时，表示该化合物越难分解，即该化合物越稳定。利用分解压力的概念可以判断炼钢过程中各种元素的氧化顺序和各种脱氧剂的脱氧能力。在炼钢过程中，凡是氧化物的分解压力比 FeO 分解压力小的元素，将容易被氧化而进入炉渣，如硅、锰、磷，而且氧化顺序硅最先，锰次之，磷最后；相反，氧化物的分解压力比 FeO 的分解压力大的元素，则不能被氧化而仍然留在钢水中，如铜、镍。各种氧化物的稳定顺序是：$Al_2O_3 > SiO_2 > MnO > FeO$。

6.4.4 化学反应速率及影响因素

前面通过热力学的学习，解决了一个化学反应能否进行、其进行的方向及进行的程度的问题，但不能解决反应速率问题。我们要多炼钢炼好钢就必须研究化学反应速率和各种外界因素对反应速率的影响。

化学动力学是研究单相反应和多相反应的机理和速率的科学。单相化学反应指的是所有的反应物和生成物都处于单一的气相或液相中。多相反应指的是参与反应的物质分别处于不同的相中，而化学反应在两相的界面上进行。

研究化学反应动力学的目的在于了解化学反应的步骤，寻求其中的限制性环节，研究加速反应进行的措施。

6.4.4.1 化学反应速率

化学反应速率是用单位时间内反应物或产物的浓度变化来表示。因为在反应过程中，产物的浓度不断增加，而反应物的浓度不断减少，所以用反应物的浓度变化来表示反应速率时可加上负号，而用产物的浓度变化表示反应速率时则加上正号。

反应的通式为　　$bB + dD = gG + eE$

用反应物表示化学反应速率：$v = -\frac{dC_B}{dt}$　或　$v = -\frac{dC_D}{dt}$

用产物表示化学反应速率：$v = \frac{dC_G}{dt}$　或　$v = \frac{dC_E}{dt}$

由于参加反应的各物质 B、D、G、E 的系数不相同，所以用上述各式表示速率时，在数值上并不相等。

根据实验测定化学反应速率，实际上就是测定不同时间内的反应物与产物的浓度，因而要进行定量分析。分析方法分为物理法、化学法。

6.4.4.2　影响反应速率的因素

影响反应速率的因素很多，除参加反应的物质结构外，还有外界条件，例如温度、压力、浓度、辐射效应、催化剂、容器材料等等。这里主要讨论温度、浓度对化学反应速率的影响。

一般来说温度升高，反应速率加快。大致可归纳为四种类型。

第一种是反应速率与温度升高呈指数关系；第二种是属于爆炸类型，当达到一定温度极限，反应以爆炸程度进行；第三种温度不高的情况下，反应速率随温度升高而增加，但达到某一高温后，反应速率则下降；第四种是温度升高反应速率加快，当达到一定温度后，温度升高反应速率降低，但继续升温，反应速率又迅速以燃烧速度进行。

但也有反应速率随温度升高反而下降的。

浓度对反应速率的影响：在一定温度下，反应速率与反应物浓度的乘积成正比，各反应物浓度的方次等于反应方程式中各反应物的系数。

设任一反应：

$$aA + bB \rightarrow A_aB_b$$

其反应速率方程式：

$$v = kC_A^a \cdot C_B^b \tag{6-41}$$

式 6-41 不适于固体物质。其速率方程式须代表反应的真实步骤，否则不适用。

6.4.4.3　多相反应和扩散

在高温冶金过程中，绝大多数反应是多相反应。例如，炼钢过程中钢液与熔渣间的脱硫、脱磷反应均为两个互不相溶的液相之间的多相反应。多相反应的特征是反应在相界面上进行，物质须靠扩散通过界面两侧的边界层。一般说来，多相反应要经过下列几个步骤：

（1）反应物分子向相界面的扩散；

（2）反应物分子在相界面上发生吸附作用；

（3）被吸附分子在相界面发生化学反应；

（4）生成物从相界面脱附；

（5）生成物扩散离开相界面。

整个反应速率取决于其中最慢的一步。在冶金过程中，吸附速度和化学反应速率是比较快的，最慢的步骤通常是扩散过程。

物质质点（分子、原子或离子）从其浓度大的地区自发地向浓度小的地区移动的过程称为扩散。扩散过程的推动力是浓度梯度，即单位距离的浓度差，扩散的最后结果是使整个溶液的浓度均匀。

1855 年，菲克提出第一扩散定律用以计算扩散速度。“在一定的温度下，物质通过垂直于扩散方向截面（面积为 A）的扩散速度与扩散物质的浓度梯度和截面积成正比”。该定律可以用数学式表达如下：

$$\frac{\mathrm{d}n}{\mathrm{d}t} = -DA\frac{\mathrm{d}C}{\mathrm{d}x} \tag{6-42}$$

式中，$\frac{\mathrm{d}n}{\mathrm{d}t}$为某物质在 x 方向的扩散速度，单位是 mol/s；D 代表物质的扩散系数，单位是 cm^2/s。它表示单位浓度梯度、单位截面积的扩散速度，它与物质的本性、介质的本性和温度有关。一般地，渣相中物质的扩散系数通常要比钢液中物质的扩散系数小两个数量级，因此对于炼钢反应来说，渣相中物质的扩散往往是整个反应中最慢的一步即限制性环节。

$\frac{\mathrm{d}C}{\mathrm{d}x}$表示物质在 x 方向上的浓度梯度，单位是 mol/cm^4。因为在扩散方向上 x 增大时 C 减小，即$\frac{\mathrm{d}C}{\mathrm{d}x}$为负值，而扩散流必须为正值，故应加上负号。

可见，采取加大两相之间的接触面积 A、增加物质的浓度梯度、升高系统温度和降低介质黏度来增大物质的扩散系数 D 等措施可加速物质的扩散速度，从而有助于有关冶金反应快速进行。

菲克第一定律适用于稳定态扩散。所谓稳定态是指扩散流以恒定的速度均匀地流动，因而浓度梯度和扩散流都不随时间而变化，由系统流出的物质量和流入系统的物质量相等，系统内的物质没有积累也没有消耗。

如果在同一时间内扩散物质进入某一区域的数量不等于扩散物质流出该区域的量，则该区域内的扩散物质量将有所增减，于是浓度梯度将会随着时间和扩散距离而变化，这种扩散称为非稳态扩散。非稳态扩散服从菲克第二定律，这个定律的形式是：

$$\frac{\mathrm{d}C}{\mathrm{d}t} = D\frac{\mathrm{d}^2C}{\mathrm{d}x^2}$$

6.5 炼钢过程的表面现象

6.5.1 表面张力

熔融铁合金的表面张力是阐明钢铁冶炼过程中各种界面现象所不可缺少的重要性质。例如钢液内 CO 气泡的生成和长大，脱氧产物的生成、凝聚和排除，金属与熔渣的分离和钢液的凝固等等，都与钢液的表面张力有密切的关系。液体的表面张力与其质点间作用力大小有密切的关系。因此研究液体的表面张力有助于了解液体的结构。

A 表面张力的概念

各种液体表面上都存在着一种力，力图使其表面收缩到最小，这种施加于表面上每单位长度上的力称为表面张力，表面张力用符号 σ 表示。单位为 N/m，表面张力的方向是与液面相切的，如果液面是平面，表面张力就在这个平面上，如果液面是曲面，表面张力就在曲面的切线上。

液体表面上为什么存在着张力？这是由于液体表面层分子受力不均匀所致，物质（液体）内层分子受它周围分子的作用力，平均说来，在各个方向上是相同的，可是物质（液体）表面层分子，在一般情况下，受内部分子的引力比受外界的引力要大，这样表面层分子会被内部分子拉紧，产生了一个缩减表面的倾向，所以物质（液体）表面都具有自动缩小的趋势。

B　影响表面张力的因素

表面张力由物质本身的性质来决定，其次与表面所接触的物质有关，因为表面层分子与不同物质接触时，所受的吸引力不同，因而表面张力有差异。例如当铁水接触相为氮时，其表面张力比接触相为氩时大20%左右。

表面张力随温度变化。温度升高，一般是表面张力变小，这是由于温度升高，分子运动加速，分子间距离加大，分子间作用力减弱之故。但对钢液来讲，其表面张力是随温度的升高而增大。这是由于钢液中的表面活性物质如氧、碳等，随着温度升高，分子热运动增强，表面吸附量降低，从而使钢液表面张力增大。

表面张力还与液体的组成有关，例如钢水的表面张力随钢液的成分而异。

在炼钢过程中，钢液与其他物质（如炉衬、炉渣）接触时，接触面上产生的张力为界面张力，这种界面张力随着接触物的不同而改变，其大小取决于排列在相界面层的质点所受两相吸引力的差别，其作用力相差越大，则界面张力也就越大。

6.5.2　润湿

所谓润湿即液体与固体表面的接触情况，其润湿现象与液体的界面张力有关。

设有一滴钢液，滴于炉底表面，如图6-2。

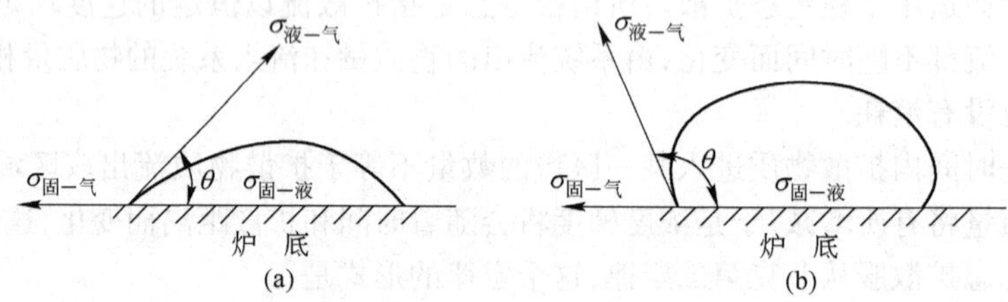

图6-2　铁液对炉底的润湿情况

（a）接触角 $\theta<90°$ 时的润湿情况；（b）接触角 $\theta>90°$ 时的润湿情况

钢液与周围的气体存在表面张力 $\sigma_{液\text{-}气}$，钢液与炉底界面上存在界面张力 $\sigma_{液\text{-}底}$，炉底与气体接触的界面上存在着界面张力 $\sigma_{底\text{-}气}$，处于三相交界处的质点，受到三个张力的作用，最后达到平衡，当平衡时，这几个力的水平方向的分力代数和为零，故有：

$$\sigma_{底\text{-}气}=\sigma_{液\text{-}底}+\sigma_{液\text{-}气}\cdot\cos\theta$$

$$\cos\theta=\frac{\sigma_{底\text{-}气}-\sigma_{液\text{-}底}}{\sigma_{液\text{-}气}} \tag{6-43}$$

式中，θ 为钢液与炉底的接触角。

由式6-43可以看出，接触角 θ 可以表示物质表面被液体润湿的程度。当 $\theta<90°$ 时，$\cos\theta>0$，即 $\sigma_{底\text{-}气}>\sigma_{液\text{-}底}$，如图6-2(a)的情况，这时钢液能很好的铺展在炉底上，钢液能润湿炉底，θ 越小，润湿越好；反之，当 $\theta>90°$（在90°~180°之间）$\cos\theta<0$ 即 $\sigma_{底\text{-}气}<\sigma_{液\text{-}底}$，这时钢液不能在炉底上铺开，如图6-2(b)钢液不能润湿炉底。如钢液对耐火砖的接触角约为108°~128°，属于不能润湿情况。

综上分析可得出结论：接触角越小，润湿性好，也就是钢液与炉底的界面张力小，反之 θ 越大，润湿性差，钢液与炉底的界面张力大，因而我们可用 θ 角的大小来衡量钢液与炉底界面张力的大小。对钢-渣界面的反应来说，希望界面张力要小，润湿良好，但这样又促使钢液炉渣的粘附能力增大，钢渣不易分开，钢液易残留在炉渣中，从而增加了金属损失，同样炉渣不易从钢液中排出，而影响钢的质量。

6.5.3 吸附作用

吸附作用是指气体和溶质被吸附在固体或液体表面上的浓度不同于其内部浓度的现象。具有吸附能力的物质称为吸附剂，被吸附的物质称为吸附相或吸附物。

吸附作用实际上系吸附剂的质点和吸附相的质点之间的吸引作用。吸附可分为物理和化学吸附两种，物理吸附是由于物质分子间引力的缘故，化学吸附则是由于表面质点有吸附剩余化学键，使吸附剂与吸附相之间发生化学反应。

由于物质分子运动的结果，被吸附的分子有一些则脱离物质表面而重新返回介质当中，这种与吸附相反的过程称为解吸。吸附和解吸实际上是同时进行的，最后吸附速度和解吸速度相等，吸附达到平衡。

吸附作用达到平衡时的吸附量与物质的性质、表面大小、温度、浓度、压力等有关。一般来讲，沸点愈高，越易氧化，气体分子间的吸引力愈大，愈易吸附，吸附剂表面积愈大，吸附量愈多；温度升高，吸附量减少；吸附相浓度越大，吸附量愈多，吸附物质是气体，压力增加对吸附有利。

思 考 题

1. 硅、锰、铁和氧气在 298 K 下反应，分别生成 SiO_2、MnO、FeO，放出热量分别为 879.48 kJ、384.93 kJ、266.52 kJ，写出热化学方程式，并比较其热效应的大小。
2. 已知：$2Al_{(s)} + 3/2O_{2(g)} = Al_2O_{3(s)}$　　$\Delta_r H_{298K} = 1673.6$ kJ
   求：(1) $4Al_{(s)} + 3O_{2(g)} = 2\ Al_2O_{3(s)}$　　$\Delta_r H_{298K} = ?$
   (2) $Al_{(s)} + 3/4O_{2(g)} = 1/2\ Al_2O_{3(s)}$　　$\Delta_r H_{298K} = ?$
3. 什么是热效应，如何表示吸热和放热？
4. 什么是热化学方程式，书写时应注意什么？
5. 热化学方程式和化学反应式有什么区别？
6. 有一系统膨胀功为 10132J，在膨胀的过程中温度下降且内能减少 10J。问此系统是吸热还是放热，热量是多少？
7. 某系统在变化过程中放出 25J 的热量，并做 20J 的功。试问：(1)系统的内能变化值是多少？(2)系统的内能是多少，为什么？
8. 450 g 冰在 101325 kPa 和 273 K 下融化成水，已知冰的融化热为 334.7 J/g。
   试求 W、Q、ΔH 和 ΔU 的数值为多少？
9. 什么是系统，什么是环境？举例说明。
10. 什么是状态函数，具有什么性质？
11. 写出第一定律的定义及数学表示式，如果规定系统吸热为负值、放热为正值，环境对系统做功为正值、系统对环境做功为负值，热力学第一定律如何叙述，数学表示式是什么形式？
12. 状态函数与非状态函数的根本区别是什么？据此来说明内能和功、温度和热量的不同性质。
13. $Q_V = \Delta U$ 是怎样得出的，有何意义？
14. $Q_p = \Delta H$ 是怎样得出的，有何意义？
15. 为什么内能和焓可以用力 ΔU 和 ΔH 表示其变化值，而功和热不能用 ΔW 和 ΔQ 表示变化值？

16. 什么是比热容？写出平均热容的数学表示式。
17. 什么是恒压热容,什么是恒容热容,在相同的温度下为什么 $C_p > C_V$？
18. $\overline{C}$ 和 C 有何区别,各自的含义是什么？
19. 写出温度与热容的关系式？
20. 若某物质的热容为常量,其真热容的数值与平均热容的数值是否相同,为什么？
21. 100 kg 铬铁(含 $w(Cr)=60\%$)从25℃升温到1527℃需要吸收多少热量？
22. 如果废钢的熔化热为272 kJ/kg,固体废钢的平均热容为0.7 kJ/(K · kg),废钢熔点为1773 K,试计算1 t废钢从298 K加热到1873 K需吸热多少？若渣量为钢水量的10%，炉渣平均比热容为1.23 kJ/(K · kg),则会使1t钢水降温多少度？
23. 标准生成热的定义是什么,为什么要引出这个概念？
24. 应用标准生成热要注意些什么？
25. 什么叫相变热,什么叫溶解热？
26. 举例说明废钢熔化过程中的潜热和显热。
27. 用铝作脱氧剂的化学反应:$2[Al]+3[O]=Al_2O_{3(s)}$,求;该反应在1600℃时的热效应？

已知:(1) $Al_{(l)}+3/2O_{2(g)}=Al_2O_{3(s)}$ $\Delta_r H_1=-1680$ kJ

(2) $2Al_{(l)}=[Al]$ $\Delta_r H_2=-43$ kJ

(3) $2[O]=O_{2(g)}$ $\Delta_r H_2=-243.3$ kJ

28. 求铁矿石的还原反应:$Fe_3O_{4(s)}+4C_{(石墨)}=3Fe_{(s)}+4CO_{(g)}$ $\Delta_r H^{\ominus}_{298K}=?$

已知:$C_{(石墨)}+1/2O_{2(g)}=CO_{(g)}$ $\Delta_r H^{\ominus}_{298\ K}=1121.3$ kJ

29. 已知;$2Nb_{(s)}+5/2O_{2(g)}=Nb_2O_{5(s)}$ $\Delta_r H^{\ominus}_{1800K}=-1755.6$ kJ

$Nb_{(s)}=[Nb]$ $\Delta_r H^{\ominus}_{1800K}=-15.6$ kJ

求:$[Nb]+5/2O_{2(g)}=Nb_2O_{5(s)}$ $\Delta_r H^{\ominus}_{1800K}=?$

30. 利用标准生成热求下述反应的热效应。

(1) $Fe_3O_{4(s)}+4C_{石墨}=3Fe_{(s)}+4\ CO_{(g)}$ $\Delta_r H^{\ominus}_{298K}=?$ $\Delta_r H^{\ominus}_{1800K}=?$

(2) $2Cr_{(s)}+3FeO_{(s)}=Cr_2O_3+3Fe_{(s)}$ $\Delta_r H^{\ominus}_{298K}=?$ $\Delta_r H^{\ominus}_{1800K}=?$

(3) $2Si_{(s)}+2Fe_2O_{3(s)}=2SiO_{2(s)}+4Fe_{(s)}$ $\Delta_r H^{\ominus}_{298K}=?$ $\Delta_r H^{\ominus}_{1800K}=?$

(4) $Fe_2O_{3(s)}=2FeO_{(s)}+1/2O_{2(s)}$ $\Delta_r H^{\ominus}_{298K}=?$ $\Delta_r H^{\ominus}_{1800K}=?$

31. 利用相对热焓值计算1800K时下述反应的热效应。

$C_{石墨}+O_{2(g)}=CO_{2(g)}$ $\Delta_r H_{1800K}=?$

32. 已知:CO在1800K时生成热为-117.5 kJ/mol

求:$[C]+1/2O_{2(g)}=CO_{(g)}$ $\Delta_r H_{1800K}=?$

33. 将1 kg铁从600K加热升温到1600K,需要多少热量？
34. 试述盖斯定律的内容并分析应用条件。
35. 应用盖斯定律有何现实意义？
36. 怎样利用相对热焓求反应的热效应？
37. 怎样利用标准生成热求反应的热效应？
38. 什么叫自发过程,有哪些特点？举例说明。
39. 什么叫可逆过程,有哪些特点？举例说明。
40. 什么是膨胀功,为什么说可逆过程所做的膨胀功 $W_{可}$ 是最大功？
41. 自发过程都是不可逆过程,不可逆过程都是自发过程,对吗,为什么？
42. 试问在1600℃、101325 Pa时,炼钢熔池中脱碳反应能否进行,即计算 $[C]+[O]=CO_{(g)}$ 的 $\Delta_r G^{\ominus}_{1873K}=?$
43. 利用查表方法计算在1500℃、1600℃时钢水中锰、硅、碳氧化反应的 $\Delta G^{\ominus}_T$ 等于多少？并根据计算结果讨论它们的氧化能力的强弱。

44. 什么叫自由能,它具有哪些性质?
45. 如何利用自由能变化来判断一个化学反应的方向及限度?
46. 为什么说自由能减少到不能再减少时过程达到了极限?
47. 为什么恒温恒压的不可逆过程中系统所做的有用功小于系统自由能的减少?
48. $\Delta_r G_T^\ominus$ 代表什么? 写出其数学表示式。
49. 自由能的标准状态是如何规定的? 写出标准生成自由能的数学表示式。
50. 查阅 $\Delta_f G_T^\ominus$ 表时,应注意什么?
51. 什么叫元素的溶解自由能? 它的标准状态如何规定?
52. 设有反应:[C] + (FeO) = [Fe] = $CO_{(g)}$ 已知,$x_{(FeO)}$ = 0.2 、p_{CO} = 101325 Pa、温度为 1600℃。当 $w[C]_{\%}$ = 0.3 和 $w[C]_{\%}$ = 0.03 两种情况下反应能否进行?
53. 当温度为 1600℃时,钢液中含 $w[Mn]$ = 0.08%,炉渣成分如下 $w/\%$:

CaO	SiO_2	MnO	MgO	FeO	Fe_2O_3	P_2O_5
44.3	2.70	9.72	2.38	6.97	2.08	2.40

试判断炼钢熔池中[Mn]进行的是氧化反应还是还原反应?
54. 利用浓差电池图来说明溶液中溶质自由能与溶质的浓度有关。
55. 写出溶质浓度与自由能的关系式。
56. 分别写出下列括号中参加化学反应的物质的自由能与浓度的关系式(气体、钢液中的铁、固态物质、炉渣中的氧化物)。
57. 写出等温方程式,并说明每一项的含义。
58. 为什么说等温方程式是一个非常重要的公式,它有什么实际意义?
59. 写出下列反应的平衡常数表达式:
 (1) $C_{(s)} + O_{2(g)} = CO_{2(g)}$
 (2) $CH_{4(g)} + 2O_{2(g)} = CO_{2(g)} + 2H_2O_{(g)}$
 (3) $CO_{(g)} + H_2O_{(g)} = CO_{2(g)} + H_{2(g)}$
 (4) $CaCO_{3(s)} = CaO_{(s)} + CO_{2(s)}$
 (5) $C_{(s)} + CO_{2(g)} = 2CO_{(g)}$
 (6) [Mn] + (FeO) = (MnO) + [Fe]
 (7) (CaO) + (MnS) = (CaS) + (MnO)
 (8) 2[P] + 5(FeO) + 4(CaO) = ($4CaOP_2O_5$) + 5[Fe]
 (9) 2[C] + $1/2Cr_3O_{4(s)}$ = 3/2[Cr] + $2CO_{(g)}$
60. 在 727℃时,化学反应(FeO) + $CO_{(g)}$ = $Fe_{(l)}$ + CO_2 其平衡常数 K_p = 0.55,求当 p_{CO_2} = 1013.25 Pa、p_{CO} = 5066.25 Pa 时反应进行的方向?
61. 已知化学反应[C] + (FeO) = [Fe] + $CO_{(g)}$ 的 $\Delta_r G^\ominus = 98533 - 92T$,试求在 1600℃时反应的平衡常数是多少?
62. 求反应 $CO_{(g)} + Fe_3O_{4(s)} = CO_{2(g)} + 3FeO_{(s)}$ 的平衡常数 K = ? 1000K 时的标准自由能 $\Delta_r G_{1000K}^\ominus$ = ?
63. 试述化学平衡的基本概念。
64. 在平衡常数的表示式中 k_p 和 k_c 有什么区别?
65. 应用平衡常数时应注意些什么?
66. 平衡常数的数值大小说明了什么?
67. 指出下列说法中的错误或不妥之处:
 (1) 在平衡常数表达式中没有固态物质的浓度,所以固态物质不参加化学反应。
 (2) 惰性气体不与 H_2 作用,又不与 O_2 作用,所以 H_2、O_2 和惰性气体混在一起,不影响 H_2、O_2 反应的平衡常数。
 (3) 可逆反应达到平衡以后,反应物与生成物浓度一定是相等的。

（4）如果某一个化学反应正反应是吸热的，当温度升高以后，它的平衡常数 K 值变小。

（5）反应物的浓度改变，温度升高都会引起化学平衡的移动，平衡常数 K 值也会随着发生变化。

68. 什么叫浓度（压力）商，怎样表示？
69. 如何应用浓度（压力）商与平衡常数的关系来判断一个化学反应的方向？
70. 温度变化对化学反应的平衡常数 K 值有何影响？举例说明。
71. 某一反应，算得它的 $\Delta_r G^{\ominus} > 0$，这就表明该反应不能自发进行，这个说法对吗？为什么？
72. 根据 $\Delta_r G^{\ominus} = -RT\ln K$，因为 K 是平衡常数，所以 $\Delta_r G^{\ominus}$ 就是化学反应达到平衡时的标准自由能变化值，这种说法对吗，为什么？
73. 已知反应 $2FeO_{(s)} = 2Fe_{(s)} + O_{2(g)}$ 的 $\Delta_r G^{\ominus}_{1000K} = 394970$ J/mol，求该反应在 1000 K 时的分解压力为多少？
74. 求 1500℃时 MnO 和 SiO_2 的分解压力为多少？
75. 什么叫元素和氧的亲和力？举例说明。
76. 什么叫氧化物的分解压力？举例说明。为什么公式中用 $(p_{O_2}/p^{\ominus})$ 表示而不直接用 p_{O_2} 表示，在什么条件下可以直接用 P_{O_2} 表示？
77. 氧化物标准生成自由能曲线在 FeO 标准生成自由能曲线上方和下方有什么区别？
78. 分解反应的氧分压与氧化物分解压力有什么区别，两者有什么关系？举例说明。
79. 电炉氧化期开始时钢液含碳量 $w[C] = 0.80\%$，结束时含碳量 $w[C] = 0.10\%$，共用 35 min，求平均脱碳速度为多少？
80. 什么是化学反应速度，怎样表示？
81. 动力学主要研究什么，和热力学有何不同？
82. 反应速度方程式怎样表示？
83. 反应速度与浓度的关系适用于所有的化学反应式吗，为什么？
84. 分析温度影响反应速度的关系。
85. 何谓有效碰撞、活化分子、活化能？
86. 试用活化能理论简要说明温度对反应速度的影响和化学反应中的吸热和放热现象。
87. 如果一个反应，其向右的趋势越大，则向右的反应速度也必然很大，这种说法对吗，为什么？
88. 活化能越大，则反应速度也越大，对吗？
89. 什么是多相反应，它由哪几个步骤组成？
90. 什么是吸附作用、吸附剂、吸附质？
91. 什么叫扩散，它与反应有什么关系？

7　金属熔体

炼钢生产的首要任务是将铁水冶炼成合格的钢液，也就是说不仅炼钢的原料和产品都是金属熔体，而且炼钢过程也是在金属熔体中进行的，因此金属熔体的结构和性质会直接影响到炼钢反应的进行。

7.1　金属熔体的结构

7.1.1　金属的三态及其转化

金属能够以三种状态存在，即气态、液态和固态，纯铁和钢也不例外。金属的三态之间可以互相转化，其转化的条件是温度。在 101325Pa 的常压下，纯铁的三态之间的转化情况如表 7-1。

表 7-1　在 101325Pa 的常压下，纯铁的三态之间的转化情况

温度/K	<1053	1053	1183	1665	1811	3150
状态	α_{Fe}	β_{Fe}	γ_{Fe}	δ_{Fe}	液态	气态
结构	体心立方	体心立方	面心立方	体心立方	—	完全无序

铁在固态时有三同素异型的结晶结构。温度在 1053K 以下是体心立方晶体，称为 α_{Fe}；当加热到 1053K 时转变为无磁性体，但仍保持体心立方晶体结构，有时把这种铁叫做 β_{Fe}；将 β_{Fe}加热到 1183K 时转变为面心立方结构的 γ_{Fe}；把 γ_{Fe}继续加热到 1665K 时又重新转变为体心立方晶格的 δ_{Fe}。纯铁在 1811K 熔化，在 3150K 汽化。

7.1.2　金属熔体的结构

由金属三态之间的变化可知，固态时金属原子的排列为远程有序，气态时则处于完全无序的状态，液态时的结构是怎样的呢？

在炼钢生产中，金属熔体的温度一般只比其熔点高出 100 ~ 150℃。根据对其某些物理化学性质的测定和结构的研究，可以肯定，过热度不高的金属熔体的结构与固态金属近似而远异于其气态，这可由以下事实说明：

（1）金属熔化时体积增加甚少，通常仅为 3% 左右，纯铁熔化时体积只增加 3. 5%，相当于质点间距只增大了 1% 左右。这说明金属在液态时的质点间距与固态时接近。

（2）金属在熔化时的熔化潜热和熵变比蒸发和升华时的潜热和相应的熵变要小得多。例如，对铁来说熔化潜热和相应的熵变分别为 15. 2 kJ/mol 和 8. 24 J/mol，而其蒸发潜热和相应的熵变则为 352. 46 kJ/mol 和 115. 48 J/mol。这说明固体金属在熔化时质点间的作用力变化不大，并且系统的无序排列程度增加不多。

（3）金属在熔化时的热容量变化不大，某些金属在熔点附近的热容量见表 7-2，这就证明液体中质点的热运动特点与固体中的十分相近，而没有太大的变化。

表 7-2 某些金属在熔点附近的热容量 J/(mol · K)

金 属	Fe	Mn	Cr	Ni	Al
固体 $C_{p,m}$	41.8	46.4	42.63	35.74	32.6
液体 $C_{p,m}$	34.07	46.4	40.55	35.74	29.3

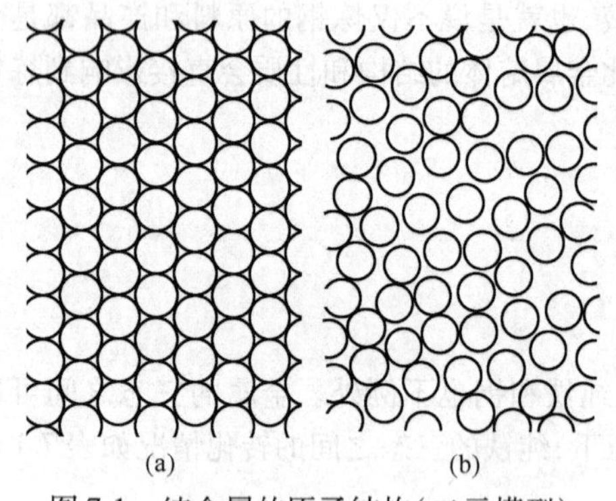

图 7-1 纯金属的原子结构(二元模型)
(a) 固态金属结构;(b) 金属熔体的结构

(4) 用 X 射线衍射法研究金属熔体结构时发现,处于熔点附近的金属熔体的结构与其固体结构相似。

综合上述可知,固态金属中质点是远程有序排列,熔化时质点间的平均距离有所增加,并且有的地方晶格变得不整齐,同时出现空穴和空隙,使自由体积增加,即远程无序;但在过热度不高时,熔体的结构与原有固态结构相近,在较小的范围内仍保持着一定的晶格秩序,即近程有序,如图 7-1所示,图中的(a)为固态金属结构,(b)是金属熔体的结构。

7.2 金属熔体的物理性质

金属熔体的物理性质有多种,但与炼钢过程有关的主要是密度、熔点、黏度、表面张力、扩散和蒸气压等。

7.2.1 密度

密度是纯铁或钢的重要物理性质之一。正确地测定纯铁或钢的密度,对于研究熔铁的结构、黏度、表面张力以及分析钢液与非金属夹杂物、熔渣间因密度不同而分离的过程等有重要意义。

密度的定义是单位体积物质的质量,常以 ρ 表示,单位为 kg/m^3 或 t/m^3。有时还使用比容的概念,它是密度的倒数。

由于高温下测定熔融铁合金的密度困难很大,各研究者测定的数据有较大出入,如图 7-2 所示。但根据最近的研究结果,比较一致的观点是,在 1550℃附近纯铁的密度大致为 7 t/m^3 左右。液态、固态纯铁的密度和钢的密度与温度、成分有密切关系。

A 纯铁和钢的密度与温度的关系

由图 7-2 可见,随着温度的升高,纯铁的密度明显地下降。

由图 7-3 可以看出不同含碳量的钢的比容和温度的关系,即随着温度的增加,钢的比容增大,即密度值减小。

B 钢的密度与成分的关系

从图 7-3 还可看出,在同一温度下,高碳钢比低碳钢的比容大,即随碳含量的增加钢的密度减小。

另外,一般认为硅、锰、磷、硫、铝等元素与碳一样可使纯铁密度减小,而镍、铬、铜、钨、氢等元素可使纯铁的密度增大。钢中元素对纯铁密度的具体影响见表 7-3。

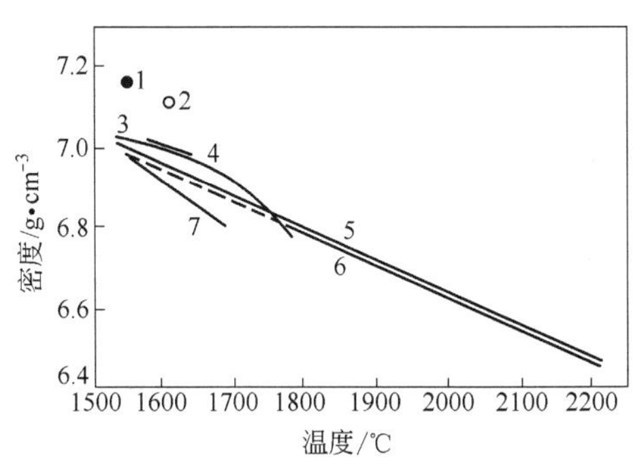

图 7-2 纯铁的密度与温度联系

1—捷米列夫，波佩尔；2—瓦托林，叶新；3—弗鲁伯格，韦伯；
4—维尔曼，菲利波夫；5—克利申保，撒海尔；
6—斋藤，佐久间；7—卢卡斯

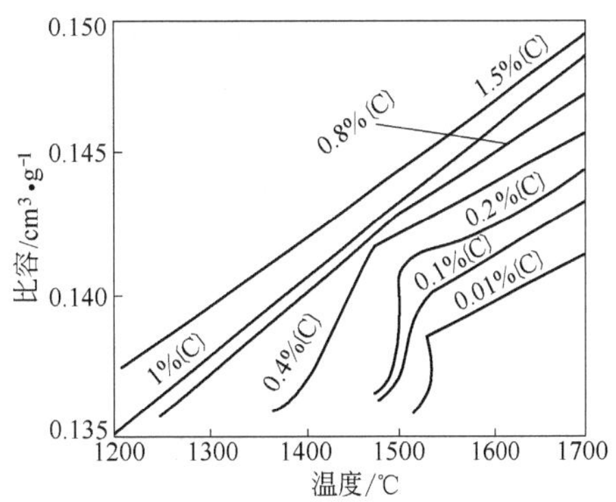

图 7-3 Fe-C 合金的比容和温度的关系

表 7-3 钢中常见元素对纯铁密度的影响

元　素		C	Si	Mn	P	S	Al	Ni	Cr	Cu	W	H_2
对纯铁密度影响 /t·m^{-3}	适用含量范围 w/%	<1.55	<4.0	<1.5	<1.1	<0.2	<2.0	<5.0	<1.2	<1.0	<1.5	<0.15
	每增加 1% 时	−	−	−	−	−	−	+	+	+	+	+
	密度变化量(Δρ)	0.040	0.073	0.016	0.117	0.164	0.120	0.004	0.001	0.022	0.095	0.100

在温度为 20℃ 时，钢的密度的近似值可以由下式计算：

$$\rho = 7.88 + \sum \Delta\rho \cdot w[B] \tag{7-1}$$

式中 7.88——纯铁的密度，t/m^3；

$\Delta\rho$——纯铁中某元素含量增加 1% 时，密度的变化量，t/m^3；

$w[B]$——该元素的质量百分含量，%。

例题 7-1 试计算滚珠轴承钢 GCr15SiMn 的密度，该钢的化学成分见表 7-4。

表 7-4 GCr15SiMn 钢的化学成分

元　素	C	Si	Mn	Cr	P	S
含量 w/%	1.0	0.5	1.0	1.5	0.02	0.01

解：将有关数据代入式 7-1 得

$$\begin{aligned}\rho &= 7.88 + \sum \Delta\rho \cdot w[B] \\ &= 7.88 - 0.04 \times 1.0 - 0.073 \times 0.5 - 0.016 \times 1.0 + 0.001 \times 1.5 - 0.117 \times 0.02 - 0.164 \times 0.01 \\ &= 7.79(t/m^3)\end{aligned}$$

7.2.2 熔点

钢的熔点是炼钢生产中确定冶炼和浇注温度的重要依据。

对于纯金属来说，其熔化或凝固过程是在一个固定的温度下进行的，这一固定温度称为熔点或凝固点。而作为合金的钢，其熔化或凝固过程是在一个温度范围内进行的，通常将其开始结晶或熔化结束时的温度定义为熔点。

纯铁的熔点为 1538℃。将任何溶质元素加入溶剂纯铁中，均将引起铁熔点的下降，即使这些元素的熔点很高（如钨、钼等）也不例外。造成这种现象的根本原因是由于形成溶液之后，溶剂浓度降低，因而蒸气压降低，所以熔点也随之降低。表7-5为钢中常见元素每增加1%时纯铁熔点的下降值。

由表7-5可见，锰、铬、镍、钴、钼、钨、铝、钒等金属元素使纯铁的熔点降低少，而碳、磷、硫等非金属元素，尤其是氢、氧、氮对纯铁熔点的影响较大，不过通常含量较低。

综合来看，降低铁的熔点能力强而通常含量又高的元素是碳。

表7-5　各元素对钢熔点的影响

化学元素	化学符号	基本性质			对熔点的影响		对密度的影响	
		原子量	密度	熔点/℃	适用元素含量范围 w/%	钢中增加1%含量时温度降低值/℃	适用元素含量范围 w/%	钢中增加1%含量时密度变化量 /$t \cdot m^{-3}$
碳	C	12.0			<1.0 1.0 2.0 2.5 3.0 3.5 4.0	65 70 75 80 85 91 100	<1.55	−0.040
硅	Si	28.086	2.4	1414	0~3.0	8	<4.0	−0.073
锰	Mn	54.93	7.3	1244	0~1.5	5	<1.5	−0.016
磷	P	30.97	2.2	44	0~0.7	30	<1.1	−0.117
硫	S	32.064	2.046	119	0~0.08	25	<0.2	−0.164
铝	Al	26.98	2.68	659	0~1.0	3.0	<2.0	−0.120
钒	V	50.942	6.0	1720	0~1.0	2.0		
铌	Nb	92.91	8.57	2000				
钛	Ti	47.90	4.50	1800		18		
锡	Sn	118.69	7.28	232	0~0.03	10		
钴	Co	58.93	8.50	1490		1.5		
钼	Mo	95.94	10.20	2622	0~0.03	2		
硼	B	10.81	2.3	2800		90		
镍	Ni	58.71	8.85	1455	0~9.0	4	<5.0	+0.004
铬	Cr	51.996	7.14	1820	0~18	1.5	<1.2	+0.001
铜	Cu	63.546	8.70	1080	0~0.3	5	<1.0	+0.022
钨	W	183.85	19.32	3370	18W及0.66%C	1.0	<1.5	+0.095
铅	Pb	207.20	11.35	327				
碲	Te	127.60	6.25	453				
铋	Bi	208.98	9.74	271				
砷	As	74.92			0~0.5	14	<0.15	+0.100
氢	H_2	2.016（液）	0.0709	−259.1	0~0.3	1300		
氧	O_2	32.0	1.461	−218.4	0~0.3	80		
氮	N_2	28.016	1.026	−209.86	0~0.3	90		

注：表中数据仅供参考，氢、氧、氮对熔点的影响为计算值。

钢的熔点可利用表7-5的数据由下式近似计算：

$$T_{熔} = 1538 - \sum \Delta t \cdot w[B] \tag{7-2}$$

式中　$T_{熔}$——钢的熔点，℃；

1538——纯铁熔点，℃；

Δt——纯铁中某元素含量增加1%时熔点降低值，℃；

$w[B]$——该元素的质量百分含量，%。

需要指出的是，由于钢中的气体含量较低，钢号的规格中通常不列入，所以一般不单独计算而按降低7℃考虑。

例题7-2 试计算滚珠轴承钢GCr15SiMn的熔点，其化学成分见例题7-1。

解：将有关数据代入式7-2得：

$$T_{熔} = 1538 - \sum \Delta t \cdot w[\mathrm{B}]$$
$$= 1538 - (70 \times 1.0 + 8 \times 0.5 + 5 \times 1.0 + 1.5 \times 1.5 + 30 \times 0.02 + 25 \times 0.01) - 7$$
$$= 1538 - 82 - 7$$
$$= 1449(℃)$$

7.2.3 黏度

黏度是钢液的重要性质之一，钢液黏度增大时元素在其中的扩散速度减慢，影响炼钢过程中的化学反应速度。钢液黏度的增加还直接影响钢中气体和非金属夹杂物的排除，影响钢液凝固时的补缩、偏析等。

一般液体的黏度，是指液体移动时各液层分子间发生的内摩擦力的大小。对钢液来说也是如此。

A 黏度的表示方法

黏度分为动力黏度和运动黏度。动力黏度用 η 表示，其单位为 Pa·s，有时用泊(p)和厘泊(cp)表示，1cp = 1/100 p = mPa·s。运动黏度用 ν 表示，动力黏度除以密度等于运动黏度。如 ρ 为密度，单位为 kg/m^3，则 $\eta = \rho \cdot \nu$。用 ν 表示黏度可以消除因密度而产生的影响。当研究的对象密度差较大时，用 ν 表示并比较其黏度，能得到准确的数字概念。

炼钢中还经常使用流动性(φ)这一概念，流动性 $\varphi = 1/\eta$。

B 钢液黏度及影响因素

在炼钢的高温下，钢液的黏度值并不高，见表7-6。纯铁的黏度与温度的关系见图7-4。

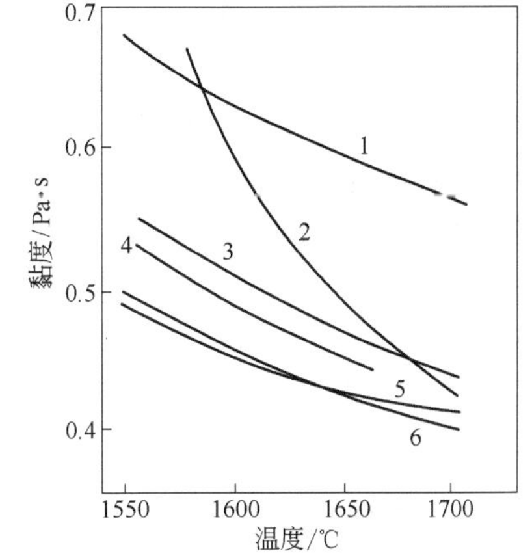

图7-4 纯铁的黏度与温度的关系

1—巴尔菲尔德、凯琴奈尔；2—瓦托林沃斯特良科夫；3—中西、斋滕、白石；4—申克、弗鲁伯格；5—卡瓦利尔；6—卢卡斯

实际生产中，钢液的黏度受如下一些因素的影响：

(1) 温度。有些研究者认为，在1600℃纯铁的黏度为0.0047 ~ 0.005 Pa·s。含少量杂质的工业纯铁随着温度增高，黏度降低，即流动性增加，如图7-4。这是由于随着温度升高，液体的原子间距加大，减小了其流动时的内摩擦力的缘故。

在1535 ~ 1700℃的范围内，纯铁黏度与温度的关系是：

$$\lg\eta = \frac{1951}{T} - 2.327$$（纯铁中碳、氧、锰、磷、硫的总量小于0.02% ~ 0.03%）

表7-6 钢液及其他物质的黏度

液 体	温 度 /℃	η/Pa·s
水	25	0.00089
甘 油	25	0.5000

续表 7-6

液　体	温　度 /℃	η/Pa · s
蓖麻子油	25	0.8000
轻 机 油	25	0.0800
钢　液	1595	0.0025
生铁液	1425	0.0015
稀薄渣	1595	0.0200
中等渣	1595	0.2000
黏　渣	1595	2.0000

(2) 成分。研究发现随着氮、氧含量的增加将会使熔铁的黏度增大；镍、钴，铬等元素对熔铁黏度几乎无影响；而锰、硅、磷、铝、硫等元素有使熔铁黏度下降的趋势，特别是磷、铝、硫仅以较低的含量就使熔铁黏度急剧下降。这些元素降低熔铁黏度的原因可能是由于增加了原子间空隙度，也可能是由于削弱了铁原子之间的相互作用力。

铁碳熔体的黏度随碳浓度的变化具有复杂的关系，通常认为这与组元和结构有关。在碳浓度低于 0.15% 时，因为铁碳熔体中含有较多的氧，所以随着碳浓度的增加而氧浓度剧烈下降，使其黏度降低。在碳浓度在 0.15% ~0.20% 范围时，随着碳浓度的增加氧浓度变化不大，因此其黏度的变化与 Fe-C 熔体的结构随着碳浓度的变化有关。

(3) 夹杂物。有些合金元素加入钢中，会显著地使钢液变黏。这主要是由于它们的加入在钢液中形成了大量的固态夹杂物，使液体流动时的内摩擦力增加所致。例如，硅钢中加铝量过多时，因钢液中出现较多带有尖锐棱角的夹杂物刚玉（Al_2O_3）使钢液变黏。又如，含铬较高的钢在冶炼中铬会氧化而生成 Cr_2O_3，这种高熔点氧化物分布在钢液中显然会使钢液黏度大大增加。

相反，如果夹杂物本身熔点较低，在钢液的温度下形成具有较大过热度的液态夹杂物，就会使钢液流动性提高。例如，当铬不锈钢和铬镍不锈钢中硅含量超过 0.6% 时，由于形成铬尖晶石的液体夹杂物，就会使钢液流动性提高。

总之，在研究钢液黏度时必须综合温度、成分、夹杂物等各方面的影响进行全面分析，才能得到比较正确的结论。

7.2.4　表面张力

由第 6 章的“表面现象”中有关表面张力的基本概念可知，表面张力在一定程度上反映了液体内部质点间作用力的大小。液体内部质点间的作用力越大，则对表面层质点的吸引力就越强，所以表面张力也就越大。

通常液体的表面张力与液体的化学键性质有密切的关系。某些液体的表面张力值列于表 7-7。

由表中的数据可知，具有强结合力的金属键熔体的表面张力值最大，共价键熔体次之，离子键熔体又次之，而分子型液体具有弱结合的范德瓦尔力，所以它们的表面张力都非常小，其中 H_2O 为极性分子，它的表面张力又稍大些。

表 7-7　某些液体的表面张力

类　型	液　体	温　度 /℃	表面张力/$N \cdot m^{-1}$
金属键熔体	Fe	1550	1.865
	Ni	1543	1.780
	Mo	2610	2.250
	Cu	1083	1.350
	Pb	327	0.468

续表 7-7

类　型	液　体	温　度　/℃	表面张力/N · m⁻¹
共价键熔体	SiO_2	1800	0.307
	Al_2O_3	2050	0.690
硅酸盐熔体	$CaO \cdot SiO_2$	1600	0.420
	$MnO \cdot SiO_2$	1570	0.415
	$Na_2O \cdot SiO_2$	1400	0.284
离子键熔体	FeO	1400	0.580 ~ 0.670
	NaCl	800	0.114
	CaF_2	1500	0.297
	CuCl	450	0.092
分子型液体	H_2O	20	0.0728
	C_6H_6	20	0.0289
	C_2H_5OH	20	0.022

由表 7-7 可见，液态纯铁的表面张力在 1550℃时为 1865 N/m，这说明液态纯铁的表面张力数值很大，它大大超过了炉渣的表面张力。

温度对液体的表面张力有较大的影响。一般地，随着温度的升高，质点的热运动增强，体积膨胀，质点间距加大，作用力下降，表面张力减小；在达到沸点时，液相和气相之间的界面消失，表面张力为零。熔融铁合金的表面张力也随着温度的升高而减小，纯铁的表面张力的温度系数 $d\sigma/dT$ 约为 -0.5 N/(m · K)。

溶质元素对熔铁表面张力的影响程度取决于它的性质与铁的差别，如果溶质元素的性质和铁相近，则溶质原子和铁原子之间的作用力和铁原子本身之间的作用力大体相似，对熔铁的表面张力影响较小；反之，溶质元素的性质与铁差别越大，则对熔铁表面张力的影响就越大。一般说来金属元素对熔铁的表面张力影响较小，而非金属元素的影响就较大。

碳、氮、氧和硫对熔铁表面张力的影响如图 7-5 所示。由图 7-5 可见，硫和氧是很强的表面活性物质，只要含有很少量的硫和氧就可使熔铁的表面张力大大下降。氮的影响小些，而碳在浓度低时影响很小。其他各种元素对熔融铁合金表面张力的影响如图 7-6 所示。

由图 7-6 可见，钢中的常见元素锰也是较强的表面活性物质，而钛、镍、钨、钼、钒等则是非表面活性物质。

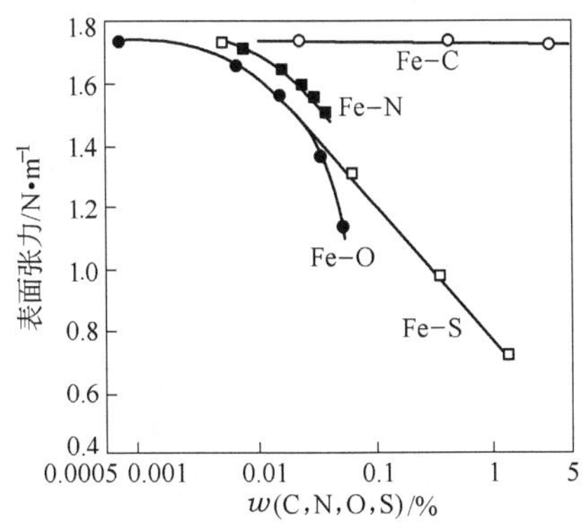

图 7-5　碳、氮、氧和硫对熔铁表面张力的影响

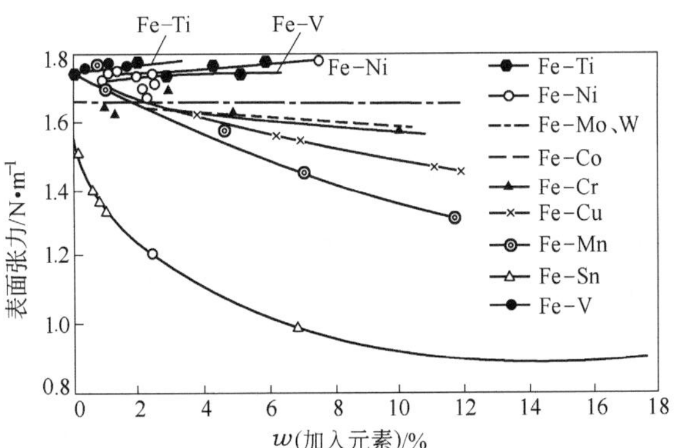

图 7-6　镍、铬、钴等对熔铁表面张力的影响

7.2.5　扩散系数

各元素在熔融铁合金中的扩散,通常被认为是与反应速度控制环节有关的重要物理性质,而且它也是阐明熔融铁合金结构的重要性质。

扩散系数可分为自扩散系数和互扩散系数。在纯物质中质点的迁移称为自扩散,这时得到的扩散系数称为自扩散系数。在溶液中各组元的质点进行相对的扩散,这时得到的扩散系数称为互扩散系数。通常所说的扩散系数,在未加特别的说明时,均指互扩散系数。

扩散是当物质系统中存在浓度差时的物质自动迁移过程。物质总是从浓度高的地点移向浓度低的地点,最后使系统物质浓度趋于均匀。可见物质的扩散速度总是和浓度、距离有关。1855年,菲克通过大量的实验总结出扩散速度和浓度的关系即著名的菲克第一定律,它的数学表达式:

$$\frac{\mathrm{d}n}{\mathrm{d}t} = -DA\frac{\mathrm{d}c}{\mathrm{d}x} \tag{7-3}$$

即扩散速度与物质通过垂直于扩散方向的截面积 A 和浓度梯度$\frac{\mathrm{d}c}{\mathrm{d}t}$成正比。

式中　$\mathrm{d}c/\mathrm{d}x$——浓度梯度 $\mathrm{mol/cm^4}$。由于扩散总是由浓度大的地方向浓度小的地方进行,所以浓度梯度为负值,在方程式右边加负号,使扩散速度保持正值。

A——为扩散物质所经过的截面面积,$\mathrm{cm^2}$;

D——为扩散系数,$\mathrm{cm^2/s}$。

研究得知

$$D = \frac{T}{6\pi r\eta} \tag{7-4}$$

式中　T——温度;

r——扩散质点的半径;

η——介质的黏度。

增大扩散物质经过的截面积,提高浓度梯度;以及适当的改变介质的温度、黏度和扩散质点的半径,从而增大扩散系数。这些都有利于加快物质的扩散速度。

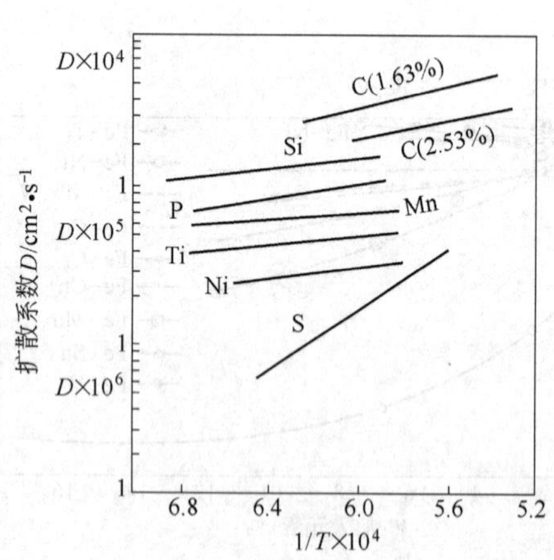

图 7-7　碳饱和时熔铁中各元素的扩散系数与温度的关系

由式 7-4 可见,影响扩散系数 D 的因素有:

(1) 介质的黏度。随着介质黏度的增大,质点在其中扩散时的阻力增大,扩散速度下降。

(2) 温度。提高温度不仅可以增加扩散质点的动能,同时可使介质的黏度下降,因而可加速质点的扩散。图 7-7 也显示出了这一规律。

(3) 质点的半径。通常情况下,质点的半径越小,其扩散速度越快。

扩散系数的测定比较困难,各测定者所测得的数据差别很大,故欲确切地比较各种元素的扩散系数是很困难的。作为参考,现以同一测定者得到的某些元素的扩散系数进行比较,如图 7-7 所示,它们都是在碳饱和时熔铁中各元素的扩散系数与温度的关系。

由图7-7中的数据可知,各元素在熔铁中的扩散系数比在熔渣中大10~100倍,这就表明,当从金属向熔渣的传质速度受扩散控制时,那么,元素在渣中的扩散速度成为限制环节的可能性较大。

7.2.6 蒸气压

各种物质的蒸气压的大小及其随温度的变化情况,不仅提供了物质在凝聚状态的知识,而且与工业上防止蒸发或促进蒸发等技术有关,蒸气压也是确定溶液中各组元活度的重要依据。

各种元素的蒸气压随着温度的升高呈指数关系增大,通常可以用下式近似地表示它们之间的关系:

$$\lg \frac{p}{p^{\ominus}} = \frac{-\Delta H_b}{4.575T} + B \tag{7-5}$$

式中 p——元素的蒸气压;

ΔH_b——元素的摩尔蒸发潜热;

T——绝对温度;

B——常数。

元素的蒸发潜热表示原子间键的强度,元素的蒸发潜热越大,表示原子间的吸引力越大。铁的蒸发潜热为352.46 kJ/mol,锰的蒸发潜热为230.9646 kJ/mol,铁原子之间的作用力远大于锰。同时铁的熔点和表面张力也比锰大得多。

根据研究,不同温度固态和液态铁的蒸气压数值如下:

温度/℃	1094	1195	1310	1447	1538	1602	1783	2000	2877
铁的状态	固态				固态/液态				液态/气态
蒸气压力/Pa	0.0013	0.0133	0.1333	1.333	4.933	13.33	133.3	1333	101325

在炼钢温度(1550~1650℃)下,铁的蒸气压并不大,一般为133.322 Pa左右。但在氧气顶吹转炉中,一次反应区的温度高达2100~2300℃;而在电弧炉内的电弧区,温度更高达3000~6000℃,在这样的高温下,会使钢液中部分铁和其他元素被蒸发成金属蒸气,从而造成金属损失。

7.3 元素在铁液中的溶解

7.3.1 元素在铁液中的溶解度

铁液能溶解大量的金属元素和少量的非金属元素,炼钢温度下各元素在铁液中的溶解情况见表7-8。

表7-8 元素在铁液中的溶解情况

完全溶于铁液中的合金元素	部分溶解的金属元素	实际不溶解的金属元素	部分溶解的非金属元素	炼钢温度下汽化的金属元素
Al Cu Si	Mo	Bi	As Se	Cu Zn
Sb Au Sn	W	Pb	B O	Ca
Be Mn Ti		Ag	C S	Li
Ce Ni V			H	Mg
Cr Pb Zr			N	Hg
Co Pt			P	Na

由表7-8可见，各元素在铁液中的溶解度差别很大，有的能完全溶解，有的则只能部分溶解甚至是微量溶解。元素在铁液中的溶解度的大小与其原子半径、晶格类型以及与铁原子的相互作用力有关。通常，晶格类型与铁的晶格越相似、原子半径与铁原子半径越相近、性质与铁原子越相似的元素，它们与铁原子的作用力同铁原子之间的作用力越相近，溶解时就越容易。

7.3.2 溶解元素与铁形成的溶液

根据溶入后与铁形成溶液的类型不同，钢中常见元素大致可以分为如下五类：

A　与铁形成近似理想溶液的元素

锰、镍、钴、铬、钒、钼、钨和铌等金属元素能与铁形成近似理想溶液。其中锰、钴、镍在1873 K时能完全溶解，而铬、钼、钒、铌、钨在该温度下只能部分溶解，因为它们的溶点高于1600℃，在更高的温度下能够完全溶解。

上述这些元素在周期表中的位置距铁较近，它们的性质与铁相似，原子半径与铁原子相近（锰的原子半径为0.127 nm，为0.125 nm，钴为0.125 nm，铬为0.130 nm，钒为0.136 nm，而铁为0.136 nm），晶格类型也相似。习惯上认为这些元素与铁形成的溶液近似于理想溶液，可以应用理想溶液定律。

B　与铁形成近似规则溶液的元素

铜和铝也是金属元素，在1873 K时能完全溶解于铁液。但由于它们在周期表中的位置距铁较远，其性质和原子半径也和铁原子有一定的差别，Fe-Cu系熔体对拉乌尔定律有较大的正偏差，Fe-Al系熔体有较大的负偏差，所以它们与熔铁形成的溶液不是理想溶液，而近似于规则溶液。因此，可以用规则溶液的诸公式来计算它们形成溶液时的热力学函数的变化。

C　与铁形成稀溶液的元素

氢和氮在元素周期表中的位置离铁更远，它们是非金属元素，性质和铁相差很大，原子半径比铁小得多（氢为0.053 nm，氮为0.056 nm），它们在熔铁中的溶解度非常小，所形成的溶液可以看成稀溶液。

D　与铁形成实际溶液的元素

碳、氧、硫、磷等非金属元素，它们在元素周期表中的位置离铁很远，其性质和原子半径（碳为0.067 nm，硫为0.078 nm，磷为0.088 nm，氧为0.044 nm，硼为0.088 nm）与铁原子都有很大差别，在熔铁中的溶解度受到一定的限制；同时，与铁形成实际溶液。另外，非金属元素硅及钛、锆等金属元素与熔铁形成的溶液也是实际溶液。

E　在熔铁中实际不溶解的元素

银、铅、铋、锌、钙、镁等元素实际上不溶于铁液，其中钙、镁等在炼钢温度早已气化，它们挥发后进入炉气成为氧化物，活泼性大，易侵蚀炉衬；铅、银、铋均不溶于铁液，且因密度较大，故易于沉积于炉底，并借毛细管作用渗入耐火材料缝隙，破坏炉衬。

7.3.3 元素在铁液中溶解时的自由能变化

元素在铁液中溶解时，由于它们的状态发生了变化，必然伴随有自由能的变化。钢中常见元素在铁液中的溶解反应及溶解时自由能的变化值列于表7-9中。

表 7-9 一些常见元素在铁液中溶解的质量分数为 1% 时的标准自由能变化

反 应	$\Delta_{SOL}G_m^{\ominus}$/J · mol^{-1}	反 应	$\Delta_{SOL}G_m^{\ominus}$/J · mol^{-1}
$Al_{(液)}$ = [Al]	−10300 − 7.71T	$1/2O_{2(气)}$ = [O]	−28000 − 0.69T
$C_{(石墨)}$ = [C]	5100 − 10.00T	$FeO_{(液)}$ = $Fe_{(液)}$ + [O]	−28900 − 12.51T
$Cr_{(固)}$ = [Cr]	5000 − 11.31T	$1/2P_{2(气)}$ = [P]	−29200 − 4.60T
$Co_{(液)}$ = [Co]	−9.31T	$Si_{(液)}$ = [Si]	−28500 − 6.09T
$Cu_{(液)}$ = [Cu]	8000 − 9.40T	$1/2S_{2(气)}$ = [S]	−31520 + 5.27T
$1/2H_{2(气)}$ = [H]	7640 − 10.62T	$Ti_{(固)}$ = [Ti]	−13100 − 10.07T
$Mn_{(液)}$ = [Mn]	−9.11T	$W_{(固)}$ = [W]	8000 − 13.04T
$Mn_{(固)}$ = [Mn]	5800 − 13.30T	$V_{(固)}$ = [V]	−3700 − 10.90T
$Ni_{(液)}$ = [Ni]	−5000 − 7.42T	$Zr_{(固)}$ = [Zr]	−12800 − 12.00T
$\frac{1}{2}N_{2(气)}$ = [N]	860 + 5.71T		

由表 7-9 可见，各元素的标准溶解自由能变化与温度有关。将温度值代入表中的公式，求出 $\Delta_{SOL}G_m^{\ominus}$ 值，便可据以判断某元素的溶解过程能否自动进行与进行的限度。

思 考 题

1. 什么叫溶液，什么叫纯溶液，它与化合物有什么区别？
2. 试述蒸气压的定义及影响蒸气压的因素。
3. 试述拉乌尔定律的含义并写出其数学公式。
4. 试述亨利定律的含义并写出其数学公式。
5. 试对拉乌尔定律和亨利定律进行比较。
6. 在同一温度下，溶液的浓度越大，它的饱和蒸气压也就越大，这种说法对吗，为什么？
7. 凝固点为什么会下降，凝固点下降和蒸汽压有什么关系？
8. 平方根定律的内容是什么？写出其数学公式。
9. 理想溶液在形成的过程中为什么不产生热效应，为什么没有体积变化？
10. 怎样理解实际溶液和理想溶液的偏差，活度的基本概念是什么，为什么要用活度？
11. 活度是有效浓度，所以活度的数值总是小于浓度的数值，或者说是活度系数总小于 1 的数，这种说法对吗，为什么？
12. 极稀溶液与理想溶液有区别吗？
13. 试写出分配定律的一般公式，并举例说明它在炼钢中的用途。
14. 什么是表面张力，什么是比表面能，两者之间有何关系？
15. 影响表面张力大小的因素有哪些？
16. 试述黏度的含义，动力黏度和运动黏度有何区别？
17. 在电弧炉内电弧下面钢水温度可达 2250℃，问此时铁的蒸气压是多少？
18. 求铝在 1600℃时的蒸气压？
19. 某钢种的化学成分为：

元素	C	Mn	Cu	Si	Fe
$w_i/\%$	0.18	0.70	0.80	0.80	97.52

实验求得1540℃时,铁的蒸气分压为2.417×10^{-2} mmHg柱,铜溶于铁中的蒸气分压$p = 0.4$ mmHg柱。求此温度下钢水面上铁和铜的蒸气分压分别是多少Pa?

20. 试求16 Mn和含钒重轨钢的凝固点(或熔点)。已知16 Mn的化学成分如下:

元素	C	Si	Mn	P	S
$w_B/\%$	0.16	0.50	1.50	0.04	0.04

含钒重轨钢的化学成分如下:

元素	C	Si	Mn	P	S	V
$w_B/\%$	0.70	0.20	0.70	0.04	0.04	0.06

21. 当氮气的分压为101.325 kPa时,某钢种能溶解氮0.17%,在同一温度下,当钢中溶解氮0.01%时,问要在多大的真空度将钢进行真空处理时,钢中氮才能开始进一步降低?
22. 在1500℃时,硫在炉渣中的浓度为2%,硫在铁水中的浓度为0.075%,求分配系数。
23. 哪些元素可以与铁形成近似理想溶液,为什么?
24. 非金属元素溶于铁为什么不可能形成理想溶液?
25. 钨的熔点高达3380℃,钼的熔点也在2600℃以上,所以它们和铁形成溶液时会使铁液的凝固点提高。这种说法对不对,为什么?
26. 低碳钢和高碳钢相比哪个容易熔化,为什么?
27. 铁液中溶入0.14%碳,能使熔点降低多少度?
28. 今有锅炉钢16Mng和滚动轴承钢GCr9SiMn的化学成分($w/\%$)如下:

钢号	C	Mn	Si	P	S	Cr
16 Mng	0.16	1.40	0.40	0.03	0.03	
GCr9SiMn	1.00	1.10	0.50	0.02	0.02	1.00

计算它们的熔点。

29. 什么是钢的标准密度和相对密度系数?
30. 影响钢液黏度的因素有哪些,炼钢工可以通过什么手段来改善钢液的流动性?
31. 温度升高,物质质点间的平均距离增大,质点相互间作用力减小,因而液体的表面张力降低。为什么钢液的表面张力是随温度的升高反而增大?
32. 什么叫润湿现象,接触角的大小与润湿的好坏有什么关系?当接触角的大小为零或180度时,应该怎样理解?

第3篇 炼钢基本原理

8 炼钢熔渣

炼钢过程实质上是一个氧化过程，就是用不同来源的氧（矿石中的氧、氧气等）来氧化原料中的各种杂质，将其中的碳、锰、硫、磷、硅等控制在规定的范围内。为此目的，在炼钢过程中必须加入许多必要的材料，称之为造渣材料，如石灰、萤石、氧化铁皮等。使炼钢各种反应——硅锰反应，脱磷、脱硫反应，朝需要的方向进行，被加入的各种材料和各种反应所形成的产物大多比铁液轻，浮在金属表面，我们把这一层混合物称作炉渣。

“炼好钢，首先要炼好渣。”说明了炉渣在炼钢生产中的重要性，它不仅影响到钢的质量、产量，而且与原材料、能量的消耗都有着密切的关系。认识炉渣的作用、特性，将有助于我们在今后的生产实践中，合理控制炉渣，利用炉渣，对获得良好的技术经济指标具有极为重要的意义。

8.1 熔渣的来源、组成和作用

8.1.1 熔渣的来源和组成

熔渣是炼钢过程中的重要产物之一，其主要来源于以下几个方面：

（1）冶炼中，生铁、废钢、铁合金等金属原料中各种元素的氧化产物（SiO_2、MnO、P_2O_5、FeO等）及脱硫产物（CaS）。

（2）人为加入的造渣材料如石灰（CaO）、萤石（CaF_2）、电石（CaC_2）和氧化剂铁矿石、烧结矿（Fe_2O_3）等。

（3）被侵蚀下来的耐火材料（MgO）。

（4）各种原材料带入的泥砂（SiO_2、Al_2O_3）和铁锈（Fe_2O_3）。

综上所述，炼钢熔渣是一个复杂的多元系统，主要由各种氧化物如CaO、MgO、MnO、FeO、Fe_2O_3、Al_2O_3、P_2O_5、SiO_2及少量的CaS、CaF_2、CaC_2组成。通过控制熔渣的组成可形成不同性能的熔渣，各种炼钢方法和保护浇注用渣的化学成分见表8-1。

表8-1 各种熔渣的化学成分

分类	炉渣	化学成分 w/%								
		SiO_2	CaO	FeO	MnO	P_2O_5	MgO	Al_2O_3	CaF_2	CaC_2
酸性	保护浇注用酸性液渣	50～55	20～30	≤0.5				10～15	≤1.0	
碱性	氧气顶吹转炉	6～21	35～55	7～30	2～8	1～4	2～12			
	氧气底吹转炉	5.5	51	16	2.0	17.0	0.7	0.6		
	复吹转炉	8～19	30～50	10～25	3～7	2～5	6～12			
	电炉氧化渣	8～15	40～50	12～30	5～7	0.2～2	8～10	1～2		

续表 8-1

分类	炉　　渣	化学成分 w/%								
		SiO_2	CaO	FeO	MnO	P_2O_5	MgO	Al_2O_3	CaF_2	CaC_2
碱性	电炉还原渣	10 ~ 15	55 ~ 65	0.3 ~ 0.5	0.1 ~ 0.2		8 ~ 10	2 ~ 3		
	保护浇注用碱性渣	≤6.0	50 ~ 55	≤0.5				40 ~ 45		
	保护浇注用中性渣	30 ~ 35	25 ~ 30	≤0.5				15 ~ 25	15 ~ 20	

8.1.2　熔渣的作用

熔渣在炼钢过程中具有重要的作用，主要表现在以下几方面：

(1) 通过调整熔渣成分来控制炉内反应进行的方向及防止炉衬被过分侵蚀。

(2) 覆盖钢液，减少散热和吸收氢、氮等气体。

(3) 吸收钢液中的非金属夹杂物。

(4) 不同冶炼方法的熔渣还应有其独特的作用，如在氧气顶吹转炉中，熔渣、金属液滴和气泡形成高度弥散的乳化相，增大了接触面积，可加速吹炼过程；在电弧炉冶炼中，熔渣还具有稳定电弧的作用；电渣熔炼的熔渣则作为电阻发热体，重熔并精炼金属等等。

熔渣也有不利的作用，例如强氧化性渣严重侵蚀炉衬；黏稠渣中常混有小的钢珠，会降低铁的收得率；微小的渣粒混入钢中将成为外来夹杂等，所以，应该选择适当的熔渣组成并控制其性质和数量，以取得良好的技术经济指标。

8.2　熔渣结构

熔渣的各种物理化学性质以及金属与熔渣之间的反应，都和熔渣的结构有关，所以对熔渣结构的研究是十分重要的。半个多世纪以来，许多冶金学家在这方面做了大量的工作。但是由于高温熔渣的结构非常复杂，且目前还受着研究方法和测试手段的限制，所以迄今尚不能直接确定液态渣的结构。现有关于熔渣结构的理论是根据凝固渣的结构分析与熔渣在高温下的某些性质如黏度、密度、导电性和电解性等间接推断的。

关于熔渣的结构，目前已经形成三种理论，即分子结构理论、离子结构理论和分子-离子共存结构理论。

8.2.1　熔渣结构的分子理论

20世纪的20 ~ 30年代，以德国人申克(Schenck)为代表的一些冶金学者对凝固熔渣进行岩相分析和化学分析，认为冶金炉渣和岩石相似，并据此提出熔渣结构的分子理论。半个多世纪以来，许多冶金学者在申克等建立起来的理论基础上继续开展这方面的研究，对熔渣的分子理论加以丰富和发展。

熔渣结构分子理论的基本观点可归纳为如下几点：

(1) 熔融的炉渣是由一些自由的简单氧化物如 FeO、MnO、MgO、CaO、SiO_2、P_2O_5、Al_2O_3 分子和由这些自由氧化物所形成的复杂化合物分子如 $2FeO \cdot SiO_2$、$2MnO \cdot SiO_2$、$CaO \cdot SiO_2$ 及 $4CaO \cdot P_2O_5$ 等所组成。

(2) 熔渣是理想溶液，因而对金属和熔渣之间的反应可以应用理想溶液诸定律。

(3) 简单氧化物和复杂化合物之间处于动态化学平衡，例如 $2FeO + SiO_2 = 2FeO \cdot SiO_2$，随温度升高，复杂化合物的离解度增大，也即渣中自由氧化物的浓度增大。

(4) 只有自由氧化物才能参与同金属之间的相互作用,例如熔渣中的自由 FeO 可以参与碳的氧化反应

$$(FeO)+[C]=[Fe]+\{CO\}$$

又如,熔渣中自由的 CaO 可以参与脱硫反应

$$(CaO)+[FeS]=(FeO)+(CaS)$$

然而,$2FeO \cdot SiO_2$、$CaO \cdot SiO_2$ 等则不能参加上述反应,因此向渣中加入 SiO_2 时,由于降低了自由 FeO 和 CaO 的浓度,因而会降低熔渣的氧化能力和脱硫能力。

在实际应用中发现熔渣结构的分子理论存在着许多严重缺陷。

申克认为 CaO 和 SiO_2 是以 $CaO \cdot SiO_2$ 形式结合的,且能部分分解。但根据 CaO-SiO_2 系状态图,$CaO \cdot SiO_2$ 具有平滑的最高点,而 $2CaO \cdot SiO_2$ 则具有奇异点,因而熔渣中存在的可能是后者而不是前者。

熔渣既然是理想溶液,则渣中自由氧化物的活度应该等于其摩尔分数。但在实际计算中往往发现两者并不相等,此时分子论者常假定一些实际上不可能存在的复杂化合物。

以启普曼(Chipman)所做的 FeO 在铁-渣相之间的分配为例

$$(FeO)=[O]+Fe$$

$$\lg L_O=\lg\frac{[O]}{a_{(FeO)}}=-\frac{6320}{T}+2.734 \tag{8-1}$$

式中 $a_{(FeO)}$——渣中 FeO 的活度;

L_O——氧在钢-渣两相之间的分配系数;1600℃的温度下,$L_O=0.23$。

纯铁质渣下 $a_{(FeO)}=1$,金属的氧含量达最大值,即 1600℃时金属中氧的极限溶解度为

$$w[O]_{\% max}=L_O=0.23$$

如果熔渣是理想溶液,则由上式算出的 $a_{(FeO)}$ 应该等于渣中自由 FeO 的摩尔分数 $x_{(FeO)}$。

设有一熔渣,其成分为 $w(CaO)=56\%$,$w(FeO)=24\%$,$w(SiO_2)=20\%$,算得 FeO 的摩尔分数为 0.20;又据实验,1600℃时,与上述熔渣处于平衡的金属含氧量为 0.087,于是

$$a_{(FeO)}=w[O]_{\%}/0.23=0.087/0.23=0.38\neq0.20$$

为解决这一矛盾,分子论者先不得不假定渣中有 $2CaO \cdot SiO_2$,但计算结果 $x_{(FeO)}$ 仍不等于 $a_{(FeO)}$,最后又假定渣中 SiO_2 以 $2CaO \cdot SiO_2$ 存在,算得的 $x_{(FeO)}$ 才近似地等于 $a_{(FeO)}$。可以肯定,在高温下,如此复杂的分子是不可能存在的。

同样,分子论者在探讨渣中反应或异相反应时,如果发现平衡常数不守恒,同样以复杂化合物的生成或分解来加以解释。例如,在研究磷在钢液与熔渣两相之间的平衡时,分子理论甚至假设渣中有 $8CaO \cdot Al_2O_3 \cdot 2SiO_2$ 这样复杂的化合物存在,而这是毫无根据的。

不过,尽管熔渣的分子理论有上述严重的缺点,但因其计算简单和应用方便,所以直到今天,在冶金界特别是在冶炼生产实践中,这种理论仍被广泛地沿用着。

8.2.2 熔渣结构的离子理论

8.2.2.1 离子理论的依据

许多冶金学者根据对组成熔渣的各种物质结构的研究和对熔渣的物理化学性质的研究,认为高温冶金熔渣具有离子结构,其理由是:

(1) 组成熔渣的酸、碱性氧化物在固态都具有离子结构,没有理由设想这样的氧化物在熔融状态反而具有分子结构;

(2) 熔融炉渣可以导电,其比电导值($0.1 \sim 16\ \Omega^{-1} \cdot cm^{-1}$)和典型离子化合物的比电导值(如熔融盐类为 $10^{-1} \sim 10\ \Omega^{-1} \cdot cm^{-1}$)相近而远高于分子组成的液态绝缘体,同时,熔渣的比电导的温度系数为正值;

(3) 熔渣可以电解,例如将 $FeO\text{-}Fe_2O_3\text{-}SiO_2$ 系熔体在1300℃施加1.7~2.0 V的电压时,在阴极上可以得到海绵铁;

(4) 如果用两个成分不同的金属熔体作为电极,以熔渣作为电解质,则熔渣和金属熔体可以形成原电池。

根据上述事实,可以肯定,冶金熔渣中确实存在着带电质点,即具有离子结构。

8.2.2.2 熔渣的离子结构

熔渣的离子理论认为,在熔渣中金属元素大部分都失去自己的价电子而形成简单的阳离子如 Fe^{2+}、Mn^{2+}、Mg^{2+}、Ca^{2+} 等;非金属元素能取得外来的电子而形成简单的阴离子如 O^{2-}、S^{2-}、F^- 等。

除了上述简单离子外,熔渣中还存在着复杂的离子,组成这些复杂离子的核心元素分别是硅、磷、铁等。

A 硅

自然界中硅存在的最普遍的形态是 SiO_2。SiO_2 具有四面体结构,硅原子处于四面体的中心而氧原子则分布在四面体的四个顶点。在此基本结构单位中,Si—O 和 O—O 的键长分别为0.162 nm和0.270 nm。

四面体诸顶点上的每个氧原子皆为两个相邻的四面体所共有,于是得到一个"无限的"三维结构$(SiO_2)_\infty$,这就是 SiO_2 晶体。

在结构上,要想使上述四面体的各个顶点和中心分别由 Me^{2+} 和 SiO_4^{4-} 所代换,每一个 SiO_2 分子必须从熔渣中的碱性氧化物得到两个 O^{2-},这样硅氧离子便可能以单独形式的四面体而存在,即

$$SiO_2 + 2O^{2-} = SiO_4^{4-} \tag{8-2}$$

一切橄榄石型的硅酸盐(即 $2MeO \cdot SiO_2$ 型)均可作为上述类型化合物的例子。在这些化合物中,四面体彼此被 Fe^{2+}、Mn^{2+}、Mg^{2+} 或 Ca^{2+} 等阳离子隔开,每个阳离子享有两邻顶点上的氧,而对于每一 SiO_4^{4-},则具有 $4 \times 1/2 = 2$ 个阳离子。

当降低熔渣中 MeO/SiO_2 的比值时,O^{2-} 的数量不足以形成单独的 SiO_4^{4-},于是便发生了 SiO_4^{4-} 的聚合现象。

在正硅酸盐中 O:Si = 4:1,当向渣中加入 SiO_2 从而使 O:Si 降为3.5:1时,相邻的两个 SiO_4^{4-} 便共用一个 O^{2-}(即公共氧电桥)而结合成 $Si_2O_7^{6-}$,这时,复合阴离子和简单阴离子存在着动态平衡,可以用下列方程表示:

$$2SiO_4^{4-} - O^{2-} = Si_2O_7^{6-} \tag{8-3}$$

$3MeO \cdot 2SiO_2$ 型硅酸盐即属于这种链式结构。

进一步使熔渣中的 O:Si 比降到3:1,SiO_4^{4-} 将聚合成具有环状结构的 $Si_3O_9^{6-}$、$Si_4C_{12}^{8-}$、$Si_6O_{18}^{12-}$ 等,$CaO \cdot SiO_2$ 就具有这种结构,其形成过程可以表示为

$$3Si_2O_7^{6-} - 3O^{2-} = 2Si_3O_9^{6-} \tag{8-4}$$

如果进一步降低渣中的 O:Si 比值,SiO_4^{4-} 还会聚合成更复杂的结构如$(Si_4O_{11}^{6-})n$、$(Si_2O_5^{2-})n$ 等,但这些结构对炼钢常用的碱性渣没有什么实用意义。

总之,SiO_2 在熔渣中具有复杂的多晶结构,其通式可写为 $Si_xO_y^{z-}$。但是构成各种形态的基本结构是相同的,即 SiO_4^{4-} 四面体。另外,随着渣中 O : Si 比值的减小,也就是说随着渣中碱性氧化物浓度的降低,SiO_4^{4-} 会聚合成越来越复杂的阴离子集团。

B 磷

与硅相似,磷与氧也可以形成各种复合阴离子,而且其阴离子的结构也随 O: P 比值的减小而复杂化。

最简单的 PO_4^{3-} 具有四面体的结构,当渣中的碱性氧化物的浓度减小时,将发生阴离子的聚合,例如,可以假定有 $P_2O_7^{4-}$ 和 $P_4O_{12}^{4-}$ 等。

C 铝

铝在碱性熔渣中以复合阴离子存在,但对其结构存在着不同的看法。

最简单的铝氧阴离子是 AlO_2^-,但是也有人认为最简单的铝氧阴离子应该是 AlO_3^{3-}。如果 $\sum O^{2-}$ 的数量一定,增大 Al_2O_3 浓度并降低 SiO_2 的浓度,就会出现复合阴离子 $Al_2SiO_7^{4-}$;相反的,如果熔渣中 SiO_2 : Al_2O_3 的比值很高,则由于大量 O^{2-} 被硅所据有,而且 Al_2O_3 具有畸性,会生成简单的 Al^{3+} 离子,其反应可用下式表示:

$$2Al_2SiO_7^{4-} + 3SiO_2 = 4Al^{3+} + 5SiO_4^{4-} \tag{8-5}$$

D 铁

Fe_2O_3 和 Al_2O_3 一样,属于两性化合物,在酸性很强的熔渣中会生成 Fe^{3+},而在碱性熔渣中则会形成 FeO_2^- 或者 $Fe_2O_4^{2-}$。还有人认为可能生成复合阴离子 $Fe_2O_5^{4-}$ 和 FeO_3^{3-} 等。

E 硫

硫在熔渣中除了生成简单阴离子 S^{2-} 外,有人在熔渣中发现了 SO_4^{2-} 的存在。

8.2.2.3 熔渣的完全离子理论要点如下

(1) 熔渣是由 Ca^{2+}、Mg^{2+}、Mn^{2+}、Fe^{2+} 等阳离子和简单的阴离子 O^{2-}、S^{2-}、F^- 及复杂阴离子 SiO_4^{4-}、PO_4^{3-} 等所组成,无中性分子存在;

(2) 熔渣中每个离子周围都是异电性的离子,也即异电性的离子均匀地相间排布;

(3) 等电荷离子在与附近离子的相互作用上是完全等价的,即熔渣所含的 Ca^{2+}、Mg^{2+}、Mn^{2+}、Fe^{2+} 等在与 O^{2-} 的相互作用上是完全等价的,O^{2-} 的周围可以有 Fe^{2+},也可以有 Ca^{2+} 等;

(4) 熔渣和金属间的反应是以电化学反应的形式进行的,如在炼钢过程中存在下列反应:$(Fe^{2+}) + 2e = [Fe]$、$(O^{2-}) = [O] + 2e$、$(S^{2-}) = [S] + 2e$。

8.2.2.4 完全离子理论存在的问题

根据近年来的研究,冶金学家发现,冶金熔渣中的确有分子存在,而并非完全由离子组成;而且,由于各种离子的半径不同,等电荷离子与附近离子的相互作用不可能是等价的。有关实验也表明,上述完全离子溶液的概念仅对 SiO_2 的含量低于 10% 的高碱度渣才是适用的。

(1) 等电荷离子与附近离子的相互作用不可能是等价的。理论研究认为,阴离子与阳离子之间的静电引力可用下式表示:

$$I = \frac{2z^+}{a^2} \tag{8-6}$$

式中 a ——阴、阳离子半径之和,nm;

z^+——阳离子的价数。

可见,等电荷的不同离子因其半径不同对与之邻近的离子间的相互作用力是不等的,半径越大,作用力越小。各种离子的半径值如表8-2所示,二价阳离子中 Ca^{2+} 的半径最大,Fe^{2+} 的半径最小;阴离子中 O^{2-} 的半径最小,复合阴离子的半径较大。

表 8-2　熔渣内各种离子的半径

阳离子半径/nm		阴离子半径/nm	
Ca^{2+}	0.106		
Na^{2+}	0.098	O^{2-}	0.132
Mn^{2+}	0.080(0.091)	S^{2-}	0.184(0.174)
Mg^{2+}	0.078	F^-	0.133(0.136)
Fe^{2+}	0.075(0.083)	SiO_4^{4-}	0.279
Fe^{3+}	0.067	PO_4^{3-}	0.276
Al^{3+}	0.057	OH^-	0.132
Si^{4+}	0.039		

注:括号内数据为其他资料来源。

(2) 实际熔渣中各离子不会均匀排列。由于各种离子与之附近离子的作用力不等价,势必会出现相互作用力比较大的阴、阳离子如 Fe^{2+} 和 O^{2-} 相互靠近,组成自己的集团;同时,又迫使相互作用力比较小的离子如 Ca^{2+} 和 SiO_4^{4-} 组成另外的集团。据此,高温冶金炉渣应该是微观上不均匀的电解质溶液。

(3) 熔渣中可能存在着分子。例如,$CaO\text{-}FeO\text{-}SiO_2$ 系熔体1400℃时,在电场作用下,没有 Ca^{2+} 和 SiO_4^{4-} 的迁移现象,这说明渣中的 $2CaO \cdot SiO_2$ 分子没有离解。

除上述完全离子理论外,还有许多这方面的理论,它们在作热力学的数学处理时,假定的前提有所不同,但共同点则是熔渣完全由离子组成。

8.2.3　分子-离子共存理论

由于熔渣结构的分子理论和离子理论在使用中都会碰到这样或那样的问题,前苏联的丘依科教授提出了关于熔渣结构的第三种理论:分子-离子共存理论。

8.2.3.1　理论依据

(1) 渣中的复杂阴离子 SiO_4^{4-}、PO_4^{3-} 等具有不稳定性。按照离子理论,Fe_2SiO_4 应该按下式分解:

$$Fe_2SiO_4 = 2Fe^{2+} + SiO_4^{4-}$$

故渣中应不含有 O^{2-},而钢液中也将不会有[O]存在。但是根据实验,在1600℃的温度下,与 Fe_2SiO_4 相平衡的铁液中含有0.15%的氧,由此

$$a_{(FeO)} = w[O]_{\%}/L_O = 0.15/0.23 = 0.65$$

又据实验,在为 SiO_2 所饱和的酸性渣中,按照离子理论渣中所有的氧都已结合成硅氧复合阴离子,但在1600℃的温度下,与之平衡的铁液中也含有0.09%的氧,即

$$a_{(FeO)} = 0.09/0.23 = 0.391$$

丘依科认为,这是因为 SiO_4^{4-} 和 $(SiO_3)_n^{2n-1}$ 等复合阴离子在 $FeO\text{-}SiO_2$ 熔体中不稳定,因而按下式分解:

$$Fe_2SiO_4 = 2Fe^{2+} + 2O^{2-} + SiO_2$$

另外，丘依科在研究磷在两相间的分配时，发现只有假定 $Fe_3(PO_4)_2$ 按照下式

$$Fe_3(PO_4)_2 = 3Fe^{2+} + 3O^{2-} + P_2O_5$$

分解时，才能得到与熔渣成分无关的平衡常数($K = 0.6$)。

可见，复杂阴离子 SiO_4^{4-}、SiO_3^{2-}、$(SiO_3)_n^{2n-1}$、PO_4^{3-} 等都是不稳定的，它们可以分解为 SiO_2、P_2O_5 和 O^{2-}。

(2) 熔渣导电性的研究。实验发现，碱金属和碱土金属的氧化物熔体能够很好地导电，反之，SiO_2、Al_2O_3 和 SiO_2-Al_2O_3 等熔体实际上并不导电或者导电能力很低。这说明并非所有熔渣都可以作为电解质溶液来看待。

8.2.3.2 分子-离子共存理论要点

丘依科对于熔渣结构的看法可归纳为如下几点：

(1) 在熔渣的组成中，以离子键结合的碱金属和碱土金属的氧化物、硫化物和氟化物在熔化时会离解为 Me^{2+} 和 O^{2-}、S^{2-} 和 F^-；靠共价键相结合的酸性氧化物 SiO_2、P_2O_5 和两性氧化物 Al_2O_3 则以分子存在；以混合键结合的盐类，其离子键部分可能离解，而共价键部分将保留：

$$FeO = Fe^{2+} + O^{2-}$$

$$MnO = Mn^{2+} + O^{2-}$$

$$MgO = Mg^{2+} + O^{2-}$$

$$CaO = Ca^{2+} + O^{2-}$$

$$CaS = Ca^{2+} + S^{2-}$$

$$CaF_2 = Ca^{2+} + 2F^-$$

$$2CaO \cdot SiO_2 = 2Ca^{2+} + 2O^{2-} + SiO_2$$

(2) 分子与离子之间存在着动态平衡即熔渣中同时还存在着下列反应

$$2Ca^{2+} + 2O^{2-} + SiO_2 = Ca_2SiO_4$$

(3) 熔渣内的反应服从质量作用定律。

8.3 熔渣相图

通过实验的方法，把炉渣的组成和熔点的关系用图形表示出来，这种图形称作炉渣的状态图，也叫炉渣相图。由两个组元组成的系统叫作二元系，二元系的熔点和组成的关系图叫作二元相图。此外还有三元相图和四元相图。

和合金相图一样，在熔渣的二元相图中，有生成共晶的相图，有生成稳定化合物和不稳定化合物的相图，有液态和固态都能完全互溶的相图，也有在液态部分互溶的相图。

熔渣是多元系统，至少由 8 种以上的氧化物组成，如此复杂的系统目前尚无法用相图来表示。但在酸性渣中，$w(SiO_2 + FeO + MnO) = 90\% \sim 95\%$，所以用 FeO-MnO-$SiO_2$ 三元相图大致可以描述酸性渣。碱性渣中最主要的成分是 CaO、FeO 和 SiO_2。其中 CaO 是最重要的碱性氧化物，FeO 是进行氧化反应的主要成分，因此用 CaO-FeO-SiO_2 三元相图便可大致地描述碱性渣。

8.3.1 炼钢中的主要二元系相图

8.3.1.1 CaO-SiO_2 系相图

CaO-SiO_2 系相图如图 8-1 所示，由图可见：

（1）纯 CaO 的熔点为2570℃，纯 SiO_2 的熔点为1728℃，两者均很高。但只要两者的比例适当，体系的熔点则很低，在炼钢温度下仍可呈液态存在，最低可达1436℃。这说明在碱性渣中增加 SiO_2 时，能降低炉渣的熔点，或熔渣中的 SiO_2 具有熔化石灰的作用。

另外，MgO-SiO_2 二元系相图与 CaO-SiO_2 系相图类似，其最低熔点为1543℃，这表明熔渣中的 SiO_2 对目前采用的镁质碱性炉衬具有较强的侵蚀作用。

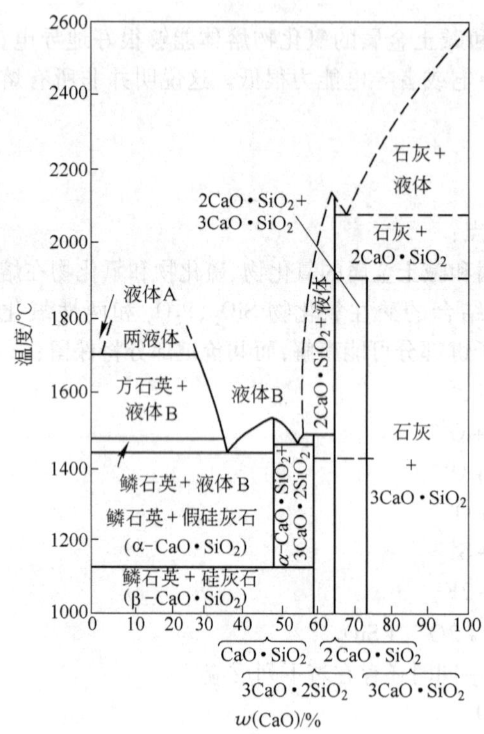

图8-1　CaO-SiO_2 二元系相图

（2）CaO-SiO_2 系中存在着四个化合物，即硅酸三钙 3CaO · SiO_2，岩相分析上简写为 C_3S；二硅酸三钙 3CaO · $2SiO_2$，简写为 C_3S_2；偏硅酸钙 CaO · SiO_2，简写为 CS；正硅酸钙 2CaO · SiO_2，简写为 C_2S。其中 C_3S 和 C_3S_2 不稳定，分别在1900℃和1478℃时分解；CS 及 C_2S 为稳定化合物，分别在1540℃和2130℃时熔化，两者可能存在于液态渣中，比较而言，后者更稳定些。由于 C_2S 的熔点高达2130℃，炼钢过程中若大量析出，会使炉渣的黏度急剧增加。

（3）通过 CS 和 C_2S 两个稳定化合物，可以把 CaO-SiO_2 系相图分成三个区域，每个区域可以看成小的准二元系，它们是：SiO_2-CS 系，CS-C_2S 系和 C_2S-CaO 系。每个准二元系都有一个低熔点共晶，它们的熔点分别是：1436℃、1460℃和2050℃。

（4）2CaO · SiO_2 冷却到675℃时将发生从 β 到 γ 的晶型转变，在转变过程中体积约膨胀12%。这是电炉白渣在冷却时自动粉化的原因。

8.3.1.2　CaO-Al_2O_3 系相图

CaO、Al_2O_3 是炉外精炼渣的主要成分，CaO-Al_2O_3 系相图如图8-2所示。由图可见：

（1）纯 CaO 的熔点为2570℃，纯 Al_2O_3 的熔点为2050℃，均很高。但是 Al_2O_3 这一两性氧化物在此显酸性，可与碱性的 CaO 结合生成5种较低熔点化合物，即 C_3A（1535℃分解）、$C_{12}A_7$（1455℃熔化）、CA（1600℃熔化）、CA_2（1750℃熔化）和 CA_6（1850℃熔化）。

（2）系统内熔点低于1500℃的成分范围是很窄的，所以人为合成精炼渣时的选用范围是 $w(CaO)=56\%\sim57\%$，$w(Al_2O_3)=43\%\sim44\%$，熔点为1525～1530℃。

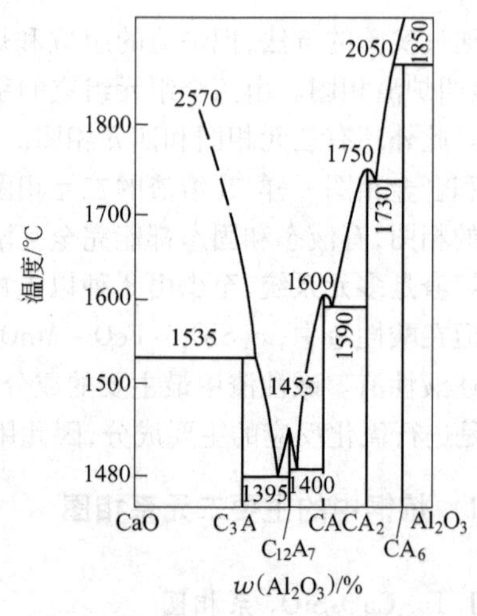

图8-2　CaO-Al_2O_3 二元系相图

（3）从相图中还可看出，增加系统中的 Al_2O_3 量可使熔点显著下降，在1540℃便可出现液相，因此，在碱性渣中加入适量的 Al_2O_3 可以提高熔渣的流动性；但是，对于白云石耐火材料来说，Al_2O_3 是有害的组分，它会显著地降低耐火材料的高温强度。

8.3.1.3 CaO-CaF_2 系相图

CaO-CaF_2 系相图如图8-3所示。

图8-3是一个简单的二元共晶相图，CaF_2 本身熔点很低，仅1386℃；而且与CaO相作用可以使CaO熔点显著下降，达到一定含量时形成共晶，熔点仅为1362℃。这说明 CaF_2 有极强的化渣作用。

另外，FeO-C_2S 二元系相图与图8-3类似，共晶产物是CaO · FeO · SiO_2，熔点为1250℃，说明FeO可消除或防止产生 C_2S。

8.3.1.4 FeO-MgO 系相图

FeO-MgO二元系相图如图8-4所示。本系属于液、固相均完全互溶的相图。固溶体的熔点随FeO含量的增加而明显下降。这一现象表明渣中的FeO对目前使用的MgO质炉衬具有很强的侵蚀作用。

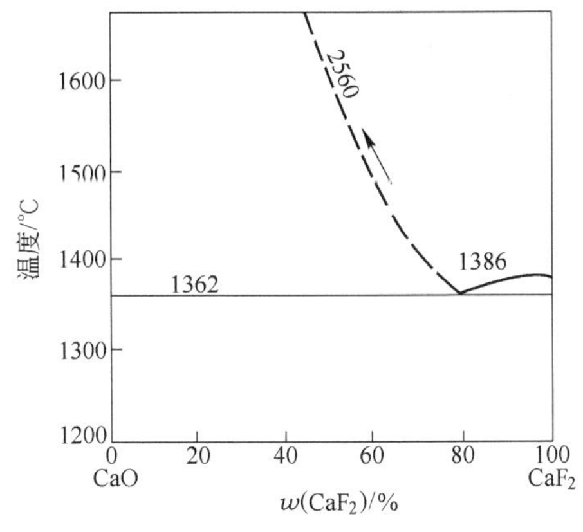

图8-3 CaO-CaF_2 二元系相图

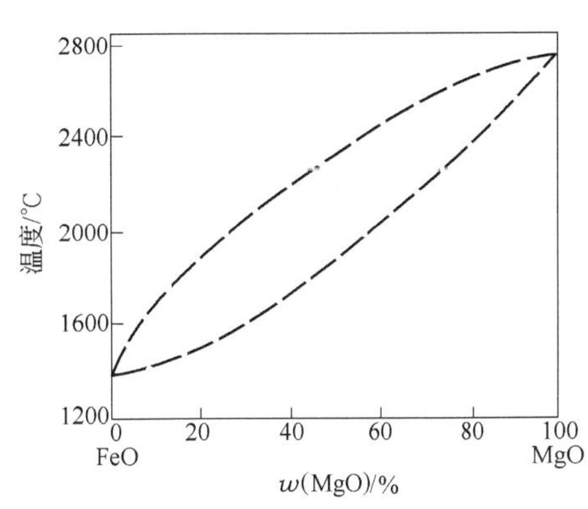

图8-4 FeO-MgO二元系相图

8.3.2 三元系熔渣相图

完整的熔渣三元相图用等边三角形来表示，各边等分为100份。三角形的三个顶点分别代表三个纯组元，每个边代表二元系组成。三角形内任何一点的组成，可以通过该点分别做三个边的平行线，再由三条直线和三个边的交点位置加以确定。

由于相图只能画在平面上，所以三元相图中用等温线投影表示液相面的形态和趋向。所谓等温线是指线上不同组成的炉渣均具有相同的熔化温度。

目前实际炼钢炉渣即碱性氧化渣，可以近似用CaO-FeO-SiO_2 三元系相图代替。CaO是渣中碱性氧化物的代表（碱性最强且数量最多），SiO_2 是渣中酸性氧化物的代表（酸性最强且数量最多），而且两者的比值为碱度——描述炉渣酸碱性的指标；FeO则可以表示炉渣氧化性的强弱。CaO-FeO-SiO_2 三元系相图如图8-5所示。

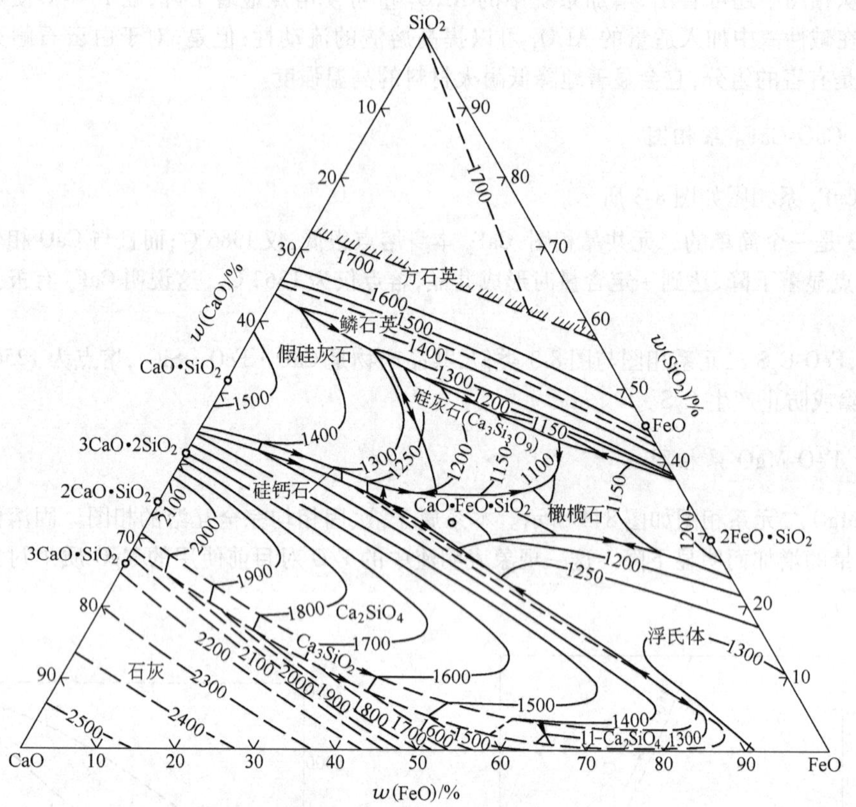

图 8-5　$CaO-FeO-SiO_2$ 系相图

该相图中有一个稳定的三元化合物即 $CaO \cdot FeO \cdot SiO_2$，其熔点为 1250℃；有三个稳定的二元化合物即 $2CaO \cdot SiO_2$、$CaO \cdot SiO_2$ 和 $2FeO \cdot SiO_2$。围绕该三个二元化合物形成了三个明显的液相面，其形态与走向由其等温线显示出来。图中 $2CaO \cdot SiO_2$ 及 $CaO \cdot SiO_2$ 液相面的温度，随着 FeO 浓度的增大可分别降低到1300℃和1100℃。这是由于$2CaO \cdot SiO_2$ 能与 FeO、$CaO \cdot SiO_2$、$2FeO \cdot SiO_2$ 形成低熔点的共晶体 $CaO \cdot FeO \cdot SiO_2$。因此 FeO 具有降低炉渣熔点的作用。

在相图的右下方存在着低等温线的区域，这说明 CaO 的熔点固然高达 2570℃，但当其与 FeO、SiO_2 等氧化物形成适当成分的熔渣后，熔点会大大降低，在炼钢温度下呈液态存在。正因为这样，氧气顶吹转炉的终渣成分常选在这个区域内。

8.4　熔渣的化学性质

前已述及，炼钢熔渣主要是由氧化物组成的，还有少量的硫化物、氟化物等，因而熔渣的化学性质就取决于其中主要氧化物的性质和含量。就熔渣的化学性质而言，对炼钢过程有意义的主要是碱度、氧化性、还原性和透气性。

8.4.1　熔渣的碱度

碱度是判断熔渣的酸碱性及其强弱的指标。去磷、去硫以及防止金属液吸收气体等，都和熔渣的碱度有关，同时碱度的高低还决定着熔渣中许多组元的活度。因此，碱度是影响渣、钢反应的重要因素。

组成熔渣的氧化物按其化学性质来划分，可以分为碱性氧化物、双性氧化物和酸性氧化物三类。一般情况下，碱性氧化物将其组成中的 O^{2-} 提供给酸性氧化物；而双性氧化物则根据情况不同，既可表现出酸性也可表现出碱性，在目前常用的碱性渣中它通常显酸性。

按照结合强度，炼钢渣中的酸性氧化物按酸性由弱而强的顺序依次为：Fe_2O_3、Al_2O_3、P_2O_5 和 SiO_2。而碱性氧化物按照碱性由弱而强的顺序依次为：FeO、MnO、MgO、CaO。

熔渣的碱度通常用 B 来表示。

理论上，熔渣的碱度应该是碱性组元量之总和与酸性组元量总和之比。即：

$$B=\frac{w(CaO)+w(MgO)+w(MnO)+w(FeO)}{w(SiO_2)+w(P_2O_5)+w(Al_2O_3)+w(Fe_2O_3)}$$

这种表示方法比较麻烦，又未考虑到各种酸、碱性氧化物的强弱并不相同，故实际生产中不采用。

8.4.1.1 分子论的表示方法

按照熔渣结构的分子理论，常用的熔渣碱度的表示方法有如下几种：

（1）炉料中含磷较低（铁水含磷 $w[P]<0.3\%$）时，用碱性最强的 CaO 和酸性最强的 SiO_2 的质量百分比表示：

$$B=\frac{w(CaO)}{w(SiO_2)} \tag{8-7}$$

而且 $B<1$ 时为酸性渣，$B=1$ 时为中性渣，$B>1$ 时为碱性渣。

本法计算简单，又基本上表明了炉渣的化学特性，故得到普遍应用。

（2）当炉料中含磷较高时，考虑到渣中 P_2O_5 与 CaO 结合成稳定的 $3CaO\cdot P_2O_5$，要消耗部分 CaO，故应用下式表示：

$$B=\frac{w(CaO)-1.18w(P_2O_5)}{w(SiO_2)} \tag{8-8}$$

式中，$1.18=3CaO/P_2O_5=3\times56\div144$。

有时为简便起见，也可采用下式：

$$B=\frac{w(CaO)}{w(SiO_2)+w(P_2O_5)} \tag{8-9}$$

（3）加白云石造渣，渣中 MgO 较高时：

$$B=\frac{w(CaO)+w(MgO)}{w(SiO_2)} \tag{8-10}$$

（4）在理论研究工作中，常采用摩尔分数比或 100 g 熔渣中的物质的量之比来表示碱度：

$$B=\frac{x_{CaO}}{x_{SiO_2}};B=\frac{x_{CaO}+x_{MgO}}{x_{SiO_2}};B=\frac{x_{CaO}-4x_{P_2O_5}}{x_{SiO_2}};B=\frac{n_{CaO}}{n_{SiO_2}};B=\frac{n_{CaO}+n_{MgO}}{n_{SiO_2}} \tag{8-11}$$

8.4.1.2 离子论的表示方法

从熔渣结构的离子理论出发，熔渣碱度应该认为是渣中自由氧离子的浓度。在酸性渣中这一浓度几乎等于零，但在碱性渣中，这一数值则很高。

当向渣中加入酸性氧化物时，

$$SiO_2+2O^{2-}=SiO_4^{4-}$$
$$Al_2O_3+3O^{2-}=2AlO_3^{3-}$$
$$Fe_2O_3+3O^{2-}=2FeO_3^{3-}$$

$$P_2O_5 + 3O^{2-} = 2PO_4^{3-}$$

因此，$w(SiO_2)+w(Al_2O_3)+w(P_2O_5)$的总值越小，渣中自由$O^{2-}$的浓度越大，熔渣的碱度值也越高。

熔渣碱度还决定于渣中阳离子的种类，当$(Ca^{2+})/(Fe^{2+})$的比值增大时，由于O^{2-}与熔渣的键能减小，$\gamma_{O^{2-}}$和$a_{O^{2-}}$的数值增大，故熔渣的碱度值也增大。

如果熔渣为理想溶液，则碱度

$$B = x_{CaO} + x_{MgO} + x_{MnO} + x_{FeO} - 2x_{SiO_2} - 3x_{Al_2O_3} - 3x_{Fe_2O_3} - 3x_{P_2O_5} \tag{8-12}$$

所有熔渣中的$w(SiO_2)+w(Al_2O_3)+w(P_2O_5)$都超过15%，故不应当做理想溶液来处理。

8.4.2 熔渣的氧化性

炼钢生产中，熔渣的氧化性是指熔渣向金属相供氧的能力，也可以认为是熔渣氧化金属熔池中杂质元素的能力。

8.4.2.1 熔渣氧化性表示方法

按照分子理论，由于FeO在钢液与炉渣两相之间的溶解服从分配定律，因此应用渣中氧化铁（FeO和Fe_2O_3）含量的多少来表示熔渣的氧化性。氧化铁含量越高，炉渣的氧化性越强。在炼钢过程中，通常通过向炉内加铁矿或氧化铁皮的方法，增加或减少熔渣的氧化铁的含量，以提高熔渣的氧化性。

把渣中的Fe_2O_3，折算成FeO有两种方法：

A 全氧法

$$w(\sum FeO) = w(FeO) + 1.35w(Fe_2O_3) \tag{8-13}$$

式中的$1.35 = 3 \times 72/160$，表示Fe_2O_3以其中的氧为基准转化为FeO，1 mol的Fe_2O_3可以生成3 mol的FeO。

B 全铁法

$$w(\sum FeO) = w(FeO) + 0.9w(Fe_2O_3) \tag{8-14}$$

式中，$0.9 = 2 \times 72/160$，表示Fe_2O_3以其中的铁为基准转化为FeO，1 mol的Fe_2O_3可以生成2 mol的FeO。

目前采用TFe表示熔渣氧化能力的比较普遍：

$$TFe = 0.78w(FeO) + 0.7w(Fe_2O_3)$$

式中，$0.78 = 56/72$，表示1 mol的FeO中含0.78 mol的Fe；$0.70 = 2 \times 56/160$，表示1 mol的Fe_2O_3中含0.7 mol的Fe。

理论研究中，有时也采用氧化铁的摩尔分数来表示熔渣的氧化能力，如

$$x_{(FeO)} \text{或} x_{(\sum FeO)} = x_{(FeO)} + 3x_{(Fe_2O_3)}$$

按照熔渣结构的离子理论，应该用$x_{O^{2-}} \cdot x_{Fe^{2+}}$来表示熔渣的氧化性。因为各种离子都有部分地进入金属的趋势，其趋向的强弱取决于离子和两相作用能之差与温度。O^{2-}和金属间的作用能很大，因而会发生：

$$(O^{2-}) - 2e = [O]$$

O^{2-}向金属相转移的结果，使两相的电中性遭到破坏，熔渣带正电而金属带负电，过剩电荷集中到相界面上，使相界面上出现了双电层，从而阻止O^{2-}的继续转移。

要想使O^{2-}继续向金属相中转移，必须消除相界面上的双电层，这一过程可以在如下情况下实现：

$$(Me^{2+}) + 2e = [Me]$$

比较而言 Fe^{2+} 的电正性最强,故实现上述转移的趋势最大,于是有

$$(Fe^{2+}) + 2e = [Fe]$$

因此 O^{2-} 转移的总过程应表示为

$$(Fe^{2+}) + (O^{2-}) = [Fe] + [O]$$

可见,熔渣的氧化能力不仅取决于渣中 O^{2-} 的浓度,也取决于 Fe^{2+} 的浓度,故熔渣的氧化能力应该用 $x_{O^{2-}} \cdot x_{Fe^{2+}}$ 来量度。

8.4.2.2 影响熔渣氧化性的因素

实际上,熔渣并非理想溶液,其氧化性与其化学成分,特别是碱度有关,所以应该用相应的活度 $a_{(FeO)}$ 或 $a_{Fe^{2+}} \cdot a_{O^{2-}}$ 来表示。

已知反应

$$(FeO) = [O] + Fe$$

平衡时

$$\lg L_O = \lg \frac{w[O]}{a_{(FeO)}} = -\frac{6320}{T} + 2.734$$

由上式可见,测出定温下某熔渣下的 $w[O]_{\%}$,便可算出 $a_{(FeO)}$。

图 8-6a 为 $CaO\text{-}FeO\text{-}SiO_2$ 三元系等活度图,它是大量热力学计算的成果,图中表明了渣中 CaO 和 SiO_2 对熔渣氧化铁活度的影响。炼钢使用的碱性氧化渣的活度可近似地由该图查出。

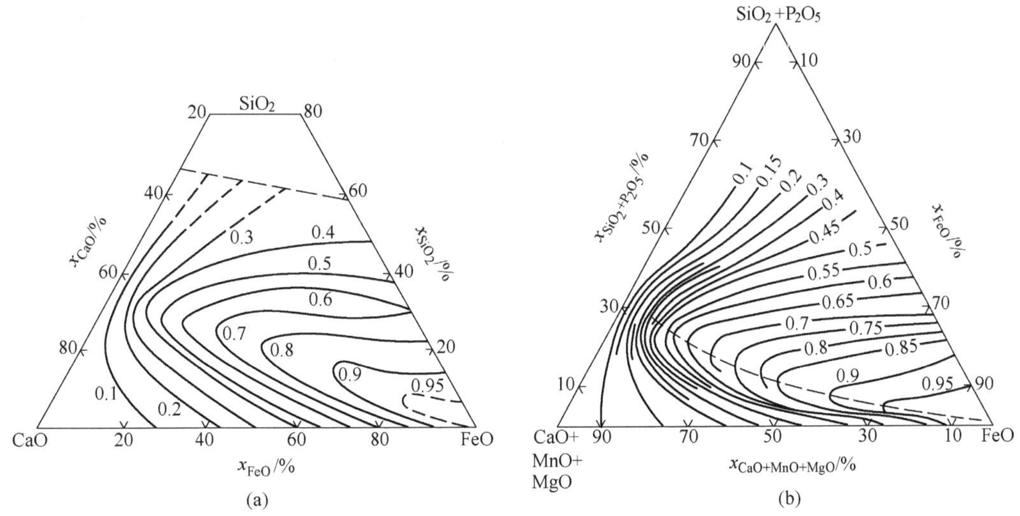

图 8-6 在三元渣系和多元渣系中氧化铁的活度

(a) $w(CaO) + w(SiO_2) + w(FeO)$ 三元渣系;

(b) $[w(CaO) + w(MnO) + w(MgO)] + [w(SiO_2) + w(P_2O_5)] + w(FeO)$ 多元渣系

(曲线旁数字表示 FeO 的活度)

由图 8-6a 可见,各条活度曲线都有一个转折点,联结各转折点可以得到一条近似直线,该直线所代表的熔渣碱度约为 $w(CaO)/w(SiO_2) = 1.87$,也就是说,在一定的 $w(FeO)$ 含量下,当碱度约为 1.87 时,$a_{(FeO)}$ 达到峰值。进一步提高或者降低熔渣碱度都会使 $a_{(FeO)}$ 有所下降。

按照熔渣结构的分子理论,发生上述现象的原因是:当渣中 SiO_2 的含量多时由于生成大量

$2FeO \cdot SiO_2$ 使自由 FeO 的分子减少，因而使 $a_{(FeO)}$ 值减小，而当 CaO 的含量过高时，则因生成 $2CaO \cdot Fe_2O_3$，阻碍了反应 $(Fe_2O_3)+[Fe]=3(FeO)$ 的发展。

按照熔渣结构的离子理论，渣中氧化铁的活度可表示为

$$a_{Fe^{2+}} \cdot a_{O^{2-}} = \gamma_{Fe^{2+}} \cdot x_{Fe^{2+}} \cdot \gamma_{O^{2-}} \cdot x_{O^{2-}} \tag{8-15}$$

当向渣中加入 SiO_2 时，由于生成 SiO_4^{4-} 而使 $x_{O^{2-}}$ 减少，同时由于 $x_{O^{2-}}$ 的减少会使 Fe^{2+} 所受的键能减弱，因而 $\gamma_{Fe^{2+}}$ 增大。这样，随着熔渣中 SiO_2 浓度的由小而大，必然有一个最适宜的 (SiO_2) 的浓度，此时出现峰值。

当增大熔渣中 CaO 的浓度时，一方面由于 $x_{Ca^{2+}}$ 的增大而使 $\gamma_{O^{2-}}$ 增大（键能 Ca^{2+}-O^{2-} < 键能 Fe^{2+}-O^{2-}），但另一方面，Ca^{2+} 浓度增大时又会降低 Fe^{2+} 的浓度 $x_{Fe^{2+}}$，所以，也必然存在着一个最有利于氧化过程的 $w(CaO)/w(FeO)$ 的浓度比值。

多元渣系的等活度 $a_{(FeO)}$ 曲线见图 8-6(b)，其基本走向与 CaO-FeO-SiO_2 三元系的情况相似。

综上所述，炼钢中造氧化渣时应将碱度控制在 $B \geqslant 1.87$ 的水平上。

以上叙述了 $a_{(FeO)}$ 与 $w(\sum FeO)$ 及碱度的关系。由于氧的分配系数 L_O 决定于温度，而金属中实际氧含量在冶炼的大部分时间里由钢中含碳量 $w[C]$ 所控制，所以，可以认为熔渣的氧化能力 $\Delta[\%O]$ 与碱度 B、$w[C]_{\%}$ 和温度 t 之间存在着复杂的函数关系，即

$$\Delta w[O]_{\%} = f\{w\sum(FeO), B, w[C]_{\%}, t\}$$

8.4.3 熔渣的还原性

与氧化性相反，熔渣的还原性是指熔渣从钢液中夺取氧的能力，氧化铁含量越低，则炉渣的还原性越强。在碱性电弧炉还原期操作中，通过向渣面撒粉状还原剂的方法降低炉渣氧化铁的含量，以增加炉渣的还原性。

研究表明，在平衡条件下熔渣的还原能力即还原性主要决定于渣中氧化铁的含量和碱度。1600℃时熔渣碱度和 $w(FeO)$ 与钢液中 $w[O]$ 含量的关系见图 8-7。图中曲线印证了上面谈到过的事实，即当渣中 $w(FeO)$ 一定时，碱度为 1.87 时钢中 $w[O]$ 最高。碱度大于 1.87 时，$w[O]$ 随碱度提高而降低。不过，当碱度大于 3.5 时影响就不明显了。

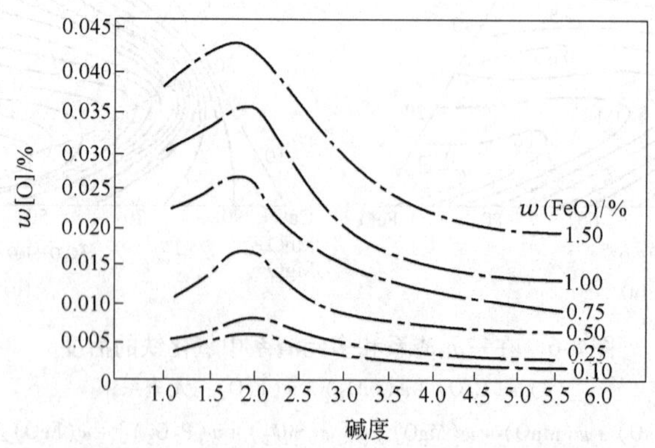

图 8-7 1600℃时熔渣碱度和 $w(FeO)$ 与钢液中 $w[O]$ 含量的关系

当熔渣碱度相同时，$w(FeO)$ 越低，则 $w[O]$ 越少。例如，在碱度为 3 的条件下，$w(FeO)$ 为 5% 时，$w[O]$ 为 0.009%，而当 $w(FeO)$ 降到 0.25% 时，$w[O]$ 仅为 0.005%。在电弧炉还原期和炉外精炼用渣常把 $w(\sum FeO)$ 降到 0.5% 以下，碱度控制在 3.5～4.0 的范围内。

8.4.4 熔渣的透气性

熔渣覆盖在钢液上对其有一定的保护作用，但并不能使钢液完全与空气隔绝。因为气体在熔渣中有一定的溶解度，使得气体经熔渣进入钢液成为可能。

气体经熔渣进入钢液的能力称熔渣的透气性，也叫透气度。

8.4.4.1 气体在渣中的溶解与传递

A 氮在渣中的溶解与传递

氮在氧化渣中可能以 N^{3-} 离子形式存在，其由气相经熔渣而转入金属的溶解过程，大致按如下步骤进行：

在渣-气界面上：

$$\{N_2\} + 6(Fe^{2+}) + 8(O^{2-}) = 2(N^{3-}) + 2(Fe^{3+}) + 4(FeO^{2-}) \tag{8-16}$$

在钢-渣界面上：

$$(N^{3-}) + (Fe^{3+}) = [Fe] + [N] \tag{8-17}$$

氮在碱性氧化渣溶解度为0.007% ~0.008%

在渣中存在碳的情况下（电炉电石渣），氮在渣中比较稳定存在的形式是（CN^-）离子，其溶解过程为：

$$\{N_2\} + 3Cs + (O^{2-}) = 2(CN^-) + \{CO\} \tag{8-18}$$

$$\{N_2\} + 2(C^{2-}) = 2(CN^-) \tag{8-19}$$

氮在电炉电石渣中的溶解度不大于0.3%。

可见，氮在氧化渣中的溶解能力不大，但在电石渣中的溶解度却很大。通常金属中含氮量比起渣中含量要高很多，这说明氮在渣和金属间的分配系数不大。

B 氢在渣中的溶解与传递

氢在炼钢渣中一般认为以 OH^- 形式存在，其由炉气（主要是水蒸气）经熔渣进入金属的，大致过程如下：

在气-渣界面

$$H_2O_g + (O^{2-}) = 2(OH^-) \tag{8-20}$$

（OH^-）离子从渣-气接触界面向钢-渣界面上的传质；

在钢-渣界面上氢由熔渣传至金属：

$$(Fe^{2+}) + 2(OH^-) = [Fe] + 2[O] + 2[H] \tag{8-21}$$

或者

$$[Fe] + 2(OH^-) = (Fe^{2+}) + 2(O^{2-}) + 2[H] \tag{8-22}$$

在没有 Fe^{2+} 参加的情况下则为：

$$2(OH^-) = (O^{2-}) + [O] + 2[H] \tag{8-23}$$

应该指出，若与渣面接触的不是水蒸气而是氢气，则氢在渣中的溶解过程如下：

$$2(FeO^{2-}) + 2H_{2g} = [Fe] + (Fe^{2+}) + 4(OH^-) \tag{8-24}$$

按照 B. H. 雅沃依斯基所测定的数据，炼钢过程中酸性渣氢含量约为10 ~20 cm^3/100 g 渣，而在氧气转炉渣中氢含量则为25 ~45 cm^3/100 g 渣。

一般认为碱性渣的分配系数 $L_H = (H)/[H]$ 比酸性渣大些。

8.4.4.2 影响熔渣透气性的因素

熔渣的透气性取决于多方面的因素，诸如渣中的溶解度、温度、黏度、渣层厚度、熔池的沸腾强度等。

（1）气体在渣中的溶解度。气体在渣中的溶解度越大，其透气性越好。比如，电石渣的透氮能力较大，而氧化渣的透氢性较好。

（2）影响传递过程的因素。例如，按式 8-23，降低氧的活度则能促进氢的传递。

（3）黏度。熔渣黏度增大，会使气体传递的阻力增加，透气能力降低。

（4）温度。提高温度不仅可以降低炉渣的黏度，同时能增大传递质点的能量，可加速气体的传递过程。

（5）熔池的沸腾强度。熔池的沸腾强度对气体的传递也有重要影响。脱碳速度增大，一方面通过由熔池排出的 CO 气泡带出氢或氮的速度增加；但另一方面由于熔池强烈搅拌使金属液面裸露，或者使金属液滴飞溅至渣和气相中，从而加速了金属的吸气过程。因此必然存在一个脱气效果最好的“临界脱碳速度”。

（6）渣层厚度。其他条件相同时，渣层太薄时会加速钢液吸气。

8.5　熔渣的物理性质

熔渣的物理性质主要包括黏度、密度、表面张力、扩散系数及导电性和导热性等。研究的目的在于了解它们对炼钢过程的影响及自身的影响因素，为炉内的冶金反应提供最佳的条件。

8.5.1　熔渣的黏度

前已述及，液体的黏度代表其内部相对运动时各液层之间的内摩擦力，它反映了液体内部质点间的距离、作用力的大小及质点从一个平衡位置移向另一个平衡位置的难易程度。这一性质不仅关系着熔池中的传热和传质，因而影响着反应速度、金属损失和炉衬寿命，而且通过对熔渣黏度的研究，还有助于对熔渣结构的了解。

表 8-3 列出了常温下某些物质的黏度和炼钢温度下钢、渣的黏度值。

表 8-3　一些物质的黏度

物　质	温度/℃	黏度/Pa · s	物　质	温度/℃	黏度/Pa · s
水	25	0.00089	生铁液	1425	0.0015
松节油	25	0.0016	钢　液	1595	<0.0025
轻机器油	25	0.080	稀　渣	1595	0.002
甘　油	25	0.5	正常渣	1595	0.02 ~ 0.10
蓖麻籽油	25	0.8	稠　渣	1595	>0.2

合适的熔渣黏度在 0.02 ~ 0.10 Pa · s 之间，相当于轻机油的黏度。钢液的黏度在 0.0025 Pa · s 左右，相当于松节油的黏度。熔渣黏度比钢液黏度大 10 倍左右。

影响熔渣黏度的因素主要有固相质点、组成和温度。

A　渣中固相质点对其黏度的影响

若熔渣中出现或存在固相质点即固态微粒时，二者之间将要产生液—固界面，这会使得液体流动时需要克服的阻力大增。因此，有固相质点的熔渣的黏度要远大于相同组成的单相熔渣的黏度。例如，电炉还原期加入的炭粉以固态悬浮于渣中，使熔渣黏度显著增大，因而要求原始渣要造得稀些。又如当炉衬被严重侵蚀后，渣中会有大量未熔的镁砂颗粒，也会使熔渣的黏度增大。再如在电炉炼钢中，如果炉料含铬过高，铬氧化后生成 Cr_2O_3，部分 Cr_2O_3 以固相质点弥散在渣中，熔渣的黏度也很高。

B 熔渣组成对其黏度的影响

从熔渣结构的概念出发，一般认为熔渣组成对其黏度的影响表现在对离子半径的影响和对是否产生固相质点的影响两个方面。

对于单相熔渣，其黏度在很大程度上取决于组成的离子半径的大小。当渣中存在着复合阴离子，特别是当阴离子的聚合程度高时，由于它们的体积很大，所以从一个平衡位置移动到另一个平衡位置时需要克服的黏滞阻力很大，因而黏度很大。当炼钢熔渣的碱度低即 SiO_2 的含量很高时，由于有 $Si_xO_y^{z-}$ 的存在，便会出现上述情况；与此相反，提高渣中碱性氧化物 MeO 的浓度，由于能使复杂阴离子解体，使后者的体积减小，故可提高熔渣的流动性。

总的说来，在同一温度下，酸性渣要比碱性渣的黏度高些。

在碱性熔渣中，当 CaO 的含量超过一定值时，随着 CaO 含量的增加，熔渣黏度将会增大。这是由于 CaO 含量过高时，会使熔渣的熔点升高，析出固态微粒，从而使熔渣黏度大大升高。

当渣中 w(MgO)的含量超过 10% ~12%，$w(Cr_2O_3)$的含量超过 5% ~6% 时，都会使渣中出现固态微粒，因而生产中炉料含铬高时，熔渣的黏度较大；炉役后期炉衬被严重侵蚀时，熔渣的黏度也比较大。

Al_2O_3 具有双性，在中性或碱性渣中，它显示酸性，因而像 SiO_2 一样形成复合铝氧阴离子，使熔渣黏度增大。但在酸性渣中，Al_2O_3 会显示碱性，有破坏复合阴离子的作用。

向渣中加入 CaF_2 时，一方面可以形成低熔点化合物或共晶，另一方面由于 CaF_2 的电离度高，生成的 F^- 可以代替 O^{2-} 促使 $Si_xO_y^{z-}$ 解体，故能大大地降低碱性或酸性熔渣的黏度。

为适应冶炼、浇注等工艺的需要，冶金工作者通过实验测定了各种渣系的黏度，并在三元图上画成等黏度曲线，图 8-8 和图 8-9 分别为 $CaO-SiO_2-Al_2O_3$ 系和 $FeO-CaO-SiO_2$ 系熔渣的等黏度曲线，这类曲线可以帮助我们选定适宜的熔渣组成。

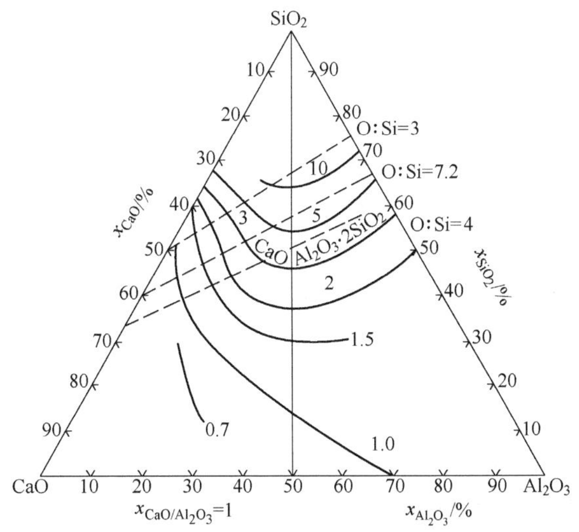

图 8-8 $CaO-SiO_2-Al_2O_3$ 系熔渣等黏度曲线

炼钢生产不仅要求适宜的熔渣黏度，而且还需要其具有良好的稳定性，即在一定温度下，当熔渣成分在一定范围内变化时，黏度不发生急剧的变化；或当熔渣的组成一定时，温度变化所引起的黏度值的变化不大。在三元或多元等黏度图中，等黏度线密集的区域表明熔渣成分变化时黏度的变化急剧，即熔渣黏度的稳定性低，所以该成分范围内的熔渣不宜选用。

C 温度对熔渣黏度的影响

一般说来，一定成分的熔渣，当升高温度时能改善其流动性，这是因为升高温度可提供液体流动所需要的黏流活化能，而且可使某些复杂的复合阴离子解体，或使固体微粒消失。但是，对于不同成分的熔渣，黏度受温度的影响是不相同的。由图 8-10 可见，在 1500 ~ 1600℃ 温度范围内，碱度为 0.9 ~ 3.2 的熔渣，尽管温度变化的幅度较大，但熔渣黏度均低于 0.075 Pa · s。如果熔渣碱度达到 4.2 或者更高，则当温度降低时黏度会急剧增大，增大的原因是固体微粒的析出。这种渣叫做短渣或不稳定渣。碱度为 0.9 的酸性渣当温度降低，黏度平稳增大，这种类型的渣称为长渣。在 1450℃ 以下，酸性渣比碱性渣的黏度低，所以浇注用的保护渣多为偏酸性的熔渣。

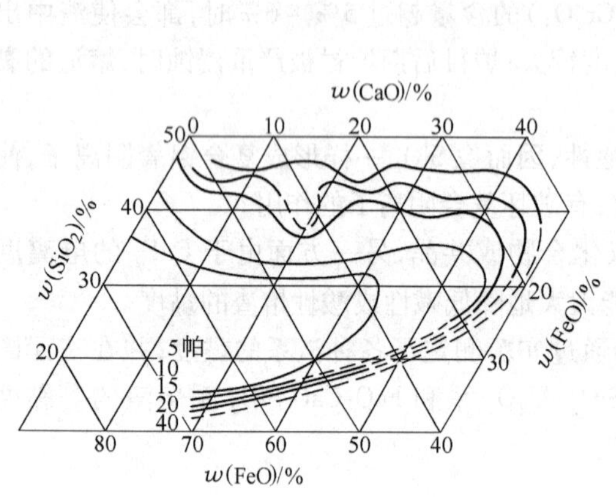

图 8-9 FeO-CaO-SiO_3 系熔渣等黏度曲线

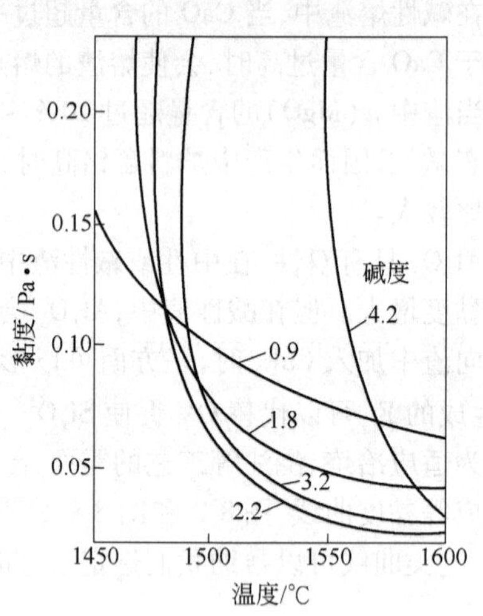

图 8-10 氧化性熔渣碱度和温度与黏度的关系

8.5.2 熔渣的密度

密度是熔渣的基本性质之一，一方面它决定了熔渣所占体积的大小，是确定炉型、渣罐容积的依据；另一方面它是了解炉渣及夹杂物与钢液分离过程必不可少的性质。

由分子理论可知，熔渣是由许多化合物组成的，固态炉渣的密度可近似地利用各化合物的密度和炉渣的组成进行计算：

$$\rho_{渣} = \sum \rho_i w_i \tag{8-25}$$

式中 $\rho_{渣}$——固态炉渣的密度，kg/m^3；

i——炉渣的组成如 Al_2O_3、SiO_2、FeO 等；

ρ_i——各化合物的密度，kg/m^3；

w_i——渣中各种化合物的质量分数，%。

炉渣中各种化合物常温下的密度值如表 8-4 所示。

表 8-4 各种化合物的密度 g/cm^3

化合物	密度	化合物	密度	化合物	密度
Al_2O_3	3.97	MnO	5.40	TiO_2	4.24
BeO	3.30	Na_2O	2.27	V_2O_3	4.87
CaO	3.32	P_2O_5	2.39	ZrO_2	5.56
CeO	7.13	Fe_2O_3	5.2	PbO	9.21
Cr_2O_3	5.21	FeO	5.9	CaF_2	2.8
La_2O_3	6.51	SiO_2	2.32	FeS	4.6
MgO	3.50	SiO_2	2.65	CaS	2.8

渣中含有大量密度大的化合物如 FeO、MnO 等时，炉渣的密度就大。一般地，氧化渣的密度大于还原渣的密度。

液体渣的密度同温度和组成之间的关系研究得还不多，波尔纳茨基介绍的在 1400℃时熔渣密度的经验公式如下：

$$\frac{1}{\rho_{渣}}=0.45w(SiO_2)+0.286w(CaO)+0.204w(FeO)+0.35w(Fe_2O_3)+0.237w(MnO)+0.367w(MgO)+0.48w(P_2O_5)+0.42w(Al_2O_3)\ m^3/kg \tag{8-26}$$

式中，各种组成均为质量分数。

高于 1400℃时，熔渣的密度可用下式求出：

$$\rho_i=\rho_{1400℃}+0.07\left(\frac{1400-t}{100}\right) \tag{8-27}$$

式中 ρ_i——某一温度下熔渣的密度，kg/m^3；

$\rho_{1400℃}$——1400℃时熔渣的密度，kg/m^3；

t——温度，℃。

用此公式计算时，误差不大于 5%。

普通的液态碱性渣的密度为 $3.0\times10^3\ kg/m^3$；固态碱性渣为 $3.5\times10^3\ kg/m^3$；而高氧化铁渣 $w(FeO)>40\%$ 为 $4\times10^3\ kg/m^3$。酸性渣一般为 $3\times10^3\ kg/m^3$。渣中存在着弥散气泡时，密度要低些。

以后要遇到的电渣炉渣系的密度也可用加和性规则计算。1400℃时电渣重熔渣系的密度和组成的关系如下式：

$$\frac{1}{\rho_{1400}}=0.389w(CaF_2)+0.303w(CaO)+0.372w(MgO)+0.328w(Al_2O_3)\quad m^3/kg \tag{8-28}$$

式中，各组成均为质量分数。

8.5.3 熔渣的表面张力和界面张力

炼钢的主要反应如硅、锰的氧化及脱硫和脱磷等都是在钢液与熔渣的相界面上进行的，另外，金属和熔渣的分离、夹杂的排除、反应时新相的生成、熔渣与耐火材料间的作用以及泡沫渣的生成等也都与相界面的性质有关，熔渣的界面张力或表面张力则是研究和讨论界面反应或界面现象的重要物理量。

A 熔渣的表面张力

熔渣的表面张力主要取决于其组成,也和压力、温度等外界因素有一定的关系。

过去人们对熔渣的基本体系 MeO-SiO_2 二元系硅酸盐的表面张力和 FeO 与其他氧化物组成的二元熔体的表面张力进行了系统的研究。二元系硅酸盐的表面张力与组成的关系如图 8-11 所示,可见,在 FeO-SiO_2、CaO-SiO_2、MnO · SiO_2、MgO-SiO_2 和 Li_2O-SiO_2 二元系中,随着 SiO_2 含量的增加,熔体的表面张力减小。这是因为在上述各二元系中,SiO_2 形成了复合阴离子 SiO_4^{4-}、$Si_2O_7^{6-}$ 等,这些复合阴离子的电荷数对半径的比值(z/r)小于 O^{2-} 的半径,因而很容易被排斥到熔体的表面,从而使表面张力下降;但是另一方面,在 PbO-SiO_2、K_2O-SiO_2 二元系中,随着 SiO_2 的增加,熔体的表面张力增大。这说明 K^+、Pb^{2+} 这两种离子被排斥到熔体表面的趋势比硅氧复合阴离子还要强。

各种氧化物对 FeO 的表面张力的影响如图 8-12 所示,可见对于 FeO 来说,P_2O_5、Na_2O、SiO_2、TiO_2 都是表面活性物质,其中 P_2O_5 的作用最强,加入少许便可使 FeO 的表面张力急剧降低;而 CaO、MnO 和 Al_2O_3 对 FeO 熔体的表面张力影响不大,其中 Al_2O_3 会使 FeO 熔体的表面张力略有增加。

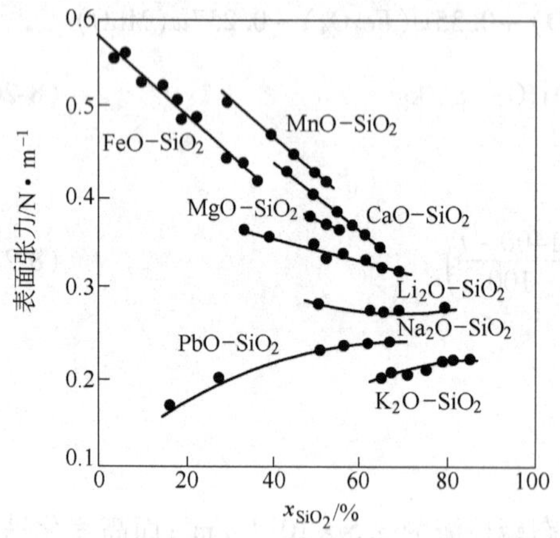

图 8-11 硅酸盐熔体表面张力和它们的组成之间的关系

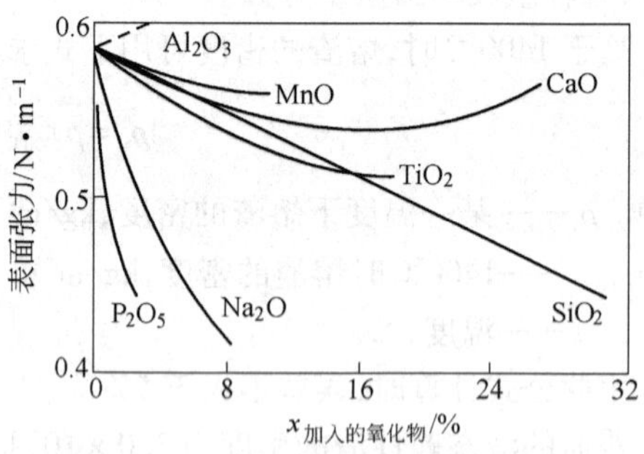

图 8-12 二元氧化铁熔体表面张力随组成的变化(1400、1430℃)

一直以来,对于三元系熔渣的表面张力研究得较少,FeO-CaO-SiO_2 和 FeO-MnO-SiO_2 三元系熔渣的表面张力随组成的变化如图 8-13 所示。由图可见,CaO、MnO 能使 FeO-SiO_2 系的表面张力增大,而 SiO_2 则会使 FeO-CaO、FeO-MnO 二元系的表面张力下降。

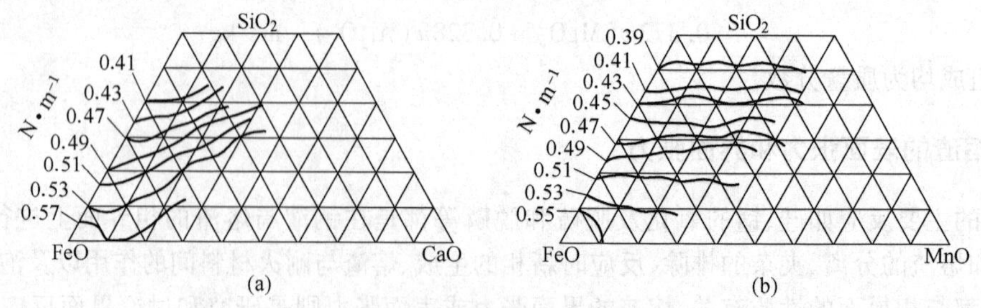

图 8-13 三元熔体和它们的组成与表面张力的关系

(a) FeO-CaO-SiO_2;(b) FeO-MnO-SiO_2

对多元系熔渣,可以用加和性规则来估算表面张力的数值,即

$$\sigma = \sum x_i F_i \quad \text{mN/m} \tag{8-29}$$

式中 i——炉渣的组成,如 SiO_2、CaO、Al_2O_3、MnO 等;

F_i——各种氧化物的表面张力因数,见表 8-5;

x_i——某种氧化物的摩尔分数。

熔渣的表面张力为 0.4 mN/m 左右。有些实验证实,在 1400 ~ 1600℃ 炼钢熔渣的表面张力约为 0.2 ~ 0.6 mN/m。一般认为,炼钢熔渣的表面张力值介于共价键液体和离子键液体之间而远低于金属键的熔铁的表面张力(1.865 N/m)。

至于温度对熔渣表面张力的影响,通常是随着温度的升高而略有降低。但实际生产中,温度的可变化范围不大,熔渣的表面张力因之变化较小,因此很少考虑温度对熔渣表面张力的影响。

表 8-5 各种氧化物的表面张力因数

氧化物	表面张力因数 F_i			氧化物	表面张力因数 F_i		
	1300℃	1400℃	1500℃		1300℃	1400℃	1500℃
K_2O	168	153					
Na_2O	308	299		MgO		512	502
BaO		366	366	ZrO_2		470	
PbO		140		Al_2O_3		640	630
CaO	140	614	586	TiO_2		380	
MnO		653	641	$SiO_2$①		285	286
ZnO	550	540		$SiO_2$②		181	203
FeO		584	560	Ba_2O_3		339	96

① 从 SiO_2 含量高的二元系算出;② 从 SiO_2 含量低的二元系算出。

随着环境压力的增大,熔渣的表面张力会有所下降。不过实际生产多在常压下进行,可不考虑压力对熔渣表面张力的影响。

B 熔渣和金属间的界面张力

在研究两相之间的作用时,经常要用到“润湿性”这一概念。所谓“润湿性”是指,一液相与另一液相或固相接触时,在其上铺展的程度。润湿性的好坏可用润湿角 θ 的大小来表示,如图 8-14所示,润湿角愈小,铺得愈平展,则润湿性愈好。

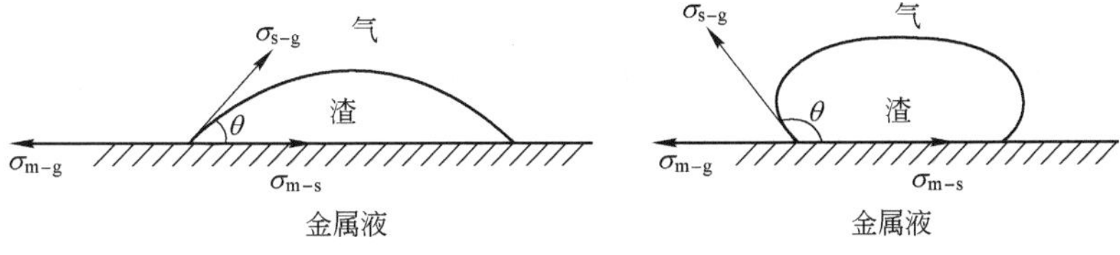

图 8-14 渣—金属液—气三相界面示意图

许多重要而复杂的冶金过程都和两相间的润湿现象有密切关系。一般说来,为使两相分离或减弱其间的作用,应该减弱它们之间的润湿性;反之,如果需要增强两相间的作用或使之聚合,则应增大它们之间的润湿性。例如,炼钢过程中为了促进钢-渣间的脱硫、脱磷等反应,希望熔渣

对钢液的润湿性好一些，以增加二者之间的接触面积；而出钢时则需要熔渣对钢液的润湿性差一些，以便于钢、渣分离。

物质之间的润湿性和它们接触时产生的界面张力的大小有关。在金属和熔渣互相接触时，可将熔渣、金属液和气相之间的张力简化如图8-14所示的平面汇交力系，力的方向是在三相平衡点处某两相的切线方向，当三个方向的力在某一点处达到平衡时，即图中各相的存在形态不变时，其合力应等于零，即

$$\sigma_{m\text{-}g} = \sigma_{m\text{-}s} + \sigma_{s\text{-}g}\cos\theta$$

$$\cos\theta = \frac{\sigma_{m\text{-}g} - \sigma_{m\text{-}s}}{\sigma_{s\text{-}g}} \tag{8-30}$$

式中，下标m、s、g分别代表金属相、渣相和气相。

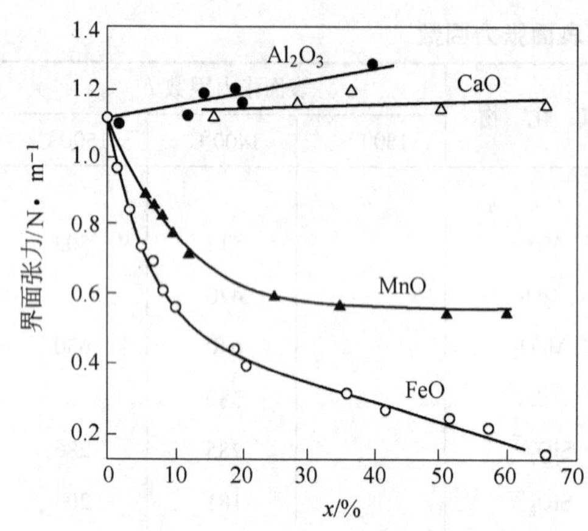

图8-15　熔渣组成对熔渣与钢液间界面张力的影响

由上式可见，金属与熔渣间的界面张力越大，则$\cos\theta$越小，也即θ角越大，因而熔渣与金属间的润湿程度越差。反之界面张力越小，则润湿程度越大。实际上，钢-渣间的θ在0°~90°之间时润湿性良好，有利于金属和熔渣之间的反应；θ在90°~180°之间时润湿很差，钢液和熔渣易于分离。碱性氧化渣的$\sigma_{m\text{-}s}$为0.5~1 N/m，$\sum FeO$的浓度越高，$\sigma_{m\text{-}s}$越小，并且$\sigma_{s\text{-}g}$也小，可见FeO是碱性渣中的表面活性物质和钢、渣界面的活性物质；$MnO\text{-}SiO_2\text{-}Al_2O_3$系脱氧产物和钢液间的$\sigma_{m\text{-}s}$为0.8~1.2 N/m，随MnO增高而降低。FeO、MnO等对熔渣与钢液间界面张力的影响如图8-15所示。

碱性还原渣中CaC_2是很强的钢-渣界面活性物质，将CaC_2增加到3%，$\sigma_{m\text{-}s}$则可由1.2 N/m降低到0.7~0.8 N/m，所以电石渣有利于电炉中钢-渣界面的脱氧反应，但在出钢前必须将其破坏，以免钢-渣难分，造成夹渣。

钢液的组成对于$\sigma_{m\text{-}s}$也有一定影响。存在于金属熔体中而不转入熔渣的合金元素如碳、钨、钼、镍等对$\sigma_{m\text{-}s}$的影响较小；能转入熔渣的表面活性不大的元素如硅、锰、铬等能使$\sigma_{m\text{-}s}$略有减小；表面活性很大的元素如硫、氧等则对$\sigma_{m\text{-}s}$的影响很大。

8.5.4　熔渣中各组元的扩散

熔渣中组元的扩散速度一般比金属液中组元的扩散速度慢10~100倍。因此对于钢-渣间的多相反应，其限制性环节往往是渣中组元的扩散。

组元在熔渣中的扩散系数和黏度成反比，即

$$\eta D = 常数 \tag{8-31}$$

式中　η——熔渣黏度；

D——熔渣中某组元的扩散系数，cm^2/s。

目前虽然已能利用放射性同位素或稳定性同位素测定各元素在熔渣中的扩散速度，但由于各元素在熔渣中的扩散速度很慢，故测定仍有一定困难，测定精度尚不算高。

各种元素在$CaO\text{-}Al_2O_3\text{-}SiO_2$渣系中的扩散系数$D$见图8-16。由图可见，在同一温度下，$D_O$

最大而 D_{Ca}、D_{Al}、D_{Si}依次减小。这些扩散系数的数值多在 $10^{-6} \sim 10^{-7}$ cm²/s 的范围内。

某些研究认为镍、铁与钙的扩散系数相当，而铌、钒的扩散系数则与硅的扩散系数相近。

另外，由图 8-16 还可看出，扩散系数随温度而变化，温度升高，扩散系数增大。

对炼钢用的 $FeO\text{-}CaO\text{-}SiO_2$ 渣系中的扩散系数测定较少，其中 Fe（Fe^{2+} 和 Fe^{3+} 的平均值）的有效扩散系数在 1550℃ 附近为 $10^{-5} \sim 10^{-4}$ cm²/s，比在 $CaO\text{-}SiO_2\text{-}Al_2O_3$ 系里的扩散系数大一两个数量级。

碱性渣中氢的扩散系数为 $(0.9 \sim 1.1) \times 10^{-3}$ cm²/s，比其他组元扩散得都快。

应该指出，在电弧炉氧化期的熔池中，特别是在受到氧射流强烈搅拌的氧气顶吹转炉熔池中，组元的对流传质速度无疑要大大超过扩散传质速度。

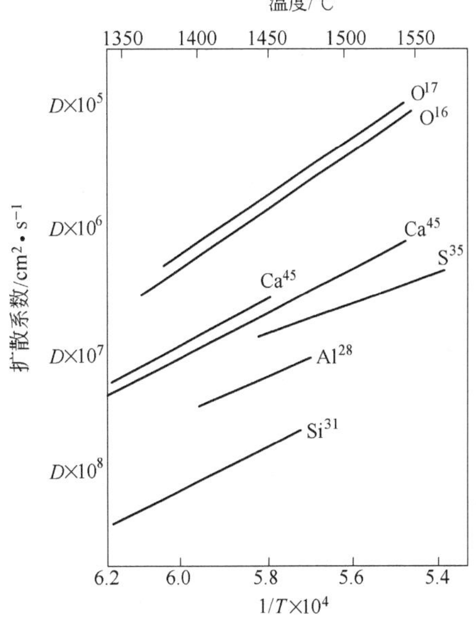

图 8-16 各放射性同位素 $CaO\text{-}SiO_2\text{-}Al_2O_3$ 系熔渣中扩散系数的比较

8.5.5 熔渣的导电性

熔渣的导电性是电弧炉、电渣重熔炉的重要参数之一。

熔渣的导电性常用电导率 k 来表示。电导率是电阻率的倒数，又称比电导，其单位是 $\Omega^{-1} \cdot cm^{-1}$，它标志熔渣导电能力的大小。

熔渣的比电导可通过测定两极间熔渣的电阻得出，通常在 $10^{-3} \sim 1\ \Omega^{-1} \cdot cm^{-1}$的水平，电子导电的金属熔体的比电导为 $10^4 \sim 10^5\ \Omega^{-1} \cdot cm^{-1}$；由分子组成的液体绝缘体的比电导则为 $10^{-6} \sim 10^{-1}\ \Omega^{-1} \cdot cm^{-1}$，而熔融盐类的比电导为 $10^{-1} \sim 10\ \Omega^{-1} \cdot cm^{-1}$。比较以上数据可以从另一角度证明，冶金熔渣具有离子结构。

根据实验确定的碱性氧化渣的比电导和其组成之间的关系如下式：

$$\begin{aligned}\lg k_{1600℃} = & -0.032 - 0.054w(Al_2O_3) - 0.0569w(SiO_2) - 0.062w(P_2O_5) + \\ & 0.015w(S) + 0.753w(MnO) + 0.34w(FeO) - \\ & 0.35w(Fe_2O_3) - 0.13w(MgO) - 0.145w(CaO)\end{aligned} \tag{8-32}$$

式中熔渣组元的含量均为质量分数，公式适用范围为：$w(Al_2O_3) = 5\% \sim 11\%$，$w(SiO_2) = 18\% \sim 25\%$，$w(P_2O_5) = 1\% \sim 3\%$，$w(S) = 0.1\% \sim 0.3\%$，$w(MnO) = 0.9\% \sim 16\%$，$w(FeO) = 7\% \sim 14\%$，$w(Fe_2O_3) = 0.6\% \sim 3.5\%$，$w(MgO) = 8\% \sim 13\%$，$w(CaO) = 24\% \sim 40\%$。

可见，增加 FeO、MnO 的含量可改善熔渣的导电性能；反之，增加 Al_2O_3、SiO_2、MgO、CaO 等的含量则会使熔渣的电阻增大。

8.5.6 熔渣的焓变量和导热性

A 熔渣的焓变量

熔渣的焓变量（$\Delta H_{渣}$）指单位质量的熔渣温度升高时所吸收的热量，其数据在热平衡计算时要用到。$\Delta H_{渣}$ 的计算公式如下：

$$\Delta H_{渣} = \Delta H_{T} - \Delta H_{298} = \int_{298}^{T_{熔}} C_{固}\, dT + L_{熔} + \int_{T_{熔}}^{T} C_{液}\, dT \tag{8-33}$$

式中，$C_{固}$ 和 $C_{液}$ 分别为熔渣在固态和液态的比热容；$L_{熔}$ 为熔化潜热。

对于碱性渣，其熔化区间为1300～1400℃，其他热力学数据为：

$$C_{固}=0.7757+2.615\times10^{-4}t+1.6318\times10^{-7}t^2 \quad kJ/(kg\cdot℃)$$

$$L_{熔}=167.36\sim209.2 \quad kJ/kg$$

$$C_{液}=1.1966 \quad kJ/(kg\cdot℃)$$

一般认为在1000℃时，固体碱性渣的比热容为1.255 kJ/(kg·℃)，1650℃液体渣的比热容约为2.51 kJ/(kg·℃)。在1600℃，液体碱性渣的 ΔH 值为1924.6 kJ/kg。

B 熔渣的导热性

物体的导热性常用导热系数 λ 来表示，其单位是 kJ/(m·h·K)。熔渣导热性的好坏直接影响到电弧炉炼钢熔池升温的快慢。

在炼钢操作中，没有搅拌和对流，也没有上浮的气泡的多元熔渣的导热系数 λ 为8.368～12.55 kJ/(m·h·K)，比熔融状态的平静金属的导热系数低86%～91%；略有搅拌的泡沫渣的导热系数可达16.736～25.1 kJ/(m·h·K)；当金属熔池处于强烈脱碳期，由于熔池被强烈搅拌，熔渣的导热系数可提高到418.4～368.8 kJ/(m·h·K)，同时金属的导热系数可提高到7530～8370 kJ/(m·h·K)，从而使金属温度迅速上升。

8.6 造渣

所谓造渣，是指通过控制入炉渣料的种类和数量，使熔渣具有氧化或还原性质，以满足熔池内有关炼钢反应需要的工艺操作。

生产实践表明，造渣是实现炼钢工艺的重要手段，造好渣是炼好钢的前提。因为，如果渣子造不好会严重影响炉内的物化反应，不仅去除硫、磷等杂质元素困难，而且还会降低炉龄，延长冶炼时间，增加原材料消耗等。

就熔渣的化学性质而言，目前的炼钢渣主要有氧化渣和还原渣两种。为了强化去磷和去硫过程，二者均为碱性渣；不同的是，它们对渣中的 $w(FeO)$ 的含量要求不同。还原渣的标志是渣中 $w(FeO)$ 含量很低，而且 $w(FeO)$ 含量愈低熔渣的还原性愈强即脱氧、脱硫的能力愈大。通常情况下，还原渣的 $w(FeO)$ 含量不大于0.5%。

造还原渣的目的主要有两个：一是降低钢液含氧量，以减少调整钢液成分时所加合金元素的烧损。二是更有效地去硫，造氧化渣虽也能去除部分硫，但效果远不及还原精炼。

8.6.1 造渣的目的及要求

氧气顶吹转炉和电炉的熔化期与氧化期的熔渣均为氧化渣。炼钢中，造氧化渣的主要目的是为了去除钢中的磷，并通过氧化渣向熔池传氧。

炼钢中的去磷过程，主要是在钢-渣两相的界面上进行的。因此，造氧化渣，就是要设法使熔渣具有适于脱磷反应的理化性质；同时，还要精心控制造渣过程，即在冶炼过程中随温度的变化调整熔渣的成分，使熔渣的物理性质和化学性质得以良好地配合，以充分去除钢中的磷，并减少熔渣对炉衬的侵蚀。炼钢过程对氧化渣的要求是：较高的碱度、较强的氧化性、适量的渣量、良好的流动性及适当泡沫化。

A 碱度的控制

碱度是熔渣酸碱性的衡量指标，是炼钢过程中有效去磷的必需条件。简单而又常用的碱度表示方法是渣中的 $w(CaO)$ 含量与 $w(SiO_2)$ 含量之比，即 $w(CaO)/w(SiO_2)$。

理论研究表明，渣中的 $w(\sum FeO)$ 含量相同的条件下，碱度为1.87时其活度最大，熔渣的氧化性最强。实际生产中正是根据这一理论并结合具体工艺来控制熔渣碱度的。氧气顶吹转炉炼钢中，通常是将碱度控制在2.4～2.8的范围内；对于原料含磷较高或冶炼低硫钢种的情况，碱度则控制在3.0以上。电弧炉炼钢的熔化期，熔渣的碱度一般控制在2.0左右；进入氧化期后，随着温度的升高，碱度逐渐提高到2.5～3.0，而氧化的中、后期以脱碳为主，通常又将碱度降低到2.0左右。

B　渣中的$w(\sum FeO)$含量

渣中$w(\sum FeO)$含量的高低，标志着熔渣氧化性的强弱及去磷能力的大小。碱度一定时，熔渣的氧化性随着渣中$w(\sum FeO)$含量的增加而增强。但是，过高的$w(\sum FeO)$含量熔渣显得太稀，会使钢液吸气，且吹炼中产生喷溅的可能性增大；同时，还会加速炉衬的侵蚀、增加铁的损耗等。因此，生产中通常将渣中的$w(\sum FeO)$含量控制在10%～20%之间。氧气顶吹转炉炼钢中$w(\sum FeO)$有时高达30%，但是要求终渣中的$w(\sum FeO)$在满足石灰完全溶解的条件下尽量低。

C　渣量的控制

在其他条件不变的情况下，增大渣量可增加冶炼过程中的去磷量。但是，过大的渣量不仅增加造渣材料的消耗和铁的损失，还会给冶炼操作带来诸多不便如喷溅、粘枪等。因此，生产中渣量控制的基本原则是，在保证完成脱磷、脱硫的条件下，采用最小渣量操作。氧气顶吹转炉炼钢时，一般情况下适宜的渣量约为钢液量的10%～12%，必要时可采用双渣操作；电炉氧化期的渣量一般应为钢液量的3%～5%，必要时采用从炉口自动流渣的方法进行换渣操作。

D　熔渣的流动性

对于去磷、去硫这些双相界面反应来说，物质的扩散是其限制性环节，因此保证熔渣具有良好的流动性十分重要。影响熔渣流动性的主要因素是温度和成分。但是，去磷反应是放热反应，不希望温度太高，因此，生产中应适当增加渣中的$w(FeO)$和$w(CaF_2)$等稀渣成分的含量，使碱性氧化渣在温度不高的情况下也具有良好的流动性，满足去磷的需要。

E　熔渣的泡沫化

泡沫化的熔渣，使钢-渣两相的界面积大为增加，改善了去磷反应的动力学条件，可加快去磷反应速度。但应避免熔渣的严重泡沫化，以防喷溅发生。

8.6.2　熔渣的泡沫化

有大量微小气泡存在的熔渣呈泡沫状，这样的渣子人们称之为泡沫渣。据测定，泡沫渣中气泡的体积通常要大于熔渣的体积。可见，泡沫渣中的渣子是以气泡的液膜的形式存在的。另外，泡沫渣中往往还悬浮有大量的金属液滴。

8.6.2.1　泡沫渣的作用

熔渣被泡沫化后，钢、渣、气三相之间的接触面积大为增加，可使传氧过程及钢-渣间的物化反应加速进行，冶炼时间大大缩短；同时，熔渣的泡沫化，使得在不增加渣量的情况下，渣的体积显著增大，渣层的厚度成倍增加，对炉气的过滤作用得以加强，可减少炉气带出的金属和烟尘，提高金属收得率。泡沫渣的这些作用在转炉炼钢中表现得尤为突出。在电炉炼钢中，一般要求泡沫渣的厚度要达到弧柱长度的2.5倍以上，以实现埋弧操作。

8.6.2.2　熔渣泡沫化的条件及影响因素

A　熔渣泡沫化的条件

使熔渣呈泡沫状即泡沫化的原因比较复杂，目前研究得尚不透彻，但是必须具备的条件有两个：

（1）要有足够的气体进入熔渣。这是熔渣泡沫化的外部条件，向熔渣吹入气体，或熔池内有大量气体通过钢渣界面向渣中转移均可促使熔渣泡沫化。例如熔池内的碳氧反应，因其反应的产物是CO气体，而且要通过渣层向外排出，因而具有促使熔渣起泡的作用。

（2）熔渣本身要有一定的发泡性。这是熔渣泡沫化的内部条件。衡量熔渣发泡性的标准有两个：一是泡沫保持时间，它是测量泡沫渣由一个高度降到另一个高度时所用的时间，又称之为泡沫寿命。泡沫寿命越长，熔渣的发泡性越好。二是泡沫渣的高度，它是测量在一定的供氧速度下，泡沫渣所能达到的最大高度，此值愈大熔渣的发泡性愈好。

虽然两种衡量标准所测定的实验参数不同，但都在一定程度上体现了熔渣发泡性的本质，即渣中气泡的稳定性，亦即熔渣使进来的小气泡能较长时间地滞留其中，不至于迅速合成大气泡从渣中排出而使泡沫消除的能力。

B　影响熔渣泡沫化程度的因素

实际生产中，熔渣的泡沫化程度是形成泡沫渣的外部条件和内部条件共同作用的结果。外部条件主要是进气量和气体种类，而内部条件即熔渣的发泡性则是由其本身的性质决定的。在熔渣的诸多性质中，熔渣的表面张力和黏度对其发泡性的影响最大而且直接，其他性质都是通过影响熔渣的黏度和表面张力而间接影响熔渣的发泡性的。熔渣的表面张力愈小，其表面积就愈易增大即小气泡愈易进入而使之发泡。增大熔渣的黏度，将增加气泡合并长大及从渣中逸出的阻力，渣中气泡的稳定性增加。总的看来，影响熔渣泡沫化程度的因素主要有以下四个：

（1）进气量和气体的种类。熔渣的成分及温度一定时，在不使熔渣泡沫破裂或产生喷溅的条件下，适当增加进入熔渣的气体流量，会使熔渣的泡沫化程度增加。

可见，在相同的冶炼条件下随吹氧量增大，熔渣的发泡高度直线增大。

此外，气体的种类对熔渣的泡沫化程度也有一定的影响。在向熔渣吹入的各种气体中，对熔渣泡沫化程度影响作用的大小顺序是还原性气体、中性气体、氧化性气体。这主要是和这些气体与熔渣之间的表面张力依次增大有关。

（2）熔池温度。随着熔池温度升高，熔渣的黏度降低，泡沫寿命缩短，其他条件相同时，熔渣的泡沫化程度下降。有关研究指出，温度升高100℃，泡沫寿命下降58%。

（3）熔渣的碱度及$w(FeO)$含量。许多研究者都指出，对于$CaO\text{-}FeO\text{-}SiO_2$系熔渣，碱度在1.8～2.0之间时熔渣的发泡能力最强，即其他条件相同时熔渣的泡沫化程度最高。

这是因为碱度为1.87时渣中有适量的$2CaO \cdot SiO_2$固态颗粒生成，它不仅可以作为生成气泡的核心，而且$2CaO \cdot SiO_2$吸附在气泡表面时，具有降低表面张力和增大渣膜黏度的作用，因而有利于熔渣发泡。

研究还发现，碱度在1.8～2.0之间时，渣中氧化铁含量的变化对熔渣的发泡能力几乎无影响；而当碱度远离1.8～2.0时，$w(FeO)$含量为20%的熔渣比含$w(FeO)=40\%$的熔渣更易发泡，这是由于过高的氧化铁会使熔渣的黏度严重下降的缘故。因此，生产中一般选择$w(FeO)$含量20%左右、碱度在1.8～2.0之间的熔渣作为泡沫渣的基本要求。

（4）熔渣的其他成分。由上述分析可知，凡是影响$CaO\text{-}FeO\text{-}SiO_2$系熔渣表面张力和黏度的成分都会影响熔渣的发泡性能。例如，适当增加渣中的氧化镁含量会使渣的黏度增大，从而可改善熔渣的发泡性能。又如，渣中$w(P_2O_5)$含量较高时，熔渣的表面张力较低，其发泡性较好。再如，对于(CaF_2)来说，增加其含量可以降低熔渣的黏度，但同时又会使熔渣的表面张力下降，因此(CaF_2)对熔渣发泡性的具体影响取决于这两方面作用的相对大小。有关研究表明，在碱度为1.8～2.0之间时，渣中$w(CaF_2)$含量以5%为界，低于5%时，增加渣中的$w(CaF_2)$含量对熔渣的发泡有利，这说明此时是(CaF_2)对表面张力的影响起主导作用；当$w(CaF_2)$含量高于5%时，再增加渣中$w(CaF_2)$含量会降低熔渣的发泡能力，显然此时是(CaF_2)对黏度的影响起主导作用。

思考题

1. 试说出炼钢熔渣的主要作用,碱性氧化渣的主要组成物有哪几个?
2. 熔渣分子理论的主要内容有哪几点,运用分子理论时有哪些优缺点?
3. 什么是熔渣的碱度? 写出生产中常用的碱度表示式。
4. 什么是熔渣的氧化性,有哪几种表示方法?
5. 碱度值为多少时熔渣的氧化性最强,为什么?
6. 什么叫长渣,什么叫短渣,它们的区别是什么?
7. 是什么原因使熔渣出现“返干”现象?
8. 熔渣表面张力大小与泡沫渣的形成有什么关系?
9. 试分析在渣-钢-气三相交界处,界面张力的关系及$\sigma_{渣-钢}$的大小对冶炼过程的影响。
10. 渣中含 CaC_2 对渣钢间界面张力有什么影响,含 CaC_2 的渣出钢时对钢质量有何影响?
11. “炼钢熔渣中有带电离子,所以能导电,但由于温度升高而使电阻增加,所以导电能力降低”。这种说法对吗,为什么?
12. 在1560℃时,某熔渣下钢液中测得的氧含量 $w[O]=0.15\%$,试计算该熔渣中 a_{FeO}为多少。
13. 试计算下列成分的固体炉渣的密度:

组分	CaO	SiO_2	MnO	FeO	MgO	P_2O_5	Al_2O_3
$w/\%$	50	15	10	15	6	2	2

14. 泡沫渣的作用是什么?
15. 熔渣泡沫化的条件及影响因素是什么?
16. 造渣的目的及要求是什么?

9　炼钢的基本反应

现代炼钢生产主要是氧气转炉炼钢法和电弧炉炼钢法，虽然它们生产所用的原料及加热方式不同，但冶炼过程中的基本反应是相同的，即先通过氧化的方式去除杂质元素，然后再进行还原脱氧。

9.1　炼钢的基本任务

钢是由生铁炼成的。钢的许多使用性能如韧性、强度、热加工性能和焊接性能等均优于生铁。生铁一般只限于铸造用，而钢则能适应多种用途的需要，得到广泛的应用。

生铁和钢在性能上所以会有这样大的差别，其根本原因是它们的成分不同。生铁和钢的成分列于表 9-1。

表 9-1　生铁和钢的化学成分

材　料	化学成分 w/%				
	C	Si	Mn	P	S
普通炼钢生铁	3.5～4.0	0.6～1.6	0.20～0.80	0.10～0.40	0.03～0.07
碳素镇静钢	0.06～1.5	0.12～0.37	0.25～0.80	≤0.045	≤0.055
沸腾钢	0.05～0.27	≤0.07	0.25～0.70	≤0.045	≤0.055

炼钢的基本任务可以归纳为以下几点：

（1）脱碳并去气、去夹杂。生铁含碳高达 3.5%～4.0%，而所有钢的碳含量均低于 2.0%。这是造成生铁硬而脆的根本原因。因此炼钢的首要任务是脱除铁水中多余的碳，其工艺手段是向熔池吹氧或加矿进行氧化。

另外，生铁中含有较多的氮、氢和非金属夹杂物，而且在冶炼过程中金属还会和炉气中的氮、氢接触而吸气，并产生大量夹杂物。这些气体元素和夹杂物对钢的性能也有不利的影响，所以在炼钢时也必须把它们脱除。一般情况下，脱气和去除夹杂是通过脱碳来完成的，即在脱碳时钢液内生成的 CO 气泡逸出时会将氮、氢及夹杂物带出，所以脱碳过程也是个脱气和去除夹杂物的过程。

（2）脱除硫和磷。生铁的硫、磷含量都比较高，而且较高的含硫量和含磷量分别会使钢产生“热脆”和“冷脆”，它们都是钢中的有害元素（少数钢种例外），因此炼钢过程中必须完成去除硫、磷的任务。脱磷所采取的工艺手段是造好碱性氧化渣，而脱硫则应造好碱性还原渣。

（3）脱氧。通过吹氧、加矿氧化脱碳、脱磷后，钢中的氧含量增多。由于氧也是钢中的有害元素，所以冶炼后期要进行脱氧操作。采取的方法是，向钢液中加入脱氧剂即含有与氧亲和力大于铁与氧亲和力元素的铁合金。

（4）合金化。在冶炼前期生铁中的硅、锰基本都已氧化，出钢时为了保证成品钢中的硅、锰含量必须向钢中加入硅铁和锰铁。在冶炼合金钢时，还要向钢中加入各种铁合金，如铬铁、钼铁、钛铁、钒铁等，这个操作称为合金化。

（5）升温。铁水温度一般仅有 1300℃左右，而出钢温度则应达到 1600℃以上，所以炼钢过程也是一个升温过程。其热量来自炼钢过程中的化学反应热或引入的外来能源如电能等。

另外，在完成上述任务的同时还应该注意维护炉体，降低各种消耗，以便综合地完成各项技术经济指标。

9.2　铁的氧化和氧的传输

9.2.1　铁的氧化

在目前的氧气炼钢过程中，吹入熔池中的氧气分子高温下分解成氧原子并被吸附在铁液的表面上，进而与铁及其他元素作用生成各种氧化物。就铁而言，其氧化产物有三种，即 FeO、Fe_2O_3 和 Fe_3O_4。在炼钢温度和氧的分压值下（氧气顶吹转炉内 $p_{O_2}\approx 101325$ Pa），FeO 和 Fe_2O_3 都是稳定的，前者的稳定性更强。Fe_3O_4 可以看作是 $FeO \cdot Fe_2O_3$。在炼钢熔渣中，铁的氧化物以 FeO 为主，随着气相中 p_{O_2} 的变化，也有一定数量的 Fe_2O_3 存在。氧气顶吹转炉内，渣中 $w(Fe_2O_3)/w(FeO)$ 值变动在 0.3～1.5 的范围内，平均为 0.8。

铁的氧化反应是一个极其重要的反应，它与氧从气相向熔池中的传输及各种元素的氧化有着密切关系。铁的氧化反应可表示如下：

$$2Fe + O_{2(g)} = 2(FeO) \tag{9-1}$$

$$2(FeO) + \frac{1}{2}O_{2(g)} = (Fe_2O_3) \tag{9-2}$$

9.2.2　熔渣的传氧作用

在电弧炉炼钢的氧化期，以及氧气顶吹转炉炼钢高枪位操作时，气相中 p_{O_2} 约为 0.1～100 kPa。

纯铁中无碳，FeO 溶解达到饱和时，FeO 的分解压数值为 10^{-6} kPa，而在铁液中含碳时，FeO 的分解压数值则为 10^{-6}～10^{-9} kPa。可见炉气和金属间氧的压差高达 10^8 倍以上，这就为氧从气相向金属相的转移创造了条件。

但是，在实际熔炼过程中，液体金属表面总是覆盖着渣层，所以氧从气相向金属相的传输必须经过渣相。

熔渣结构的分子理论认为，熔渣的传氧过程为：

$$2(FeO) + \frac{1}{2}\{O_2\} = (Fe_2O_3)$$

$$(Fe_2O_3) + Fe = 3(FeO)$$

$$(FeO) = [O] + Fe$$

即渣中的氧化亚铁在渣-气界面被气相的氧氧化，生成的三氧化二铁通过对流或扩散向下传质到钢-渣界面，被钢液中的铁原子还原成氧化亚铁，而后按分配定律将氧传给钢液。

按照熔渣结构的离子理论，氧从气相经过渣相向金属相的转移过程如图 9-1 所示。

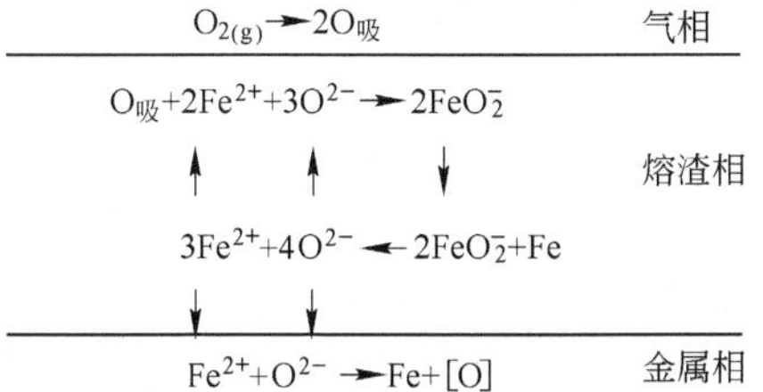

图 9-1　炉气通过熔渣传氧示意图

由上述示意图可知,二价铁离子在熔渣上表面被气相氧化成三价铁离子,后者借扩散或对流传输到熔渣下表面,在那里又被金属中的铁还原成二价铁离子,同时把氧输入金属。

可见,氧从气相经过渣相向金属相的传输过程是和氧化亚铁或二价铁离子的氧化与还原密切联系着的。

如果单纯地考虑氧从气相向金属相的转移,那么,金属中的氧含量取决于上述传氧过程达到平衡时熔渣的氧化性。由上节的式 9-1 可知,在不同 $a_{(FeO)}$ 的熔渣下,金属中的饱和含氧量可以由下式求出:

$$w[O]_{\%} = 0.23a_{(FeO)} \tag{9-3}$$

事实上,钢液中的实际含氧量低于按上式算出的数值,这是因为传入钢液的氧不断地消耗于其中各种杂质元素的氧化,传氧过程未达平衡的缘故。

应该指出,不同的炼钢方法,其熔池内的传氧速度有很大的差别。在氧气顶吹转炉中,高压氧气经水冷氧枪以某一距离自上而下向熔池喷射,高速氧射流(出口速度可达 450 ~ 500 m/s)冲击熔池,把动量传输给后者,使其以一定流速按一定流向循环流动;另一方面,由于氧射流高速冲击熔池,使射流与熔池发生相互破碎作用,熔池(包括金属和熔渣)被破碎成微小液滴,而射流尾部则被击碎成大量微小气泡。无数微小的金属滴和渣滴互相掺混、高度弥散的现象称为乳化。乳化过程从根本上改变了氧从气相向熔池传输的动力学条件,使传输过程速度剧增。正是由于氧射流的这一作用,使氧气顶吹转炉炼钢方法在炼钢发展史上异军突起,经过 50 多年的发展和完善,成为今天最主要的炼钢方法。

9.2.3 杂质元素的氧化方式

炼钢熔池中各种元素的氧化可能有两种方式。

(1) 直接氧化。所谓直接氧化指的是气相中的氧与熔池中的各种元素如硅、锰、碳、磷等直接发生作用,反应趋势取决于反应的自由焓值。例如对于硅,直接氧化反应可表示如下:

$$[Si] + \{O_2\} = SiO_2 \tag{9-4}$$

(2) 间接氧化。它指的是气相中的氧先将铁氧化成(FeO),然后渣中的 FeO 按照分配定律部分地扩散并溶解于金属中,其后,溶解在金属中的氧与金属中的各种元素相作用并使后者氧化。例如对于金属中的锰,上述过程可以表示为:

$$(FeO) = [O] + Fe$$

$$[O] + [Mn] = (MnO)$$

上述两方程可以简化为:

$$(FeO) + [Mn] = (MnO) + Fe \tag{9-5}$$

这种写法可以理解为在钢-渣的相界面上,金属中的锰被渣相中的 FeO 氧化成(MnO),但是不论如何理解,有一点必须牢记,就是在间接氧化中熔池中的元素绝不是和气相中的氧直接发生作用。

关于杂质元素的主要氧化方式问题,一直存在着较大的分歧。不过,目前大多数的研究者认为,炼钢熔池内的杂质元素以间接氧化为主,即使在直接氧化条件十分优越的氧气转炉炼钢中也是如此。因为,吹入熔池的氧气主要集中在氧气射流的作用区及其附近区域,而不是高度弥散分布在整个熔池中;另外,钢液中铁元素占到 94% 左右,与氧气接触的熔池的表面大量存在的是铁原子,所以,在氧气射流的作用区及其附近区域大量进行的是铁元素的氧化反应,而不是杂质元素的直接氧化反应。

9.3　硅和锰的氧化与还原

炼钢所用原料即铁水和废钢中含有一定数量的硅和锰,而且两者与氧的亲和力均较大。因此,无论是在电炉冶炼中还是在转炉吹炼中都会发生硅和锰的氧化反应。

9.3.1　硅的氧化与还原

硅在铁液中可以无限溶解,但是两者形成的是非理想溶液。不过,在硅含量不高时对亨利定律的偏离并不大,$a_{[Si]} \approx w[Si]_{\%}$。在所有的杂质元素中,硅与氧的亲和力最大;炼钢过程中,硅的氧化产物是只溶于炉渣而不溶于钢液的酸性氧化物 SiO_2。

硅的氧化是炼钢中重要反应之一。碱性炼钢法中硅的氧化对成渣过程、炉衬的侵蚀等都有重要的影响。硅还是转炉炼钢中主要发热元素之一。在转炉炼钢中硅对脱碳有很大影响,如铁水中硅高,即使炉温早已升到碳氧化所要求的数值,C-O 反应也要到 $w[Si]<0.15\%$ 才能强烈进行。

在炼钢过程中,铁水中的硅大量被间接氧化。有关的热力学数据如下:

$$[Si]+2(FeO)=(SiO_2)+2Fe \quad \Delta_r G_m^{\ominus}=-351.71+0.128T \quad kJ/mol \tag{9-6}$$

$$\lg K_{Si}=\lg\frac{a_{(SiO_2)}}{w[Si]_{\%}\cdot a_{(FeO)}^2}=\frac{18360}{T}-6.68 \tag{9-7}$$

当熔池未被炉渣覆盖以及直接向熔池吹氧时,炉料中的硅还会被氧气直接氧化一部分。其反应式如下:

$$[Si]+\{O_2\}=(SiO_2) \quad \Delta_r G_m^{\ominus}=-827.13+0.228T \quad kJ/mol \tag{9-8}$$

$$\lg K_{Si}=\lg\frac{a_{(SiO_2)}}{w[Si]_{\%}\cdot\frac{p_{O^2}}{p^{\ominus}}}=\frac{43210}{T}-11.90 \tag{9-9}$$

由式9-6 和式9-8 可见,无论硅的直接氧化或间接氧化,均为强放热反应,故硅的氧化是在冶炼初期的低温下进行的。至于金属中硅的氧化程度,则要看生成的 SiO_2 在渣中的存在状态。

当渣中有过量的 FeO 时,硅氧化生成的 SiO_2 先按下式与之结合:

$$2(FeO)+(SiO_2)=(2FeO\cdot SiO_2) \tag{9-10}$$

按照离子理论,上述反应可表示为:

$$[Si]=(Si^{4+})+4e$$

$$(Si^{4+})+4(O^{2-})=(SiO_4^{4-})$$

$$2(Fe^{2+})+4e=2Fe$$

$$[Si]+2(Fe^{2+})+4(O^{2-})=(SiO_4^{4-})+2Fe \tag{9-11}$$

正如在离子理论中所谈到的,Fe^{2+} 的半径很小,因而电正性很强,当它们与(SiO_4^{4-})邻近时,由于 Fe^{2+} 与 O^{2-} 之间的强作用力,有可能使 SiO_4^{4-} 解体。因此 $2FeO\cdot SiO_2$ 不是很稳定。

在碱性操作中,随着石灰的熔化,$2FeO\cdot SiO_2$ 中的 FeO 逐渐被 CaO 所置换

$$(2FeO\cdot SiO_2)+2(CaO)=(2CaO\cdot SiO_2)+2(FeO) \tag{9-12}$$

生成的 $2CaO\cdot SiO_2$ 炼钢温度下十分稳定。按照离子理论的观点,渣中 Ca^{2+} 的浓度增大后,围绕着 SiO_4^{4-} 的主要是 Ca^{2+},后者不会夺取 SiO_4^{4-} 中的 O^{2-} 而使之解体,因而形成稳定的离子集团。这样,可以认为,在碱性操作中,金属中的硅在冶炼前期便基本全部氧化,而且冶炼后期温度升高后也不会发生 SiO_2 的还原反应。

在酸性操作中，熔渣通常被 SiO_2 所饱和，此时 $w(SiO_2)=50\%\sim60\%$，而且炉衬中含有大量的 SiO_2，这就为硅的还原创造了有利的条件。当熔池温度升高到一定程度时，便会发生硅的还原反应。

9.3.2 锰的氧化与还原

锰在铁液中可以无限溶解，而且与铁形成的溶液近似于理想溶液，即在定量讨论时可以用锰在钢中的质量百分浓度 $w[\mathrm{Mn}]$ 近似地代替它的活度 $a_{[\mathrm{Mn}]}$。锰与氧的亲和力不如硅与氧的亲和力大，冶炼中它被氧化成只溶于炉渣的弱碱性氧化物 MnO。

锰的氧化与还原也是炼钢重要反应之一。锰在钢中是有益元素，在碱性炼钢法中冶炼终了时通常根据钢种对含锰量的要求和钢中"余锰"量进行脱氧和合金化。

炼钢过程中，锰的氧化方式也是以间接氧化为主。其氧化反应方程式及相关的热力学数据如下：

$$[\mathrm{Mn}]+(\mathrm{FeO})=(\mathrm{MnO})+\mathrm{Fe}\quad \Delta_r G_m^{\ominus}=-123.35+0.056T\ \ \mathrm{kJ/mol} \tag{9-13}$$

$$\lg K_{\mathrm{Mn}}=\lg\frac{a_{(\mathrm{MnO})}}{w[\mathrm{Mn}]_{\%}\cdot a_{(\mathrm{FeO})}}=\frac{6440}{T}-2.95 \tag{9-14}$$

同样，冶炼时炉料中的锰也会被氧气直接氧化一部分：

$$[\mathrm{Mn}]+\frac{1}{2}\{\mathrm{O_2}\}=(\mathrm{MnO})\quad \Delta_r G_m^{\ominus}=-361.65+0.107T\ \ \mathrm{kJ/mol} \tag{9-15}$$

$$\lg K_{\mathrm{Mn}}=\lg\frac{a_{(\mathrm{MnO})}}{w[\mathrm{Mn}]_{\%}\cdot\sqrt{\frac{p_{\mathrm{O_2}}}{p^{\ominus}}}}=\frac{18860}{T}-5.56 \tag{9-16}$$

在有过量的(FeO)存在时，生成的(MnO)将结合成2(FeO、MnO)·SiO_2。在碱性操作中，随着碱度的增大，2(FeO、MnO)·SiO_2 逐渐向(2CaO·SiO_2)过渡，反应为

$$2(\mathrm{FeO、MnO})\cdot\mathrm{SiO_2}+2\mathrm{CaO}=(2\mathrm{CaO}\cdot\mathrm{SiO_2})+2(\mathrm{FeO,MnO}) \tag{9-17}$$

由于式9-13和式9-15都是放热反应，因此同硅一样，锰的氧化反应也是在冶炼初期熔池温度不高的条件下进行的。但是，在碱性操作中由于(CaO)的高浓度而使一大部分(MnO)处于游离状态，故锰的氧化不像硅那样彻底，而且冶炼后期熔池温度升高后还可能发生 MnO 的还原反应。温度越高，还原出来的锰量越大，氧化结束时钢液中的锰含量即"余锰"越高。所以，根据钢液中的"余锰"量，可以大体判断熔池的温度。高"余锰"量是操作热行的具体反映。

在(FeO)和温度一定时，(MnO)量越高，还原出来的锰量也越高，冶炼过程中减少放渣次数和放渣量或向渣中加入锰矿都可达到这一目的。

在高碱度渣中，(FeO)和(MnO)可以近似地认为是理想溶液的组元。于是，式9-14可简化为：

$$K_{\mathrm{Mn}}=\frac{w(\mathrm{MnO})_{\%}}{w[\mathrm{Mn}]_{\%}\,w(\sum\mathrm{FeO})_{\%}} \tag{9-18}$$

于是

$$w[\mathrm{Mn}]_{\%}=\frac{w(\mathrm{MnO})_{\%}}{w(\sum\mathrm{FeO})_{\%}}\times\frac{1}{K_{\mathrm{Mn}}} \tag{9-19}$$

本式可用于计算"余锰"量。但应注意，当熔渣碱度 $B<2.4$ 时，计算值偏大，这是因为有部分 MnO 结合成了2MnO·SiO_2 使 MnO 的活度下降。

9.4 碳的氧化

炼钢用的铁水是铁和碳以及其他一些杂质的溶液。铁水中的碳量通常稳定在4%左右。在高炉炼铁过程中,铁矿石中的氧化铁被还原为铁,在还原性气氛和赤热焦炭的渗碳作用下,还原出的铁最终为生铁。碳与铁形成非理想溶液,但当碳含量不高时,$f_C \approx 1$。碳与氧的亲和力小于硅而与锰相当,炼钢中碳的氧化产物是几乎不溶于钢液的CO气体。在转炉中碳的氧化是热量的重要来源,所以我们要认真学习掌握脱碳反应的原理及其应用和规律。

9.4.1 碳-氧反应在炼钢中的作用

碳的氧化反应又叫做碳-氧反应或脱碳反应,它是贯穿整个炼钢过程的一个最重要的反应。通过这一反应,一方面将金属中的碳含量降低到所炼钢号的规格范围;另一方面,它被作为一种有效手段达到以下的冶炼目的:

(1) 反应产物CO气体逸出时引起的沸腾对熔池具有强烈的搅拌作用,可强化熔池的传质与传热过程,促进钢液、熔渣的成分和温度的均匀;

(2) 碳-氧反应对熔池的搅拌可加快反应物和生成物的扩散,并增大熔渣和金属的反应界面,能加速熔池内的物理化学反应;

(3) 上浮的CO气体可携带和促进钢中的气体和非金属夹杂物上浮,有利于提高钢的质量;

(4) 大量CO气体通过渣层使炉渣泡沫化和熔池中的气体、炉渣、金属三相乳化,可大大加速炼钢反应。

应指出的是,在氧气顶吹转炉中,脱碳反应速度极快,如果熔炼过程中的成渣过程和温度控制等不能和脱碳速度紧密配合,将会使操作陷于被动。此外,大量CO的生成和排出的不均匀性,是生成严重泡沫渣和造成熔池上涨并由此导致剧烈喷溅的主要原因。

9.4.2 碳-氧反应的热力学

碳-氧反应的热力学主要研究碳-氧反应的热效应、平衡时的碳-氧浓度积及熔池内的实际碳-氧关系。

9.4.2.1 碳-氧反应的热效应

研究碳-氧反应热效应的目的,主要是要了解温度对碳-氧反应的复杂影响,同时获得热力学计算所需的数据。现对炼钢过程中常见的几个碳-氧反应的热效应$\Delta_r H^\ominus$讨论如下。

(1) 气态氧和钢中碳相互作用的热效应

$$\frac{1}{2}\{O_2\} + [C] = \{CO\} \quad \Delta_r H^\ominus = -152.47\ \text{kJ} \tag{9-20}$$

这是一个放热反应,因此一般认为碳的直接氧化是转炉炼钢的重要热源。

(2) 渣中的氧化铁和钢中碳相互作用的热效应

$$(FeO) + [C] = [Fe] + \{CO\} \quad \Delta_r H^\ominus = 85.31\ \text{kJ} \tag{9-21}$$

可见,钢液与熔渣之间的两相反应是一个吸热反应,提高温度有利于反应向生成物方向进行。转炉炼钢中激烈的碳-氧反应要等到炉内温度较高后方能进行,电炉炼钢中规定加矿氧化温度必须大于1550℃等,其原因均在于此。

(3) 钢中的氧和碳相互作用的热效应

$$[C] + [O] = \{CO\} \quad \Delta_r H^\ominus = -35.61\ \text{kJ} \tag{9-22}$$

这是一个弱放热反应，降低温度有利于反应向生成物方向自发进行。如：浇注沸腾钢时，随着钢锭模内钢水温度的下降及碳和氧在结晶前沿的浓聚，碳-氧反应自发进行，引起钢锭模内的钢水沸腾。

9.4.2.2　钢液内的碳-氧关系

钢液内的碳-氧反应式为：

$$[C]+[O]=\{CO\}$$

A　碳与氧的平衡关系——碳-氧浓度积

上式反应达平衡时：

$$\lg K_C=\lg\frac{p_{CO}/p^{\ominus}}{a_{[C]}\cdot a_{[O]}}=\lg\frac{p_{CO}/p^{\ominus}}{w[C]_{\%}\cdot f_C\cdot w[O]_{\%}\cdot f_O}=\frac{1160}{T}+2.003 \tag{9-23}$$

式中　p_{CO}——气相中 CO 的分压，Pa；

$p^{\ominus}$——标准大气压，101325 Pa；

$a_{[C]}$——碳的活度；

$a_{[O]}$——氧的活度；

$w[C]_{\%}$——钢液中碳的质量百分数；

$w[O]_{\%}$——钢液中氧的质量百分数；

f_C——碳的活度系数；

f_O——氧的活度系数。

由于钢液中的碳-氧反应为弱放热反应，所以其平衡常数会随温度的升高而略有下降。1600℃时的 K 值为 419。

为了分析炼钢过程中溶解在钢液中的碳和氧之间的关系，常将 p_{CO} 近似取作 101325 Pa；当钢液的含碳量较低时，f_C 和 f_O 均接近 1，计算公式为：

$$\lg f_C=0.298w[C]_{\%},w[C]=0.1\%\sim1.0\%$$

$$\lg f_O=-0.421w[C]_{\%},w[C]=0.1\%\sim1.0\%$$

因此取 $a_C=w[C]_{\%}$，$a_O=w[O]_{\%}$，则式 9-23 中的平衡常数表达式可以简化为：

$$K_C=\frac{1}{a_C\cdot a_O}=\frac{1}{w[C]_{\%}\cdot w[O]_{\%}} \tag{9-24}$$

为了讨论方便，以 m 代表 $1/K_C$，则上式可写成：

$$m=w[C]_{\%}\cdot w[O]_{\%} \tag{9-25}$$

称 m 为碳-氧浓度积。此时，m 值也具有化学反应平衡常数的性质，即在一定温度和压力下为一常数，而与反应物和生成物的浓度无关。在 1600℃、101325 Pa 下实验测定的结果是 $m=0.0023$。

可见，反应平衡时钢液中的碳与氧之间呈双曲线关系，即温度一定时，当钢中的碳含量高时，与之相平衡的氧含量就低；反之亦然。

实际上，m 并非是一个常数，随温度及 $w[C]_{\%}$ 的变化而变化。在不同的碳含量和温度时的 m 值列于表 9-2。

表 9-2　不同温度和含碳量的 m 值（$w[C]_{\%}\cdot w[O]_{\%}\times10^3$）

m \ 温度/℃ \ $w[C]_{\%}$	1500	1550	1600	1650	1700
0.01	1.76	1.91	2.06	2.19	2.33
0.05	2.11	2.22	2.34	2.44	2.55

续表 9-2

$w[C]_{\%}$ \ m \ 温度/℃	1500	1550	1600	1650	1700
0.10	2.20	2.30	2.41	2.51	2.60
0.50	2.51	2.61	2.72	2.83	2.94
1.00	2.91	3.02	3.16	3.27	3.40

从表 9-2 中的数据可见，含碳量一定时，随着温度的升高 m 值将增大，这是因为钢液中的碳氧反应为弱放热反应的缘故。

在一定温度下 m 值不守常的原因，在碳高时是由于碳和氧的活度系数均不等于 1；在碳低时则是由于部分碳按照下列反应

$$[C]+2[O]=\{CO_2\}$$

氧化成了 CO_2，其质量分数可由上列脱碳反应平衡值计算得出，如表 9-3 所示。

表 9-3 不同温度下，$p_{CO}/p^{\ominus}+p_{CO_2}/p^{\ominus}=1$ 与 Fe-C-O 熔体相平衡的气相中 CO_2 的质量分数

$w(CO_2)/\%$ \ $w[C]/\%$ \ 温度/℃	1500	1550	1600	1650	1700
0.01	20.1	16.7	13.8	11.5	9.5
0.05	5.6	4.3	3.3	2.7	2.1
0.10	2.8	2.0	1.7	1.3	1.1
0.50	0.44	0.34	0.26	0.21	0.16
1.00	0.16	0.12	0.034	0.070	0.060

由表 9-3 中数据可知，在炼钢温度下，只有当碳含量低于 0.1% 时，气相中 CO_2 才能达到 1% 以上，可见炼钢熔池中碳的氧化产物绝大部分为 CO，所以一般性讨论时可近似地取 $p_g \approx p_{CO}$。

由于 C-O 反应产物为气体 CO 和 CO_2，$p_g=p_{CO}+p_{CO_2}$，所以当温度一定时 C-O 平衡还要受到 p_g 或 p_{CO} 变化的影响。当 $p_{CO}\neq 0.1$ MPa 即非常压下冶炼时，高压情况的 C-O 平衡关系如图9-2所示。低压情况的 C-O 平衡关系如图 9-3 所示，可见，低压下有利于碳-氧反应的进行。

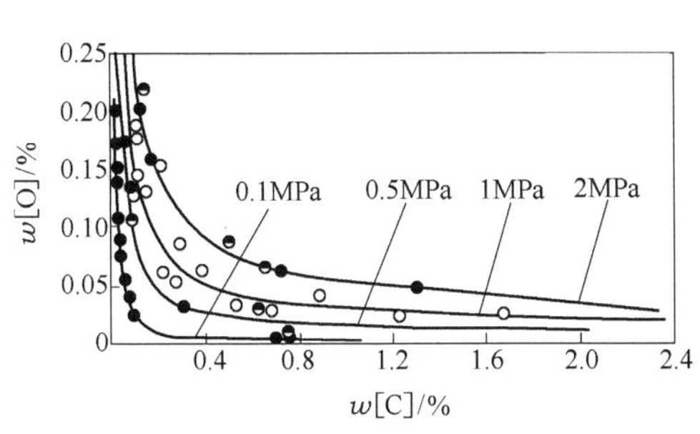

图 9-2 高压 CO 平衡的溶铁中 C-O 关系

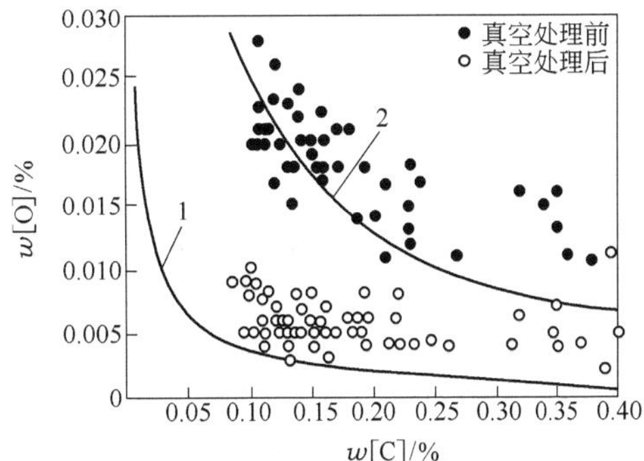

图 9-3 在减压下溶铁中 C-O 关系

1—托马斯，蒙雷尔：$w[C]\cdot w[O]=0.034\%$，$p_{CO}=1.33$ kPa；

2—瓦启尔，汉密尔顿：$w[C]\cdot w[O]=0.25\%$，$p_{CO}=1.33$ kPa

B 熔池中碳与氧的实际关系

无论何种炼钢方法,氧化结束时熔池内的碳氧反应均未达到平衡,钢液的实际氧含量高于在该情况下与碳平衡的含氧量。如果将与 $w[\mathrm{C}]$ 相平衡的 $w[\mathrm{O}]_{平}$ 值和实际熔池中的 $w[\mathrm{O}]_{实}$ 之差称之为过剩氧 $\Delta w[\mathrm{O}]$,即

$$\Delta w[\mathrm{O}] = w[\mathrm{O}]_{实} - w[\mathrm{O}]_{平} \tag{9-26}$$

再将此式代入 $m = w[\mathrm{C}] \cdot w[\mathrm{O}]$ 式中,可得到

$$\Delta w[\mathrm{O}] = w[\mathrm{O}]_{实} - m \cdot w[\mathrm{C}]^{-1}$$

过剩氧 $\Delta w[\mathrm{O}]$ 的存在是熔池中发生碳氧反应的必要条件,其大小主要与以下几个因素有关:

过剩氧 $\Delta w[\mathrm{O}]$ 与脱碳反应动力学因素有关,脱碳速度大时,则碳氧反应接近平衡,过剩氧少;反之,过剩氧就多。

过剩氧 $\Delta w[\mathrm{O}]$ 随钢液的含碳量不同而不同,钢液的含碳量越低,则过剩氧越小,即 $w[\mathrm{O}]_{实}$ 越接近于与 $w[\mathrm{C}]$ 平衡的氧含量 $w[\mathrm{O}]_{平}$。

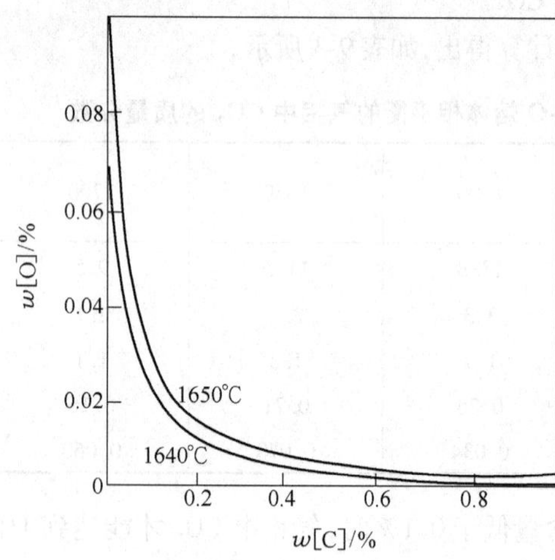

图 9-4 常压下,平衡时 $w[\mathrm{C}]$-$w[\mathrm{O}]$ 和炼钢熔池内实测值之间的关系

图 9-4 为常压下,平衡时 $w[\mathrm{C}]$-$w[\mathrm{O}]$ 和炼钢熔池内实测值之间的关系。在现有的炼钢方法中,顶吹转炉的脱碳速度最大,所以其实际碳氧关系比较接近平衡的碳氧关系,而且随着吹炼的进行,钢液的含碳量逐渐下降,熔池内的实际碳氧关系愈加接近平衡的碳氧关系。

正因为熔池中[C]和[O]基本上保持着平衡关系,[C]高时[O]低。所以在转炉吹炼的前期,由于金属中的[C]很高,增大供氧量只能提高脱碳速度,而不会增加熔池中的氧含量;而冶炼后期要使 $w[\mathrm{C}]$ 降低到 0.15% ~0.2% 以下,则必须使熔池中维持很高的 $w[\mathrm{O}]$。

9.4.3 碳-氧反应的动力学

动力学要解决的问题是反应步骤、限制性环节及反应速度。

9.4.3.1 碳-氧反应的步骤

在炼钢炉内,金属与炉气之间隔有一层炉渣,反应产物 CO 不可能直接进入气相,而只能在熔池内部以气泡的形式析出,使整个反应机理变得极为复杂。一般认为碳-氧反应过程至少包括以下三环节:

(1) 熔池内[C]和[O]向反应区扩散;

(2) [C]和[O]进行化学反应;

(3) 生成 CO 气泡并长大上浮而排出。

9.4.3.2 碳-氧反应的限制性环节

由碳-氧反应的步骤可知,熔池中碳的氧化反应是个复杂的多相反应,包括扩散、化学反应及新相生成等几个环节。

A　CO气泡的生成与上浮

碳-氧反应产物CO在金属中溶解度很小，只有以CO气泡形式析出才能使碳-氧反应顺利进行。

在均匀的钢液中能否生成CO气泡？现在分析如下：

由溶液的基本理论可知，要在一个均匀的钢液中生成一个CO气泡新相，一个首要的条件是要求生成新相的物质CO在钢液中有一定的过饱和度。因为物质在溶液中以过饱和状态存在时，其自由能要大于它纯态时的自由能，这样，在它以一个新相面析出的过程中，自由能变化量为负值，该过程便能自发进行。

其次，在一个均匀的液相中要析出一个新相，而且这个新相能够长大，还要求最早生成的种核能够达到一定的尺寸，即要达到"临界半径"。大于临界半径的种核长大过程中的自由能变化ΔG为负值，小于临界半径的种核长大过程中的自由能变化为正值，后者即使种核能够生成，也将重新溶化于溶液中。

上述的过饱和度和临界半径之间存在着一定关系，如果析出物质在溶液中的过饱和度很大，那么新相析出时所要求的临界半径就比较小；反之，就要求种核具有比较大的临界半径。实际生产中，钢液中的CO不可能达到很大的过饱和度，这就要求CO在析出时先要形成半径较大的种核，也就是说，在溶液中的某些地方，在某一瞬间，在一个很小的体积内聚集大量的形核质点。显然，这种现象出现的几率是非常小的。

假设由于某些条件，在钢液中形成了半径达到临界尺寸的CO种核，则生成的CO种核所受到的压力是：

$$p_{CO} \geqslant p_{气} + \rho_{钢} \cdot g \cdot h_{钢} + \rho_{渣} \cdot g \cdot h_{渣} + (2\sigma_{钢})/r \tag{9-27}$$

式中　p_{CO}——CO气泡所受到的压力，MPa；

$p_{气}$——炉气压力，约为0.1 MPa；

$\rho_{钢}$、$\rho_{渣}$——钢液和炉渣的密度，分别为7 t/m^3和3 t/m^3；

$h_{钢}$、$h_{渣}$——分别为气泡上方钢液和渣层的厚度，m；

$\sigma_{钢}$——钢液的表面张力，为1.5×10^3 N/m；

r——CO气泡的半径，达到临界半径时，约为10^{-9} m。

仅由表面张力引起的压力一项就高达：

$$(2\sigma_{钢})/r = 2 \times 1.5 \times 10^3 \times 10^{-3}/10^{-9}\ \text{Pa} = 3.0 \times 10^3\ \text{MPa}$$

可见，在均匀的钢液内部形成CO气泡是不可能的。

实际生产中发现，熔池内CO气泡的生成并不困难，原因是熔池中存在着现成的气泡萌芽（气-液界面），使得CO气泡的生成极为容易。

就像烧开水一样，最初的气泡绝不会是在水中突然出现，而是从壶底渐渐产生，道理很简单，在液体（水）与固体（壶底）接触之处存在有未被排净的空气，这些残留的气体就可能成为生成气泡的萌芽。在炼钢炉内，从微观上讲，炉衬的表面存在着许多小孔和缝隙，而且在与钢液接触前均被空气所充满。其中一些小孔的半径或缝隙的宽度远大于钢液中CO的过饱和度所要求的临界半径，但在与钢液接触时因界面张力的作用又不至于被钢液完全充填而残留有部分空气，这些小孔和缝隙便是生成CO气泡的理想地点。尤其是当炉衬不被钢液所润湿，即润湿角$\theta > 90°$时，孔洞中的钢液面向下突出，此时因表面张力引起的附加压力为负值（随气泡长大，界面积减小），就是说它不仅不对气泡施加压力，反而会减轻气泡所承受的其他压力。

随着小孔内气泡表面上的碳-氧反应的进行，反应产物CO气体不断进入气泡使之渐渐长大。当气泡长大到一定程度时便脱离小孔而上浮，与此同时，小孔中还残留有一部分气体继续作为气泡的萌芽。

上浮过程中的CO气泡，在途经碳-氧反应未达平衡的钢液时，其表面也是很好的碳-氧反应地点（有很大一部分碳是在CO气泡表面氧化掉的）。因此，随着CO气泡的上浮，其内的CO气体及沿途吸收的氢气和氮气不断增加，加之，它所承受的压力渐小，气泡的尺寸渐大，上浮的速度也渐快，最后冲破液面进入气相并引起熔池沸腾。

还应指出，当钢-渣界面上有未熔质点如石灰、萤石、铁矿石等存在时，其上的裂缝及孔洞也可能作为生成CO气泡的异质核心。这一观点可以由熔池的表面沸腾（气泡冲出液面时小而无力）得到证明。

综上所述，对于炼钢炉内的碳氧反应，其新相——CO气泡的生成并不困难，吹氧炼钢时，钢液中弥散分布的氧气泡和上浮过程中的CO气泡表面、炉衬及造渣材料表面的裂缝和小孔中都是碳与氧良好的反应地点。

B 化学反应与扩散

既然新相即CO气泡可以顺利生成，那么就可由反应的表观活化能数值来判断化学反应与扩散哪一个步骤是限制性环节。

有关研究认为，当表观活化能 $E \geqslant 1050$ kJ/mol 时，化学反应是整个过程的限制性环节；当表观活化能 $E \leqslant 418$ kJ/mol 时，过程受扩散控制；而当表观活化能处于 $418 < E < 1050$ kJ/mol 时，过程同时受扩散和化学反应控制。

根据有关文献报道，碳-氧反应的表观活化能 E 波动在62.8～146 kJ/mol之间，因此可以认为碳-氧反应过程受扩散控制，即钢液中的碳或氧向反应区扩散是整个反应的限制性环节。实际上高温下碳-氧反应是非常迅速的，属瞬时反应。

9.4.3.3 碳-氧反应速度

碳-氧反应速度常用单位时间内的脱碳量来表示，符号 v_C，单位为%/min。

在碳和氧的扩散中，究竟哪一个更慢而对碳-氧反应起控制作用？研究表明，两者的扩散速度比为：

$$\Delta = \frac{v_{Cmax}}{v_{Omax}} \approx \frac{w[C]}{w[O]} \cdot \frac{\sqrt{D_C}}{\sqrt{D_O}} \tag{9-28}$$

式中 v_C、v_O——分别为碳和氧在钢液中的扩散速度，%/s；

D_C、D_O——分别为碳和氧在钢液中的扩散系数，属于同一数量级，但 $D_C > D_O$。

另外，只要 $w[C] > 0.07\% \sim 0.10\%$，由碳-氧浓度积可知，$w[C]$ 便远远大于 $w[O]$，因此有 $v_C > v_O$。

由以上分析得出，在炼钢的大部分时间内，[O]的扩散为碳-氧反应的限制性环节；而当 $w[C]$ 过低时，[C]的扩散将控制碳-氧反应。

于是，根据边界层扩散理论，碳-氧反应速度可表示为：

$$v_C = -\frac{dw[O]_\%}{dt} = \frac{A}{V_M} \cdot \frac{D_O}{\delta_M}(w[O]_\% - w[O]^*_\%) \tag{9-29}$$

式中 A——气-液两相的界面积，cm^2；

V_M——钢液的体积，cm^3；

D_O——氧的扩散系数，cm^3/s；

δ_M——扩散边界层的厚度，cm；

$w[O]_\%$——钢液中的氧的质量百分数；

$w[O]^*_{\%}$——气泡、钢液界面上氧的质量百分数。

感应炉的吹氧实验也证明了这一点，钢液含 $w[C]$ 量大于0.07%时，脱碳速度与 $w[C]$ 无关，而随供氧强度的提高呈直线增加：

$$v_C = kI_{O_2} \tag{9-30}$$

式中　k——由供氧强度决定的常数；

I_{O_2}——供氧强度，$m^3/(min \cdot t)$。

因为增加供氧强度可以加大钢液与反应界面之间氧的浓度差，使氧的扩散动力增大；同时，还可以加强熔池的搅拌，减小边界层的厚度、增大气-液两相的界面积等，因此可以提高碳-氧反应速度。

比较而言，吹氧时的供氧速度远大于加铁矿石时的供氧速度，所以电炉吹氧氧化的脱碳速度比加矿石氧化的脱碳速度要快得多，前者通常为0.025%～0.032% C/min；后者一般仅为0.008%～0.016% C/min。氧气顶吹转炉采用超音速射流吹氧，供氧速度很快，单位时间内输入氧量多，其脱碳速度达到了0.1%～0.4% C/min，最高可达0.6% C/min以上。

9.4.4　氧气顶吹转炉的碳-氧反应机理和特点

9.4.4.1　氧气顶吹转炉的碳-氧反应机理

氧气顶吹转炉的碳-氧反应形式及CO气泡的生成地点，大致可分为下列五种情况（见图9-5）。

A　高速氧流作用区

顶吹转炉中有一个高速氧流作用区。此区因存在气态氧与金属直接接触界面（被氧流冲击成凹坑的表面和氧流末端部分氧流被弥散成气泡的表面），且温度很高，所以，碳能被气态氧直接氧化，其反应式为：

$$\frac{1}{2}\{O_2\} + [C] = \{CO\}$$

或

$$\frac{1}{2}\{O_2\} = [O]$$

$$[O] + [C] = \{CO\}$$

吹炼条件下，由于金属熔液的循环作用，不断更新着金属表面作用层、加上连续地供氧，从而使这种碳的直接氧化反应得以连续不断地进行，但就整个熔池的脱碳来说，氧流作用区的这部分直接反应毕竟不是主要的，研究表明，它约占10%～30%。

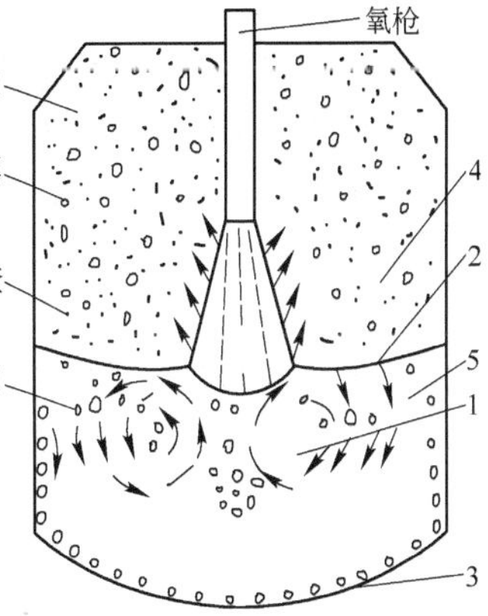

图9-5　氧气顶吹转炉炉内CO气泡可能的形成地点示意图

1—高速气流作用区；2—炉渣-金属界面；3—炉底和炉衬的粗糙表面；4—金属-炉渣-气体乳浊液；5—沸腾熔池中的气泡表面

B　炉渣—金属界面

在氧流冲击不到的地方，仍有炉渣与金属的接触面存在，特别是冶炼初期，当矿石、石灰以及渣中其他未熔弥散颗粒与金属液接触时，有相当一部分碳是通过下列反应去除的：

$$(FeO) + [C] = [Fe] + \{CO\}$$

由于液态炉渣的迅速形成，炉渣-金属界面上往往再难以出现CO气泡种核，且传氧又主要不是依靠炉渣，所以以这种形式脱除的碳数量不会太多。

C　炉底与炉衬的粗糙表面

此处由于生成CO气泡种核的条件较好，可能以下列反应形成CO气泡

$$[C] + [O] = \{CO\}$$

显然，这里的供氧条件要比氧流作用区和乳化了的金属-炉渣-气体中要差，但可以认为，在这些地方是能够发生碳-氧反应的。

D　金属-炉渣-气体乳浊液

如图9-5所示，当高压氧气流股冲击熔池后，从熔池中飞溅出大量的金属液滴，后者有很大一部分自氧流作用区飞出而直接散落在炉渣中，构成金属-炉渣-气体三相乳浊液。

研究表明，乳浊液中金属液滴的含量最高能达70%左右。这是因为，脱碳反应在氧气射流“冲击区”进行，当高压氧气射流冲击熔池后，一部分金属液被击碎成液滴，并使金属液滴直接散乱在炉渣中呈乳浊状态。而金属液滴在泡沫渣中的脱碳反应速度是非常迅速的。这是由于金属-炉渣-气体是高度分散的，其接触面积相当大，供氧和供碳条件又极为有利。例如，根据转炉内取样分析发现，当金属熔池含碳量为1.05%时，泡沫渣中金属液滴碳含量仅为0.125%～0.33%，平均为0.23%。有些研究报道推论金属液中的含碳量是在泡沫渣中氧化去掉的。综上可得，乳浊液金属液滴的脱碳速度比熔池中要快得多。

有些研究认为，估计35%～40%的碳是通过弥散在泡沫渣内的液滴氧化掉的；同样，有的认为：在吹炼过程的任何时刻，约有20%的金属被乳化，而在整个吹炼过程中，几乎全部金属都要通过乳化。

所以，氧气顶吹转炉中的碳-氧反应很可能主要是发生在乳浊液中。

E　沸腾熔池的气泡表面

氧流作用区飞出的大颗粒金属液滴能重新落入熔池，参加熔池的循环运动。由于这些液滴表面已被氧化而形成一层铁质氧化渣膜，而其内部因CO的析出压力很高（据计算，当氧含量达到饱和状态时，可接近几十甚至几百兆帕），任何存在着的固体质点都可成为碳-氧反应的中心。结果，这些金属液滴实际上已转变成含CO的空气球体。这些球体在参加熔池的循环运动过程中，其氧化膜或溶于熔池，或受冲刷而剥落，于是留下的就是一个CO气泡。

由于金属液滴的数量很大，形成的CO气泡也很多，加上熔池中来自其他地区的CO气泡，所以，碳-氧反应就会在这些气泡表面继续进行，引起熔池的更剧烈沸腾。

氧气射流作用下的脱碳方式大致分为两种情况：一种是氧气射流吹入电炉熔池内进行脱碳，如图9-6所示；另一种是氧气射流吹入氧气顶吹转炉熔池内形成“冲击区”而进行脱碳，如图9-7所示。

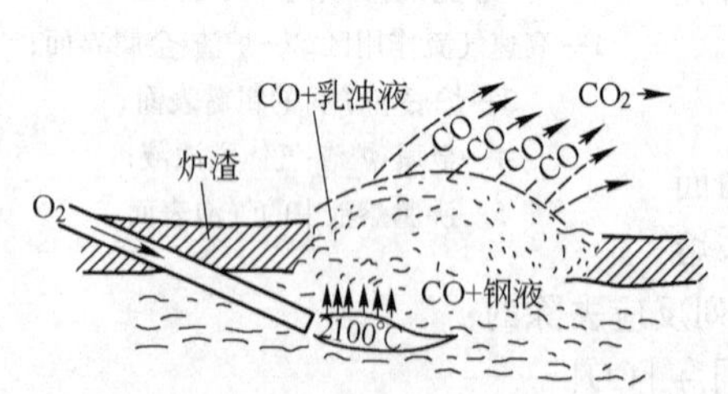

图9-6　电炉熔池吹氧的示意图（吹氧脱碳操作）

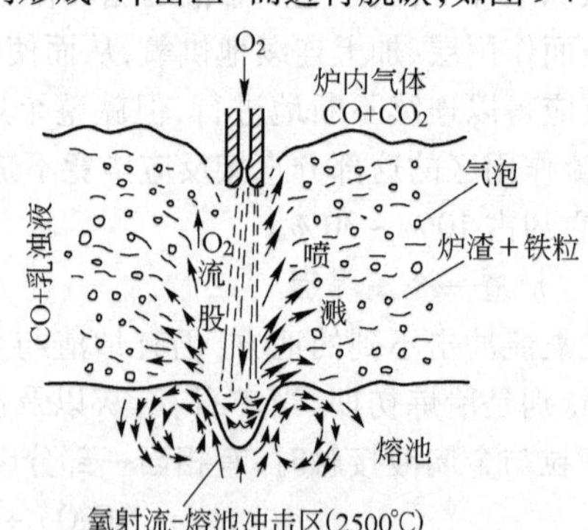

图9-7　氧气顶吹转炉氧射流与熔池相互作用的示意图

一般认为，电炉熔池中在氧气射流作用下，将发生下列脱碳反应：

$$
\begin{aligned}
&\nearrow + 2[C] \rightarrow 2\{CO\} \\
O_2 &\rightarrow [O] \cdots [C] + [O] \rightarrow \{CO\} \\
&\searrow + [Fe] \cdots (FeO) + [C] \rightarrow [Fe] + \{CO\}
\end{aligned}
$$

氧气顶吹转炉熔池内脱碳反应也类似这种情况。但根据激烈的脱碳反应期渣中(FeO)降低，以及转炉停吹后熔池内碳仍然降低的事实，可以认为氧气顶吹转炉内也有类似电炉中下述脱碳反应在进行：

$$(FeO) + [C] \rightarrow [Fe] + \{CO\}$$

根据在转炉内的某些专门试验推测，认为：类似于电炉中存在的这种脱碳反应，在脱碳最激烈的时期约占全部脱碳反应的5%～10%，在吹炼末期则约占10%～15%。

须指出的是，电炉吹氧时，碳的氧化反应以直接氧化为主。

9.4.4.2　氧气顶吹转炉的碳-氧反应特点

A　脱碳反应特点及过程曲线

氧气转炉炼钢过程中碳-氧反应主要是在三相乳化液中进行，速度很快，这是转炉炼钢的特点之一，是区别于其他炼钢方法的重要标志。

转炉炼钢过程中的脱碳过程大致分三个变化时期，如图9-8所示。

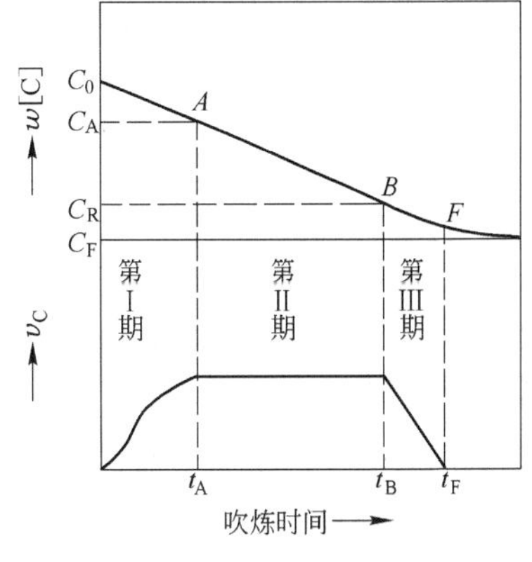

图9-8　氧气顶吹转炉脱碳曲线

第Ⅰ期（硅、锰氧化期）脱碳反应速度 v_C，随着吹炼的进行而不断加快。因为此期中温度低，硅、锰含量高，而且硅、锰与氧的亲和力大，所以此期以硅、锰的氧化为主，同时通过氧化放出热量使熔池的温度逐渐上升，而 v_C 则随着熔池温度的不断升高和硅、锰含量的不断下降而逐步提高。

第Ⅱ期（碳氧化期）脱碳速度稳定。因为此期的熔池温度已提高到1450℃以上，硅、锰已被大量氧化，熔池内硅、锰已所剩无几，此时碳处于活泼状态，加之由于碳-氧反应产生的沸腾引起的强烈搅拌形成的乳浊液，更使 v_C 大为加快，所以此期主要是碳的氧化，其反应速度快而稳定，脱碳速度值犹如一平台。v_C 的大小取决于供氧强度。

第Ⅲ期（冶炼后期）碳的氧化速度 v_C 呈直线下降，因为此时碳经过第Ⅱ期的激烈反应后已经下降到较低水平，到达反应界面的碳大为减少，使脱碳反应变得困难，v_C 下降。此期中，v_C 取决于碳的多少。

B　影响碳-氧反应的因素

鉴于脱碳反应动力学和热力学条件，影响脱碳反应的因素很多，以下仅从生产操作方面来分析主要的影响因素。

第Ⅰ期内影响脱碳反应的主要因素是熔池温度，此期尽管金属中碳含量很高有利于碳的反应，但由于熔池温度低（通常平均低于1400℃），碳处于不活泼状态，v_C 较低并随着温度不断升高和硅、锰含量的不断减少而逐步加快。

在第Ⅱ期内的脱碳速度 v_C 几乎只取决于供氧强度，因此期硅、锰已大量氧化使熔池温度不断升高到1450℃以上，碳处于活泼状态且含量仍很高，加上碳沸腾所引起的熔池强烈搅拌以及乳浊液的形成和发展，基本具备了脱碳反应的热力学和动力学条件，根据质量作用定律（在一定温度下，反应速度与反应物浓度成正比，各浓度的次方等于反应方程式中各反应物的化学计量系数），对于脱碳反应[C] + [O] = {CO}来说，存在着 $v_C = K[C][O]$ 的关系，由于此期碳仍很高，如果供氧强度大，向熔池供应了足够的氧，即 v_C 则能迅速提高（三孔喷嘴的 v_C 可达 0.6% C/min 左右）。

第Ⅲ期的 v_C 的主要影响因素是碳含量，此期的 v_C 随时间成直线下降趋势，当 $w[C] < 0.15\% \sim 0.20\%$ 时，v_C 取决于碳的浓度和扩散，并与含碳量几乎成正比。

9.5 去磷

磷是钢中的长存元素之一，由于它会使钢产生“冷脆”及恶化钢的焊接性能和冷弯性能等，所以常被视为有害元素而需要在冶炼中去除。

钢中的磷主要来源于炼钢生产的原料——铁水和生铁块。这是由于高炉生产的还原过程不能去磷，炼铁原料——铁矿石和焦炭中的磷几乎全部留存在铁水和生铁块之中。另外，炼钢生产的其他金属料如废钢、铁合金等也含有一定数量的磷。

磷在钢中以[Fe_2P]形式存在，进行一般性讨论时常用[P]表示。

9.5.1 磷对钢性能的影响

A 钢中磷的危害性

对于绝大多数的钢来说，磷是有害的，但在某些特殊钢种中，也是有益的。磷的危害性主要是使钢产生“冷脆”现象。

随着钢中磷含量的增加，钢的塑性和韧性降低，即使钢的脆性增加，由于低温时更为严重，所以称为“冷脆”。产生“冷脆”现象的原因在于，磷能显著扩大两相区，使钢液凝固时的选择结晶进行得很充分，即先结晶的钢中磷含量很低，而最后凝固的在晶界处磷含量很高，形成 Fe_2P 脆性夹层，从而导致钢的塑性和冲击韧性大大降低。

试验证实，随着钢中 $w[C]$、$w[N]$、$w[O]$ 含量的增加，磷的冷脆危害加剧。磷含量高时还会使钢的焊接性能变坏，冷弯性能变差。

B 对钢中磷含量的要求

鉴于磷对钢性能的不良影响，因此，按照用途不同对钢中的磷含量作了不同的限制：

普通碳素钢：$w[P] \leqslant 0.045\%$；优质碳素钢：$w[P] \leqslant 0.035\%$；高级优质钢：$w[P] \leqslant 0.030\%$，有时要求 $w[P] \leqslant 0.020\%$。

随着生产的发展，对钢质量的要求越来越高，对钢中的磷含量要求也越来越严格，某些特殊用途的钢种，甚至要求 $w[P] \leqslant 0.010\%$。

C 钢中磷的有益作用

实际上，磷的存在对钢的某些性能具有一定的益处，因此，有时在某些钢中磷是当作合金元素使用的。

磷能提高钢的强度和硬度，其强化作用仅次于碳，因此，国外的一些钢厂为了增加低碳镀锡薄板的强度，常使其含 $w[P]$ 量达到 0.08% 左右。

磷可以提高钢的抗腐蚀能力。例如我国鞍钢生产的 MnPRe 钢，含 $w[P]$ 量高达 0.08% ~ 0.13%，其抗大气腐蚀能力比普通钢有显著的提高，可用于制造车辆、焊管、油罐车及其他要求耐大气腐蚀比较严格的地方。该钢的稀土元素含量 $w[Re] = 0.2\%$ 左右，它的加入是为了抑制磷的“冷脆”危害。

磷还可以改善钢的切削性能，为此易切削钢的含磷量均较高。例如，上钢生产的 Y15Pb 钢，要求含 $w[P]$ 量 0.09% 左右，该钢用于制作汽车轮胎螺母等。

还可利用磷的“脆性”冶炼特殊钢种。例如炮弹钢中适当提高磷的含量，可增加钢的脆性，从而使爆炸时碎片增多，杀伤力更大。

另外，磷还可以改善钢液的流动性，因此离心法铸钢管或制作薄壁结构的铸钢件时，均希望钢水中有较高的含磷量。

9.5.2 去磷反应热力学

9.5.2.1 去磷的反应式及基本条件

A 按照分子理论

在氧化性渣条件下，去磷反应是在钢-渣相界面上进行的。搅拌法中利用高 $w(FeO)$ 可以去磷 75% ~85%。可表述如下：

$$2[P]+5(FeO)=(P_2O_5)+5[Fe]$$

$$3(FeO)+(P_2O_5)=(3FeO\cdot P_2O_5)$$

$$2[P]+8(FeO)=(3FeO\cdot P_2O_5)+5[Fe] \tag{9-31}$$

如果让金属和纯氧化铁渣处于平衡，则发现磷在渣—金属间的分配系数不大，其摩尔分数之比仅有 1 ~5，即

$$x_{(P_2O_5)}/x_{[P]}=1\sim5$$

原因是在 1400 ~1620℃，$3FeO\cdot P_2O_5$ 很不稳定。

为了有效去磷，应让渣中的磷在上述温度条件下以更稳定的化合物的形态存在。这类更稳定的化合物是 $3CaO\cdot P_2O_5$ 或 $4CaO\cdot P_2O_5$。当熔渣具有高碱度因而含有大量游离 CaO 时，将发生如下置换反应：

$$(3FeO\cdot P_2O_5)+4(CaO)=(4CaO\cdot P_2O_5)+3(FeO) \tag{9-32}$$

如式(9-31)与式(9-32)相加，可得

$$2[P]+5(FeO)+4(CaO)=(4CaO\cdot P_2O_5)+5[Fe] \tag{9-33}$$

其平衡常数为

$$K_P=\frac{a_{(4CaO\cdot P_2O_5)}}{w[P]_{\%}^2\cdot a_{(FeO)}^5\cdot a_{(CaO)}^4} \tag{9-34}$$

启普曼认为，去磷反应的平衡常数和温度之间的关系式为

$$\lg K_P=\lg\frac{x_{(4CaO\cdot P_2O_5)}}{w[P]_{\%}^2\cdot x_{(FeO)}^5\cdot x_{(CaO)}^4}=\frac{40067}{T}-15.06 \tag{9-35}$$

温克勒将上式中的 $x_{(FeO)}$ 换算成 $w[O]_{\%}$，得出

$$\lg K_P=\lg\frac{x_{(4CaO\cdot P_2O_5)}}{w[P]_{\%}^2\cdot w[O]_{\%}^5\cdot x_{(CaO)}^4}=\frac{71667}{T}-28.73 \tag{9-36}$$

把平衡常数式 9-34 加以变化，可得

$$w[P]_{\%}=\sqrt{\frac{a_{(P_2O_5)}}{K_P\cdot w(FeO)_{\%}^5\cdot w(CaO)_{\%}^4}} \tag{9-37}$$

由以上论述可以得出结论：单从热力学的角度来考虑，去磷的基本条件是高 $w(FeO)$、高 $w(CaO)$、合适的渣量和低温。

B　按照离子理论

磷与氧结合转入熔渣，去磷反应按如下步骤进行：

$$[P]+4(O^{2-})=(PO_4^{3-})+5e$$

集聚在金属相中的过剩电子通过如下过程得到消除：

$$2.5(Fe^{2+})+5e=2.5[Fe]$$

综合以上两过程，去磷的总反应应该是

$$[P]+4(O^{2-})+2.5(Fe^{2+})=(PO_4^{3-})+2.5[Fe] \tag{9-38}$$

可见：为了去磷，渣中必须有 Fe^{2+} 和 O^{2-}，即必须有 FeO 存在，去磷反应的平衡常数为

$$K_P=\frac{a_{(PO_4^{3-})}\cdot a_{[Fe]}^{2.5}}{a_{[P]}\cdot a_{(O^{2-})}^{4}\cdot a_{(Fe^{2+})}^{2.5}} \tag{9-39}$$

其与温度之间的关系是：

$$\lg K_P=\frac{9000}{T}-5.30 \tag{9-40}$$

故知去磷为放热反应，在炼钢的温度下，按上式计算的 K_P 值小于1，所以纯铁质渣的去磷能力不大。

纯铁质渣去磷能力不大的原因是 Fe^{2+} 的电正性很强，会使邻近的 PO_4^{3-} 解体。如果用半径较大的 Me^{2+} 代 Fe^{2+}，则因 PO_4^{3-} 的稳定性增大，会得到较好的去磷效果，例如以 Ca^{2+} 代 Fe^{2+}，也即提高熔渣碱度。

由上述的分析可见，在去磷的基本条件上熔渣结构离子理论的观点与分子理论是一致的。

9.5.2.2　熔渣组成对去磷反应的影响

A　(FeO)和(CaO)

熔渣结构的分子理论认为，磷在渣-钢间的分配系数和渣中(FeO)和(CaO)的活度有直接关系。熔渣中(FeO)的作用在于将钢液中的磷氧化成(P_2O_5)，是去磷的必要条件；渣中(CaO)的作用则是与(P_2O_5)结合生成稳定的磷酸盐将磷固定在渣中，是有效去磷的重要保证。但是，若单方面增加 $w(FeO)$ 或 $w(CaO)$ 的含量都会因为削弱对方的作用而达不到理想的去磷效果，即两者应恰当地配合。

由去磷的离子反应式可知，如果渣中没有 Fe^{2+} 即(FeO)，由于集聚在金属中的过量电荷无法中和掉，所以去磷反应将无法进行；另一方面，如果渣中没有 Ca^{2+} 即(CaO)，则因为 Fe^{2+} 对 O^{2-} 的束缚能力很强，$\gamma_{O^{2-}}$ 极小，也达不到所要求的去磷程度。

当渣中 $w(CaO)$ 提高而 $w(FeO)$ 降低，即以(CaO)代替(FeO)时，磷的分配系数 L_P 先是增大，到一定数值后又随之降低。这是因为，(Ca^{2+})的浓度增大时，一方面使(Fe^{2+})的浓度减小，这对去磷反应不利；另一方面却使 $\gamma_{O^{2-}}$ 的数值增大，而又对去磷反应有利。这些原因使 L_P 曲线出现极值。

根据实验，去磷的最有效的碱度值是

$$\frac{w(CaO)}{w(SiO_2)+w(P_2O_5)}=2.5\sim2.8 \tag{9-41}$$

启普曼认为，当碱度低于2.75～3.0时，提高碱度对去磷有利。

与此相反，当 $w(FeO)$ 提高而 $w(CaO)$ 降低时，由于 Fe^{2+} 和 O^{2-} 间的强大相互作用能，使

PO_4^{3-} 解体的可能性大大增加。所以增大 $w(FeO)$ 仅可使去磷达到一定程度，而这一程度和碱度值有一定的关系，如图 9-9 所示。

启普曼以脱磷指数 $\frac{w(4CaO \cdot P_2O_5)}{w[P]^2}$ 来表示脱磷条件，如图 9-10 所示。

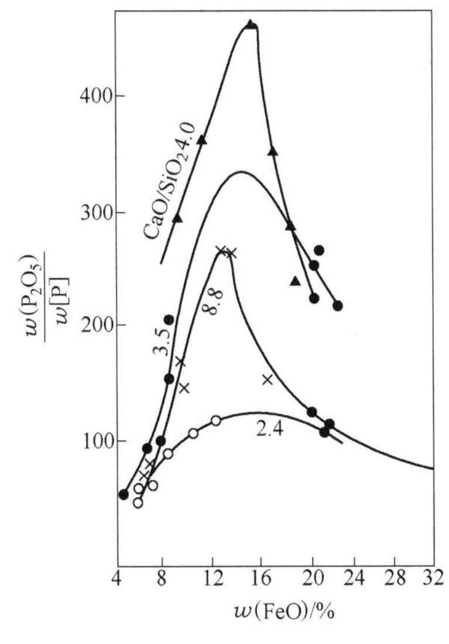

图 9-9 L_P 与熔渣碱度和 $w(FeO)$ 含量的关系

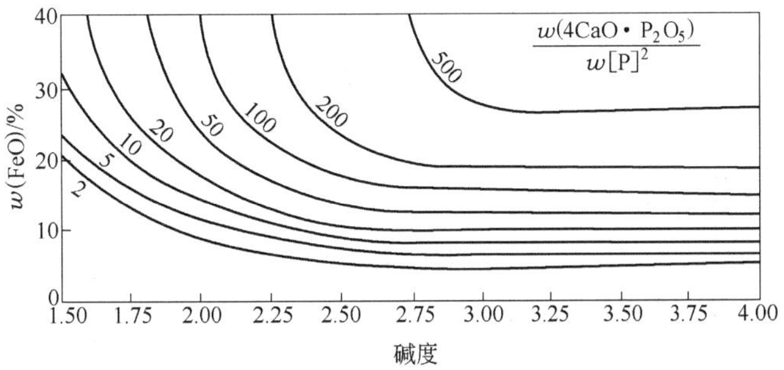

图 9-10 等脱磷指数曲线

该图为三元熔渣等脱磷指数曲线，脱磷指数是根据脱磷平衡常数算出的。由该图可以看出，$w(FeO)$ 含量不变时，脱磷指数随 $w(CaO)$ 的增加而增大，但有一定限值。同样，当 $w(CaO)$ 不变时，脱磷指数随 $w(FeO)$ 的增高而增大，但也有一定限值。

综上所述，可以得到一个重要的结论，即为了达到最大的脱磷效果，$w(FeO)$ 和碱度值应该适当地配合。

索柯洛夫认为，碱度 $B=2\sim3$ 时，$w(FeO)\geqslant20\%$ 对去磷有利。

生产实践表明，$B=2.2\sim2.5$ 时，$w(FeO)=15\%\sim20\%$。

B (MnO)和(MgO)

Mn^{2+} 的离子半径(0.091 nm)大于 Fe^{2+}(0.083 nm)，所以 Mn^{2+} 与 O^{2-} 间的作用能小于 Fe^{2+}。

将 FeO 部分地换成 MnO 时，一方面 $\gamma_{O^{2-}}$ 增大，有利于去磷；但另一方面，由于 $x_{(Fe^{2+})}$ 减小，对去磷有不利影响。

可见(MnO)的作用与(CaO)相似，即 $w(MnO)$ 和 $w(FeO)$ 之间也有一个最合适的比例，此时磷的分配系数 L_P 值最大。

已知 $w(MnO)\geqslant12\%$ 时，随着渣中 $w(MnO)$ 含量的增加 L_P 增大，超过 12% 时，增加 $w(MnO)$ 的含量则会使 L_P 值减小。

Mg^{2+} 的影响与 Mn^{2+} 类似，但更应注意 $w(MgO)$ 含量增高时，会使熔渣黏度有所上升的事实，通常 $w(MgO)$ 含量不超过 6% 时，对去磷有一定的帮助，反之将会使 L_P 减小。

C (SiO_2)和(Al_2O_3)

它们在渣中都可使 $x_{O^{2-}}$ 减小，故使 L_P 值减小，特别是(SiO_2)可使邻近的 PO_4^{3-} 解体。但是(Al_2O_3)可以加速成渣过程并增大熔渣的流动性，从动力学方面有助于去磷。

9.5.2.3　金属组成的影响

金属组成对去磷的影响主要表现在以下三个方面：

(1) 对 f_P 的影响。在含磷的熔铁中，增加碳、氧、氮、硅和硫的含量可以使 f_P 增大，有利于去磷反应的进行；增加铬的含量会使 f_P 减小；而锰和镍对 f_P 的影响不明显。

(2) 与氧亲和力的相对大小。硅和锰与氧的亲和力均大于磷，因此冶炼初期，因熔铁中含它们的量较高，磷的氧化过程很慢。随着硅、锰的降低，磷的氧化反应加快。

(3) 金属中的含碳。钢中碳含量高时，不可避免地要降低金属和渣相中的氧，恶化去磷条件，使磷的分配系数下降。

9.5.2.4　温度的影响

脱磷反应是强放热反应，升高温度会使其平衡常数的数值减小，去磷的效率下降，如图 9-11 所示。

图 9-12 更直观地表达出了渣中氧化铁、炉渣碱度和温度对脱磷的影响，图中的 3 条曲线分别表示温度为 1550℃、1600℃、1650℃及磷的分配系数 $L_P = 100$ 时的情况。由此可见，温度降低 50℃或 100℃时，在 w(FeO) 含量相同的条件下，用较低的碱度或者在一定的碱度下用较低的 w(FeO) 含量可达到同样的脱磷效果。生产中随着熔池温度的升高，提高炉渣的碱度，可以取得同样的脱磷效果。

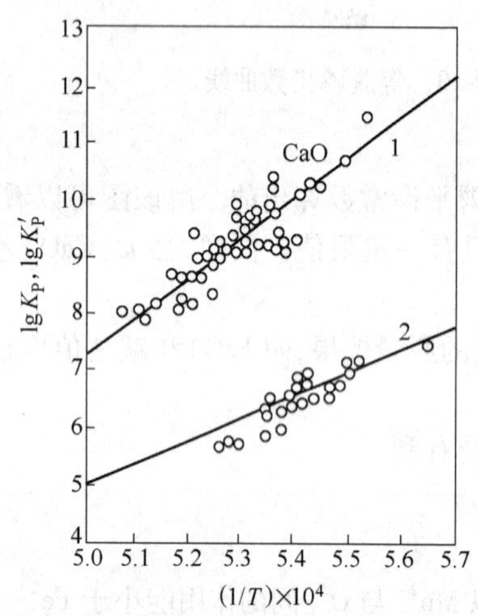

图 9-11　温度对脱磷平衡常数的影响

$1—\lg K_P = \dfrac{71667}{T} - 28.73$；$2—\lg K'_P = \dfrac{40067}{T} - 5.30$

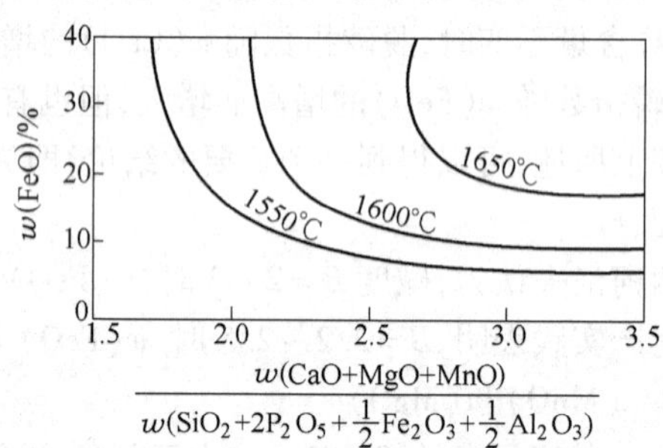

图 9-12　温度、炉渣碱度和渣中氧化铁对脱磷的影响

由以上的分析可知，从热力学条件来看降低温度有利于去磷反应的进行。但是，应该辩证地看待温度的影响，尽管升高温度会使去磷反应的平衡常数 K_P 值减小，然而与此同时较高的温度能使炉渣的黏度下降、加速石灰的成渣速度和渣中各组元的扩散速度，强化了磷自金属液向炉渣的转移，其影响可能超过 K_P 值的降低。当然，温度过高时，K_P 值的下降将起主导作用，会使炉渣的去磷效率下降，钢中的磷含量升高。因此将温度维持在一个合适的范围内，保证石灰基本熔化并使炉渣有较好的流动性，对脱磷过程最为有效。生产实践表明，去磷的合适温度范围是 1450 ~ 1550℃。

9.5.2.5 原料磷含量对钢中含磷量的影响

钢中的磷主要来自生铁，其次废钢、矿石和铁合金等也会带入部分磷。而生铁的磷含量主要取决于矿石的磷含量。

（1）以 100 kg 钢液为例，磷的平衡关系为

钢中氧化掉的磷量 = 进入渣中的磷量

若以 $w(\mathrm{P})_{料}$ 代表炉料中原始的磷含量，钢中剩余磷量以 $w[\mathrm{P}]$ 表示，每 100 kg 钢产生的渣量为 $Q_{渣}$。

$$\{w(\mathrm{P})_{料} - w[\mathrm{P}]\} \times 100 = Q_{渣} \times w(\mathrm{P}) = 0.437 \times w(\mathrm{P_2O_5}) \times Q_{渣}$$

$$w[\mathrm{P}] = [w(\mathrm{P})_{料} - 0.437 \times w(\mathrm{P_2O_5}) \times Q_{渣}]/100 = w(\mathrm{P})_{料} - Q_{渣} \times w(\mathrm{P_2O_5})/100 \times 2.29 \tag{9-42}$$

由上式可以看出，欲获得含磷量低的钢，必须使用含磷量较低的炉料，而且采用合适渣量冶炼。例如，实际生产中通过放渣和造新渣操作，放出含磷高的炉渣，使去磷反应在新渣下继续进行，可以取得良好的去磷效果。

（2）以 100 kg 炉料为例，磷的平衡关系为

炉料中的磷量 = 钢中的磷量 + 渣中的磷量

$$100w[\mathrm{P}]_{料} = Q_{钢}\, w[\mathrm{P}] + Q_{渣}\, w(\mathrm{P})$$

因为

$$w(\mathrm{P}) = 0.437w(\mathrm{P_2O_5}),\ w(\mathrm{P_2O_5}) = L_{\mathrm{P}}w[\mathrm{P}]$$

所以

$$100w[\mathrm{P}]_{料} = Q_{钢}\, w[\mathrm{P}] + 0.437Q_{渣}\, L_{\mathrm{P}}w[\mathrm{P}]$$

$$w[\mathrm{P}] = 100w[\mathrm{P}]_{料}/(Q_{钢} + 0.437Q_{渣}\, L_{\mathrm{P}}) \tag{9-43}$$

式中 $w[\mathrm{P}]_{料}$——炉料中磷的质量分数，%；

$Q_{钢}$——钢水的质量，kg；

$Q_{渣}$——炉渣的质量，kg。

从式 9-43 可以看出，在磷的分配系数一定时，钢中的 $w[\mathrm{P}]$ 含量主要取决于炉料的含 $w[\mathrm{P}]_{料}$ 量和渣量 $Q_{渣}$。因此，要减少钢中的含磷量，不仅应该在冶炼中创造去磷的适宜条件，努力多去，而且还应贯彻精料原则，原料中尽量少带，例如对铁水进行预脱磷。

9.5.2.6 渣量对钢液含磷量的影响

随着脱磷反应的进行，渣中 $w(\mathrm{P_2O_5})$ 的含量不断升高，炉渣脱磷能力逐渐下降。在一定条件下，增大渣量必然会使渣中 $w(\mathrm{P_2O_5})$ 的含量降低，破坏磷在钢-渣间分配的平衡性，促进脱磷反应的继续进行，使钢中的磷含量进一步降低。所以炉内渣量的多少，决定着钢液的脱磷程度。但渣量过大，会使钢液面上渣层过厚而减慢去磷速度，同时还压抑了钢液的沸腾，使气体及夹杂物的排除受到影响。因此，在电炉炼钢中，炉料中的磷含量高时采用自动流渣操作；而转炉炼钢中，若铁水含磷高则采用双渣操作。它们的基本原理是一样的，即在保证炉内渣量合适的条件下，增加了炉渣的总量，可以提高炉渣的去磷率。图 9-13 为渣量对脱磷的影响。

由图 9-13 可见，当炉渣的碱度 $B = 1.8$、$w(\mathrm{FeO}) = 15\%$，钢中原始含磷量 $w[\mathrm{P}]_{原始} = 0.050\%$ 时，若要将磷脱到 0.010%，即 $w[\mathrm{P}]_{最终} = 0.010\%$，必须要有 14% 的渣量才能达到。如果采取换渣操作，第一次控制渣量为 4%，则钢中的 $w[\mathrm{P}]$ 可从 0.050% 降到 0.020%；然后，扒渣再造 5% 的新渣，则钢中的 $w[\mathrm{P}]$ 从 0.020% 降到 0.010%。可见，采用一次换渣，用 9% 的渣量就可以达到 14% 渣量同样的效果。所以采用一次造渣达到脱磷目的做法是极不合理的。

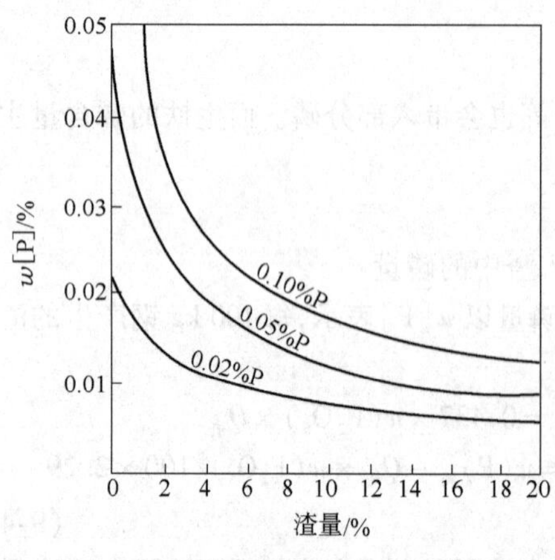

图 9-13　渣量对脱磷的影响
（$B=1.8$；$w(FeO)=15\%$）

9.5.2.7　炉渣黏度的影响

因为炼钢熔池中的脱磷反应主要是在炉渣与金属液两相的界面上进行的，所以反应速度与炉渣黏度有关。通常情况下，炉渣黏度愈低，反应物（FeO）向钢-渣界面的扩散转移速度就愈快，反应产物 P_2O_5 离开界面溶入炉渣的速度也愈快。因此，在脱磷所要求的高碱度条件下，应及时加入稀渣剂改善炉渣的流动性，以促进脱磷反应的顺利进行。但必须注意，所加稀渣剂不能过量，否则炉渣黏度过低，将严重侵蚀炉衬，不仅会降低炉衬的使用寿命，而且还使渣中 $w(MgO)$ 含量增加，稀渣剂的作用消失后炉渣反而变得更稠。

9.5.3　还原性脱磷

当金属中含有较多的铬、硅等较易氧化的元素时，会使氧化脱磷变得非常困难，以至于完全失效。这是由于钢中的铬、硅等元素会比磷优先氧化并使熔池迅速升温，从而使钢中的磷得到保护而不被氧化。因此在电弧炉采用返回法冶炼含铬合金钢时，有人提出了在还原条件下进行脱磷的设想。

炉渣氧化性脱磷是将钢中的磷氧化成 P_2O_5，并与碱性氧化物结合成为磷酸盐而固定在炉渣之中，所以磷在炉渣中以正五价形态存在；而还原性脱磷时，钢中磷是通过生成磷化物转入炉渣而被去除的，即磷在炉渣中以负三价形态存在。

表 9-4 为几种磷化物的生成热、密度、熔点及其磷的价态。

表 9-4　各种磷化物的性质

磷化物	P_2O_5	Ca_3P_2	Mg_3P_2	Ba_3P_2	AlP	Fe_3P	Fe_2P	Mn_3P	Na_3P
磷的价态	+5	−3	−3	−3	−3	—	—	—	−3
$-\Delta_f H_m^{\ominus}(298\ K)$ /kJ · mol^{-1}	1492	506	464	494	164.4	164	160	130	133.9
密度/g · cm^{-3}	2.39	2.51	2.06	3.18	2.42	6.80	—	6.77	1.74
熔点/℃	580	1320	—	3080	—	1220	1370	1327	—

由表 9-4 可以看出，磷能同碱土金属生成比 Fe_3P、Fe_2P 更稳定且密度小的化合物，这说明它们在还原条件下是可以脱磷的。比较而言，在碱土金属中来源充足、价格较为便宜的是钙，它和钢中常见元素的反应自由能列于表 9-5。

表 9-5　钙与钢中常见元素的反应自由能

反 应 式	$\Delta_r G_m^{\ominus}$/J · mol^{-1}	$\lg(p_{Ca} \cdot a_i^x)$
$\{Ca\}+[O]=CaO_{(s)}$	$-669469+194.23T$	$\lg(p_{Ca} \cdot a_{[O]})=-34951/T+10.14$
$\{Ca\}+[S]=CaS_{(s)}$	$-570996+171.40T$	$\lg(p_{Ca} \cdot a_{[S]})=-29810/T+8.948$
$\{Ca\}+2/3[N]=1/3Ca_3N_2$	$-316128+151.92T$	$\lg(p_{Ca} \cdot a_{[N]}^{2/3})=-1654/T+7.931$

续表 9-5

反 应 式	$\Delta_r G_m^{\ominus}$/J · mol^{-1}	$\lg(p_{Ca} \cdot a_i^x)$
$\{Ca\}+2/3[P]=1/3Ca_3P_2$	$-284141+134.90T$	$\lg(p_{Ca} \cdot a_{[P]}^{2/3})=-14834/T+7.62$
$\{Ca\}+2[C]=CaC_{2(s)}$	$-266699+142.56T$	$\lg(p_{Ca} \cdot a_{[C]}^{2})=-13923/T+7.443$
$\{Ca\}+2[Si]=CaSi_2$	$-152077+131.88T$	$\lg(p_{Ca} \cdot a_{[Si]}^{2})=-7939/T+6.885$

根据表 9-5 中的热力学资料分析，钙与氧的反应能力最大，其次是硫、氮、磷、碳、硅。也就是说，在脱氧良好的钢液中钙才能与其他元素发生反应，否则钙就大量地消耗在脱氧上。另外，钙的沸点较低(1492℃)，所以用金属钙进行脱磷应将钢水温度控制在 1480℃以下，这在冶炼不锈钢时是极为困难的；而且金属钙的成本也较高，所以生产中常用硅钙合金或电石(CaC_2)作为脱磷剂。

还原性脱磷主要用于冶炼含磷高的不锈钢钢液，目前仍处于试验阶段，主要有以下三种方案。

A 硅钙合金脱磷

硅钙合金脱磷，使用的材料为 Ca-Si 粉。加入的时间，应选在钢液用强脱氧剂脱氧之后、炉渣中氧化铁含量较低之时，以提高钙的利用率；加入的方法，是用一定压力的氩气作为载流气体，将 Ca-Si 粉喷入钢液之中。

B 电石脱磷

采用 CaC_2 进行脱磷时，要求钢液温度为 1575～1680℃、钢中碳的活度在 0.02～0.3 之间，脱磷率 η_P 可达 50% 以上，如图 9-14 所示。

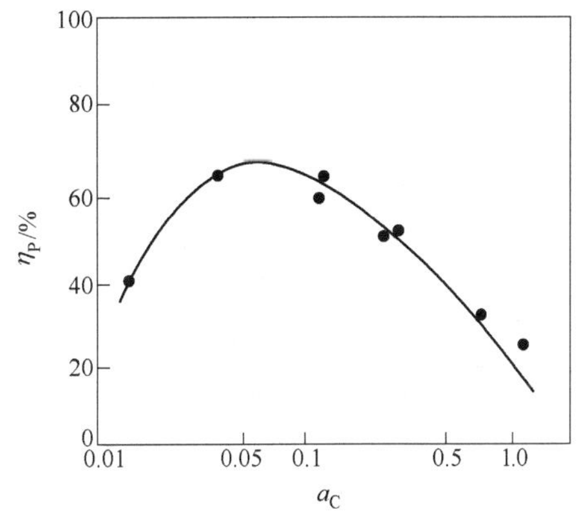

图 9-14 a_C 对脱磷率 η_P 的影响
($w(CaC_2)=4\%$；1600℃)

钢液的含碳量过低时，CaC_2 分解得太快，使产生的钙来不及与磷反应就挥发了；而碳含量过高时，则由于 CaC_2 分解得太慢，致使与磷化合的钙产生得太少，这些都会使脱磷率 η_P 降低。

C CaC_2-CaF_2 合成渣脱磷

有关资料报道，日本的冶金工作者在用氩气保护的 100 kg 感应炉内，用 CaC_2-CaF_2 渣系对含 $w[Cr]=18\%$ 的钢水进行了脱磷试验。在 CaC_2-CaF_2 渣系中 CaF_2 的配比为 0～35%；渣料为电石(CaC_2)20～25 kg/t，萤石配入为 0～3.8 kg/t；钢水温度为 1580～1600℃；感应炉炉衬用镁砂打结。试验结果为，当 $w[C]=0.5\%\sim1.8\%$ 时，在 15 min 内可脱磷 50%～80%。含 $w[C]$ 碳量低于 0.5% 或高于 1.8% 时，脱磷效果均降低。试验还表明，当钢水温度波动于 1580～1600℃时，CaC_2-CaF_2 渣系中 CaF_2 的配比以 10%～25% 为好，它既有较高的脱磷率，又是半熔融状态的炉渣，可以减少对耐火材料的侵蚀。

但应指出，还原脱磷后的炉渣必须进行处理，否则遇水将会产生有害气体 PH_3：

$$(Ca_3P_2)+3H_2O=3(CaO)+2\{PH_3\}$$

处理还原脱磷渣的办法是对炉渣吹氧，使炉渣按下列反应变得对人身健康无害：

$$(Ca_3P_2)+\{O_2\}=3(CaO)+2\{P\}$$

当然，还原脱磷后直接向钢水面的炉渣吹氧，必然会氧化部分合金元素和增加钢中的含氧量，可将其扒出并倾倒于普碳钢液面上进行吹氧氧化，但是这种方法操作很不方便。

9.5.4 回磷

成品钢中的含磷量往往比冶炼终了时钢液的含磷量高，这一现象叫做“回磷”。出钢后回[P]量一般为0.01%~0.02%，有时会更高。另外，在冶炼过程中如果炉温过高，或者碱度、w(FeO)偏低，也会出现磷的回升现象。

冶炼终了时一般可以认为去磷反应

$$2[P]+5(FeO)+4(CaO)=(4CaO\cdot P_2O_5)+5[Fe]$$

已达平衡状态。

接着要进行脱氧和合金化操作，向炉内或出钢过程中向钢包内的钢水中加入脱氧剂，这将会使钢中的氧以及渣中的w(FeO)下降；同时脱氧产物SiO_2、Al_2O_3等进入熔渣，加上钢水对包衬(主要成分是SiO_2、Al_2O_3)的侵蚀作用，都将使熔渣的碱度下降，这样就会使原有的去磷反应的平衡状态遭到破坏，在脱氧元素和钢中残存元素的作用下，渣中的(P_2O_5)被还原，磷又返回到了钢液之中。

回磷反应按如下方程进行：

$$2(FeO)+[Si]=(SiO_2)+2[Fe] \tag{9-44}$$

$$(FeO)+[Mn]=(MnO)+[Fe] \tag{9-45}$$

$$(4CaO\cdot P_2O_5)+2(SiO_2)=2(2CaO\cdot SiO_2)+(P_2O_5) \tag{9-46}$$

$$2(P_2O_5)+5[Si]=4[P]+5(SiO_2) \tag{9-47}$$

$$(P_2O_5)+5[Mn]=2[P]+5(MnO) \tag{9-48}$$

$$3(P_2O_5)+10[Al]=5(Al_2O_3)+6[P] \tag{9-49}$$

脱氧剂本身也会直接还原磷酸盐：

$$(4CaO\cdot P_2O_5)+5[Mn]=2[P]+5(MnO)+4(CaO) \tag{9-50}$$

$$2(4CaO\cdot P_2O_5)+5[Si]=4[P]+5(SiO_2)+8(CaO) \tag{9-51}$$

$$3(4CaO\cdot P_2O_5)+10[Al]=6[P]+5(Al_2O_3)+12(CaO) \tag{9-52}$$

另外，脱氧剂本身也带有一部分磷。

上述各种原因共同作用的结果，往往导致成品钢中的磷高于冶炼终了时钢液中的磷含量。

有人在研究“回磷”的问题时，分析了钢包中熔渣成分的变化情况，见表9-6。

表9-6 钢包内熔渣成分变化

取样地点	熔渣主要成分	
	w(FeO)/%	碱度 w(CaO)/w(SiO_2)
终 点	11.92	3.58
钢 包	4.10	2.97
浇 完	1.42	2.46

由上表可见，包中w(FeO)降低了66%，而碱度只降低了17%，据此可以认为w(FeO)的降低是引起钢包中“回磷”的主要原因。

在生产实践中还发现，镇静钢在钢包中的回磷程度比沸腾钢和半镇静钢要严重得多。所以，冶炼镇静钢出钢时应注意避免下渣，尤其是在冶炼硅钢时更应特别注意。因为在冶炼硅钢时要在钢包内加入大量的硅铁，这会使渣中的w(FeO)和碱度大为降低。

为了抑制回磷现象，在生产中常用的办法是：出钢前向炉内加入适量的石灰，使终渣变稠，防出钢时下渣，同时还可以减弱熔渣的反应能力。

9.6　去硫

硫也是钢中的长存元素之一，它会使大多数钢种的加工性能和使用性能变坏，所以一般被视为有害元素而需要在冶炼中脱除。

钢中的硫主要来源于炼钢生产所用的原料如铁水、废钢、铁合金等。炼钢过程中使用的石灰、铁矿石、萤石等造渣材料也含有一定量的硫。

硫在钢中以[FeS]形式存在，常以[S]表示；钢中含锰高时还会有一定的[MnS]存在。当向钢中加入锆、钛、铌、钒等合金元素时，亦可形成相应的硫化物 ZrS、TiS、NbS、VS 等。

9.6.1　硫对钢性能的影响

与磷一样，对于绝大多数的钢来说硫是有害的，但在特定条件下，钢中的硫也有可利用的一面。

硫对钢的危害主要表现在以下三个方面：

A　使钢的热加工性能变坏

由图 9-15 所示 Fe-FeS 二元系相图可知，在液态时两组元可以无限互溶，但 FeS 在固态纯铁中的溶解度仅为 0.015% ~0.020%。钢液在凝固过程中，由于选分结晶的结果，硫在未凝固的钢液中逐渐浓聚。这种被隔离在各枝晶间的钢液最后冷却时就会析出 FeS。FeS 熔点仅为 1190℃，与铁形成共晶时的熔点更低(985℃)，并最后析集凝固在原生晶界上，形成连续的或不连续的网状组织，破坏了金属的完整性。当钢在热加工前的 1250 ~1350℃温度下加热时，富集于晶界处的低熔点硫化物及其共晶会使晶粒边界处呈脆性或熔融状态，这种铸坯在轧制或锻造中，将出现断裂，这种现象称为“热脆”。

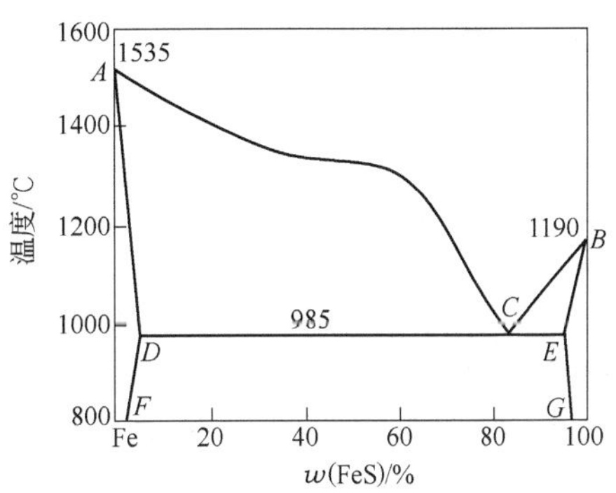

图 9-15　Fe-FeS 二元系相图

含硫钢在 950 ~1050℃附近有一个脆性区域，称为“红脆区”，在 1300℃附近再次出现一个脆性区域，称为“白脆区”。“红脆”是由于硫化物在晶界上存在，“白脆”是由于硫化铁在晶界上已经熔融的缘故。

有些研究认为，若钢中含锰量不高，含[S]量达 0.09% 左右时钢已经不能进行热加工。

研究表明，当钢液中含氧量高时，钢液凝固过程中以氧化铁形态析出的氧，还会与 FeS 形成熔点更低(940℃)的共晶，包围最后凝固的晶粒，从而会加剧硫的“热脆”危害。

B　对钢的力学性能产生不良影响

钢中含硫高时，硫化物夹杂相应增加。许多硫化物夹杂在热加工时随钢材延伸而充分伸长，使其横向的变形能力几乎丧失，因而使钢材横向力学性能降低，即横向延伸率和断面收缩率有所下降。

硫对钢材力学性能的有害影响除与钢中平均含硫量有关外，还与硫在铸坯中的偏析程度有关。虽然有时铸坯中平均含硫量不高，但由于硫在铸坯最后凝固部位富集的结果，使钢的宏观组织不均匀，往往有带状偏析组织，这会影响钢板在板厚方向的使用性能。

C 恶化钢的焊接性能

含硫钢材焊接时往往会出现高温龟裂的现象，其影响程度随钢中碳、磷的存在而加大；同时，焊接过程硫易于氧化，生成 SO_2 气体而逸出，以致在焊缝金属中产生很多气孔和疏松，降低了焊接部位的力学强度。除了上述危害外，硫对钢的抗腐蚀性能和导磁性能也有一定的不良影响。钢中 $w[S]$ 含量超过0.06%时，钢的耐腐蚀性能显著恶化；纯铁或硅钢中随着含硫量的提高，磁滞损失明显增加。

在一定的条件下，硫的不良影响也能得到某些抑制。例如，锰能抑制硫的有害作用，因为钢中锰能与硫形成较稳定的MnS，熔点(1620℃)远高于热加工温度，因而可以消除热脆现象，有研究证明，镇静纯铁 $w[Mn]/w[S] \geqslant 10$ 时便可防止轧裂；钢中含有钛或锆等元素时，它们能和硫形成高熔点硫化物，在钢液凝固过程中能以颗粒状夹杂物均匀分布于晶粒内部，或在晶界处形成不连续的网状组织，故使"热脆"现象减轻。

鉴于硫对钢性能的诸多不良影响，因此对钢中含硫量有着较严格的限制。各类钢种对含硫量的要求大致分为下列三级：

普通级：要求 $w[S] \leqslant 0.055\%$（普碳钢即属此级）；

优质级：要求 $w[S] \leqslant 0.040\%$（优质碳素钢属此级）；

高级优质钢：要求 $w[S] \leqslant 0.030\% \sim 0.020\%$（各种钢号中带"A"字的钢种和硅钢、滚动轴承钢等特殊用途钢属此级钢）。

近年来，由于对钢质量提出了更高的要求，对含 $w[S]$ 小于0.015%的低硫钢和含 $w[S]$ 低于0.009%甚至含 $w[S]$ 低于0.005%的极低硫钢的需要量大为增加，对冶炼过程的去硫提出了更严格的要求。

硫也有可利用的一面，在个别钢中，硫是作为合金元素使用的，目的是为了改善这些钢所要求的某些特殊性能。例如，为了改善钢的切削性能，一些易切削钢的含硫量高达0.08%～0.30%；上钢生产的Y15Pb钢，要求 $w[S]=0.18\% \sim 0.27\%$；首钢试制的Y15S25钢，含硫量控制在0.20%～0.30%之间。

另外，在冷轧取向硅钢中，可利用钢中硫与锰生成的硫化锰夹杂抑制初次晶粒的长大，促使二次再结晶的发展，对改善硅钢片的电磁性能具有一定的作用。

9.6.2 去硫的热力学

关于硫在碱性炉渣中的存在状态，分子理论认为是以(CaS)、(MnS)、(FeS)等化合物存在，而离子理论则认为主要是以负二价的硫离子(S^{2-})存在于炉渣之中，也可能有少量的硫酸根离子(SO_4^{2-})存在。

硫是活泼的非金属元素之一，在炼钢温度下能够和很多金属元素、非金属元素结合成气态、液态或固态的化合物，这就使得发展各种脱硫工艺成为可能。目前炼钢生产中能有效脱除钢中硫的方法有碱性氧化渣脱硫、碱性还原渣脱硫和钢中元素脱硫三种。

9.6.2.1 碱性氧化渣脱硫

如前所述，转炉的炼钢过程属于氧化初炼，其脱硫任务就是靠碱性氧化渣来完成的。

A 碱性氧化渣的脱硫反应式

根据炉渣结构的分子理论，碱性氧化渣与金属间的脱硫反应式如下：

$$[S]+(CaO)=(CaS)+[O] \quad \Delta_r G_m^{\ominus}=98474-22.82T \quad J/mol \tag{9-53}$$

$$[S]+(MnO)=(MnS)+[O] \quad \Delta_r G_m^{\ominus}=133224-33.494T \quad J/mol \tag{9-54}$$

可见，提高渣中(CaO)或(MnO)的含量、降低炉渣的氧化性，有利于钢液的脱硫。从表9-7所列出的三种硫化物分解压力的大小可知，(CaS)的分解压力最小，因而在炉渣中最稳定；同时，实践证明，(CaS)基本上不溶于钢液中，所以脱硫需要增加渣中自由 $w(CaO)$ 的含量，即提高炉渣的碱度。

表 9-7　三种硫化物的分解压力

温度/℃	分解压力/Pa		
	FeS	MnS	CaS
1000	3.20×10^{-4}	1.01×10^{-12}	6.39×10^{-42}
1200	3.20×10^{-1}	3.20×10^{-8}	1.01×10^{-32}
1500	76.9	1.27×10^{-3}	1.61×10^{-23}

炉渣分子理论的观点，很难解释纯氧化铁炉渣也能脱硫的事实。为此炉渣离子理论认为，碱性氧化渣的脱硫是按式9-55进行的，并已得到公认。

$$[S]+(O^{2-})=(S^{2-})+[O] \tag{9-55}$$

可见，碱性氧化渣和钢液间的脱硫反应，是硫在钢-渣界面上伴有电子转移的置换反应。每个硫原子转移到渣中，经过渣-钢界面时要获取2个电子：

$$[S]+2e=(S^{2-}) \tag{9-56}$$

硫原子吸收的2个电子是渣中的氧离子(O^{2-})经过钢-渣界面时提供的。

$$(O^{2-})-2e=[O] \tag{9-57}$$

渣中的氧离子(O^{2-})是碱性渣中包括氧化铁在内的自由氧化物提供的。酸性渣中没有自由的(O^{2-})，只有(SO_4^{2-})，所以脱硫能力极低。

B　碱性氧化渣脱硫的影响因素

对于脱硫反应：

$$[S]+(O^{2-})=(S^{2-})+[O]$$

平衡时

$$K_S=\frac{a_{(S^{2-})}\cdot a_{[O]}}{a_{[S]}\cdot a_{(O^{2-})}}=\frac{\gamma_{(S^{2-})}\cdot w(S^{2-})_{\%}\cdot f_{[O]}\cdot w[O]_{\%}}{f_{[S]}\cdot w[S]_{\%}\cdot \gamma_{(O^{2-})}\cdot x_{(O^{2-})}} \tag{9-58}$$

表9-8列出了在特定条件下经过简化处理后的平衡常数与温度的关系式，可按表中条件选用。

表 9-8　脱硫平衡常数与温度的关系式

序号	平衡常数与温度的关系式	试验条件
1	$\lg K_S=\lg\frac{w[O]_{\%}\cdot w(S^{2-})_{\%}}{w[S]_{\%}\cdot w(O^{2-})_{\%}}=\frac{-6500}{T}+2.625$	熔渣为完全离子溶液
2	$\lg K_S=\lg\frac{w(S)_{\%}}{w[S]_{\%}}\cdot w[O]_{\%}=\frac{-3750}{T}+1.996$	使用饱和石灰的氧化铁渣，取 $a_{(O^{2-})}$、$f_{[O]}$、$\gamma_{(S^{2-})}$、$f_{[S]}$ 均为1
3	$\lg K_S=\lg\frac{w(S)_{\%}}{w[S]_{\%}}\cdot w[O]_{\%}=\frac{-2762}{T}+1.389+\lg(1-3\sum a)$	$\sum a=x_{SiO_2}+\frac{4}{3}x_{P_2O_5}+\frac{4}{3}x_{Al_2O_3}$

由式9-58可知，硫在渣-钢间的分配系数为：

$$L_S=\frac{w(S)_{\%}}{w[S]_{\%}}=\frac{K_S\cdot\gamma_{(O^{2-})}\cdot x_{(O^{2-})}\cdot f_{[S]}}{f_{[O]}\cdot w[O]_{\%}\cdot\gamma_{(S^{2-})}} \tag{9-59}$$

可见，凡是能影响脱硫反应的平衡常数、熔渣中氧离子的活度 $a_{(O^{2-})}$、钢液中氧的活度 $a_{[O]}$ 及熔渣中硫离子的活度系数 $\gamma_{(S^{2-})}$ 和钢液中硫的活度系数 $f_{[S]}$ 的因素，均会对脱硫反应产生一定的影响。

a 熔池的温度

在平衡条件下，随温度升高，平衡常数 K_S 值略有增大，如图9-16所示。所以，从热力学角度来看，温度对脱硫的影响不是很大。但实际生产中发现，温度升高对脱硫十分有利。这主要是因为温度的升高可以降低熔渣的黏度，为脱硫反应创造了良好的动力学条件，可加速反应物和生成物的扩散转移，从而可加快脱硫反应的速度。

b 炉渣的碱度

其他条件相同时，提高炉渣的碱度可使 L_S 增大，如图9-16和图9-17所示。

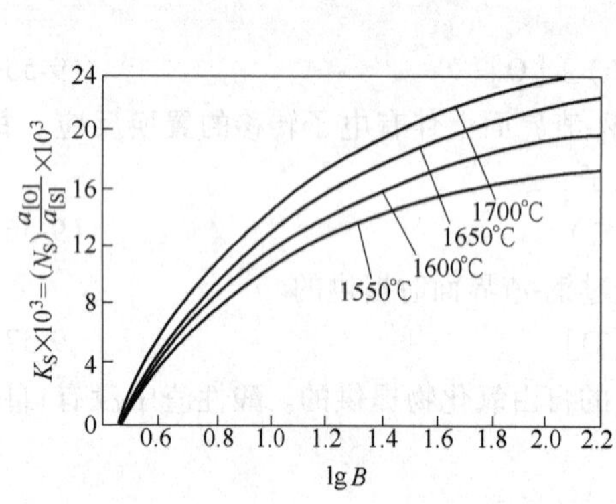

图9-16 温度及熔渣碱度 B 对 K_S 的影响

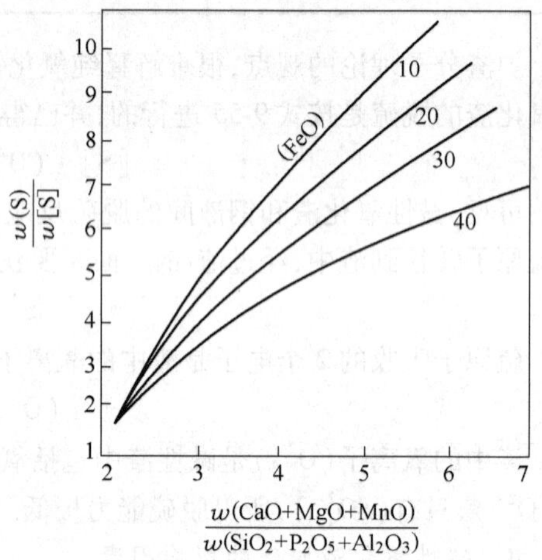

图9-17 碱性氧化渣的碱度和氧化铁含量对硫分配比的影响

$$B=(x_{SiO_2}+1.5x_{P_2O_5}+1.5x_{Al_2O_3})^{-1}$$

根据离子理论的观点，炉渣碱度的提高，能使炉渣中氧离子的活度 $a_{(O^{2-})}$ 增大，即可使渣中自由的氧离子（O^{2-}）浓度增加，所以对脱硫十分有利；分子理论的解释是，提高碱度能增加炉渣中自由（CaO）的浓度，有利于式9-53的脱硫反应向右进行。

另外，提高炉渣碱度还可以增加炉渣中钙离子（Ca^{2+}）的浓度，使硫离子的活度系数 $\gamma_{(S^{2-})}$ 降低，既可在渣中形成稳定的硫化物，使炉渣中硫的活度降低，也能促使脱硫反应式9-55向右进行。

c 钢液中的[O]和渣中的(FeO)含量

降低钢液中氧的活度 $a_{[O]}$，可以增大硫在渣-钢间的分配系数 L_S。在氧气炼钢的熔池内，$a_{[O]}\approx w[O]_{\%}$，所以降低钢液中氧 $w[O]$ 的含量对脱硫有利。但在转炉炼钢或电弧炉的氧化期，钢液中的氧含量较高，所以其脱硫条件就远不如电弧炉的还原期或炉外精炼时优越。

渣中氧化铁(FeO)的含量对脱硫的影响比较复杂，现简要分析如下：

渣中的(FeO)含量高时，会使钢液中的 $w[O]$ 含量增高，显然对脱硫不利；但同时(FeO)含量增高，可使渣中氧离子的活度 $a_{(O^{2-})}$ 增大而有利于脱硫反应的进行。所以，渣中氧化铁(FeO)含量对脱硫的影响要看两者之中的哪个因素起主要作用。在碱性氧化渣中，即 $w(FeO)\geqslant10\%$ 时，增加渣中的(FeO)含量使氧离子活度增加的因素起主要作用，能使 L_S 略有提高。纯氧化铁渣的 L_S 约为3.6，碱性氧化渣的脱硫能力则要略大些，其 L_S 在4～10的范围内波动，如图9-17所示。

9.6.2.2 碱性还原渣脱硫

碱性还原渣脱硫只有在电弧炉还原期或炉外精炼时才能实现，其主要特点是渣中的氧化铁含量很低，因而对脱硫十分有利。

A 碱性还原渣的脱硫反应式及平衡常数

按分子理论的观点，碱性还原渣脱硫反应由以下步骤组成：

(1) 硫由钢液向炉渣扩散

$$[FeS] = (FeS) \tag{9-60}$$

(2) 在炉渣中硫转变为稳定的化合物

$$(FeS) + (CaO) = (CaS) + (FeO) \tag{9-61}$$

所以总的反应式为：

$$[FeS] + (CaO) = (CaS) + (FeO) \tag{9-62}$$

平衡常数为：

$$K_S = \frac{a_{(FeO)} \cdot a_{(CaS)}}{a_{[FeS]} \cdot a_{(CaO)}}$$

或近似地写成：

$$K_S = \frac{w(FeO) \cdot w(CaS)}{w[FeS] \cdot w(CaO)}$$

硫在渣-钢间的分配系数也是用 $L_S = w(S)/w[S]$ 表示。在碱性电弧炉炼钢的还原期，电石渣下还原时，渣中的 $w(FeO) = 0.3\% \sim 0.5\%$，硫的分配系数 $L_S \geqslant 100$；白渣下还原时，L_S 亦可达 50～80。

B 影响还原渣脱硫的主要因素

分析式 9-62 可知，影响还原渣脱硫效率的因素主要有以下几个。

a 还原渣的碱度

由脱硫的反应式可见，渣中含有(CaO)是脱硫的首要条件，由于酸性渣中的(CaO)全部被(SiO_2)所结合而无脱硫能力，所以脱硫要在碱性渣下才能进行。

随着碱度增大，渣中自由的 $w(CaO)$ 含量增多，炉渣的脱硫能力增大。但碱度过高会引起炉渣的黏度增大，恶化双相反应的动力学条件而不利于脱硫反应的进行。生产经验表明，炉渣碱度 $B = 2.5 \sim 3.0$ 时，脱硫效果最好。炉渣碱度与硫的分配系数 L_S 的关系如图 9-18 所示。

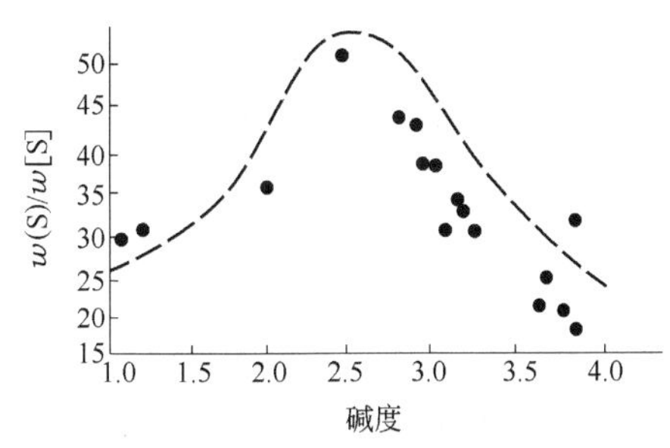

图 9-18 炉渣碱度与硫的分配系数的关系

可见，碱性还原渣的 L_S 波动在 30～50 之间。

b 渣中 $w(FeO)$ 的含量

在还原渣下，随着扩散脱氧的进行，渣中 $w(FeO)$ 的含量逐渐降低。从脱硫反应式 9-62 中可以看出，渣中氧化铁 $w(FeO)$ 含量的降低有利于脱硫反应向右进行，如图 9-19 所示。

可见，在还原气氛下，只要保持炉渣具有较高的碱度脱硫效果就极为显著，这表明了脱硫与脱氧的一致性。因此在冶炼过程中，脱氧越完全，对脱硫也越有利。

c 渣中 $w(CaF_2)$ 和 $w(MgO)$ 的含量

向炉内加入适量的萤石，增加渣中 $w(CaF_2)$ 的量，能改善还原渣的流动性，提高硫的扩散能力而有利于脱硫反应的进行；同时，CaF_2 能与硫形成易挥发物，还具有直接脱硫作用。不过，由

于 CaF_2 对炉衬具有较强的侵蚀作用,所以萤石的用量不宜过多。

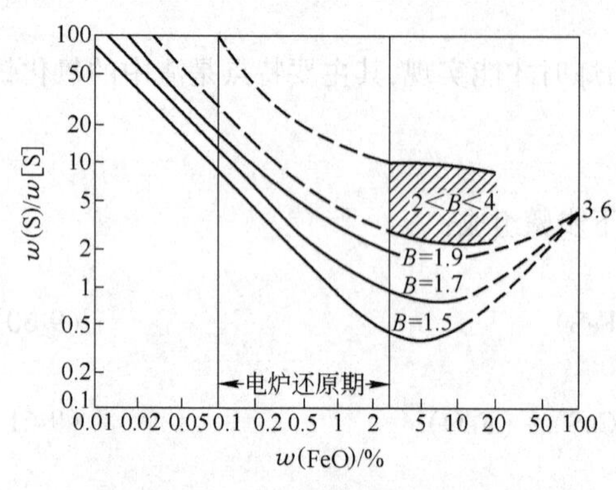

图 9-19 电炉还原渣中 $w(FeO)$ 对 L_S 的影响

MgO 是碱性氧化物,从理论上讲它也有脱硫能力,而且可以与一切酸性氧化物结合,使渣中自由(CaO)的浓度提高,对脱硫有一定的帮助。但渣中有少量的 $w(MgO)$ 存在就会使炉渣变得黏稠,影响硫的扩散能力,并给脱氧等操作带来许多困难,因此一般都不希望炉渣中含有较高的 $w(MgO)$。

d 渣量

在保证炉渣碱度的条件下,适当的渣量可以稀释渣中脱硫产物(CaS)的浓度,对去硫有利;但渣量过大时会使渣层变厚,脱硫反应不活泼,钢液中的硫并不随渣量的增加而按比例下降。实践证明,电炉还原期的渣量控制在3% ~5%较为合理。

e 熔池温度

还原渣脱硫反应的平衡常数 K_S 与温度的关系式为:

$$\lg K_S = \frac{-6024}{T} + 1.79 \tag{9-63}$$

可见,在炼钢温度范围内(1500 ~1650℃),K_S 随温度的变化不大,就是说和碱性氧化渣脱硫一样,温度对脱硫的平衡状态影响不明显,但生产中发现,适当提高熔池的温度对脱硫十分有利。其原因是,由于钢-渣间的脱硫反应的限制性环节是硫的扩散,提高熔池温度可改善钢-渣的流动性,提高硫的扩散能力,从而加速脱硫过程。

9.6.2.3 金属元素脱硫

由于某些特殊用途的钢种对含硫量提出了越来越高的要求,因此,在充分发挥炉渣脱硫的基础上,还应该向钢液加入某些金属元素进一步脱硫或减轻硫的危害。

例如,向钢中加入一定的锰,可生成熔点为1620℃的 MnS 从而降低钢的热脆倾向,为此通常将钢中的 $w[Mn]$ 含量控制在0.4% ~0.8%之间。

又如,冶炼过程中使用钙和稀土元素,不仅可以使钢中的硫含量进一步降低,还能改变硫化物夹杂的形态,从而提高钢的质量。

一般应在钢液脱氧良好之后再用元素脱硫,尤其是对强脱氧元素钙、铈、镧等,否则元素的消耗量大。因为这些元素和氧生成化合物的能力比生成硫化物的能力要高。

一些元素脱硫反应的热力学资料见表9-9。

表 9-9 某些元素脱硫反应的热力学数据

反 应	$\Delta_r G_m^\ominus = A + BT$ /J·mol^{-1}		$\lg K = A'/T + B'$		K 值		
	A	B	A'	B'	1500℃	1600℃	1650℃
$CaS_{(s)} = \{Ca\} + [S]$	570996	171.40	-29810	8.948	1.3×10^{-8}	1.07×10^{-7}	2.79×10^{-7}
$CeS_{(s)} = [Ce] + [S]$	39400	-122	-20600	6.39	5.9×10^{-6}	2.5×10^{-5}	4.8×10^{-5}
$Zr_3S_4 = 3[Zr] + 4[S]$	844000	-374	-44000	19.5	4.8×10^{-6}	1.0×10^{-4}	4.2×10^{-4}
$TiS_{(s)} = [Ti] + [S]$	1.53×10^5	-77	-8000	4.02	0.322	0.561	0.724
$MnS_{(s)} = [Mn] + [S]$	1.67×10^5	-88.68	-8750	4.63	0.495	0.909	1.567

由表9-9可见，脱硫能力由强到弱的次序为：Ca→Ce→Zr→Ti→Mn。

强脱硫剂的特点是含量或加入量很小时，就可使钢得到低的硫含量，并且残存元素含量也很低，不会因此影响钢的物理化学性质。而脱硫能力不强的元素，只能在钢液凝固过程中生成硫化物，而且大部分没有机会排除，只能以硫化物夹杂的形式存在于固态钢中。

9.6.2.4 气化去硫

研究发现，许多炼钢方法中都有相当数量的硫通过气化去除。在含有氧化铁的熔渣中，铁离子参加了气化去硫过程，反应如下：

$$6(Fe^{3+}) + (S^{2-}) + 2(O^{2-}) = 6(Fe^{2+}) + \{SO_2\}$$

$$6(Fe^{2+}) + \frac{3}{2}\{O_2\} = 6(Fe^{3+}) + 3(O^{2-})$$

两式相加，可得

$$(S^{2-}) + \frac{3}{2}\{O_2\} = (O^{2-}) + \{SO_2\} \tag{9-64}$$

由上式可以看出，高氧化铁含量有利于气化去硫，而高碱度（即高 O^{2-}）对气化去硫是不利的；同时，钢-渣间的去硫反应是气化去硫的基础，因此不应过分强调气化去硫的作用，生产中还是应该加强高碱度熔渣的脱硫。

为了进一步降低钢液的硫含量，近年来采用钢液炉外脱硫工艺，即出钢前利用脱硫能力很强的液体 $CaO\text{-}Al_2O_3$ 系渣即 $w(CaO) = 50\% \sim 55\%$，$w(Al_2O_3) = 35\% \sim 45\%$，$w(FeO) < 0.5\%$ 的渣在钢包内处理钢液，硫的分配系数可达40～70。这种渣在渣量不大的情况下，可以达到很高的去硫效果。另外，采用固体脱硫剂如 $w(CaO) = 80\% \sim 85\%$，$w(CaF_2) = 10\% \sim 15\%$ 和 $w(Na_2CO_3) < 5\%$ 的混合物也能得到良好的去硫效果。

9.6.2.5 原料含硫量对脱硫的影响

无论何种生产方法，炼钢所用原材料的含硫量不仅会影响到生产过程中的具体操作，而且在生产工艺一定的条件下还决定着冶炼终点时钢液的含硫量的高低。因此，为了满足钢种的含硫要求，在强化冶炼中脱硫的同时还应重视原材料的含硫量，即贯彻“精料”的原则。

A 原料含硫量与终点钢液含硫量的关系

当硫在渣-钢间的分配系数 L_S 一定时，钢液的含硫量取决于炉料含硫量和渣量，关系式如下：

$$w(\sum S) = w[S] + w(S) \times Q \tag{9-65}$$

式中 $w(\sum S)$——炉料带入熔池的总硫质量百分含量，%；

$w[S]$——钢液含硫的质量百分含量，%；

$w(S)$——炉渣含硫的质量百分含量，%；

Q——渣量，kg。

将 $w(S) = L_S \cdot w[S]$ 代入式9-65可得：

$$w[S] = w(\sum S)/(1 + L_S \cdot Q) \tag{9-66}$$

由式9-66可见，当硫的分配系数 L_S 一定时，钢液中的硫含量与炉料中的含硫量成正比。因此，降低炉料的含硫量是控制钢中硫含量的有效手段。

B 炉料含硫量对炼钢操作的影响

转炉炼钢主要依靠碱性氧化渣脱硫，硫在钢-渣之间的分配系数 L_S 在 4～10 的范围内波动。如取 $L_S=10$，渣量为钢液量的10%，则钢液的含硫量为：

$$w[S]=w(\sum S)/(1+L_S\cdot Q)=w(\sum S)/(1+10\times 10\%)=w(\sum S)/2 \tag{9-67}$$

由此可见，在上述条件下，最多只能脱除炉料中硫的一半，要从炉料中脱除50%以上的硫是很困难的。也就是说，如果炉料中含硫量高，采用单渣法操作是达不到脱硫要求的，而必须采取双渣法操作，这不仅影响生产率、增加劳动强度，而且还会增加原材料消耗。为此，在生产中对高硫铁水要进行炉外预脱硫，从而降低炉料的含硫量，以便在转炉吹炼时采用单渣法操作。

在电弧炉炼钢的氧化期常采用流渣操作，但主要是为了提高脱磷率，不过也能去除少部分硫。电弧炉炼钢的脱硫主要是在还原期，碱性还原渣下硫的分配系数 L_S 的值很高，只要有3%～5%的渣量就可以把钢中的硫降到所要求的范围；如果在出钢过程中再采用先渣后钢、钢渣混冲，可大大地增加炉渣与钢水的接触面积，充分利用还原渣的脱氧和脱硫能力，硫在渣与钢之间的分配系数 L_S 高达 50～80，能把钢中 $w[S]$ 含量进一步降低到 0.020%以下。也就是说，通常情况下电炉炼钢炉料的含硫量不会对冶炼操作带来太大的影响。

9.6.3 去硫和去磷的动力学

众所周知，决定任何化学反应速度的是动力学而不是热力学，所以在探讨去磷、去硫过程的时候，不应该忽视过程的动力学。

去磷和去硫在动力学上十分相似，它们都是在相界面上进行的多相反应，而且反应过程也大致相同，主要由以下三步组成：

反应物向反应地点——钢-渣界面扩散；发生化学反应；反应产物扩散离开钢-渣界面。

研究发现，炼钢的高温下，钢-渣界面上的化学反应进行得很快，不会成为去磷反应的限制性环节，即去磷和去硫反应的过程受物质的扩散控制。

比较而言，钢中的扩散物是半径较小的原子，且钢液的黏度低，扩散速度相对快些，因此，反应产物在钢-渣界面的渣侧边界层中的扩散是去磷和去硫反应的限制性环节。

基于上述分析，根据边界层扩散理论，去磷和去硫反应的速度公式可写成：

$$v=\frac{A}{V}\cdot\frac{D}{\delta}[C^{*}-C] \tag{9-68}$$

式中 C^{*}、C——分别为界面上和渣中的磷、硫的浓度；

A——金属与熔渣之间的相界面的面积；

V——钢液的体积；

D——脱磷、脱硫反应产物在渣中的扩散系数；

δ——钢-渣界面的渣侧边界层厚度。

可见，欲加速去除硫、磷，应注意以下几方面的问题：

A 熔池温度

对于去硫来说，高温符合其热力学条件，有利于反应的进行；同时高温可以增大扩散系数、降低熔渣的黏度而使边界层厚度减薄，即可以改善去硫反应的动力学条件，大大加快反应的速度。

对于去磷这个放热反应，尽管热力学的规律要求较低的温度，但是适当高的温度可以改善去磷反应的动力学条件，对加速去磷十分有利。多年来氧气顶吹转炉行之有效的操作表明，尽量地缩短上一炉出钢后的间隔时间，保证足够高的铁水入炉温度，控制一次渣料用量以及掌握好开吹后的枪位，就可以加速石灰的熔化，迅速造成具有一定碱度和(FeO)含量的均质熔渣，从而达到早期脱磷的目的。

B 渣中的(FeO)含量

从热力学方面来讲,高(FeO)渣对于有效去磷是必不可少的,但为了有效去硫,渣中 w(FeO)最好低到1%以下。但是在渣中各种组元中,FeO对石灰浸透能力是最强的,它能加速石灰的熔化,迅速提高碱度,它还能降低熔渣的熔点,增大渣子的流动性,这些对于去硫来讲无疑都是有利的。因此,在氧气顶吹转炉吹炼中期渣子“返干”的条件下,是不会收到明显的去硫效果的。

C 钢-渣两相的接触面积

由式9-68可见,硫、磷的扩散速度都和扩散面积即钢-渣相界面成正比。显然,为了加速去磷和去硫,必须设法增大钢-渣接触面积。

过去的炼钢方法,人们习惯于在加矿之前或之后加入石灰,然后放渣,以达到去除硫和磷的目的。这一操作之所以有效,一方面是由于加矿和加石灰可以同时提高 w(CaO)和 w(FeO)的质量百分含量,另一方面也是由于强烈沸腾导致了钢-渣界面的大大增加。这种动力学上的有利条件在氧气顶吹转炉中得到了充分的发挥。在用纯氧直接喷射熔池的条件下,在脱碳的高峰期,脱碳速度较其他炼钢方法的脱碳速度高出好几十倍,由此而造成的强烈沸腾以及由于氧射流与熔池相互破碎所导致的乳化现象,甚至于从根本上改变了我们在电炉炼钢法中所建立起来的有关熔池的概念,使钢-渣-氧之间两两界面面积成百倍地增加,因而能在短短十几分钟的时间内完成去磷和去硫的任务。但氧气顶吹转炉钢液和熔渣的强氧化性毕竟使其脱硫能力受到限制,因此当原料中含硫高或者成品钢中硫的规格要求很低时,便应采用其他补救措施,如双渣法、留渣法或者进行炉外处理等。

电弧炉炼钢中常采用钢、渣混出的出钢方法,由于出钢时的强烈冲击和混合,钢-渣界面大大增加,可以充分发挥电炉还原渣的去硫能力,这时硫的分配系数可以达到50~80,从金属中平均可以去硫0.010%,这个数值约为出钢前钢液含硫总量的30%~40%。

9.7 其他元素的氧化

9.7.1 铬的氧化

铬是极其重要的合金元素,许多合金钢如W18Cr4V、1Cr18Ni9Ti等都含有铬。因此,利用含铬废钢炼钢时应注意铬的回收即防止铬氧化;而利用含铬铁水吹炼时则应使之尽量避免氧化以提铬。

9.7.1.1 铬的性质

1600℃时铬在铁液中的溶解度是58%,并与铁形成近似理想溶液。

铬与氧的亲和力和锰与氧的亲和力相当,炼钢过程中会被氧化,氧化的产物主要有CrO、Cr_2O_3、Cr_3O_4三种。酸性渣下铬被氧化成显碱性的CrO,并可与渣中的SiO_2生成$CrO·SiO_2$;在碱性渣下主要被氧化成显中性的Cr_2O_3,并可与渣中的二价碱性氧化物生成$MeO·Cr_2O_3$尖晶石型的铬酸盐;Cr_3O_4可看成是$CrO·Cr_2O_3$。

铬的氧化物在渣中的溶解度均不大,一般不超过10%,加之它们的熔点都很高,如Cr_2O_3的熔点为2275℃,所以,冶炼中只要有少量的铬氧化就会有固态的铬的氧化物析出,使钢及渣的黏度急剧上升。而析出物的组成,一般认为与钢液的含铬量有关,随 w[Cr]的增加,析出物中Cr_2O_3所占的比例增大,按熔池中铬的含量不同,其氧化反应的热力学数据如下:

(1) $w[\mathrm{Cr}]<3\%$ 时

$$2[\mathrm{Cr}]+4[\mathrm{O}]+[\mathrm{Fe}]=\mathrm{FeO}\cdot\mathrm{Cr_2O_{3(s)}}\quad \Delta_r G_m^{\ominus}=-1022700+438.8T \tag{9-69}$$

$$\lg K=\lg a_{[\mathrm{Fe}]}\cdot a_{[\mathrm{Cr}]}^2\cdot a_{[\mathrm{O}]}^4=\frac{-53420}{T}+22.92 \tag{9-70}$$

(2) $w[\mathrm{Cr}]>3\%$ 时

$$2[\mathrm{Cr}]+3[\mathrm{O}]=\mathrm{Cr_2O_{3(s)}}\quad \Delta_r G_m^{\ominus}=-843100+371.8T \tag{9-71}$$

$$\lg K=\lg a_{[\mathrm{Cr}]}^2\cdot a_{[\mathrm{O}]}^3=\frac{-44040}{T}+19.42 \tag{9-72}$$

(3) $w[\mathrm{Cr}]=3\%\sim9\%$ 时

$$2.33[\mathrm{Cr}]+4[\mathrm{O}]+0.67[\mathrm{Fe}]=\mathrm{Fe_{0.67}Cr_{2.33}O_{4(s)}} \tag{9-73}$$

$$\lg K_{\mathrm{Cr}}=\lg(a_{[\mathrm{Cr}]}^{2.33}\cdot a_{[\mathrm{O}]}^4)=-\frac{51460}{T}+21.69 \tag{9-74}$$

(4) $w[\mathrm{Cr}]>9\%$ 时

$$3[\mathrm{Cr}]+4[\mathrm{O}]=\mathrm{Cr_3O_4} \tag{9-75}$$

$$\lg K_{\mathrm{Cr}}=\lg(a_{[\mathrm{Cr}]}^3\cdot a_{[\mathrm{O}]}^4)=-\frac{52400}{T}+24.26 \tag{9-76}$$

9.7.1.2 铬的氧化反应及其影响因素

A 铬的氧化反应

在含有 SiO_2、FeO、MnO 的酸性渣下进行如下反应：

$$[\mathrm{Cr}]+(\mathrm{FeO})=(\mathrm{CrO})+[\mathrm{Fe}] \tag{9-77}$$

$$[\mathrm{Cr}]+(\mathrm{MnO})=(\mathrm{CrO})+[\mathrm{Mn}] \tag{9-78}$$

$$2[\mathrm{Cr}]+(\mathrm{SiO_2})=2(\mathrm{CrO})+[\mathrm{Si}] \tag{9-79}$$

在碱性渣下，铬的氧化反应则主要是：

$$2[\mathrm{Cr}]+3(\mathrm{FeO})=(\mathrm{Cr_2O_3})+3[\mathrm{Fe}] \tag{9-80}$$

$$2[\mathrm{Cr}]+3[\mathrm{O}]=\mathrm{Cr_2O_{3(s)}} \tag{9-81}$$

$$2[\mathrm{Cr}]+4[\mathrm{O}]+[\mathrm{Fe}]=(\mathrm{FeO}\cdot\mathrm{Cr_2O_3}) \tag{9-82}$$

B 影响铬氧化的因素

无论在何种渣中，增加渣中的 $w(\mathrm{FeO})$，均有利于铬的氧化，如图 9-20a 所示，随着 $w(\mathrm{FeO})$ 含量的增加，$w(\sum\mathrm{Cr})/w[\mathrm{Cr}]$ 几乎直线增大。

有硅、锰存在时，因它们与氧的亲和力大于铬与氧的亲和力，可抑制铬的氧化，见图 9-20 中的(b)和(c)，随着 $w[\mathrm{Si}]$、$w[\mathrm{Mn}]$ 含量的增加，$w(\sum\mathrm{Cr})/w[\mathrm{Cr}]$ 急剧降低。

由式 9-72、式 9-74 及式 9-76 可知，铬的氧化是放热反应，因此提高温度可抑制铬的氧化。

不同的渣系下铬的氧化产物不同，K_{Cr} 的表达式也就不同：

酸性渣下：$K_{\mathrm{Cr}}=w(\mathrm{CrO})/w[\mathrm{Cr}]\cdot w(\mathrm{FeO})$

碱性渣下：$K'_{\mathrm{Cr}}=w(\mathrm{Cr_2O_3})/w[\mathrm{Cr}]^2\cdot w(\mathrm{FeO})^3$

因此，碱度的变化必然会影响铬的氧化，1600℃时 K_{Cr}-B 的关系见图 9-21。

可见，碱度在 1 ~ 2 之间变化时，K_{Cr} 随碱度增加急剧降低，而当 $B<1$ 或 $B>2$ 时，K_{Cr} 基本不随其变化。这是因为，B 在 1 ~ 2 之间增大时，铬的氧化产物发生了由(CrO)向(Cr_2O_3)的转变，且铬的氧化产物在酸性渣中的活度低，使铬的氧化程度较高。

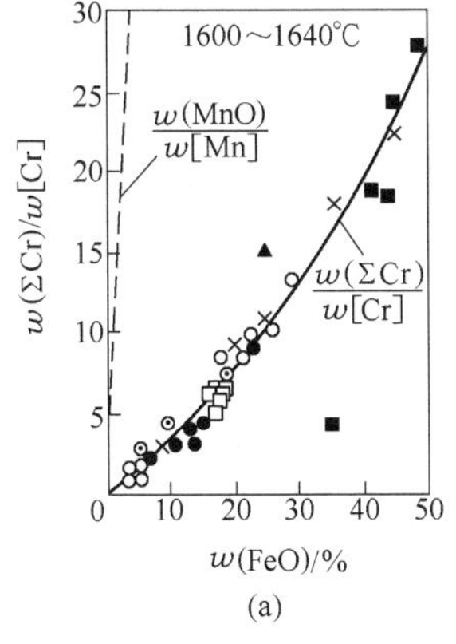

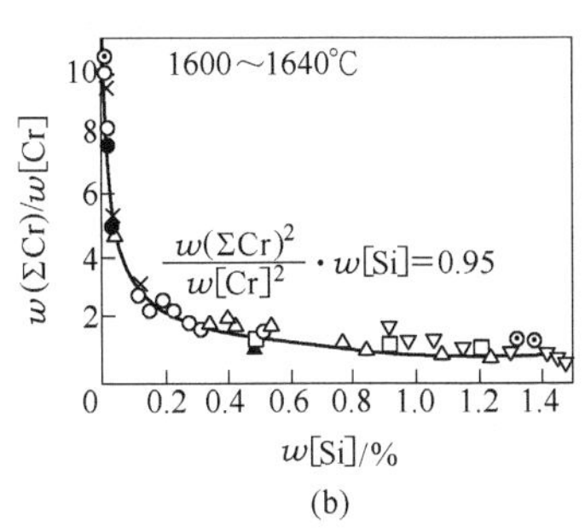

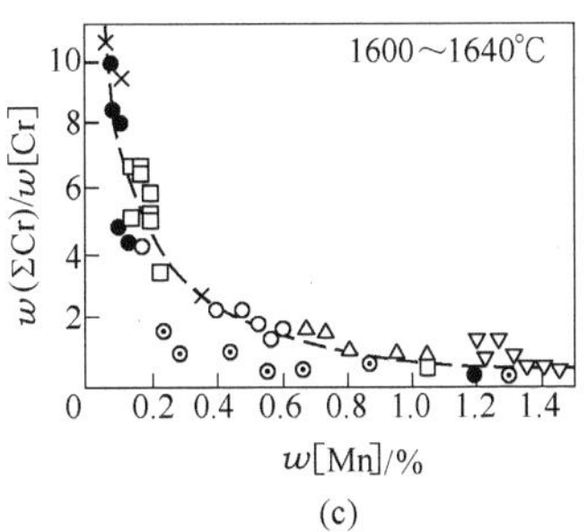

图 9-20 w[Si]、w[Mn]、w(FeO)对铬的分配比的影响

(a) w(FeO)的影响；(b) w[Si]的影响；(c) w[Mn]的影响

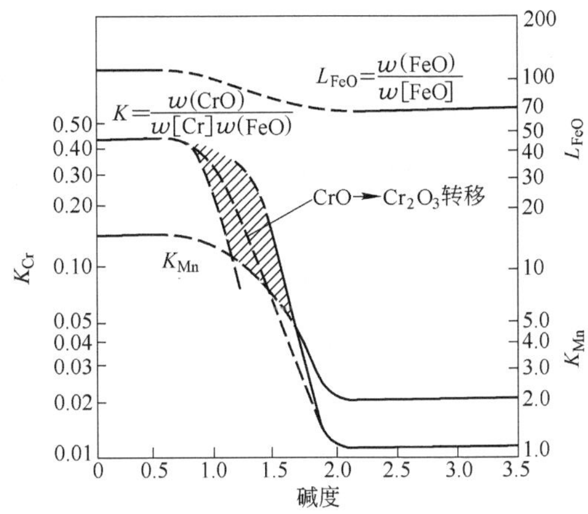

图 9-21 K_{Cr}与碱度的关系

9.7.1.3 铬与碳的选择氧化

含铬、碳的金属熔池中，铬和碳的氧化关系是一个重要的实际问题。在冶炼不锈钢时，希望碳优先氧化即脱碳保铬，以提高铬的回收率；而在吹炼含铬生铁时，则希望脱铬保碳，使脱铬后的半钢含 w[C]量保持在 3.2% 以上，以便继续冶炼成钢，“脱铬保碳”和“脱碳保铬”的关键是温度控制。现从热力学角度对碳和铬的选择氧化关系进行分析。

碳、铬氧化反应的热力学数据如下：

$$[C]+[O]=\{CO\} \quad \Delta_r G^{\ominus}(C)=-22200-38.34T \tag{9-83}$$

$$\frac{2}{3}[Cr]+[O]=\frac{1}{3}Cr_2O_{3(s)} \quad \Delta_r G^{\ominus}(Cr)=-281033+123.9T \tag{9-84}$$

$$Cr_2O_{3(s)}+3[C]=2[Cr]+3\{CO\} \quad \Delta_r G^{\ominus}=-776500-486.82T \tag{9-85}$$

当 $\Delta_r G^{\ominus}=0$ 时，表示钢液中铬和碳有相等的氧化趋势，其所对应的温度称碳、铬的氧化转换温度。

令式 9-85 的 $\Delta_r G^{\ominus}=0$，可求得碳、铬的氧化转换温度为：

$$T_{转}=776500/486.82=1595\text{K}(1322℃)$$

就是说，当反应条件处于标准状态即：$w[\text{Cr}]=1\%$，$w[\text{C}]=1\%$，$a_{(\text{Cr}_2\text{O}_3)}=1$，$p_{\text{CO}}=101325$ Pa，在高于1322℃的温度条件下吹氧时钢中的碳将优先氧化。

实际生产中，钢液的含$w[\text{Cr}]$量通常在10%以上，而钢中的$w[\text{C}]$量都低于1%，甚至低于0.1%。因此，即使熔池温度在1600℃以上，吹氧脱碳时也不可避免地要有部分铬烧损，具体的碳、铬氧化转换温度应该运用式9-86的等温方程式计算：

$$\Delta_r G=\Delta_r G^{\ominus}+RT\ln\frac{a_{[\text{Cr}]}^2\cdot(p_{\text{CO}}/p^{\ominus})^3}{a_{[\text{C}]}^3\cdot a_{(\text{Cr}_2\text{O}_3)}} \tag{9-86}$$

在高铬钢液吹氧脱碳时，$a_{(\text{Cr}_2\text{O}_3)}=1$，$p_{\text{CO}}=101325$ Pa，如将钢中铬和碳的活度近似地用它们的浓度代替，通过实验可得：

$$\lg\frac{w[\text{Cr}]_{\%}}{w[\text{C}]_{\%}}=\frac{-13800}{T}+8.76 \tag{9-87}$$

根据式9-87可以算出不同温度下钢中碳和铬的定量关系。如图9-22所示，钢中铬含量一定时，碳含量随温度的提高而降低。

由图9-22可知，在1600℃、$w[\text{C}]=0.10\%$时，含$w[\text{Cr}]$最多只能达到2%左右，这满足不了冶炼不锈钢的要求。当把温度提高到1770℃时，与$w[\text{C}]=0.10\%$平衡的$w[\text{Cr}]=10\%$；当把温度提高到1800℃时，与$w[\text{C}]=0.10\%$平衡的$w[\text{Cr}]=18\%$。也就是说要使钢液的$w[\text{C}]$含量降至0.10%，且还要保证钢液含$w[\text{Cr}]$为18%时，此时熔池温度必须高于1800℃。因此在冶炼一般不锈钢时必须在高温下吹氧脱碳，以达到脱碳保铬的目的。

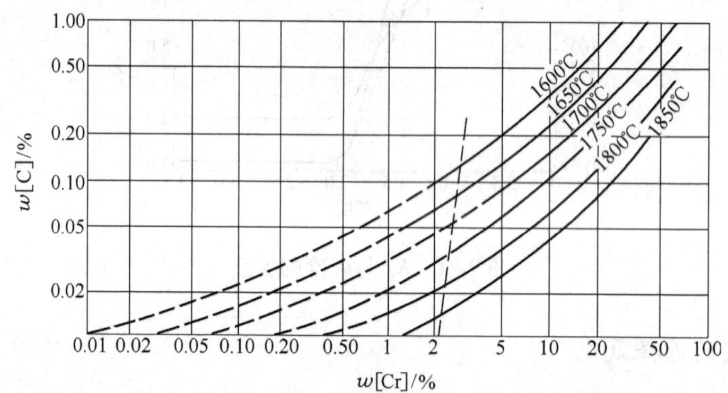

图9-22 在不同的脱碳温度下钢中含铬量和含碳量的关系

应指出的是，冶炼超低碳不锈钢时需要把$w[\text{C}]$降到0.10%以下，这时仅仅靠提高温度不能保证铬的回收，还要降低p_{CO}才有可能，这就是VOD炉真空吹氧脱碳和AOD炉氩氧混吹脱碳冶炼超低碳不锈钢的理论依据。

9.7.2 钒的氧化

同铬一样，钒也是许多合金钢如W18Cr4V等不可缺少的重要合金元素。另外钒还在摄影及原子能工业等方面具有重要用途。

自然界的钒主要以V_2O_5的形式伴生于铁矿石中，一般的钒铁矿$w(V_2O_5)=0.2\%\sim1.4\%$；用钒铁矿炼铁时，可使75%～80%的V_2O_5还原，得到$w(\text{V})=0.4\%\sim0.6\%$的生铁，因此，利用含钒铁水炼钢时首先要进行提钒吹炼。

钒与氧的亲和力介于硅、锰之间，在吹炼初期的低温下，铁水中钒的80%～90%被氧化成V_2O_3进入炉渣。

我国西南地区蕴藏着丰富的钒钛磁铁矿，现已大量开采使用。在使用由钒钛磁铁矿炼成的含钒铁水炼钢时，一方面要把生铁中的钒大量地氧化掉以便得到高品位的钒渣；另一方面又要保住碳不被大量氧化，以便留作半钢冶炼的热源。也就是说用含钒铁水炼钢时遇到的是脱钒保碳问题，为此应该求出钒和碳的氧化转化温度。

钒和碳的直接氧化反应为：

$$4/3[V] + \{O_2\} = 2/3(V_2O_3) \quad \Delta_r G_1^{\ominus} = -186400 + 50.53T$$

$$2[C] + \{O_2\} = 2\{CO\} \quad \Delta_r G_2^{\ominus} = -66600 - 20.32T$$

令$\Delta_r G_1^{\ominus} = \Delta_r G_2^{\ominus}$，则有：

$$-186400 + 50.53T = -66600 - 20.32T \quad T_{转} = 1690\text{K}(1417℃)$$

同理，更精确的$T_{转}$，可根据铁水成分运用等温方程求得。

一般情况下提钒温度控制在1420℃以下。

研究表明，提钒温度下，钒在钢-渣间的分配系数$w(V)/w[V]$与$w(TFe)/w(SiO_2)$呈线性关系，如图9-23所示。为此，为了使生铁中钒尽量地氧化进入渣中，就必须在提钒过程中使渣保持高的氧化性。提钒过程中$w(FeO)$一般控制在30%以上。但若终渣的$w(FeO)$含量过高，会使渣中$w(V_2O_3)$的含量相对降低，同时不仅铁耗增大，而且还会使(V_2O_3)从渣中分离的难度加大。因此，提钒结束时应向渣中加适量炭粉进行还原。

生产中发现，熔渣碱度与钒的氧化也有一定关系，在提钒温度内，当渣中$w(TFe)/w(SiO_2)$一定时，$w(V)/w[V]$随碱度的提高而有所增加。例如，某厂采用同炉单渣法吹炼，在碳的氧化率相同的条件下，当碱度由$B \leqslant 1.0$提高到$B \geqslant 2.0$时，钒的氧化率提高约30%。

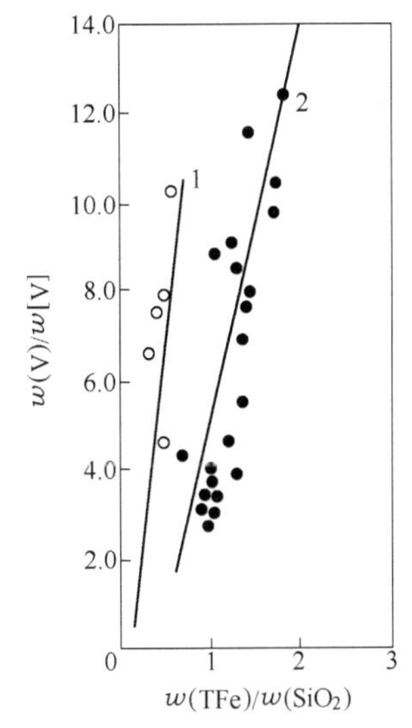

图9-23　钒在渣和金属间分配系数$w(V)/w[V]$与渣中$w(TFe)/w(SiO_2)$之比的关系

1—同炉单渣法低碱度操作；2—双联法酸性渣操作

思　考　题

1. 什么是超声速氧射流，什么是马赫数，确定马赫数的原则是什么？
2. 氧气射流与熔池的相互作用的规律是怎样的？
3. 氧气顶吹转炉的传氧载体有哪些？
4. 什么是硬吹，什么是软吹？
5. 转炉内金属液中各元素氧化的顺序是怎样的？
6. 在碱性操作条件下，为什么吹炼终点钢液中硅含量为痕量？
7. 在碱性操作条件下吹炼终了时，钢液中为什么会有“余锰”（含量），余锰（含量）高低受哪些因素影响？
8. 在炼钢过程中碳氧反应的作用是什么？

9. 碳和氧反应达到平衡时碳和氧的关系是怎样的,如何表示转炉熔池内实际碳氧含量的关系?
10. 熔池中脱碳速度的变化是怎样的,它与哪些因素有关?
11. 为什么要脱除钢中磷,对钢中磷含量有什么要求?
12. 炼钢过程脱磷反应是怎样进行的?写出其反应平衡常数。
13. 什么是磷的分配系数,怎样表示?什么是脱磷效率,怎样表示?
14. 影响脱磷的因素有哪些?
15. 什么是回磷现象,为什么会出现回磷现象?
16. 炼钢为什么要脱硫,对钢中硫含量有什么要求?
17. 炼钢过程脱硫反应是怎样进行的?
18. 脱硫的基本条件是什么?
19. 什么是硫的分配系数,怎样表示?什么是脱硫效率,怎样表示?
20. 顶吹转炉吹炼过程中脱磷与脱硫有什么特点?

10 钢的脱氧及合金化

前已述及,现代炼钢方法都是通过吹氧、加矿的方式先进行氧化初炼,以去除钢中的碳、磷等杂质元素。随着吹炼的进行,钢中的碳含量不断下降而氧含量逐渐增加,以至于钢液中的氧含量大大超过了成品钢的允许值。因此,氧化初炼结束后,应设法减少钢液中的氧含量,这种减少钢液含氧量的工艺操作叫作脱氧。

10.1 脱氧的目的和任务

10.1.1 氧对钢质量的影响

炼钢过程的实质是个氧化的过程,就是用各种不同来源的氧来氧化炉料中的杂质元素。随着冶炼的进行,钢液中的杂质元素被不断降低,在氧化结束时,金属溶液中的含氧量已高于成品钢所允许的范围。过量的氧对钢质量是极为不利的,已经知道的对钢质量的影响有以下几个方面:

(1) 对铸坯质量的影响。由于氧在钢液中的溶解度随温度的下降而降低(如图10-1所示),因而对镇静钢来说,随铸坯温度的下降,溶解的氧将会不断析出而产生皮下气泡,疏松及氧化物夹杂;对沸腾钢,由于铸坯冷凝过程中C-O反应过于激烈,无法获得结构良好的沸腾钢钢锭;至于对氧含量控制更为严格的半镇静钢,其质量就更不能保证。

(2) 降低钢的力学、电磁和抗腐蚀性能。钢液中的含氧量,在1600℃时,远高于铸坯中的氧含量,这就使钢液中的氧随着冷凝过程的进行而不断形成氧化物夹杂逐渐析出,这些夹杂物的存在首先割裂了钢的连续性,使钢的塑性、冲击韧性和其他力学性能降低,使沸腾钢过早老化。此外使电器用钢的磁导率急剧下降,磁滞损失明显上升,恶化了变压器钢的电磁性能。

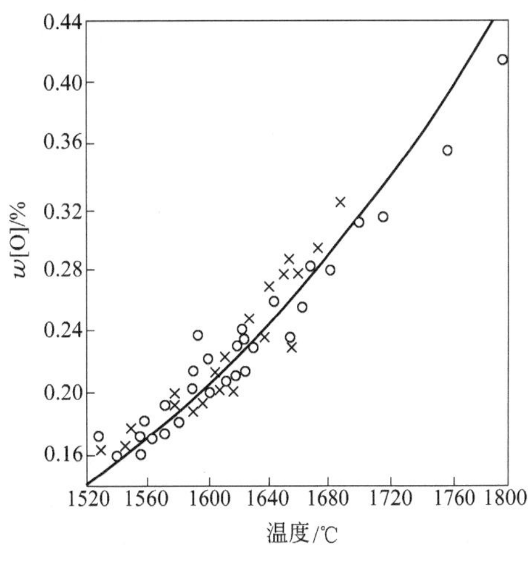

图10-1 氧在钢液中的溶解度与温度的关系

(3) 加剧钢的热脆现象。在去硫一章中已经指出:氧使钢中硫的危害作用加剧,由于FeO与FeS可以形成低熔点共晶(共晶点温度940℃)分布于晶界,在热加工时产生热脆现象,使钢容易沿晶界断裂。

(4) 降低合金元素的收得率。几乎所有的合金元素(除钴、镍、铜外)与氧的亲和力比氧与铁的亲和力大,当进行合金化操作时,钢液中的氧首先与合金元素反应,使钢液中合金元素的收得率降低,增加钢的生产成本。使钢达不到所需的性能要求。

因此,所有的钢种都必须脱氧,脱氧进行得好坏,是决定钢质量的关键。

10.1.2 脱氧的目的

简而言之,脱氧的目的就是脱除钢液中多余的氧,以保证钢的质量。

A　脱氧前钢液的含氧量

按照熔渣结构的离子理论，氧是按照如下方式进入金属的：

$$(Fe^{2+}) + (O^{2-}) = [Fe] + [O] \tag{10-1}$$

氧原子分布在铁原子之间，氧原子和铁原子之间具有一定的引力，一般认为它是以 FeO 的形式溶于金属之中。

实验发现，温度在1519～1700℃的范围内，氧在铁中的溶解度与温度间接近于直线关系，而且随温度的上升而增大，如图10-1所示。

前已述及，启普曼测得在纯氧化铁渣下，氧在钢液中的饱和含量可按下式计算：

$$\lg w[O]_{max\%} = -\frac{6320}{T} + 2.734 \tag{10-2}$$

当温度为1600℃时，$w[O]_{max\%} = 0.230$。这与图10-1显示的数据基本吻合。

在向金属中直接吹氧时，还会发生如下过程：

$$\frac{1}{2}\{O_2\} = [O] \qquad \Delta_r G_m^{\ominus} = -116.94 - 0.0024\,T \quad \text{kJ/mol} \tag{10-3}$$

在炼钢过程中，钢液并非与纯 FeO 渣相接触，同时氧的溶解过程也没有达到平衡，所以在相同温度下，钢液中的实际氧含量总是低于上述计算值。研究发现，钢液的实际含氧量主要取决于钢液的含碳量，其次是熔渣中的 $w(FeO)$ 含量和温度。转炉钢液的实测值为：

$w[C]=0.1\%$ 时，$w[O]=0.035\% \sim 0.069\%$；$w[C]=0.2\%$ 时，$w[O]=0.02\% \sim 0.03\%$。

B　固态钢中氧的溶解度

氧在固态钢中的溶解度极低，如氧在 Cr-Fe 中的溶解度仅为0.003%。

C　钢中富余氧的行为

钢液凝固时，由于温度下降及其引起的碳、氧的溶解度下降和选择结晶，致使钢液中的碳氧反应 $[C]+[O]=\{CO\}$ 得以进行，CO 气泡的出现会使铸坯的结构不致密，对于镇静钢来说这是不允许的。

钢液凝固后期，富余的氧将会与周围的其他元素结合，以氧化物析出，成为夹杂物而恶化钢的力学性能，其中的 FeO 会加剧硫的热脆危害。

因此，氧化精炼结束后必须进行脱氧操作，而且脱氧操作进行得好坏，将决定钢质量的高低。

10.1.3　脱氧的基本任务

脱氧的基本任务主要有以下三个：

A　按钢种要求脱除多余的氧

脱氧的首要任务是按钢种要求脱除多余的氧。根据脱氧的程度不同，钢可以分为镇静钢、沸腾钢和半镇静钢三类。

镇静钢钢液要求含氧量 $w[O]$ 在0.004%～0.007%之间，即越低越好，以保证浇注中基本不发生碳氧反应，故又称完全脱氧的钢，凝固后钢中的夹杂也少。为此，生产中须加大量强脱氧剂。镇静钢的特点是，平静结晶、结构致密、机械性能好，但成本相对较高。

沸腾钢钢液要求含氧量 $w[O]$ 在0.035%～0.045%之间，故又称不完全脱氧的钢。凝固初期发生碳氧反应以获得致密的外壳；后期进行封顶操作留部分气体弥补钢液凝固时的收缩，以提高成材率。生产沸腾钢时，只需加少量弱脱氧剂。沸腾钢的特点是，成本低，但结构疏松、机械性能相对较差。

半镇静钢一切都介于两者之间，要求钢液含氧量 $w[O]$ 在0.015%～0.020%之间。

B 排除脱氧产物

脱氧操作还要保证最大限度地排除钢液中的脱氧产物,否则,钢中的总氧量并没有降低,不过是以另一种氧化物代替了钢液中的FeO,或者说只是把钢中的溶解态的氧转换成了化合态的氧。

实际生产中,常采取复合脱氧、注意合金的加入顺序、加强搅拌等措施促使脱氧产物上浮。

C 调整钢液成分

在对钢液进行脱氧时,总有一部分脱氧剂未能参与脱氧反应而残留并溶解在钢液中。因此,生产中尤其是生产碳素钢时,通常是依据合金元素回收率,通过控制合金加入量的方法达到脱氧的同时调整钢液成分硅、锰的目的。

10.2 元素的脱氧能力及常用脱氧元素

10.2.1 元素的脱氧能力

10.2.1.1 元素脱氧能力的定义

元素的脱氧能力指的是在一定温度和压力条件下,与一定浓度的脱氧元素平衡存在的钢液中溶解的氧量。显然和一定浓度的脱氧元素平衡存在的氧含量越低,该元素的脱氧能力越强。

若用Me代表任意脱氧元素,则脱氧反应通式为:

$$[Me] + [O] = MeO$$

$$K = \frac{a_{MeO}}{a_O \cdot a_{Me}} \tag{10-4}$$

氧化物MeO称为脱氧产物。

10.2.1.2 各元素的脱氧能力

当脱氧产物MeO以纯态析出时,$a_{MeO} = 1$,于是式10-4可简写成

$$K = \frac{1}{w[O]_\% \cdot w[Me]_\%} \times \frac{1}{f_O \cdot f_{Me}}$$

或者

$$w[O]_\% \cdot w[Me]_\% = \frac{1}{K} \times \frac{1}{f_O \cdot f_{Me}} \tag{10-5}$$

乘积$w[O]_\% \cdot w[Me]_\%$称为脱氧常数,用以度量元素的脱氧能力,元素的脱氧常数越小,其脱氧能力就越强,脱氧后残存的氧浓度越低。

将式10-5的左右取对数,得到

$$\lg w[O]_\% = -\lg w[Me]_\% - \lg K - \lg(f_O \times f_{Me}) \tag{10-6}$$

再以各元素的$\lg w[O]_\%$值对$\lg w[Me]_\%$作图,得出如图10-2所示的元素脱氧能力曲线。图中直线表明Fe-Me-O系熔体接近于无限稀溶液,即$f_O = 1$, $f_{Me} = 1$;而曲线则表示该熔体对无限稀溶液有较大偏离。

图10-2表明了如下内容:

(1) 各元素的脱氧能力 由元素脱氧能力的定义可知,图中直线位置越低,同一脱氧元素$w(Me)$含量所对应的氧越低,即脱氧能力越强。1600℃的温度下,元素$w(Me)$为0.1%时元素脱氧能力由弱到强的顺序为:铁、铬、锰、钒、磷、碳、硅、硼、钛、铝。

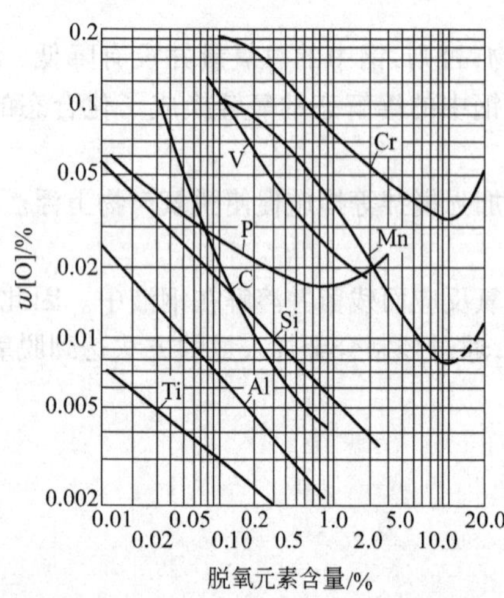

图 10-2　各种元素的脱氧能力(1600℃)

(2) 元素的临界含量　由图 10-2 可见,随着脱氧元素 w(Me)的含量增加,与之平衡的 w[O]含量下降,但是,当 w[O]的含量增加到一定程度后,与之平衡的 w[O]含量不降反升,如 w[Mn] > 10% 时,该含量即为锰的临界含量。出现这一现象的原因,一是 w(Me)高时,氧的活度系数减小;二是 w(Me)高时 w[O]低,从而使 w(Me)的脱氧能力下降。另外,脱氧能力越强的元素,其临界含量越低。

(3) 停止 C-O 反应所需脱氧元素 Me 的浓度　利用图 10-2 还可以确定在实际条件下,使熔池 C-O 反应中止,脱氧元素应有的浓度。例如,含有 w[C] = 0.1% 的钢液在 1600℃、101325Pa 的平衡氧浓度为 0.02%,即如果氧的浓度下降到 0.02% 以下,则 C-O 反应停止,熔池沸腾减弱。由图 10-2 可见,要把氧降低到 0.02% 以下,钢液中应该使 w[Al] > 0.015%,或 w[Si] > 0.08%,或者 w[Mn] > 2%。也就是说,为了达到同样的脱氧程度,元素的脱氧能力越强,所需的浓度就越低。

(4) 由 10-5、10-6 两式可以看出,脱氧后金属的平衡氧含量(即元素的脱氧能力)还与脱氧反应的平衡常数 K 有关。对于不同的脱氧元素,K 值的差别很大,可以相差达若干个数量级。对于某一种脱氧元素,K 值只取决于温度。由于脱氧过程都是放热的,故 K 值随温度的降低而增大,即温度降低时,元素的脱氧能力增强。因此,从脱氧剂加入钢液起到钢液完全凝固为止,总是不断地进行着脱氧过程,使 w[O]不断地降低并产生脱氧产物。

(5) 图 10-2 中各元素的脱氧能力,是在假定脱氧产物以纯固态存在的条件下得出的。实际上,脱氧产物的形态因脱氧条件不同而异,可能是纯态也可能是复杂化合物,这将会改变元素的脱氧能力。

10.2.2　常用的脱氧元素

由脱氧的目的与任务可知,脱氧元素应满足以下基本条件:

(1) 与氧的亲和力要大。由于溶解于钢液中的氧的周围存在着大量的铁原子,因此,脱氧元素与氧的亲和力起码要大于铁。此外,为了防止浇注中发生碳氧反应,产生气泡,冶炼镇静钢时脱氧元素与氧的亲和力还要大于碳。

(2) 脱氧产物应不溶于钢液而且密度小、熔点低,以利上浮。如果脱氧产物能溶于钢液,则钢中的氧仅是换了一种存在形式而已;而较小的密度可增加脱氧产物的上浮动力,有助于其从钢中排除。

低熔点的脱氧产物在炼钢温度下以液体状态存在,当它们在钢液中相互碰撞时,易于黏聚长大而迅速上浮。同时使用两种或两种以上脱氧元素,其脱氧产物为复杂化合物,熔点较低。

(3) 残留的脱氧元素对钢无害。在对钢液进行脱氧时,或多或少要有一部分脱氧元素残留在钢中,这些残留元素应是钢种的组成元素以便脱氧的同时调整成分,起码应对钢无害。

(4) 价钱便宜。在满足上述条件的前提下,尽量选用价格低的脱氧元素,以降低生产成本。

综合以上要求,目前炼钢生产中最常用的脱氧元素是锰、硅、铝等。为增加密度,便于使用,常做成铁基合金,如 Fe-Mn、Fe-Si 等。

10.3　各元素的单独脱氧和复合脱氧

10.3.1　各元素单独脱氧的特点

A　锰

锰的脱氧反应为：

$$[Mn] + [O] = (MnO) \qquad \Delta_r G_m^\ominus = -244.53 + 0.109T \quad kJ/mol \tag{10-7}$$

$$\lg K_{Mn} = \frac{12760}{T} - 5.68 \tag{10-8}$$

锰是一种弱脱氧元素，1600℃时与 $w[Mn] = 0.2\%$ 相平衡的钢液的氧含量 $w[O]$ 高达 0.08%。

由 10-7 和 10-8 两式可知，锰的脱氧反应是一个放热反应，其脱氧能力随温度的升高而下降。由于其脱氧产物显碱性，所以酸性渣下它的脱氧能力强。

单独使用锰脱氧时，脱氧产物是 A(MnO)·(1 - A)(FeO)型的化合物，而且随着钢液中的含锰量增加，化合物中 MnO 所占比例逐渐增大。有关研究指出，钢液的含 $w[Mn]$ 为 0.5% 时，脱氧产物是 0.43MnO·0.57FeO；当钢液中的含锰量 $w[Mn] \geqslant 1.8\%$ 时，脱氧产物为纯 $MnO_{(s)}$，其熔点为 1785℃。含有一定量的 FeO 时，脱氧产物的熔点较低，有利于其从钢液中上浮而排除。

锰是最常用的脱氧元素。这是因为，脱氧后残留在钢中的锰可与硫生成高熔点(1620℃)的 MnS，减轻硫的热脆危害；锰与硅和铝同时使用时能提高其脱氧能力，且能生成液态产物，易于从钢液中上浮；锰是沸腾钢无可替代的脱氧元素，价格便宜。

B　硅

硅的脱氧反应为：

$$[Si] + [O] = (SiO_2) \qquad \Delta_r G_m^\ominus = -593.84 + 0.233T \qquad kJ/mol \tag{10-9}$$

$$\lg K_S = \frac{31000}{T} - 12.15 \tag{10-10}$$

由该式求出不同温度下[Si]和[O]的平衡关系见图 10-3。

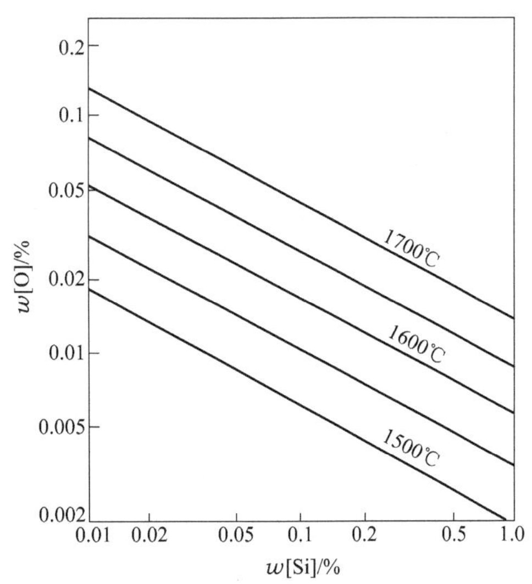

图 10-3　[Si]-[O]平衡关系图

由图 10-3 可见，1600℃时与 $w[Si] = 0.2\%$ 相平衡的钢液的 $w[O]$ 含量为 0.013%，说明硅的脱氧能力很强，因而常用于镇静钢的脱氧。

由式 10-9、式 10-10 可知，由于硅的脱氧产物是酸性的 SiO_2，而且是强放热反应，所以在碱性渣下硅的脱氧能力比酸性渣下要强，且随温度下降而提高。

单独使用硅脱氧时，当钢液的含 $w[Si]$ 量由 0.06% 增加到 0.37%，脱氧产物逐渐由液态的 $2FeO \cdot SiO_2$(1250℃)变成固态的 SiO_2(1710℃)。几乎所有的钢的含 $w[Si]$ 量都超过了 0.37%，所以不可单独使用硅进行脱氧。

硅与铝、锰共用时能提高它们的脱氧能

力，且脱氧产物为低熔点的复合化合物，炼钢温度下呈液态，容易上浮而排除。

C 铝

铝的脱氧反应为：

$$2[Al]+3[O]=Al_2O_{3(s)} \qquad \Delta_r G_m^{\ominus}=-1200.82+0.395T \quad kJ/mol \tag{10-11}$$

$$\lg K_{Al}=\frac{63685}{T}-20.59 \tag{10-12}$$

铝是一种极强的脱氧元素，1600℃时与 $w[Al]=0.2\%$ 相平衡的 $w[O]$ 为 0.004%，故常用作终脱氧剂。

由式 10-11、式 10-12 可知，铝的脱氧能力会随着温度的降低和炉渣碱度的增加而增强。

若单独使用铝进行脱氧，当 $w[Al]<1\times10^{-4}\%$ 时，脱氧产物为液态的 $FeO \cdot Al_2O_3$（1350℃）；反之，脱氧产物为固态的 Al_2O_3（2050℃），不过很容易上浮。

脱氧后残留在钢中的铝还具有如下作用：

（1）降低钢的时效倾向性。铝可与氮形成稳定的 AlN，防止氮化铁的生成，从而可降低钢的时效倾向；

（2）细化钢的晶粒。用铝脱氧时，钢液中会生成许多细小而高度弥散的 AlN 和 Al_2O_3，这些细小颗粒可以成为钢结晶时的晶粒核心，使晶粒细化；还可防止在其后的加热过程中，固态钢中的奥氏体晶粒的长大，从而获得细粒钢，提高钢的屈服强度和冲击韧性。为了获得细粒钢，根据钢中碳含量的不同，铝的加入量为 0.06%～0.12%。

D 钛

钛的脱氧反应为：

$$[Ti]+2[O]=TiO_{2(s)} \tag{10-13}$$

$$\lg w[Ti]_{\%}\cdot w[O]_{\%}=-\frac{30700}{T}+10.33 \tag{10-14}$$

用钛脱氧时，所得脱氧产物因 $w[Ti]$ 含量而异，随着 $w[Ti]$ 的增大，脱氧产物遵循以下顺序而变化：

$$FeO\cdot TiO_2 \rightarrow FeO\cdot TiO_2+TiO_2 \rightarrow TiO_2 \rightarrow TiO_3 \rightarrow TiO_3+TiO \rightarrow TiO$$

钛的脱氧能力强于硅，与铝相当，但价格比铝贵许多，同时钛也具有降低时效倾向和细化晶粒的作用且效果更好，故常作合金剂使用，一般用量小于 0.2%。

应注意的是，加钛前先用铝脱氧固氮，以提高其回收率。

E 钒

钒的脱氧反应因其含量不同而异：

当 $w[V]<0.2\%$ 时，钒的脱氧反应为

$$\frac{1}{2}Fe+[V]+2[O]=\frac{1}{2}FeO\cdot V_2O_3 \tag{10-15}$$

$$\lg K_V=\lg[V]_{\%}\cdot a_{[O]}^2=-\frac{25360}{T}+10.95 \tag{10-16}$$

当 $w[V]=0.2\%\sim0.3\%$ 时，钒的脱氧反应为：

$$[V]+\frac{3}{2}[O]=\frac{1}{2}V_2O_{3(s)} \tag{10-17}$$

$$\lg K_V=\lg[V]_{\%}\cdot a_{[O]}^{\frac{3}{2}}=-\frac{20950}{T}+9.05 \tag{10-18}$$

而如 $w[V]>0.3\%$，其脱氧反应则为：

$$[V]+[O]=\frac{1}{2}V_2O_{3(s)} \tag{10-19}$$

$$\lg K_V=\lg w[V]_{\%}\cdot a_{[O]}=-\frac{12820}{T}+5.24 \tag{10-20}$$

钒的脱氧能力介于锰、硅之间,价格较贵,同铝一样也具有降低时效倾向、细化晶粒的作用且效果更好,故常作合金元素使用。

生产中实际钒用量一般为 0.1% ~0.15%,其脱氧产物均为固态。加钒前需先用硅进行脱氧。

F 硼

硼的脱氧反应为

$$2[B]+3[O]=B_2O_{3(s)} \tag{10-21}$$

$$\lg K_B=\lg[B]_{\%}^2\cdot[O]_{\%}^3=-\frac{46510}{T}+16.33 \tag{10-22}$$

1600℃时,$K_B=312\times10^{-9}$。

硼的脱氧能力介于硅、铝(钛)之间,价贵,且可提高钢的淬透性,故常作合金元素使用。

生产中,加硼前常必须用铝、钛进行脱氧,以减少其烧损。

10.3.2 复合脱氧及其特点

A 复合脱氧的定义

同时使用两种或两种以上脱氧元素脱氧的方法叫做复合脱氧。为方便脱氧操作,常按一定比例制成合金,如 Mn-Si、Al-Si、Al-Mn-Si、CaSi、Si-Al-Ba、Si-Al-Ba-Ca 等,称复合脱氧剂。

B 复合脱氧的特点

从式 10-4 可以看出,元素的脱氧能力(或钢中残余氧含量)还取决于脱氧产物的活度 a_{MeO}。而脱氧产物的活度则主要取决于其析出状态,如果以纯氧化物析出,其活度值为 1;若脱氧产物又与其他氧化物发生渣化反应,则其活度值将小于 1,这将使元素的脱氧能力增强。采用复合脱氧剂脱氧时,可以在同一时间、同一地点生成酸性(或两性)和碱性氧化物,而且其浓度比恰能生成低熔点液态复杂化合物,既能显著降低脱氧产物的活度,从而使所用脱氧元素的脱氧能力大大增强,又有利于脱氧产物聚合长大和上浮排除。

如图 10-4 所示,当向钢液中同时加入锰和硅时,由于锰的存在,硅的脱氧能力远大于其在单独使用时的脱氧能力。

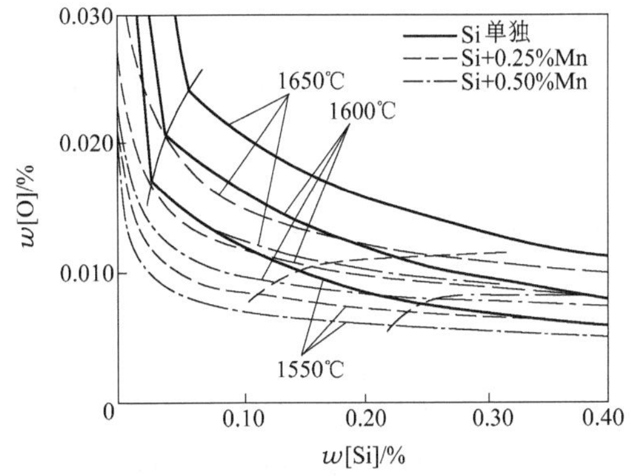

图 10-4 硅的脱氧能力及锰对硅脱氧能力的影响

为了取得这一效果,生产上经常采用 $w(Mn)/w(Si)=4\sim8$ 的 Mn-Si 合金来进行脱氧。实践表明,比值为 6 ~7 的合金脱氧效果最好。$w(Mn)/w(Si)$的比值高,生成的脱氧产物熔点低,易于上浮,但如比值过高,由于硅量减少,可能会脱氧不足。

锰对铝的脱氧能力也有类似影响,如图 10-5 所示。

当有锰、硅同时存在时,可以进一步提高铝的脱氧能力,如图 10-6 所示。生产上按照适当的 Al∶Si∶Mn 比例制成合金，用作复合脱氧剂，以便得到低熔点的脱氧产物，这便是有名的 AMS 合金。

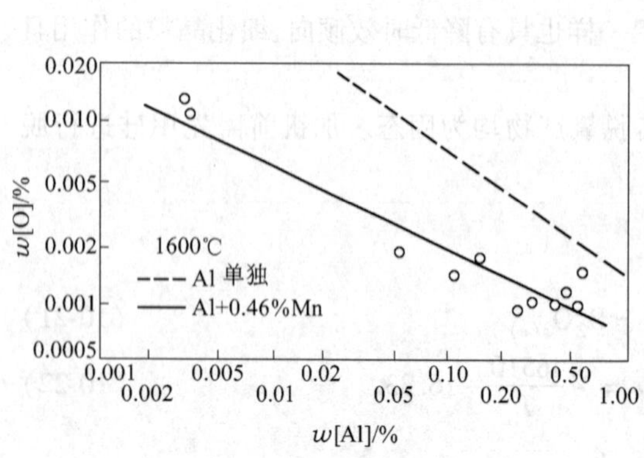

图 10-5　锰存在时铝的脱氧能力

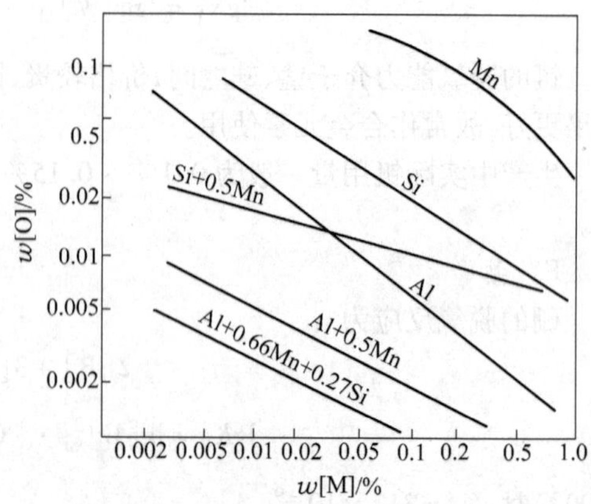

图 10-6　1600℃时铝、硅、锰的脱氧能力

有些钢种需要把钢中残余氧含量降到极低的水平，这时常采用含有碱土金属的复合脱氧剂如硅钙、铝钙、硅钙镁、硅钙铝合金等等。在某些场合，将稀土元素或它们的合金与其他脱氧剂一起使用，可以把氧和硫同时降低到很低的水平。

在缺少复合脱氧剂的情况下，应该按一定比例加入几种脱氧剂（如锰、硅和铝），并且按照先弱后强的顺序加入钢液中，以便发挥弱脱氧剂的作用，提高强脱氧剂的脱氧效果，并且生成低熔点的多元脱氧产物。

10.4　脱氧产物的排除

实验表明，溶解在金属中的氧和脱氧元素之间的化学反应进行得十分迅速，因而使脱氧反应没有限制性环节。

脱氧反应中形成的脱氧产物可能以液态也可能以固态悬浮于钢液中，一般情况下，每 1 cm^3 的钢液体积内，约含有 3000 个平均直径为 10 ~ 20 μm 大小的呈悬浮物的夹杂物质点，而且大多数是氧化物。

脱氧产物的存在会对钢的许多性能产生不良的影响，因此，实际生产中人们关心的是如何使脱氧产物在有限的时间内尽可能多地从钢液中排除，以提高钢的纯净度，改善钢的质量。

在有限的时间内某一脱氧产物能否上浮从而排除，主要取决于其上浮速度。

对于直径不大于 100 μm 的球形夹杂物，假定钢液处于无搅动的层流状态，其上浮速度可以近似地用斯托克斯公式计算：

$$v = K\frac{2}{9}g\frac{\rho_{金}-\rho_{夹}}{\eta}r^2 \tag{10-23}$$

式中　K——夹杂物的形状系数，一般计算时可取为 1；

g——重力加速度，9.8 m/s^2；

$\rho_{金}$，$\rho_{夹}$——分别为金属和夹杂物的密度，g/cm^3 或 t/m^3；

η——金属的动力学黏度，1550 ~ 1650℃之间为 0.0015 ~ 0.0035 Pa · s；

r——金属夹杂物的半径，cm 或 m。

对于钢液，上式可以写成：

$$v=8.38\times10^{3}(6.94-\rho_{夹})\times r^{2} \tag{10-24}$$

由式10-23可见，非金属夹杂物的上浮速度和三方面的因素有关。

A　钢液的黏度

钢液的黏度越大，脱氧产物上浮时所受的黏滞力即阻力越大，脱氧产物的上浮速度越慢。因此，脱氧过程中避免未溶质点出现及适当提高温度，可在一定程度上增加脱氧产物的上浮速度。

B　脱氧产物的密度

炼钢生产中钢液的密度基本不变(6.9 t/m^3)，脱氧产物的密度较小时，两者的密度差较大即脱氧产物上浮的动力较大，因而上浮速度较快。表10-1列出了几种常见脱氧产物的熔点和密度。

表10-1　脱氧产物的熔点和密度(20℃)

夹杂物组成	熔点/℃	密度/t·m^{-3}	夹杂物组成	熔点/℃	密度/t·m^{-3}
$w(SiO_2)<40\%$的硅酸铁	1180～1380	4.0～5.8	V_2O_3	1977	4.87
$w(SiO_2)>40\%$的硅酸铁	1380～1700	2.3～4.0	$MnO\cdot SiO_2$	1291	3.72
刚玉 Al_2O_3	2050	4.0	$2MnO\cdot SiO_2$	1345	4.04
二氧化硅(石英)	1710	2.2～2.6	$MnO\cdot Al_2O_3$	1560	4.23
氧化锰 MnO	1785	5.5	$3MnO\cdot Al_2O_3\cdot 3SiO_2$	1195	4.18
氧化铁 FeO	1369	5.8	$2FeO\cdot SiO_2$	1205	4.32
氧化钛 TiO_2	1825	4.2	$Al_2O_3\cdot SiO_2$	1487	3.05
氧化铬 Cr_2O_3	2280	5.0			

由表10-1可见，所有夹杂物的密度都小于钢液。但是应该承认，除了少数几种夹杂物外，多数夹杂物的密度与钢液相差并不悬殊，而且，这一影响上浮速度的因素是不可控制的。

C　脱氧产物的半径

斯托克斯的研究表明，脱氧产物的上浮速度与其半径的平方成正比，加之这一因素是可以控制的，所以它是影响夹杂物上浮速度的最主要的因素。

在基本条件相同的情况下，运用式10-24可以粗略地算出：

$r_1=0.026$ mm 时，　$v=1.5$ mm/s；

$r_2=0.0026$ mm 时，　$v=0.015$ mm/s。

若两个脱氧产物同处于1000 mm深的钢液中，半径为0.026 mm的颗粒经11 min左右便能上浮到钢液的表面；而半径为0.0026 mm的脱氧产物则需18.5 h才能从钢液中排出。实际生产不可能提供如此长的排出时间，因而脱氧产物往往来不及上浮就被凝固在钢中了。

为了使脱氧产物能够最大限度地排出，必须设法增大其半径。初生脱氧产物的半径是很小的，但是由于表面张力的作用和相互吸引，它们会互相熔合或聚集成为较大夹杂物。非金属夹杂物聚集的热力学条件是

$$\Delta G=\sigma_{m\text{-}s}\cdot\Delta A=\sigma_{m\text{-}s}\cdot(A''_{m\text{-}s}-A'_{m\text{-}s})<0 \tag{10-25}$$

式中　$\sigma_{m\text{-}s}$——金属－夹杂之间的比界面能；

$A''_{m\text{-}s}-A'_{m\text{-}s}$——夹杂质点聚集前和聚集后的金属、夹杂接触面积之差；

由于$A''<A'$，所以上式总是成立的，即脱氧产物之间的互相熔合或聚集是自发过程。

易于理解，通常情况下，液态夹杂物的聚合趋势要大于固态夹杂颗粒。这就要求脱氧产物要具有较低的熔点。由上表可见，几乎所有的单一的脱氧产物的熔点都高于炼钢温度，而二、三元

的复杂脱氧产物都具有很低的熔点。所以,为了促使脱氧产物有效上浮,应采用复合脱氧法并按照上节所述"注意比例、先弱后强"的原则组织脱氧,同时加强搅拌为脱氧产物的相遇、碰撞、聚合创造条件。表 10-2 为几种不同脱氧方案的脱氧产物的排除情况。

表 10-2　不同脱氧方案的脱氧产物的排除情况

脱 氧 方 法	脱氧前钢液的含氧量 $w/\%$	脱氧后夹杂物含量 $w/\%$	脱氧后钢液的含氧量 $w/\%$
先硅后锰	0.021 ~ 0.025	0.0254 ~ 0.0292	0.012 ~ 0.013
先锰后硅	0.019 ~ 0.024	0.0173 ~ 0.0217	0.007 ~ 0.009
Mn-Si: Mn/Si = 3.5	0.018 ~ 0.026	0.0160 ~ 0.0190	0.006 ~ 0.008
Mn-Si: Mn/Si = 6.0	0.018 ~ 0.023	0.0118 ~ 0.0160	0.004 ~ 0.006

应该指出,用斯托克斯公式计算非金属夹杂物的上浮速度只是近似的,而且,对某些脱氧元素(如用硅)所生成的夹杂物上浮速度的计算值和平均测定值吻合很好;而对于另外一些脱氧元素(如用铝)所生成的夹杂物上浮速度的计算值则与实测数值相差悬殊。

造成这种结果的原因是多方面的。首先,斯托克斯公式的推导前提是夹杂物为球形固体颗粒,且液体只做层流流动。在实际生产条件下,特别是在出钢过程中,钢液剧烈运动,其中速度的分布极不均匀,因而悬浮于其中的颗粒之间存在着极大的速度差。这就使颗粒之间碰撞机会增多,其成长速度可能达到静止熔池中颗粒长大速度的 10 ~ 30 倍。这种长大机理对于促进用锰和用硅锰脱氧时脱氧产物的凝聚长大,效果非常显著,对于用硅脱氧也起一定作用。钢包吹氩、电磁搅拌等措施都可使这方面的效果得到发挥。

计算表明,斯托克斯公式适用于颗粒和流体的相对速度较低,即雷诺数小于 2 的钢液中球形夹杂物的上浮,且夹杂物直径不超过 150 μm。巨大颗粒夹杂物的上浮速度应该用下式计算:

$$v = \sqrt{\frac{8}{3} \cdot g \cdot \frac{\rho_m - \rho_s}{\rho_m \varepsilon} \cdot r} \tag{10-26}$$

式中　ε——阻力系数。

其次,斯托克斯定律没有考虑金属 - 夹杂物间界面张力的影响。根据萨马林等人的研究,当把大量的铝(0.3% ~0.5%)加入钢液中时,尽管脱氧产物 Al_2O_3 呈固体状态,其颗粒度和硅酸盐相近,密度又较大,但却能够迅速上浮。对于这一现象,目前多数人认为是由于表面现象的作用。Al_2O_3 与钢液的界面张力高达 2N/m(SiO_2 0.6N/m),使得 Al_2O_3 夹杂物不容易被钢液所润湿,同时受到了钢液的较大的排斥力而有助于其小颗粒之间聚集成为群落状(又称云絮状)夹杂。这种群落状夹杂物可以看成一个整体,其大小可达到 500 μm,因而它在钢液中的上浮速度应该用式 10-26 计算。计算结果表明,其上浮速度为球状夹杂物上浮速度的 50 倍。

可见,影响脱氧产物上浮与排除的因素,除了钢液黏度、脱氧产物的密度和半径以外,还有脱氧产物与钢液间的界面张力。

10.5　扩散脱氧

10.5.1　脱氧方法及其特点

根据脱氧的基本原理不同,脱氧的方法可分为沉淀脱氧法和扩散脱氧法两种。

A　沉淀脱氧法

将块状脱氧剂沉入钢液中,熔化、溶解后直接与其中的氧发生反应,生成不溶于钢液的脱氧产物并上浮进入炉渣的脱氧方法叫做沉淀脱氧法，又称直接脱氧法。

沉淀脱氧法的特点是操作简便、成本低，而且过程进行迅速，是炼钢中应用最广泛的脱氧方法，但脱氧产物在钢液中生成很难彻底排除，总有一部分残留在钢中而成为夹杂，影响钢的质量。

B　扩散脱氧法

将粉状脱氧剂（炭粉、硅铁粉等）撒在渣面上，还原渣中的（FeO）

$$(FeO) + C_{(s)} = [Fe] + \{CO\} \tag{10-27}$$

$$2(FeO) + Si_{(s)} = (SiO_2) + 2[Fe] \tag{10-28}$$

促使钢中的氧向渣中扩散

$$[FeO] = (FeO) \tag{10-29}$$

从而达到降低钢液氧含量目的的脱氧方法叫做扩散脱氧法。由于这一脱氧过程是通过炉渣间接完成的，所以又称为间接脱氧法。

间接脱氧的最大优点是脱氧反应在渣中进行，钢液不会被脱氧产物所玷污。但其脱氧过程依靠 FeO 自钢液向渣相的扩散，速度缓慢，为了把钢中氧降到较低的水平，需花费很长时间，影响炉子的生产率。

10.5.2　扩散脱氧的基本原理

扩散脱氧的基本原理是分配定律。因为氧既溶于钢液又能存在于炉渣之中 $w[FeO] = w(FeO)$，一定温度下，氧在两相之间分配平衡时的浓度比是一个常数，即

$$L_O = \frac{w(\Sigma FeO)}{w[O]}$$

式中　L_O——氧在炉渣和钢液间的分配系数；

$w(\Sigma FeO)$——渣中氧化铁总的质量百分含量，%；

$w[O]$——钢液中氧的质量百分含量，%。

碱性渣下，1600℃时，其氧在炉渣和钢液间的分配系数值约为 400。

可见，只要设法降低渣中 $w(FeO)$ 含量，使其低于与钢液相平衡的氧量，则钢液中的氧必然要转移到炉渣中去，从而使钢中含氧量降低。

在电炉还原期，要求渣中的 $w(\Sigma FeO)$ 降低到 0.5% 以下，与之平衡的钢液含氧量为：

$$w[O] = \frac{0.5\%}{400} = 0.00125\%$$

实际生产中，时间所限，扩散反应未达平衡，但钢液中的氧仍能降至 0.005% 的水平。为充分发挥还原渣的脱氧能力，电炉出钢时要求钢渣混冲，金属与渣相的接触面积大为增加，使扩散反应瞬间接近平衡。

目前，转炉炼钢采用的是沉淀脱氧法，而电弧炉生产则多采用综合脱氧法，即先用锰铁合金进行沉淀预脱氧，然后进行扩散脱氧，最后加铝沉淀终脱氧。

为了缩短脱氧时间并充分发挥扩散脱氧之长处，近年来采用了在钢包内进行合成渣洗的操作。其要点是预先配制好高 CaO、低 FeO 的高碱度、强还原性渣，在专用设备中熔化后倒入钢包。出钢时由于钢流冲击，渣－钢间发生强烈搅拌，合成渣被高度乳化。渣液的乳化使渣－钢界面剧烈增大，FeO 的扩散过程得以强化。其后，乳化渣进行聚集并吸附其他固态脱氧产物一起上浮（当采用其他脱氧剂如硅铁、铝等配合脱氧时），因而在极短时间内便可完成电弧炉内几十分钟才能完成的任务。除此之外，高碱度合成渣的乳化在脱氧的同时还可完成脱硫任务。

思 考 题

1. 钢水为什么要脱氧,脱氧的任务包括哪几方面?
2. 对脱氧剂有哪些要求?
3. 什么是脱氧元素的脱氧能力,常用的脱氧剂有哪些?
4. 沉淀脱氧的原理是怎样的,有什么特点?
5. 脱氧产物怎样才能迅速地上浮排除?
6. 扩散脱氧的原理是怎样的,有什么特点?
7. 真空脱氧原理是怎样的,有什么特点?
8. 复合脱氧有哪些特点?
9. 加入合金对钢水的温度、熔点及流动性有哪些影响?

11　钢中的非金属夹杂物

在冶炼和浇注过程中产生或混入钢中，经加工或热处理后仍不能消除而且与钢基体无任何联系而独立存在的氧化物、硫化物、氮化物等非金属相，统称为非金属夹杂物，简称为夹杂物。

钢中的非金属夹杂物主要是铁、锰、铬、铝、钛等金属元素与氧、硫、氮等形成的化合物。其中氧化物主要是脱氧产物，包括未能上浮的一次脱氧产物和钢液凝固过程再次发生脱氧反应形成的脱氧产物。

非金属夹杂物的存在破坏了钢基体的连续性，造成钢组织的不均匀，对钢的各种性能都会产生一定的影响，如降低钢的强度和韧性等。钢中的非金属夹杂物也产生有利的作用，例如控制晶粒的大小，产生沉淀硬化，改善切削性能等。

钢中的非金属夹杂物主要来自以下几个方面：

(1) 原材料带入的杂物。炼钢所用的原材料如钢铁料和铁合金中的杂质、铁矿石中的脉石以及固体料表面的泥沙等，都可能被带入钢液而成为夹杂物。

(2) 冶炼和浇注过程中的反应产物。钢液在炉内冶炼、包内镇静及浇注过程中生成而未能排除的反应产物，残留在钢中便形成了夹杂物。这是钢中非金属夹杂物的主要来源。

(3) 耐火材料的侵蚀物。炼钢用的耐火材料中含有镁、硅、钙、铝、铁的氧化物。从冶炼、出钢到浇注的整个生产过程中，钢液都要和耐火材料接触，炼钢的高温、炉渣的化学作用及钢、渣的机械冲刷等或多或少要将耐火材料侵蚀掉一些进入钢液而成为夹杂物。这是钢中 MgO 夹杂的主要来源，约占夹杂总量的5%以上。

(4) 乳化渣滴夹杂物。除了电弧炉偏心炉底出钢外，出钢过程中渣钢混出是经常发生的，有时为了进一步脱氧、脱硫，也希望渣钢混出。如果镇静时间不够，渣滴来不及分离上浮，就会残留在钢中，成为所谓的乳化渣滴夹杂物。

另外，出钢和浇注过程中，炉盖、出钢槽、钢包和浇注系统吹扫不干净，各种灰尘微粒的机械混入也将成为钢中大颗粒夹杂物。

11.1　非金属夹杂物的分类

根据研究目的的需要，可以从不同的角度对钢中的非金属夹杂物进行分类。目前最常见的是按照非金属夹杂物的组成、性能、来源和大小不同进行分类。

11.1.1　按照夹杂物的组成分类

该分类方法又称为化学分类法，在描述和分析夹杂物的成分时常用这一分类法。根据组成不同，钢中的非金属夹杂物可以分成氧化系夹杂物、硫化系夹杂物和氮化系夹杂物三类：

11.1.1.1　氧化物系夹杂物

氧化物系夹杂物有简单氧化物、复杂氧化物、硅酸盐和固溶体之分。

A　简单氧化物

常见的简单氧化物夹杂有 FeO、Fe_2O_3、MnO、SiO_2、Al_2O_3、TiO_2等。例如，在用硅铁和铝脱氧

的镇静钢中，就能见到 SiO_2 和 Al_2O_3 夹杂物，如图 11-1 和图 11-2 所示。

图 11-1　浅灰色不规则形夹杂物

图 11-2　氧化铝夹杂物

B　复杂氧化物

复杂氧化物包括尖晶石类夹杂物和钙的铝酸盐两种。

尖晶石类氧化物常用化学式 $MeO \cdot R_2O_3$ 表示。Me 代表二价金属，如铁、锰、镁等，R 为三价金属，如铁、铝、铬等。这类夹杂物因具有尖晶石 $MgO \cdot Al_2O_3$ 的八面晶体结构而得名。常见的有 $FeO \cdot Al_2O_3$、$MnO \cdot Al_2O_3$ 等铝尖晶石（多出现于镇静钢中）；$FeO \cdot Cr_2O_3$、$MnO \cdot Cr_2O_3$ 等铬尖晶石（常出现于含铬的合金钢中）等。这些夹杂物中的二价或三价金属可以被其他二价或三价金属置换，因此实际遇到的尖晶石类夹杂物可能是多相的；又由于 $MeO \cdot R_2O_3$ 内可以溶解相当数量的 MeO 和 R_2O_3，因而其成分可在相当宽的范围内波动，实际成分往往偏离化学式。尖晶石类夹杂物的特点是熔点高，在钢液中呈固态并具有形成外型良好的坚硬八面体晶体的倾向；热轧时，不易变形；冷轧时，特别是在轧制规格较薄的产品时易造成表面损伤。

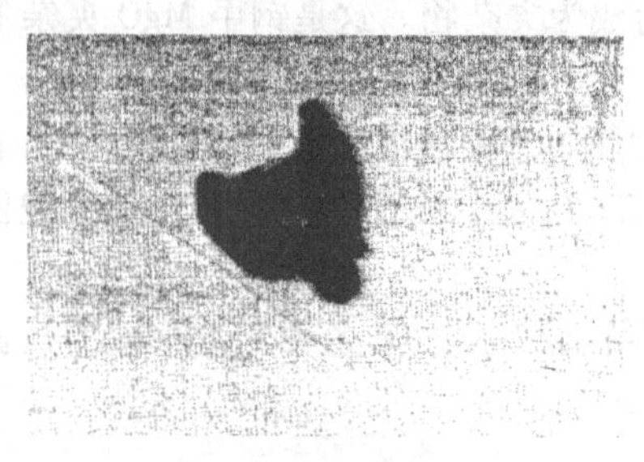

图 11-3　钙铝酸盐

钙（还有钡等）虽然也是二价金属元素，但因离子半径太大（比铁、锰、镁等离子半径大 20% ~30%），所以它的氧化物不是尖晶石结构，而是形成钙的铝酸盐 $CaO \cdot Al_2O_3$。钙的铝酸盐是碱性炼钢中最为常见的夹杂物，如图 11-3 所示。它是钢中的铝与悬浮在钢液中的碱性炉渣的反应产物，或是用含钙合金和铝共同脱氧的产物。

C　硅酸盐

硅酸盐类夹杂是由金属氧化物和二氧化硅组成的复杂化合物，所以也属于氧化物系夹杂物。化学通式可写成 $l\,FeO \cdot mMnO \cdot nAl_2O_3 \cdot pSiO_2$。其成分比较复杂，而且常常是多相的。常见的有 $2FeO \cdot SiO_2$、$2MnO \cdot SiO_2$、$3MnO \cdot Al_2O_3 \cdot 2SiO_2$ 等。这类夹杂物与被侵蚀下来的耐火材料、裹入的炉渣及钢流的二次氧化有关。

硅酸盐类夹杂物一般颗粒较大，其熔点按组成分中 SiO_2 所占的比例而定，SiO_2 占的比例越多，硅酸盐的熔点越高。

D　固溶体

氧化物之间还可以形成固溶体，最常见的是 FeO-MnO，常以（Fe、Mn）O 表示，称含锰的氧化铁。

11.1.1.2　硫化物系夹杂物

含硫量高时，在铸态钢中以熔点仅为 1190℃ 的 FeS 形式在晶界析出，从而导致钢产生“热脆”。为了消除或减轻硫的这一危害，一般的方法是向钢中加入一定量的锰，以形成熔点较高的

MnS 夹杂(熔点为 1620℃)。因此,一般情况下,钢中的硫化物夹杂主要是 FeS、MnS 和它们的固溶体(Fe、Mn)S。二者相对量的大小取决于加锰量的多少,随着 Mn/S 比的增大,FeS 的含量越来越少,而且这少量的 FeS 溶解在 MnS 之中,这是由于锰比铁对硫有更大的亲和力。

冶炼中,铝的加入量大时钢中会有 Al_2S_3形态的夹杂物出现;当向钢中加入稀土元素镧和铈等时,可形成相应的稀土硫化物如 La_2S_3、Ce_2S_3等如图 11-4 所示。

在多数钢中,硫化物如硫化钙见图 11-5 所示,是比氧化物更重要的夹杂物。因为一般情况下钢的氧含量在 0.004% 以下,而硫的含量 $w[S]$则在 0.03% 左右。根据钢的脱氧程度及残余脱氧元素的含量不同,硫化物在固态钢中有三类不同的形态:

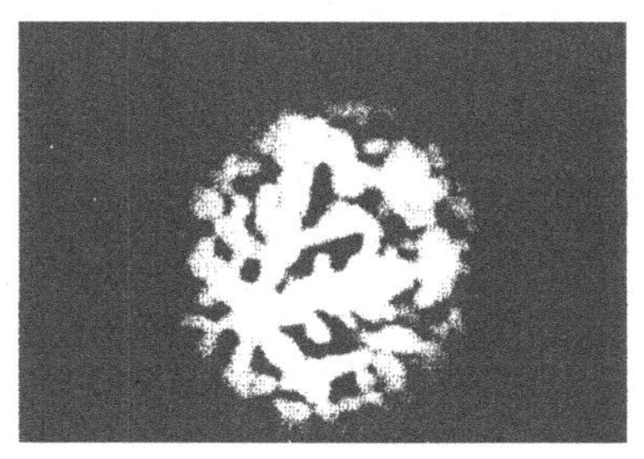

图 11-4　球化良好的稀土氧硫化物形貌

图 11-5　硫化钙夹杂物

第一类是当仅用硅或铝脱氧,且脱氧不完全时,硫化物或氧硫化物呈球形任意分布在固态钢中。

第二类是在用铝完全脱氧,但过剩铝不多的情况下,硫化物以链状或薄膜状分布在晶界处。

第三类是当用过量的铝脱氧时,硫化物呈不规则外形任意分布在固态钢中。

这三类硫化物的形态不同,对钢性能的影响也不同。比如,它们对钢的热脆倾向的影响是,第二类硫化物的热脆倾向最为严重,第三类硫化物次之,第一类硫化物的热脆倾向最小。

11.1.1.3　氮化物系夹杂物

一般情况下,钢液的含氮量不高,因而钢中的氮化物夹杂也就较少。但是,如果钢液中含有铝、钛、铌、钒、锆等与氮亲和力较大的元素时,在出钢和浇注过程中钢流会吸收空气中的氮而使钢中氮化物夹杂的数量显著增多。

通常,将不溶于或几乎不溶于奥氏体并存在于钢中的氮化物才视为夹杂物,其中最常见的是 TiN。至于 AlN,一般是在钢液结晶时才析出的,颗粒细小,它在钢中具有许多良好的作用,例如,在钢液结晶过程中它可作为异质核心使钢的晶粒细化,因而 AlN 一般不视为夹杂物。

综上所述,一般情况下钢中的氮化物不多,主要是氧化物和硫化物,且常以复合型夹杂物存在,沸腾钢中主要是(Fe、Mn)O,其中混有一些尖晶石、硅酸盐、MnS 等;而镇静钢中主要是包含有铝尖晶石的硅酸盐或硫化物,复合型夹杂物的实例如图 11-6 所示。

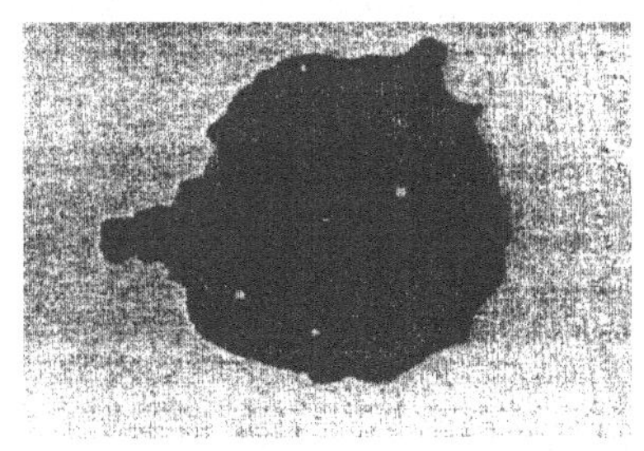

图 11-6　硫化钙和铝酸钙的复合夹杂物

11.1.2 按照夹杂物的来源分类

该分类方法又叫做炼钢分类法，主要用于确定夹杂物的来源和产生的时间。根据来源不同，钢中非金属夹杂物可分为外来夹杂物和内生夹杂物两类：

11.1.2.1 外来夹杂物

在冶炼及浇注过程中混入钢液并滞留其中的耐火材料、熔渣或两者的反应产物以及各种灰尘微粒等称外来夹杂。

外来夹杂物的颗粒较大，外形不规则，分布也无规律，即在钢中出现带有偶然性。

11.1.2.2 内生夹杂物

内生夹杂物是在脱氧和钢液凝固时生成的各种反应产物，主要是氧、硫、氮的化合物。根据形成的时间不同，内生夹杂物可分为四种：

(1) 一次夹杂。在冶炼过程中生成并滞留在钢中的脱氧产物、硫化物和氮化物称一次夹杂，也称为原生夹杂。一次夹杂在钢的冷凝过程中会成长为大的颗粒，因此它在钢中的悬浮量越少越好。

(2) 二次夹杂。出钢和浇注过程中，由于钢液温度降低，导致平衡移动而生成的夹杂物称二次夹杂。

(3) 三次夹杂。钢液在凝固过程中，因元素溶解度下降引起平衡移动而生成的夹杂物叫做三次夹杂。

(4) 四次夹杂。固态钢发生相变时，因溶解度发生变化而生成的夹杂物叫做四次夹杂。

从数量上来看，内生夹杂物主要是一次夹杂和三次夹杂即在脱氧和凝固时所生成的夹杂物。

相对于外来夹杂来说，内生夹杂物的分布比较均匀，颗粒也比较细小，而且形成时间越迟，颗粒越细小。

至于内生夹杂物在钢中的存在形态，则取决于其形成时间的早晚和本身的特性。如果夹杂物形成的时间较早，而且因熔点高以固态形式出现在钢液中，这些夹杂在固体钢中仍将保持原有的结晶形态；而如果夹杂物是以液态的异相形式出现于钢液中，那么它们在固态钢中则呈球形。较晚形成的夹杂物多沿初生晶粒的晶界分布，依据它们对晶界的润湿情况不同或呈颗粒状如 FeO，或呈薄膜状如 FeS。

应该指出的是，钢中的一些夹杂物很难确定它是内生的还是外来的。比如，以外来夹杂为核心析出内生夹杂的情况；再如，外来夹杂与钢液发生作用，其外形及成分均发生了变化的情况等。因此，有人提出应有第三类夹杂——相互反应夹杂物。这一观点正在被越来越多的人所接受。

11.1.3 按照夹杂物的变形性能分类

该分类方法又称轧钢分类法，主要用于研究各类夹杂对钢性能的不同影响。钢材在热加工变形时，其中的夹杂物因在热加工温度下具有不同的塑性而呈不同的形态，从而会对钢的性能产生一定的影响。所以有时按照夹杂物变形性能的好坏（即塑性的大小），把夹杂物分为脆性夹杂、塑性夹杂和点状不变形夹杂三类。

A 塑性夹杂物

这类夹杂的塑性好，变形能力强，在热加工过程中沿加工方向延伸成条带状。FeS、MnS 及含 SiO_2 较低的低熔点硅酸盐等均属于这一类的夹杂物。

B　脆性夹杂物

这类夹杂几乎没有塑性，当钢进行热加工时不会变形，而沿加工方向破碎成串。属于这一类的夹杂物有尖晶石类型复合氧化物以及钒、钛、锆的氮化物等高熔点、高硬度的夹杂物。

C　不变形夹杂

有的夹杂物，在钢进行热加工的过程中保持原有的球形（或点状）不变，而钢基体围绕其流动，这一类夹杂叫做球形（或点状）不变形夹杂。属于此类的夹杂物有 SiO_2、含 $w(SiO_2)>70\%$ 的硅酸盐、钙的铝酸盐以及高熔点的硫化物 CaS、La_2S_3、Ce_2S_3 等。

除了以上三种基本类型外，还有一些所谓半塑性夹杂物。它实际上是塑性夹杂物与脆性夹杂物的复合体。在热加工过程中，其塑性部分随钢基体延伸，但脆性部分仍保留原来的形状，只是或多或少地被拉开。

人们习惯上往往把脆性夹杂物用氧化物来代表，而把塑性夹杂物用硫化物来代表。

11.1.4　按照夹杂物的尺寸大小分类

这种分类方法又称金相分类法，研究夹杂物对钢性能的影响时常用。

钢中的非金属夹杂物，按其尺寸大小不同可分为宏观夹杂、显微夹杂和超显微夹杂三类。

A　宏观夹杂

凡尺寸大于 100 μm 的夹杂物叫宏观夹杂，又称大型夹杂物。

这一类夹杂物用肉眼或放大镜即可观察到，主要是混入钢中的外来夹杂物；其次，钢液的二次氧化也是大型夹杂物的主要来源，因为研究发现在大气中浇注的钢中大型夹杂物的数量明显多于氩气保护下浇注的钢。

一般情况下，钢中的大型夹杂物的数量不多，但对钢的质量影响却很大。

B　显微夹杂

凡尺寸在 1～100 μm 之间的夹杂物叫显微夹杂，因为要用显微镜才能观察到，故称显微夹杂。

研究发现，钢中显微夹杂物的数量与脱氧后钢中溶解氧的含量之间存在很好的对应关系，因此一般认为显微夹杂主要是二次夹杂和三次夹杂。

C　超显微夹杂

凡尺寸小于 1 μm 的夹杂物叫作超显微夹杂。

钢中的超显微夹杂主要是三次夹杂和四次夹杂，一般认为钢中的该类夹杂数量很多，但对钢性能的危害不大。

11.2　非金属夹杂物对钢性能的影响

非金属夹杂物对钢性能的影响，主要表现在它们对钢的力学性能和工艺性能两方面的影响。在考虑钢中夹杂物对钢性能的影响的时候，应该注意夹杂物的数量、颗粒大小、形态和分布、夹杂物与钢的基体联结能力的大小、夹杂物的塑性和弹性系数的大小以及热膨胀系数、硬度、熔点等多方面的因素。

11.2.1　夹杂物对钢力学性能的影响

钢中有非金属夹杂物存在时，由于它们与金属基体的结合力较弱，加之有的夹杂物本身性脆，会不同程度地降低钢的强度、塑性、冲击韧性、抗疲劳性等力学性能。

A　夹杂物对钢强度的影响

通常认为,非金属夹杂物对金属材料的强度指标(如抗拉强度、屈服强度)影响不大。

对比实验发现,非金属夹杂物对钢强度的影响与其颗粒大小密切相关。当夹杂物颗粒较大时(如氧化铝颗粒超过1 μm时),会使钢的强度略有降低。当夹杂物颗粒较小时(如氧化铝颗粒小于0.3 μm时),弥散强化的作用会使钢的强度有所提高。

B　夹杂物对钢塑性的影响

由于热加工时钢中的夹杂物,尤其是塑性夹杂物随钢基体沿纵向变形成条带状,其进一步变形尤其是横向变形的能力很差,所以会使钢材的塑性尤其是横向塑性下降。

对Cr-Ni-Mo钢的研究表明,当一个视场内夹杂物的平均数目增加时,钢材的横向断面收缩率明显下降,如图11-7所示。当仅考虑钢中的条带状硫化物夹杂的数目时,钢材的横向断面收缩率下降得更加严重,如图11-8所示。

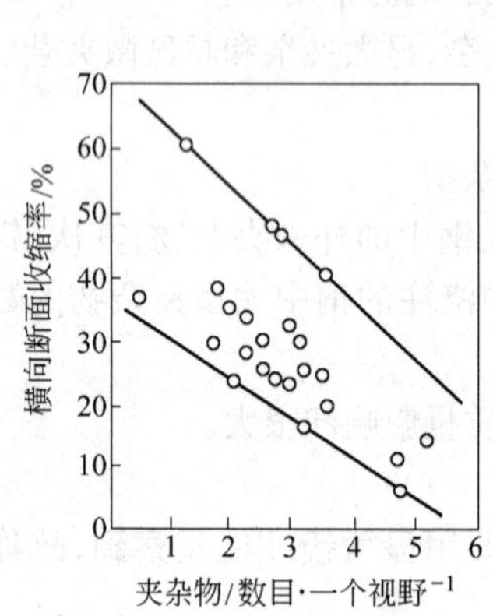

图11-7　夹杂物对钢材横向断面收缩率的影响

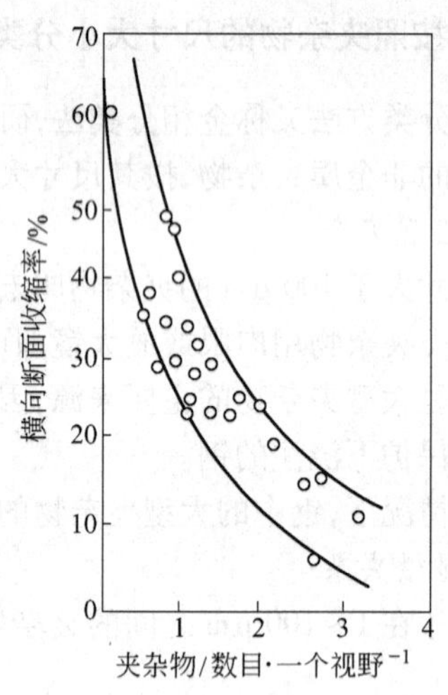

图11-8　长条状夹杂物对钢材横向断面收缩率的影响

C　夹杂物对钢材冲击韧性的影响

冲击韧性代表钢材抵抗横向冲击破坏的能力。

钢中有非金属夹杂物存在时,由于钢与夹杂物的变形量不同,导致钢在受到冲击时,应力分布不均匀,即在夹杂物与钢的联结处出现应力集中。当该处的应力超过其强度极限或塑性允许值时,会使钢与夹杂物的界面处的联结断裂或使夹杂本身破碎而产生裂纹,裂纹的进一步扩大将导致钢材断裂。

由于在热加工过程中沿轧制方向延伸成条带状的MnS夹杂,使钢材的横向变形能力下降,因此该类夹杂物会降低钢材的冲击韧性值。对钢材进行扩散退火,能使长条状的夹杂物碎断和球化,可减轻其对冲击韧性的影响。另外,冶炼时向钢中加入适量的钛、锆、钙及稀土元素铈、镧等可使硫化物球化而提高钢的冲击韧性值。

D　夹杂物对钢疲劳性能的影响

金属材料在一定的重复或交变应力作用下,经多次循环后发生破坏的现象称为疲劳。研究发现,材料因疲劳而破坏的过程是疲劳裂纹发生和扩大的过程,而疲劳裂纹的发生和发展起因于材料的局部应力集中。因此,凡是引起局部应力集中的因素如夹杂物、微裂纹等,都将影响材料的疲劳寿命。

不同类型的夹杂物，对钢的疲劳寿命有不同程度的影响。按降低寿命的程度从大到小排队，依次是：刚玉（即 Al_2O_3）、尖晶石、钙的铝酸盐、半塑性硅酸盐、塑性硅酸盐、硫化物。产生这一差别的原因在于各种夹杂物的线膨胀系数和变形能力不同。

当钢由高温冷却时，线膨胀系数与金属基体相差较多的夹杂物如刚玉等，由于其在冷却过程中收缩程度较小而使周围的基体上产生了附加应力，这一现象将促进疲劳裂纹的产生和发展。与此相反，硫化物等的线膨胀系数略大于金属基体，冷却时不会产生附加应力，因而对钢的疲劳寿命影响较小。

从夹杂物的变形能力来看，如果夹杂物在钢的热加工温度下无塑性，那么热加工时金属基体相对于这些夹杂物发生流动时，它们将与基体脱离并划伤基体而出现微裂纹及空隙。微裂纹及空隙是产生疲劳断裂的坯芽，继续发展就引起零件过早地疲劳破坏。实验发现，刚玉、尖晶石和钙的铝酸盐在钢的热加工温度下没有塑性，而硫化物则具有较好的塑性。因此，对于钢的疲劳性能来说，刚玉及尖晶石类夹杂物的危害极大，而硫化物则没有不利影响。

研究发现，对于同一类型的 Al_2O_3 夹杂来说，随着 Al_2O_3 数量的增加钢的疲劳极限下降；当其他条件相同时，夹杂颗粒越大，不利影响越大；多角形夹杂物比球状夹杂物的危害性大；钢的强度水平越高，夹杂物对其疲劳极限所产生的不利影响越显著。

11.2.2　夹杂物对钢工艺性能的影响

夹杂物的含量较高时，也会对钢的铸造性能、热加工性能和切削性能等工艺性能产生一定的影响。

A　夹杂物对钢铸造性能的影响

随着钢中非金属夹杂物的增多，钢液的流动性下降，这将会影响铸件的表面质量，主要表现是粘砂严重；同时，钢中存在大量的非金属夹杂物时极易引起偏析，使铸件产生热裂而报废。

B　夹杂物对加工性能的影响

FeS 夹杂会使钢的热加工性能变坏，用 MnS 替代 FeS 可使钢的热加工性能得到显著的改善。但随着 MnS 数量的增加，钢的热加工性能也会下降。在钢脱氧时，加铝的同时加钛，可以改变硫化物的形态，使热加工性能有所改善。

C　夹杂物对钢切削性能的影响

研究非金属夹杂物对钢切削性能的影响，主要从刀具的使用寿命、切屑的形态、机床的切削速度等方面进行考察。

钢中的氧化物和硅酸盐夹杂的硬度较高，会使刀具过早地磨损或损坏，导致钢的切削性能下降。试验证明，切削性能随脱氧元素的不同而有差别，按照锰、铬、硅、锆、钒、钛、铝的顺序下降。这也说明，提高夹杂物的硬度对切削性能是不利的。

硫化物能增加钢的脆性，切屑容易断裂，使切屑和刀具的接触面积减小，因而使摩擦阻力和切削阻力变小，可提高机床效率和刀具寿命。

含钙的氧化物夹杂对切削性能有良好的影响，因此近年来钙系易切削钢发展很快。这是由于钙系脱氧钢中的 $2CaO \cdot SiO_2$ 等夹杂中熔有 $3CaO \cdot 2SiO_2$ 或 Al_2O_3，能在刀具表面熔着堆积并将刀具表面包覆起来，可防止切削工件直接擦过刀具的前倾面和退出面而使刀具的寿命提高。切削时间愈长，钙系脱氧钢的优点愈明显。

综上所述，不能绝对地认为钢中的夹杂物有害无益，应根据钢种的使用条件和具体夹杂物的特性进行评价。但总的来说，通常是钢中夹杂物的数量越多、颗粒越大、分布越不均匀，危害性越大。因此,应该力求减少钢中的夹杂物尤其是大颗粒的外来夹杂物,有少量残留也应该是均匀分布、形态适宜。

11.3 减少钢中非金属夹杂物的途径

一般情况下,钢中的氮化物较少,主要是氧化物和硫化物夹杂,而且二者的危害也较大。因此,减少钢中夹杂物的关键是减少钢中的氧化物夹杂和硫化物夹杂。

11.3.1 减少钢中的氧化物夹杂

研究表明,严把原料关及充分利用脱碳反应的净化作用、正确地组织脱氧操作、防止或减轻钢液的二次氧化等是减少钢中氧化物夹杂的主要途径。

11.3.1.1 最大限度地减少外来夹杂

生产中减少外来夹杂的主要措施有:

(1) 加强原材料的管理。对废钢、生铁、合金、石灰、萤石、矿石等力求做到清洁、干燥、分类保存。

(2) 提高炉衬质量,并加强对炉衬的维护,尽量减少其侵蚀、剥落。

(3) 加强氧化操作,利用脱碳反应去除原材料带入的夹杂物和炉衬的侵蚀物。

(4) 出钢前调整好炉渣的流动性,出钢后保证钢液在钢包中的镇静时间以利于炉渣充分上浮、电弧炉炼钢严禁电石渣下出钢等,防止钢液混渣。

(5) 提高浇注系统耐火材料的质量并做好清洁工作,减少耐火材料颗粒夹杂。

11.3.1.2 有效控制内生夹杂

生产中控制内生夹杂的措施主要是:

(1) 根据钢的质量要求选择合适的冶炼方法和工艺,如转炉冶炼或电炉冶炼、配加炉外精炼等。

(2) 依据所炼钢种制定合理的脱氧制度并正确地组织脱氧操作,包括采用综合脱氧、使用复合脱氧剂并加强搅拌等,促进脱氧产物上浮,尽量减少钢中的一次夹杂,同时最大限度地降低钢液中溶解的氧,有效地控制钢液冷凝过程中产生二次夹杂和三次夹杂的数量。

(3) 对于优质钢和特殊要求的钢,采用添加变质剂、热加工和热处理等方法,改善残留夹杂物的形态及分布,减轻夹杂物的危害。

11.3.1.3 防止或减少钢液的二次氧化

已脱氧的钢液,在出钢和浇注过程中与大气(或其他氧化性介质)接触再次被氧化的现象,称为“二次氧化”。

实验发现,含 $w[C]=0.55\% \sim 0.65\%$ 的镇静钢,在出钢过程中锰氧化了0.074%,硅氧化了0.04%,铝氧化了0.043%,它们的氧化产物有相当一部分未能上浮而滞留在钢中成为夹杂。另据报道,38CrMoAlA钢的非金属夹杂物在浇注过程中增高1.0~1.5倍,含氮量增加了20%。可见,钢液在出钢和浇注过程中的二次氧化十分严重,应引起足够的重视。

研究发现,二次氧化产物的颗粒比脱氧产物大得多,而且二次氧化产物的多少,往往与钢液温度高低、钢液与大气接触面积大小、接触时间长短等因素有关,因此在出钢和浇注过程中,一定要做好以下三方面的工作,防止或减少钢液的二次氧化。

（1）控制好出钢温度。其他条件相同时，温度越高，钢液在出钢和浇注过程中二次氧化越严重。因此，实际操作中应控制好出钢温度，尽量避免高温钢。

（2）掌握正确的出钢操作。出钢时，要开好出钢口并维持好出钢口的形状，保证钢流不散流或过细，减小钢液与大气的接触面积和缩短出钢时间。对夹杂要求严格的钢种，最好采取气体保护出钢。

（3）保护浇注。模铸时，注速与注温要配合好，使钢液流股处于正常的流动状态，减少空气的卷入和钢液的裸露；同时，采用保护渣如固体石墨渣、固体发热渣和各种液体渣等保护浇注，对于特殊要求的钢可采用惰性气体保护或真空浇注。

连铸时则采用伸入式长水口与固体保护渣组合的无氧化浇注技术。

除了大气的二次氧化外，钢液在钢包内镇静及浇注过程中，还会与熔渣及钢包的耐火材料发生反应，即钢液还会被熔渣和包衬二次氧化。因此，采用高质量的耐火材料，出钢后向钢包中加入少量石灰稠化熔渣并提高其碱度，对减少钢中的夹杂物也有一定的作用。

11.3.2　减少钢中的硫化物夹杂

钢中硫化物夹杂多少主要取决于钢中的硫含量，钢中硫降得越低，硫化物夹杂就越少。所以，冶炼时应加强钢液的脱氧脱硫操作，尽量降低钢液的含硫量。

应指出的是，为了减轻硫的危害，过分地强调降低钢的含硫量在经济上并非合理，人们早已将目光转移到了改变钢中硫化物的存在形态上。通常情况下，钢材中的硫化物是呈细长条状的FeS、MnS，它们会使钢的横向塑性、韧性等降低。向钢液中添加少量的钛、钙、锆、稀土等与硫亲和力比锰、铁大的元素，使FeS、MnS转变成在热加工过程中不变形的TiS、CaS、ZrS、CeS等球状硫化物，可以在不降低硫含量的条件下使钢的横向力学性能得以改善。这种改变钢中硫化物夹杂形态的做法称为变质处理，这些添加元素称为变质剂。

思　考　题

1. 什么是非金属夹杂物？
2. 非金属夹杂物按其化学成分可分为几类？
3. 氧化物系夹杂有哪些特点？
4. 硫化物夹杂分几类，都有什么特点？
5. 氮化物夹杂有什么特点？
6. 非金属夹杂物按其变形性能可分为哪几类，各有什么特点？
7. 什么是外来夹杂，什么是内生夹杂？
8. 非金属夹杂物按其尺寸的大小如何划分？
9. 什么是钢水的二次氧化，有什么特点？
10. 降低钢中氧化物夹杂的途径有哪些？
11. 降低钢中硫化物夹杂的途径有哪些？

12 钢中气体

钢中气体是指溶解在钢中的氢和氮。

炼钢所用的原材料中含有一定数量的气体,而且冶炼中钢液不可避免地要与空气接触,因此成品钢中或多或少含有氢和氮。

钢中气体的含量不高,甚至在钢号的规格中也不列出,但危害却不小,严重时会导致钢材报废。所以,尽量减少钢中的氢和氮也是炼钢的重要任务之一。

12.1 钢中的氮

12.1.1 钢中氮的来源

钢中的氮主要来源于以下三个方面:

(1) 氧气　目前炼钢用的氧气是通过分离空气而获得的,其纯度为99.5%左右,即氧气中含有0.5%的氮,炼钢过程中会溶入钢液。

(2) 炉气和大气　炉气和大气中氮的分压约79 kPa,所以炼钢尤其是电炉炼钢的冶炼和浇注过程中,钢液会直接从炉气和大气中吸收大量的氮,而且低碳钢比高碳钢吸收得多。

(3) 金属炉料　铁水、废钢及铁合金等金属炉料中均溶解有一定量的氮,尤其是一些将氮作为合金化元素用的合金如氮锰合金、氮铬合金等含氮量更高,冶炼过程中它们会将其中的氮带入钢液。

12.1.2 氮在钢中的溶解

冶炼和浇注过程中,大气和炉气中的氮可按下列步骤溶入钢液:

(1) 氮气分子与钢液表面接触时被吸附并分解成原子:

$$\frac{1}{2}\{N_2\} = N_{吸} \tag{12-1}$$

(2) 被吸附的氮原子溶入钢液:

$$N_{吸} = [N] \tag{12-2}$$

因此,氮在钢液中溶解的总反应式为:

$$\frac{1}{2}\{N_2\} = [N] \tag{12-3}$$

氮在熔铁中的溶解(即式12-3)反应平衡时,其平衡常数为:

$$K_N = \frac{w[N]_{\%}}{(p_{N_2}/p^{\ominus})^{\frac{1}{2}}} \qquad \lg K_N = -\frac{188}{T} - 1.246 \tag{12-4}$$

式中 $w[N]_{\%}$——氮在铁液中的溶解质量分数,%;

p_{N_2}——铁液面上气相中氮气的分压,Pa;

$p^{\ominus}$——标准大气压力,100 kPa。

显然,氮在铁液中的溶解量与气相中氮气的分压及铁液的温度有关。通常把一定温度下,与101325 Pa的氮气相平衡的溶于金属中的氮的数量,称为氮在金属中的溶解度。由式12-4可见,氮在熔铁中的溶解服从平方根定律，即一定温度下，氮在熔铁中的溶解度与作用在铁液面上的氮气分压的平方根成正比。

由式12-4可求得，1600℃的炼钢温度下，氮在铁液中的极限溶解量（即 $p_{N_2}=p^{\ominus}$ 时）为0.0451%。

金属中的氮含量有时也用 $cm^3/100\ g$ 表示。在标准状态下，1 $cm^3/100\ g$ 氮相当的质量分数为 $1.25\times10^{-4}\%$。

氮在固态铁中的溶解度则取决于铁的晶格类型及温度，氮在不同状态的固体铁中溶解时的平衡常数与温度的关系分别为：

$$\lg K_{\alpha,\delta}=-\frac{1570}{T}-1.02 \tag{12-5}$$

$$\lg K_{\gamma}=-\frac{400}{T}-1.95 \tag{12-6}$$

气相中氮的分压为101325 Pa时，不同温度下氮在纯铁中的溶解度如图12-1所示。

（1）氮在铁液中的溶解是吸热反应，其溶解度随温度的升高而增加。当铁液在1539℃凝固时，由于铁原子的排列更加致密，使气体溶解度大大降低。

（2）在固态铁发生相变时，铁的原子间距发生突变气体的溶解度也随之改变。

（3）由于γ-Fe为面心立方结构（α-Fe和δ-Fe为体心立方结构），其原子间距较大，所以能溶解更多的气体。

另外，氮在γ-Fe中的溶解度是随温度升高而下降的，与氢的情况恰好相反。这是因为，在该温度范围内铁的结构是由原子间隙较大的面心立方晶格向原子间隙较小的体心立方晶格转变，因而氮的溶解度逐渐下降；而氢原子的半径小，其溶解度几乎不受此影响。

除铁外，钢中还含有其他元素，它们会对氮在铁液中的溶解度产生影响。钢中常见元素对氮在铁液中的影响如图12-2所示，可见：

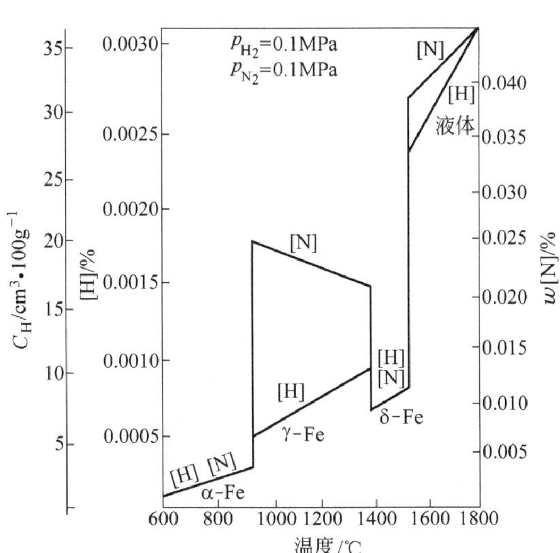

图12-1　100 kPa下，氮和氢在纯铁中的溶解度

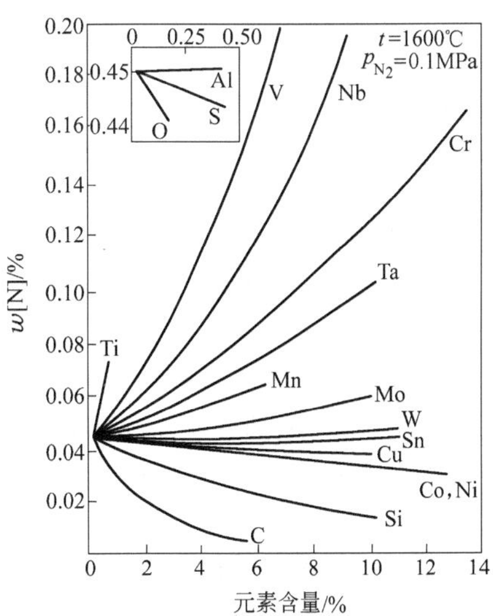

图12-2　当 $p_{N_2}=100$ kPa和1600℃时，各元素对氮在纯铁中溶解度的影响

（1）碳、硅等元素可与铁形成化合物，降低了铁的活度，加之碳与铁也形成间隙式溶液，占据

了铁原子之间的间隙,因而能显著地降低氮在铁液中的溶解度。例如,在含碳 $w(C)=6.3\%$ 的 Fe-C 熔体中,氮的溶解度接近于零。

(2) 锰、镍、钼、钴等元素的性质与铁相近,它们对氮在铁液中的溶解度影响不大。

(3) 钒、铌、铬、钛、锆和稀土元素可与氮形成稳定的氮化物,降低氮在铁液中的活度,使氮在铁液中的溶解度显著增加。

12.1.3　氮对钢性能的影响

一般情况下,钢中的氮会对钢的许多性能产生不良影响。

A　含氮高的钢"时效硬化"现象严重

氮在钢液中的溶解度远高于其在室温下的溶解度,因此,钢中的氮含量高时,在低温下呈过饱和状态。由于氮化物在低温时很稳定,钢中氮不会以气态逸出,而是呈弥散的固态氮化物析出,结果引起金属晶格的扭曲并产生巨大的内应力,导致钢的硬度、脆性增加,塑性、韧性降低。

氮化物的析出过程很慢,因而随时间推移钢的硬度、脆性逐渐增加,塑性、韧性逐渐降低,这种现象称为时效硬化或老化。

钢中含氮量愈高,老化现象愈严重,只有当钢中的氮含量低于 0.0006% 时,才能免除时效硬化。

当钢中的磷含量高时,会加剧由氮所导致的时效倾向。

脱氧良好的钢中,加入铝、硼、钛、钒等元素与氮能结合成稳定的氮化物,使固溶在 α-Fe 中的氮含量大大降低,从而可减轻甚至消除氮的时效作用。此外,在钢中形成细小分散的 AlN、TiN 等颗粒还能阻止钢材加热时奥氏体的长大,进而得到细晶粒奥氏体钢。

B　氮含量高时会使钢发生第一类回火脆性

淬过火的钢在 250～400℃间回火后,其 a_K 值不仅不增大,反而下降,称为第一类回火脆性。这类回火脆性是不可逆的,即脆性一经产生便不能消除。钢回火到上述温度范围时呈蓝色,故这种脆性又称为"蓝脆"。

此外,钢中的氮还会使镇静钢铸坯产生皮下气泡,恶化钢的焊接性能,降低磁导率、电导率,并能增大矫顽力和磁滞损失等。

鉴于上述氮的诸多危害,因而大多数的钢种都限制其含量,而需要在冶炼中加以去除。

不过,氮可以改善钢的某些性能,因此在特定条件下氮甚至是以合金的形式加入的。

(1) 在高铬钢中,氮的固溶强化作用能使钢的强度提高,塑性几乎没有什么降低,当铬含量 $w[Cr]$ 达到 17% 时,钢的冲击韧性反而能显著提高;只有当 $w[N]>0.16\%$ 后,才使钢的抗氧化性能趋向恶化。

(2) 在铬镍奥氏体不锈钢中,由于氮是极强的扩大 γ 区域的元素,能明显地增加奥氏体的稳定性,所以可与锰一起部分地代替贵重的合金元素镍,以获得单相奥氏体不锈钢。

(3) 低碳钢(强度低)中加入少量氮化物形成元素铝、钛等,生成熔点较高的氮化铝、氮化钛,均匀地分布在钢中,可细化晶粒,从而使钢的强度提高。

(4) 含铬、钛、铝等强氮化物形成元素的钢,可通过表面渗氮处理提高耐磨性和抗蚀性。

12.1.4　影响钢中氮含量的主要因素

由于炼钢方法不同,或者同一炼钢方法的不同炉次冶炼条件有所不同,甚至于在某炉钢的各个不同的冶炼时期,钢中氮或氢的含量是不相同的。各种炼钢方法中钢的气体含量如表 12-1 所示。

表 12-1 各种炼钢方法精炼末期钢中气体含量

炼钢方法种类	$w[H]/\times10^{-4}\%$	$w[N]/\times10^{-4}\%$	$\frac{p_{H_2}}{p^\ominus}+\frac{p_{H_2O}}{p^\ominus}$	$\frac{p_{CO}}{p^\ominus}$	$\frac{p_{N_2}}{p^\ominus}$	$w[O]_{\%}$
电炉(氧化期)	3.0~7.0①	30~80			≈0.80	0.04~0.07
电炉(还原期)	3.0~10.0 3.0~6.0② 6.0~10.0③	60~150	≈0.04	≈0.60	$p_{CO_2}/p^\ominus$≈0.02 p_{N_2}:平衡	0.004~0.010
氧气顶吹转炉	1.0~3.0	10~20	≈0.0(火点)	≈100		0.04~0.06

①矿石法;②吹氩法;③普通法。

影响钢中气体含量的因素是多方面的,而且是很复杂的。对其中某些问题的看法迄今尚未得到统一。总的说来,在冶炼的过程中不仅发生着气体的吸收,而且在熔池沸腾时,一氧化碳气泡还不断地从金属中排除氮和氢。正是由于这一原因,在冶炼的任何时候,金属中氮和氢的实际含量总是达不到熔池和气相达到平衡时的极限值(溶解度)。

气体被液体金属吸收的过程本身就是一个复杂过程,它包括着吸附、吸收及在液相中传质等环节。研究表明,氮和氢被吸收的限制性环节是扩散而不是其他。同样的,相反的过程,即氮和氢由金属扩散进入一氧化碳气泡然后从金属中排出的过程,过程的限制性环节仍然是气体在金属中的扩散,而不是解吸或分子化等其他环节。

许多工艺因素如原料成分、熔池温度、金属成分、脱碳速度、氧气纯度等都会对钢的气体含量产生影响。

A 原料含氮量

同一炼钢方法,冶炼中去气的能力相差不大,因此原材料的含氮量越高,成品钢的氮含量也越高。

炉料中氮的主要供应者是铁水,它通常含有0.004%~0.010%的氮。铁水的高含氮量可以解释为在高炉风眼处氮的分压要比氧气顶吹转炉一次反应区内和射流中的分压高出几个数量级。另外,废钢也可带入部分氮。

石灰、矿石、萤石等散状材料也会带入一部分氮,它以溶解的形式或以空气组分(处于缝隙和料块之间的空隙里)等形式带入。

加入脱氧剂和合金对钢中氮含量也起一定的作用。在铁合金中,只有一部分氮是处于溶解的状态,更多的是处在缝隙中。锰铁、硅锰和铬铁含有特别多的氮(0.01%~0.05%),硅铁(45%和75%)通常含有0.001%~0.005%的氮。常用铁合金的含氮量见表12-2。

表 12-2 铁合金中的含氮量

名 称	硅铁(75%)	高碳锰铁	高碳铬铁	硅锰合金	钛 铁	氮锰合金	氮铬合金
氮含量 w/%	0.003	0.002	0.039	0.025	0.022	2.88	7.67

B 钢种

一般钢中氮的溶解度低,吸气能力小,最终钢中的氮含量较低,而含铬、钛、铝的合金钢氮的溶解度大,成品钢的含氮量较高。

C 温度的影响

提高温度会使钢中的氮含量有所增加。因为温度的提高不仅能增大氮在钢中的溶解度,更重要的是能使钢液的黏度值下降,改变了吸气过程的动力学条件,可加速氮的扩散和溶解。

D 氧气的纯度

提高氧气的纯度会降低氮的分压,因而会减少钢液的吸氮量;同时,还会使脱碳速度增大,加强熔池的脱气过程,这将使钢中气体含量大幅度地下降。因此,氧气是钢中氮的最主要的来源,其纯度基本上决定了钢的氮含量。氧气纯度对钢中含氮量的影响见表12-3。

表12-3 钢中氮与氧气纯度的平衡关系

氧气纯度 $w/\%$		93	96	98	99	99.5
氧气中不纯物含量 $w/\%$	Ar	2	2	1.0~1.5	0.6~0.9	0.48
	N_2	5	2	1.0~1.5	0.4~0.1	0.02
$w[N]_{平均}/\%$		0.0092	0.0056	0.0035	0.0020	0.0004

从表12-3中可以看出,氧气纯度仅变化了6.5%,而钢中氮含量却变化了20多倍。因此,提高氧气纯度是减少含氮量(尤其是氧气顶吹转炉钢含氮量)的关键性措施。

对于低碳钢,国内某厂认为有表12-4所示的关系。

表12-4 使用不同纯度氧气时钢中的含氮量

氧气纯度 $w/\%$	98.4	98.6	98.8	99.2	99.4	99.6
钢中平均含氮量 $w/\%$	0.0049	0.0045	0.0040	0.0033	0.0031	0.0022

根据计算和实验数据,当氧气纯度达到99.7%~99.8%时,可以认为在氧气中实际上已经没有氮了,因为残余量中的主要成分是惰性气体。在此情况下,氧气流将不再向熔池供氮,而只起冲洗熔池中氮的作用,有可能获得低氮含量(0.001%~0.005%)的钢。

E 冶炼方法

不同的炼钢方法,所炼钢中的含氮量不同,如表12-1所示。氧气转炉炼钢法因其脱碳速度快而钢液的含氮量最低。由于电弧会加速氮的溶解过程,因而电炉钢的含氮量最高;另外,氧化期因具有脱气作用而钢液的氮含量相对较低,与之相反,还原期钢液的含氮量则较高。

F 出钢操作

维护好出钢口,保证出钢时钢流不散乱、不细流,并在规定的时间内出完钢,可在一定程度上减少钢中的氮含量。

12.2 钢中的氢

12.2.1 钢中氢的来源

生产实践表明,氢是在冶炼过程中进入并溶解在钢中的,其主要来源于以下三个方面:

A 炉气

炉气中氢气的分压很低,约为5.3×10^{-2} Pa,因此,钢中的氢并不取决于炉气中氢气的分压。而炉气中的水蒸气才是钢中氢的来源之一,炉气中水蒸气的分压越大,钢中的氢含量越高。一般情况下,炉气中水蒸气分压随季节而变化,在干燥的冬季约为1 kPa,而在潮湿的雨季则高达8 kPa。

B 原材料

原材料带入的水分是钢中氢的重要来源,如废钢和生铁表面的铁锈,矿石、石灰、萤石中的化合水和吸附水等，不仅能增高炉气中水蒸气的分压，而且可以直接进入钢液。

铁水的含氢量可达3.0～7.0 $cm^3/100\ g$，废钢的含氢量为2～4 $cm^3/100\ g$，冶炼中这些氢将直接被带入钢液。

铁合金中也溶解有一定量的氢，其含量取决于冶炼方法、操作水平、合金成分以及破碎程度等，通常在较宽的范围内波动，表12-5列出了一些铁合金中的氢含量范围。

表12-5　铁合金中的氢含量范围　　$cm^3/100\ g$

铁合金名称	硅铁(45%)	高碳锰铁	低碳锰铁	低碳铬铁	硅锰合金	电解镍
氢含量	10.8～19.5	8.4～19.0	9.1	4.8～6.7	15.9	0.22

由表12-5可见，铁合金尤其是硅锰合金中含有较高的氢，在冶炼优质合金钢时不可忽视。

C　冶炼和浇注系统的耐火材料

新打结的炉衬、补炉材料以及转炉用的焦油白云石砖中都含有沥青，而沥青中含有8%～9%的氢；若用卤水作黏结剂，其氢含量更高，所以炉衬也是钢中氢的来源之一。

钢包和浇注系统耐火材料中的水分，与钢液接触后会蒸发、溶解，而使钢液的含氢量增高，因此使用前应充分烘烤，彻底干燥。

12.2.2　氢在钢中的溶解

A　溶解过程

冶炼中，炉气中的水蒸气遇到高温钢液时被分解成氢气和氧气，即

$$2\{H_2O\}=2\{H_2\}+\{O_2\}$$

分解出的氢气按下列步骤溶入钢液：

(1) 氢气分子被钢液表面吸附并分解成原子：

$$\frac{1}{2}\{H_2\}=H_{吸}$$

(2) 被吸附的氢原子溶入钢液：

$$H_{吸}=[H]$$

因此氢在钢液中溶解的总反应式为：

$$\frac{1}{2}\{H_2\}=[H] \tag{12-7}$$

溶解平衡时

$$K_H=\frac{w[H]_{\%}}{\left(\frac{p_{H_2}}{p^{\ominus}}\right)^{1/2}} \qquad \lg K_H=-1905/T-1.59 \tag{12-8}$$

利用式12-8可求得，1600℃时，$K_H=0.0027$。

B　氢在金属中的溶解度及其影响因素

式12-8可写成：

$$w[H]_{\%}=K_H(p_{H_2}/p^{\ominus})^{1/2} \tag{12-9}$$

式中　$w[H]_{\%}$——氢在铁液中的溶解质量分数；

p_{H_2}——铁液面上气相中氢气的分压，Pa。

可见，氢在铁液中的溶解量与气相中氢气的分压的平方根及铁液的温度成正比。通常把一定温度下，与101325 Pa的氢气分压相平衡的溶于金属中氢的数量，称为氢在金属中的溶解度。

金属中的氢含量常用 cm³/100 g 表示。在标准状态下，1 cm³/100 g 氢相当的质量分数为 $0.894\times10^{-4}\%$。

显然，在 1600℃的炼钢温度下，氢在铁液中的极限溶解量（即 $p_{H_2}=p^\ominus$ 时）为 0.0027% 或 30.1 cm³/100 g。

氢在固态铁中的溶解度则取决于铁的晶格类型及温度，氢在不同状态的固态铁中溶解时的平衡常数与温度的关系分别为：

$$\lg K_{\delta,\alpha}=-\frac{1418}{T}-2.370 \tag{12-10}$$

$$\lg K_{\gamma}=-\frac{1182}{T}-2.37 \tag{12-11}$$

气相中氢的分压为 101325 Pa 时，不同温度下氢在纯铁中的溶解度如图 12-1 所示。

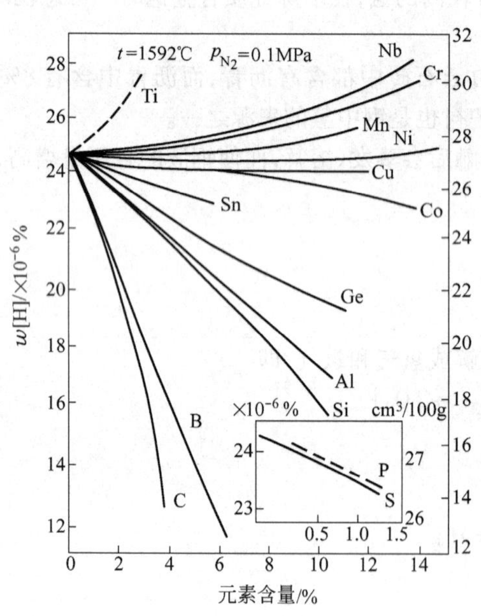

图 12-3　$p_{H_2}=1$ 大气压，1592℃各元素对氢在纯铁中溶解度的影响

合金元素对氢在熔铁中溶解的影响如图 12-3 所示。由图可见，根据合金元素对熔铁中氢的溶解度的影响情况，可以分为三类：

（1）钛、铌、锆和稀土元素铈、镧等元素可以和氢形成氢化物如 TiH_2、ZrH_2、CeH_2、LaH_2 等，使氢在溶铁中的活度下降，因此，氢在铁液中的溶解度随着这些元素的增加而增大。

（2）锰、钼、钴、镍和铬等元素对于氢在熔铁中的溶解度影响不大，因为这些元素的性质与铁十分相近。

（3）碳、硅、硼和铝等元素与铁的结合力大于铁原子与氢的结合力，它们的存在会降低铁原子的活度，从而会降低氢在铁液中溶解度，例如在 Fe-Si 系中，$w(\text{Si})=33\%$ 时，形成化合物 FeSi，这时铁的活度和吸收氢的能力都最小，所以氢的溶解度也最小，但当进一步增大硅含量时，由于硅对氢的吸收能力增大，所以氢的溶解度便又逐渐增大。

12.2.3　氢对钢性能的影响

氢对钢的性能有害而无利，其危害主要表现在以下几方面：

A　使钢出现“氢脆”

钢的塑性随着氢含量增加而下降，具体表现为钢的延伸率和断面收缩率降低，这一现象称为“氢脆”。

关于因氢含量过高引起的塑性下降具有如下特征：

一般说来，氢脆随着钢强度的增高而加剧，因此对高强度和超高强度的钢来说，问题特别突出，在氢含量为 1 ~ 2 cm³/100 g 时就表现出来。当含氢量为 5 ~ 10 cm³/100g 时，钢的塑性最低，进一步增高氢含量，塑性无多大变化。

“氢脆”属于应变时效型脆性，也称为滞后破坏。表现为在应力作用下，经过一段时间，钢突然发生脆断，而且在多数情况下是沿晶界断裂的，断口平滑。

氢造成的脆性仅在 -100℃到 +100℃的温度范围内出现。

B 使钢产生“白点”

所谓“白点”是指钢材试样纵向断面上圆形或椭圆形的银白色的斑点，直径一般波动在0.3 ~30 mm之间，而在横向酸蚀面上呈辐射状的极细裂纹，即“白点”的实质是一种内裂纹。

“白点”极易在结构钢中出现。如果钢坯或轧材断面上形成大量白点，试样的横向强度极限降低1/2 ~2/3，断面收缩率和伸长率降低5/6 ~7/8，因此，白点属于不允许缺陷，即产生白点的钢材应判为废品。

研究发现，“白点”一般在大断面的碳钢轧制件或锻制件上形成，尤其是在珠光体、珠光体-马氏体和马氏体合金钢中易于形成，而奥氏体、铁素体和莱氏体钢中并不出现。白点的形成温度在200℃到室温之间。白点在钢中不是短时间内形成的，而是在金属冷却一段时间后才出现，也就是有一个孕育期。孕育期的存在说明过程的进行具有扩散的特性。断面大于150 mm×150 mm的珠光体钢制件的孕育期为10 ~25 h，珠光体-马氏体钢制件达2 ~3 周，马氏体钢为3 ~6 个月。

关于“白点”的形成原因，一般认为是由于氢含量高所致。

当钢自高温从奥氏体冷却下来转变成珠光体时，由于温度下降而产生热应力，同时因发生相变而产生组织应力，当钢从奥氏体急冷而形成过饱和固溶体——马氏体时，情况尤其如此，这些应力统称为钢的内应力。与此同时，在降温和发生相变时（由前述氢的溶解度与温度的关系可知），氢在钢中的溶解度将会下降。过量的原子状态的氢将发生扩散，并从固体钢中析出。原子氢的自由扩散可以在金属的完整性被晶间空隙、超显微非金属夹杂物、晶界上的晶间薄膜等所破坏的地方终止。在这些地方氢原子聚集时可能结合成分子，而分子氢的进一步扩散是不可能的。在分子所占据的空隙中，氢的原子继续扩散进去，而且也结合成分子。

C 导致钢材“石板断口”

所谓“石板断口”，是指钢材的断口有毛茬，呈石板断裂状。

石板断口是钢材经热加工后出现的缺陷，会使钢的冲击韧性和断面收缩率降低。

含氢量高的钢液凝固时，其中的氢因溶解度下降和选择结晶会以气泡形式析出，其表面附有碳、硫、磷及夹杂物，铸坯进行热加工时不能焊合而沿加工方向延伸成层状结构。该处强度低而易断，且断口呈石板断裂状。

D 引起“氢腐蚀”

钢在高压氢作用下其晶界上会产生网络状的裂纹，严重时还可能出现鼓泡，这种现象称为“氢腐蚀”。

氢腐蚀生成的原因是，扩散聚集在晶界上的高压氢，在高温下使基体脱碳而生成甲烷 CH_4（体积大），导致晶界开裂，甚至于鼓泡。

在氢和氮同时存在的条件下，氢腐蚀往往更加剧烈，这是由于氮能生成比碳化物更稳定的氮化物，使碳从碳化物中分解出来，从而加快了氢和碳的反应。

此外，碳钢和合金钢的其他缺陷如点状偏析、低倍缺陷等也都与氢有关。

12.2.4 减少钢中含氢量的措施

鉴于上述氢的诸多危害，生产中应尽量减少钢中含氢量，主要从以下三方面入手：

A 降低炉气中的 p_{H_2O}

从大量的研究工作所得出的结论表明，炉气的成分，尤其是炉气中水蒸气的分压力 p_{H_2O} 对熔池中的氢以至于成品钢中的氢含量的影响是很大的。因此必须选用含水分少的生铁和废钢，并对于加入炉内的铁矿、氧化铁皮、石灰和铁合金等进行充分的烘烤。

对于氢含量要求严格的钢种，不能安排在阴雨天生产，同时还不应在新开炉和前若干炉里冶炼，以防止由于焦油沥青炉衬中碳氢化合物的分解或卤水镁砂炉衬中水分的分解而增加氢向钢液中的溶解量。

B　冶炼中尽量多去氢

根据国外某厂对炼钢的试验和统计，各种吹氧强度下熔炼过程中金属氢含量的变化列于表12-6中。

表12-6　熔池供氧强度不同时金属中氢含量的变化

供氧强度 $/m^3 \cdot (t \cdot h)^{-1}$	炉数	金属中的氢含量 $/cm^3 \cdot (100\ g)^{-1}$				
		熔化期	纯沸腾初期	吹氧结束	脱氧前	浇注时
6.7～7.3	20	4.37	4.17	3.90	4.60	5.15
9.4～10.0	10	3.83	3.32	2.80	3.41	4.30
11.0～11.7	10	3.25	2.87	2.51	2.80	3.80

由表12-6可见，所有各炉吹氧熔炼过程中均发现熔化期到吹氧终了时氢含量是降低的。这是由于碳氧化速度很高的缘故，由此而使被CO气泡带出熔池的氢量大于熔池所吸收的氢量。

随着吹炼强度的提高，氢的去除速度也有所增大，从而使吹氧终了时金属中的氢浓度降低，吹氧强度越大，出钢前金属中的氢含量也就越低。

电炉炼钢生产中，钢液含氢量与上述的变化规律相同，因此炉前冶炼的操作规程通常规定，一般钢种脱碳时间要足够长。对于"白点"敏感的钢，则脱碳时间要适当延长，脱碳速度要控制在0.01%/min左右，同时出钢温度不要过高。

C　炉后处理

一般地说，从脱氧前直到浇注，钢中的氢含量是有所升高的，这可从上表所列的数据得到证明。

这是因为，在脱氧阶段加入炉内和钢包里的铁合金会给钢液带来相当数量的氢；另外，氢原子具有很强的活动性和对铁质渣膜的穿透能力，这些都使钢液在出钢和浇注过程中以很大的速度和大气之间进行氢的交换。

针对钢液在出钢之后氢含量的增加，许多炼钢厂采取了钢包吹氩的技术措施。还可以在钢包中进行合成渣处理，即先向钢包中注入一定量的合成渣，然后向包里注入钢水，最后在大气压下或在真空室中进行吹氩操作，氩从镁质塞头砖或底部透气砖吹入。

氩是单原子惰性气体，不与任何元素形成化合物。在标准状态下，气态氩的密度为1.784 kg/m³。氩能去气是基于金属中的氮和氢与吹入熔体的氩气泡间存在着压力差，即对于钢液中的氢来说，氩气泡就相当于一个个真空室，原子状态的氮和氢自发地从钢液扩散转入氩气泡中，并在瞬间复合成为分子，然后随氩气泡一起从钢液排入大气。

减小氩气泡的直径和延长其在熔体中停留的时间可使去气过程得到加强。小气泡的优点是在总的吹氩体积一定时，与金属接触的气泡表面积增大。

此外，用氩气吹炼金属时发生的反应类似在浮选的条件下进行的反应。熔体中悬浮的质点——非金属夹杂物会附着在上浮的氩气泡上而被带到金属面上的渣中。这样，金属熔体得到进一步的净化，可使金属的力学性能和工艺性能的各向异性大为降低。

若在钢包中吹氩精炼时，由于金属和熔渣的补充搅拌，提高了合成渣的利用效果，并可使合成渣的用量从4.5%～5.5%减少到3.5%～4.0%。把合成渣处理过的GCr15钢用氩气吹炼后，钢中氢含量降低了 25%，从一般熔炼的钢中的 5.5 $cm^3/100$ g 降低到 4.1 $cm^3/100$ g。氧含量从 0.0033%降低到 0.0020%。当在大气压下吹氩时，钢中非金属夹杂物降低 3/8～3/4；在真空室内吹氩时，则降低大约 18/19。吹炼过程中钢的温度降低 20～30℃，疏松透气的镁质塞头的寿命为 8～13 次。

总之，为了减少钢液中的气体含量，应该严格限制原材料中的水分，加强沸腾脱气，在条件许可时应采用真空技术等炉外精炼措施，以使钢中气体含量降低到不至于危害钢质量的程度。

12.3　常压下的钢液脱气

由于炼钢过程中钢液表面始终被一层炉渣覆盖，所以任何气体直接自动排出的可能性很小，只能通过产生气泡后上浮逸出。然而钢液中氢和氮的析出压力很小，无法独立形成气泡核心，必须依赖钢液中现成的气泡或其他能生成气泡反应的帮助，如熔池中的碳氧反应或向钢包中吹入氩气等，才能从钢液中脱除。由于初生的 CO 气泡或氩气泡，对于氢和氮都相当于一个真空室即气泡中的氢气分压和氮气分压均为零，这样钢液中的氢和氮就会向这些气泡内扩散。由于气泡在快速上浮过程中体积不断增大，使气泡内氢、氮的实际分压不断降低，因此在整个脱碳过程或氩气泡上浮过程中，钢中氢和氮会不断地扩散进入这些气泡，并最终被带出钢液。由此可见，钢液的沸腾是十分有效的脱气手段。

必须指出，在冶炼过程中，碳氧反应能使钢液脱气，同时高温熔池亦会从炉气中吸收气体，所以钢液在脱气的同时还存在着吸气的过程。只有当去气速度大于吸气速度时，才能使钢液中的气体减少。冶炼中沸腾去气的速度取决于脱碳速度，脱碳速度愈大，钢液的去气速度就愈快。因此，脱碳速度大于一定值时，才能使钢中气体减少。对于每一种炼钢炉都存在着一个临界脱碳速度。如 10～15t 的电弧炉，当脱碳速度 v_C >0.35% C/h，脱气速度就能超过吸气速度。

12.3.1　转炉吹炼中钢液气体含量的变化

A　钢液含氮量的变化规律

铁水中含氮量较高，有时可达到 0.008%以上。转炉炼钢使用高纯度的氧气吹炼时，钢液中的氮含量能够降低到 0.001%～0.0015%。吹炼过程中熔池含氮量的变化规律与脱碳反应有密切的关系，如图 12-4 所示。

由图 12-4 可见：吹炼初期铁水中的含氮量迅速降低。这是由于该阶段的大部分时间是在非淹没状态下进行吹炼，加上沸腾的作用，钢液的吸氮速度很低；同时，随着吹炼的进行，钢中的硅含量降低，氧含量升高，脱碳速度逐渐加大，去气速度也不断增加，所以钢液中的氮迅速降低。

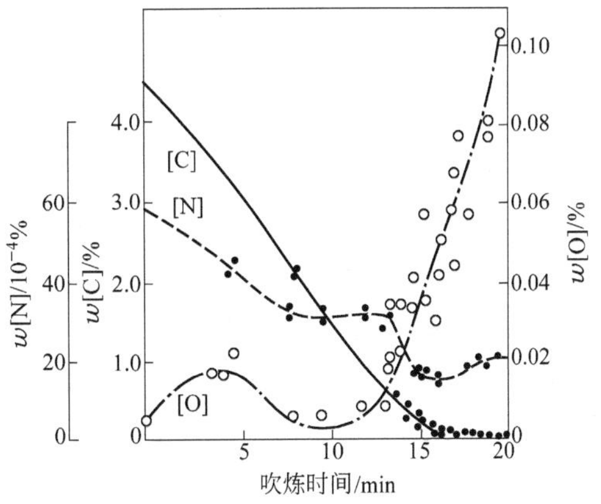

图 12-4　转炉吹炼过程中[C][O][N]的变化

吹炼中期脱氮出现停滞现象。吹炼中期，碳氧反应激烈，从理论上讲具有良好的去气条件，而实际测试发现熔池中氮含量基本不变。这是因为此时脱碳反应是在氧流冲击区附近进行的，该处气泡的液膜表面形成了一层氧化膜，使钢液中的氮向其中扩散的速度减慢；同时，由于脱碳反应的激烈进行，渣中氧化铁减少，炉渣出现“返干”现象，金属液失去了熔渣的保护，含氮的氧气流股使熔池的吸氮速度大大增加，所以氮含量基本保持不变，甚至略有回升。

吹炼末期根据各炉含碳量和含氧量的高低，以及是否补吹等情况，钢中的氮含量会有不同的变化，可能降低，可能升高，也可能保持不变。通常情况是氮含量有所降低，但停吹前 2 ~ 3 min 起氮又略有回升。因为吹炼末期，钢中的氧含量大幅度增加，使钢中氮的活度增大，以及熔池中所产生的 CO 气泡的脱氮作用等原因，会使钢中含氮量进一步降低。但是随着钢中的碳含量降低，脱碳速度显著下降，产生 CO 气体的量减少，从炉口卷入的空气量增多，炉气中氮的分压增大，因而停吹前 2 ~ 3 min 时会出现增氮现象。

在出钢和浇注过程中，钢液与大气接触，使钢中含氮量增加，例如，转炉钢的氮含量在出钢过程中一般会增加 0.0007% 以上。但是沸腾钢在出钢和浇注过程中气体的含量变化不大，这主要是因为钢液在模内发生了碳氧反应，产生沸腾，排除了部分氢和氮。

B　钢液含氢量的变化情况

通常，转炉钢的氢含量比较低，这与其冶炼方法的特点有直接关系。转炉吹炼使用的是脱了水的工业纯氧，炉气中没有水蒸气和氢气；同时，转炉炼钢中的碳氧反应激烈，脱气速度很快，能较好地去除钢液中的氢。

吹炼过程中，钢液含氢量的变化情况和氮类似。吹炼前期，钢中的氢含量能降低到 2 ~ 2.5 $cm^3/100\ g$，即 $(1.788 \sim 2.235) \times 10^{-4}\%$。但在吹炼末期，由于温度升高，冷料带入水分以及脱碳速度的减小，氢含量有所回升。其增加程度取决于铁合金的水分和含氢量、空气湿度、钢液温度等因素。

12.3.2　电炉冶炼中钢液气体含量的变化

电炉冶炼过程中，各个时期钢液中的含气量各不相同，其变化规律大致如下：

A　熔化期

送电后，电极下的固体料开始熔化，且温度不断升高，加上炉气中的水蒸气和氮气在电弧的作用下加速分解，为钢液吸气创造了优越的条件。

在熔化初期，向下移动的金属液滴直接与炉气接触，以及熔池液面尚未被炉渣覆盖，这些都有利于氢、氮的溶解。尽管以后熔渣形成并覆盖熔池表面，以及合理的吹氧助熔能脱除一部分氢和氮，但总的来讲，固体炉料在熔化过程中气体含量是增加的。

熔化末期钢液中氢和氮的含量的高低，与熔化时间的长短、炉料中水分和氮含量的多少、熔渣形成的早晚以及熔化期吹氧助熔的操作水平等因素有关。一般氢含量波动在 $(3.5 \sim 6.2) \times 10^{-4}\%$ 范围内，而氮含量波动在 $(6 \sim 12) \times 10^{-3}\%$ 范围内。

B　氧化期

由于合理的加矿及吹氧脱碳，金属熔池激烈沸腾，此时脱气速度大于吸气速度，钢液的气体含量逐渐降低。由于去气速度取决于熔池的脱碳速度，因此，实际生产中要求脱碳速度大于 0.6% C/min，使高温熔池均匀而激烈地沸腾。但到了氧化末期，由于脱碳速度的降低或氧化渣较薄，钢中的氢含量稍有回升。操作正常时，氧化末期钢液中的氢含量能降至 $(2 \sim 2.5) \times 10^{-4}\%$，而氮含量能降低到 $(30 \sim 40) \times 10^{-4}\%$。

C　还原期

还原期熔池处于平静状态，没有脱气能力；同时，又处在较高的精炼温度下，并且还要加入渣料、合金和脱氧剂，钢液不可避免地会增氢、增氮。特别是炉温高、冶炼时间长、渣料及合金和脱氧剂烘烤不良时增氢、增氮更严重。所以，应尽量缩短还原时间，严格控制熔池温度，充分烘烤造渣材料及合金等,使钢液尽可能少地吸收气体。一般出钢前钢液中的氢回升到$(3.5\sim5.0)\times10^{-4}\%$,达到熔化末期的水平,而在湿度大的雨季增高得更多。氮含量回升到$(6\sim9)\times10^{-3}\%$,比氧化末期增加了$(3\sim5)\times10^{-3}\%$。

与转炉一样,在出钢和浇注过程中钢液还要与空气接触,继续吸收气体,使成品钢的气体含量更高。

思考题

1. 什么是气体在钢中的溶解度?
2. 气体在钢中的溶解度与哪些因素有关系?
3. 氢对钢有哪些危害?
4. 钢中氢的来源有哪些?
5. 降低钢中氢含量有哪些途径?
6. 氮对钢的性能有哪些影响?
7. 钢中氮的来源有哪些方面,怎样降低钢中氮含量?

13 钢液的炉外精炼原理

对于在高速、高温、高压或超低温、强磁场等条件下使用的金属材料，需要将其中的杂质（氢、氮、夹杂物等）含量降低到极低的水平；加之，其他材料如塑料、陶瓷等的竞争，炼钢工业面对着降低生产成本和提高产品质量的双重压力，因此推动着炼钢科学技术不断地向前发展。钢液的炉外精炼是近20多年来发展迅速的一个领域。

所谓炉外精炼，是指对在转炉或电炉内初步熔炼之后的钢液在钢包或专门的冶金容器内再次精炼的工艺过程，故又称二次炼钢，用于精炼的钢包或其他专用容器均称为精炼炉。

钢液进行炉外精炼的目的在于，进一步去除杂质以获得清洁钢，精确调整钢液的成分和温度，改善非金属夹杂物的形态等。例如，钢中最常涉及的有害元素是磷、硫、氮、氢和氧五种，现代的清洁钢已经可以在容量为100 t规模的条件下达到总杂质含量（$w[P]+w[S]+w[N]+w[H]+w[O]$）达到$50\times10^{-4}\%$的水平；钢中合金元素含量的精确度，比如优质钢板中的$w[Mn]$的波动可以控制到$\pm0.05\%$；碳对于某些钢种（例如不锈钢）的性能有害，超低碳不锈钢的含碳量$w[C]$可达到$20\times10^{-4}\%$以下，$w[C]+w[N]\leqslant100\times10^{-4}\%$等等，这些都离不开炉外精炼。

炉外精炼还有一个重要任务，就是控制残留在钢中的夹杂物的形态，比如为了减轻硫所导致的热脆应使硫化物成为第一类夹杂物，即硫化物呈现球形；再如使Al_2O_3变成铝酸钙以改善钢的切削性能等。

就清洁钢而言，还需使有害元素砷、锑、锡、铅、铋等的含量极低（$10^{-4}\%$），这些元素只有在高真空下才有少量挥发，用普通熔炼方法无法去除，主要靠精选原料来解决。

炉外精炼的工艺手段有真空以及为了提高真空的处理效果、补偿处理过程中的热量损失和增加调整成分等功能而添加的搅拌、加热、吹氧、吹氩、喂丝、喷粉等。目前，炉外精炼的具体方法达30余种，按其精炼原理不同大致可分为真空精炼和非真空精炼两大类。

13.1 真空精炼理论

为了生产清洁钢，早在本世纪初西方一些国家就已经开始在真空条件下进行冶炼和浇注了。在真空中熔化、精炼和浇注金属，可以使其免受大气中氢、氮、氧和水汽等的污染，大大提高钢的纯净度，从而改善钢的质量。另外，真空也是冶炼化学性能活泼金属的不可缺少的手段。

在工程上，所谓真空是指在给定的空间内，气体的密度低于该地区大气压下的气体密度的状态。目前所获得的真空为自标准大气压向下延伸到十几个数量级，随着真空技术的提高，该下限还会不断下降。

为了实用上的方便，人们通常把低于大气压的整个真空范围，划分成几个阶段。国际上采用如下规定：

粗真空	$<10^5$ Pa ~ 10^2 Pa；
中真空	$<10^2$ Pa ~ 10^{-1} Pa；
高真空	$<10^{-1}$ Pa ~ 10^{-5} Pa；
超高真空	$<10^{-5}$ Pa

根据压力对化学反应平衡的影响规律,对于有气体参与,而且反应前后气体摩尔数不等的反应,压力的降低会使平衡向气体摩尔数增大的方向移动,这便是真空精炼的基本原理。

13.1.1 真空下的脱氧和脱气

13.1.1.1 真空脱氧

A 真空条件下碳的脱氧能力

用碳进行脱氧的最大优点是:它的脱氧产物是CO气体而不会残留于钢液中成为夹杂。但是,碳在常压下是弱脱氧剂,比如,当钢中 $w[C]=0.2\%$ 时,熔铁中的平衡氧量为0.01%,远比成品钢中所要求的氧含量高,因此不能用碳来最终脱氧。

然而在真空条件下,碳的脱氧能力可以大大提高。碳的脱氧反应为

$$[C]+[O]=\{CO\} \qquad \Delta_r G_m^\ominus = 35.63-0.031T \quad kJ\cdot mol^{-1} \tag{13-1}$$

$$\lg K_C = \lg\frac{\frac{p_{CO}}{p^\ominus}}{w[C]_{\%}w[O]_{\%}\cdot f_C\cdot f_O}=\frac{1860}{T}=1.643 \tag{13-2}$$

式13-1的反应有气体参与,而且反应生成物的气体摩尔数大于反应物的气体摩尔数,根据压力对化学平衡影响的一般规律,真空条件有利于反应向脱碳的方向进行。下面进行定量分析。

当钢液中含碳、氧不高时,可以认为 $f_C=f_O=1$,于是

$$w[C]_{\%}\cdot w[O]_{\%}=(p_{CO}/p^\ominus)/K_C=m(p_{CO}/p^\ominus) \tag{13-3}$$

在1600℃和 $p_{CO}=101325$ Pa时,m 值为 2.5×10^{-3}。如果开动真空泵而使炉内 p_{CO} 降低,因为 K_C 值(或 m 值)在定温下为常数,所以 $w[C]_{\%}\cdot w[O]_{\%}$ 值将要减小。例如,当 p_{CO} 为 10^2 Pa时,$w[C]_{\%}\cdot w[O]_{\%}=2.5\times10^{-6}$,此时如果 $w[C]_{\%}=0.1$,则 $w[O]_{\%}=2.5\times10^{-5}$;而在相同条件下,当 $w[Al]=0.1\%$ 时,$w[O]_{\%}=1.5\times10^{-4}$。可见,此时碳成了比铝还强的脱氧剂,如图13-1所示。

由图13-1可见,随着真空度的提高,碳脱氧能力逐渐增强。

实际上,碳的脱氧能力达不到理论计算的数值,这是因为脱碳反应过程的进行还受到其他因素的影响。

B 真空下碳脱氧反应的动力学因素

生产中采用真空熔炼或真空处理时,钢液经碳脱氧后,其残余氧含量总是高于按热力学计算的平衡值。在真空熔炼中,即使在压力低于 133.322×10^{-5} Pa下保持较长时间,残氧量也难以降到 506.6236×10^{-5} Pa的平衡值。

真空中碳与氧的热力学平衡关系,仅在气-液界面上才是有效的。在该界面上,脱氧产物可以从液面进入气相,此时反应的平衡受气相中CO分压即真空度的控制。

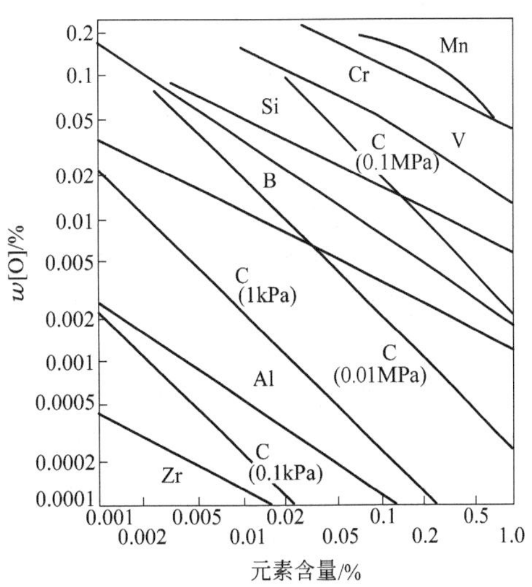

图13-1 钢液中各元素与氧的平衡关系

在熔池内部，由于生成CO气泡要克服气相压力、熔池静压力和毛细管压力，所以CO气泡内的压力必然大大超过金属液面上气相中CO的分压

$$p_{CO}=p_O+\rho H+\frac{2\sigma}{r} \tag{13-4}$$

如设钢液的表面张力$\sigma=1500\ N\cdot m^{-1}$，气泡半径$r=5\times10^{-5}$ m，则CO所受的因表面张力附加的压力为

$$p_{CO}=\frac{1500\times2}{5\times10^{-5}}=6\times10^{7}\ N\cdot m^{-2}=0.6\times10^{5}\ Pa$$

仅此一项就超过了50 kPa；而且气泡越小，所承受的压力越大。至于ρH一项，每100 mm的钢液深度就要增加约666.51 Pa的静压力。

当CO气泡所承受的毛细管压力和熔池静压力远大于气相中的压力时，真空度的提高已经不再能提高碳的脱氧能力。

以上为CO均相生成的情况。在向熔池中吹入惰性气体或者在炉衬的粗糙表面上形成CO气泡时，由于减小了毛细管压力，有利于真空脱氧反应的进行。

吹入钢液中的惰性气体形成许多小气泡，其中的p_{CO}极低，钢液中的碳和氧可以在气泡表面化合成CO并进入气泡中，直到气泡中的p_{CO}达到与钢液中碳和氧相平衡的数值为止。

关于在耐火材料表面上形成CO气泡，从气泡种核以缝隙或孔洞为起点，逐渐鼓起，直到成为半球以前，与碳和氧相平衡的分压$p_{CO平}$必须大于附着在壁上的气泡内的压力，气泡才能继续长大直到分离出去。

$$p_{CO平}>p_O+\rho H\times10^{-3}+\frac{2\sigma}{r}\times10^{-6} \tag{13-5}$$

或者

$$r>\frac{2\sigma}{p_{CO平}-(p_O+\rho H\times10^{3})}\times10^{-6} \tag{13-6}$$

当钢液深度一定时，$w[C]_{\%}\cdot w[O]_{\%}$越低，即CO的平衡压力$p_{CO平}$越小，所必需的r值就越大。在脱氧过程中，由于$w[C]_{\%}\cdot w[O]_{\%}$值越来越小，所要求的r值越来越大，有越来越多的小孔隙不能再起胚芽的作用。因此，随着m值的减小，能产生CO气泡的深度H越来越小，开始时可能在底部和全部壁上都能产生气泡，以后就只能在壁上产生，再后只能在壁的上部产生，最后全部停止。在真空处理钢液时，起初钢液猛烈沸腾，产生大量的气泡，形成脱碳过程高峰，其后由于下部器壁停止生成气泡，沸腾逐渐减弱。

由于耐火材料表面缝隙情况时常变化，钢液对耐火材料润湿情况也不固定，钢液的表面张力又和钢液的成分和温度有关，因此开始沸腾和终止沸腾的m值变化范围很广。

既然钢液深度所造成的静压力和气泡所承受的毛细管压力远大于真空室的低压，因此熔池中实际达到的氧含量远高于根据真空压力进行热力学计算所得到的平衡氧含量。

由于动力学因素，脱氧反应未达平衡也是脱氧效果达不到理论计算值的重要原因之一。在CO气泡和钢液界面上，C-O反应进行的速度很快，因此控制整个C-O反应速度的限制性环节是钢液中碳和氧向液－气相界面的传质速度。碳在钢液中的扩散速度比氧大（$D_C=2.0\times10^{-4}$，$D_O=2.6\times10^{-5}\ cm^2/s$），碳含量一般又大于氧含量，因此氧的传质是真空下脱氧反应的限制性环节。

由边界层扩散理论可知：

$$\frac{dw[O]_{\%}}{dt}=-\frac{A}{V_m}\cdot\frac{D_O}{\delta_O}\{w[O]_{\%}-w[O]_{\%}^{*}\} \tag{13-7}$$

式中 $w[\mathrm{O}]_{\%}$——钢液中氧的质量百分浓度,%;

$w[\mathrm{O}]_{\%}^{*}$——气泡-钢液界面上氧的质量百分浓度,%;

A——气-液相界面面积,cm^2;

V_{m}——钢液体积,cm^3;

D_{O}——扩散系数,cm^3/s;

δ_{O}——扩散边界层的厚度,cm;

$D_{\mathrm{O}}/\delta_{\mathrm{O}}$——钢液中氧的传质系数。

因为气泡表面的碳氧反应速度很快,$w[\mathrm{O}]^{*} \ll w[\mathrm{O}]$,为了简化可将式13-7中的$w[\mathrm{O}]_{\%}^{*}$略去,如此可得

$$\frac{\mathrm{d}w[\mathrm{O}]_{\%}}{\mathrm{d}t} = -\frac{A}{V_{\mathrm{m}}}\beta_{[\mathrm{O}]} \cdot w[\mathrm{O}]_{\%} \tag{13-8}$$

以时间0、钢液中氧的质量百分浓度在$w[\mathrm{O}]_{\%0} \sim w[\mathrm{O}]_{\%}$的范围内进行定积分,可得

$$t = -\frac{A}{V_{\mathrm{m}}} \cdot \frac{1}{\beta_{[\mathrm{O}]}}\ln\frac{w[\mathrm{O}]_{\%}}{w[\mathrm{O}]_{\%0}} \tag{13-9}$$

或者

$$\frac{w[\mathrm{O}]_{\%}}{w[\mathrm{O}]_{\%0}} = \exp\left(-\frac{A}{V_{\mathrm{m}}}\beta_{[\mathrm{O}]} \cdot t\right) \tag{13-10}$$

$w[\mathrm{O}]_{\%}/w[\mathrm{O}]_{\%0}$的物理意义是,钢液经脱氧处理$t$秒后的残氧率(指溶解氧,不包括以氧化物形式存在的氧)。$\beta_{[\mathrm{O}]}$可取作0.03。

对容量为21000 kg的钢包($H=150$ cm,$A=20000\ \mathrm{cm}^2$)进行钢液处理,于相对静止状态下对脱氧效果进行计算,结果表明真空下经过约26 min的脱氧,残氧率仍高达70%。故知在钢液平静的条件下,碳脱氧的速度不高,在一般的炉外处理中,真空脱氧的作用并不大。加速碳脱氧速度的有效措施是加强对钢液的搅拌,真空处理时采用电磁搅拌,尤其是吹氩搅拌,不仅可以减小边界层δ_{O}的厚度,加速氧的传质,还能增加钢液与气体的界面面积A。

13.1.1.2 真空脱气

A 钢液脱气的热力学

气体和金属间的相互作用与化学反应相似,例如氢气与金属间的反应为:

$$\frac{1}{2}\{\mathrm{H}_2\} = [\mathrm{H}]$$

该反应也有气体参与,而且反应前后的气体摩尔数不等。根据平衡移动原理,在一定温度下,如果减小气相中氢的分压,反应将向左,即向钢液脱气的方向进行。真空脱气便是根据这一道理进行的。

例如,对熔铁来说,温度为1600℃,与含氢0.002%的金属相平衡的气相中氢的分压为

$$p_{\mathrm{H}_2} = \left\{\frac{w[\mathrm{H}]_{\%}}{K_{\mathrm{H}}}\right\}^2 \times p^{\ominus} = \left(\frac{0.0002}{0.0027}\right)^2 \times 10^5 = 500(\mathrm{Pa})$$

要使熔铁中的氢含量降低到较低的数值,好像并不需要在熔池上方保持很高的真空度。目前工业用真空熔炼或处理设备,如真空感应炉、VAD、ASEA-SKF和RH等,其真空度都可达到50~60 Pa以下,如果按照上述简单热力学的理论计算,真空处理后的钢液氢含量应该能够降到极低的水平。

实际上我们处理的并非是纯铁熔体,而是含有各种元素的钢液,它们会对钢液中氢的溶解度

产生一定的影响。例如在相同的 p_{H_2} 下，碳、硼、铝等会使钢液中的氢含量减少，而锰、铬等则会使钢液中的氢含量增高。

此外，钢液进行真空处理时的动力学条件、钢中的原始氢含量、炼钢方法和真空处理方法的不同都会影响处理后的钢液氢含量。一般说来，真空条件下的脱氢并未达到平衡，处理后的钢液氢含量波动在 $(0.4\sim4)\times10^{-4}\%$ 之间，不过这一脱氢程度从抑制氢在钢中的有害作用方面来说，已经足够了。

真空处理时也会除掉一部分氮，但被去除的数量不大。其原因是氮在熔铁中的溶解度高而且扩散速度很慢。例如在1600℃的熔铁中 $D_H=(0.8\sim8)\times10^{-3}\ cm^2/s$，而 $D_N=3.8\times10^{-5}\ cm^2/s$。另外，氮在钢中可以和许多元素相作用生成很稳定的氮化物，要想靠真空脱气法除氮，气相中氮的分压必须低于这些元素的氮化物的分解压才有可能。例如在1600℃，氮化铝的分解压数值约为10 Pa，欲使氮化铝分解然后去除氮，必须使设备真空度高于上述数值，这显然是比较困难的。

B　真空脱气的动力学

氢原子的半径很小，因此在金属中的活动性很强，而且扩散能力也较大，所以氢有可能通过熔池表面的挥发去除一大部分。而真空脱氮则具有间接的性质。当金属中不存在稳定的氮化物时，主要通过低压下C-O反应产生沸腾或利用吹氩搅拌熔池，以增进金属的脱氮。

同真空脱氧一样，脱气反应的控制环节也是气体原子通过边界层的扩散，若以字母G代表气体，则脱气的动力学公式可以写为：

$$-\frac{dw[G]_{\%}}{dt}=\frac{AD_G}{V_m\delta_G}\{w[G]_{\%}-w[G]_{\%}^{*}\} \tag{13-11}$$

式中　A——气体原子的扩散面积（钢液沸腾时 A 值可能很大），cm^2；

δ_G——边界层的厚度，cm；

D_G——气体的扩散系数，cm^3/s；

V_m——金属的体积，cm^3；

A/V_m——金属的比表面积；

$w[G]_{\%}$——钢液内部气体的质量分数浓度，%；

$w[G]_{\%}^{*}$——钢液表面与气相相平衡的气体质量分数浓度，%。

采用与真空脱氧同样的步骤，对上式积分并忽略 $[G]_{\%}^{*}$，上式可变为

$$\lg\frac{w[G]_{\%}}{w[G]_{\%}^{*}}=-\frac{A}{2.303V_m}\frac{D_G}{\delta_G}\cdot t=-\frac{A}{2.303V_m}\cdot\beta_G\cdot t \tag{13-12}$$

式中　β_G——气体的传质系数。

当金属中含有与氮亲和力较强的元素时，由于生成的氮化物上浮，也可以降低钢液含氮量，收到脱氮的效果，这和脱氧产物的上浮相类似。从金属中析出CO气泡或向金属中吹氩，对氮化物也能起浮选作用，促进上浮过程。

同真空脱氧一样，采用电磁或吹氩搅拌的方法，可改善真空脱气的动力学条件，从而能有效地提高脱气效果。

13.1.2　真空精炼中的钢液搅拌

钢的真空精炼多在钢包中进行，其最大的特点是金属熔池深度较大，而且允许进行精炼的时间又较短，所以，加强对钢液的搅拌显得尤为重要。前节对真空脱氧和真空脱气的动力学分析也说明了这一问题。

由于钢液的精炼操作是在高温下进行,机械搅拌无法使用,因此,目前常用喷吹气体或电磁感应进行搅拌。

A　吹氩搅拌

采用气体搅拌时,所喷吹的气体多为氩气,而且是从底部吹入熔池,故常称为底吹氩搅拌。其搅拌原理是底吹氩时熔池内产生了气泡泵现象。

当氩气从底部中心吹入时,喷嘴上方的钢液中形成许多气泡,这些气泡因密度小而带动附近液体向上浮出,靠近气－液两相区外缘的液体被上浮的两相流抽引而向上流动,这就是所谓的“气泡泵”现象;到达顶面后,气泡逸入气相,而被抽引的液体转向水平运动,由中心流向四周,在靠近器壁处转向向下流动,以补充被抽引的流体,从而形成了“中心向上,四周向下”的环流。当熔池顶面有渣层时,则可能被水平流动的流体卷入熔池。

如此环流反复进行,熔池内的钢液便会得到良好的搅拌和混合。

透气砖除有一定透气性外,还必须能承受钢水的冲刷,具有良好的高温强度和耐急冷急热性能,因此一般使用刚玉材料制作。

B　电磁搅拌

电磁搅拌是利用电磁感应产生的洛仑兹力驱动钢液流动而达到搅拌目的的。用一种简单的比喻,把电动机的定子剖开并拉直就构成了一片感应搅拌器,而钢液就是电动机的转子。通电后搅拌器中会产生磁场,并以一定速度切割钢水导体,于是便在钢水中产生感应电流,载流钢水与磁场相互作用产生电磁力,从而驱动钢水运动。这就是电磁搅拌的工作原理。

搅拌器可以做成圆筒形,也可以做成片状,比较而言片状搅拌器用起来较方便而应用的较为普遍。就片状搅拌器而言,可以单片安装,也可以双片对称安装。双片对称安装时可以使钢水形成双回流股,也可以形成单回流股。其中单片安装搅拌效果最差,只适用于小型精炼炉;双片对称安装并形成单回流股时,搅拌效果最好,能耗也较低。

不过无论电磁搅拌器的形式如何,都是由变压器、低频变频器和感应线圈组成。变压器一般采用油浸自然冷却;感应线圈采用水冷矩形铜管或铝管绕制;变频器一般用可控硅控制,通过调节变频器电频可达到调节钢水流动速度的目的。

采用电磁搅拌时,改变搅拌器线圈的电流方向可以迅速改变其形成的电磁力的方向,从而可使钢液形成不同形式的环流,而气体搅拌时只能有“中心向上”的环流。

电磁搅拌器的另一特点是,接近包衬处的钢液所受的搅拌力最大,因为距搅拌器愈近,磁场愈强,而对渣层的影响很小;因此,电磁搅拌对钢渣间反应的影响不及气体搅拌。

感应搅拌器产生的感生电流在钢液中的透入深度 Δ 可由下式计算:

$$\Delta = 5030 \cdot \sqrt{\frac{r}{\mu_r f}} \tag{13-13}$$

钢液的电阻率 r 约为 $1.4\times10^{-4}\ \Omega\text{cm}$,取相对导磁率 $\mu_r = 1$,当搅拌器的电流频率 $f = 1.2$ Hz 时,则由上式算出 $\Delta = 54$ cm。

为了增加透入深度,钢包外壳需用非磁性材料(奥氏体钢)制作,同时由式 13-13 可见,还需应用低频率的磁场。

由于感应电流在钢水中形成的涡流产生了热量,电磁搅拌还具有一定的保温作用,这是吹氩搅拌无法做到的。

13.1.3　真空精炼中的钢液加热

真空精炼过程中,钢液的温度会因热量损失而逐渐下降,因此精炼炉应配备加热装置。炉外精炼的加热要求升温速度快，对钢水无污染，成本低。符合这些要求的加热方法不多，目前炉外精炼常用的加热方法有电弧加热法和化学加热法。

A　电弧加热法

电弧加热法与电弧炉的加热原理相同，通常是利用三相交流电通过埋在熔渣中间的石墨电极产生电弧来加热钢水。

电弧加热法的加热速度可根据钢水的升温要求分为几档，通过调节电压改变加热速度。采用电弧加热时要特别注意在加热过程中的埋弧，否则对精炼容器耐火材料的寿命有很大影响。采用直流电弧加热可减少耐火材料蚀损，但直流电弧加热法，精炼炉底电极的结构和寿命是较难解决的问题。

B　化学加热法

化学加热法是把金属铝加入到钢水中，同时吹氧使之氧化，利用其氧化放出的热量来加热钢水。也可在初炼炉出钢时将碳、硅含量控制在适当高的范围，在真空条件下进行吹氧，靠碳、硅氧化放出的热量使钢液升温。

13.1.4　真空下钢中元素的挥发

有些有害的有色金属如铅、砷、铋、锑、锡、锌等具有比较高的蒸气压，在真空冶炼过程中，当外界压力降低到小于其蒸气压力时，就可能从合金中蒸发出来，从而改善钢和合金的性能，这是在一般冶炼过程中无法做到的。与此相反，有些有用的元素（如锰、铝、铬等）也具有比较高的蒸气压，它们的挥发将会使钢液的成分控制发生困难，甚至会影响钢的质量。因此，应该研究真空条件下钢液中元素蒸发的基本规律，了解它们的蒸发量和蒸发速度，从而采取相应的技术措施，以便在提高钢的质量的同时减少合金元素的损失。

A　真空下元素挥发的热力学

一定温度下，一定成分的合金中某一组元的蒸发趋势和蒸发限度取决于该组元的蒸气分压和外界压力的相对关系。对于理想溶液中的某一组元 i，其蒸气分压服从拉乌尔定律，即

$$p_i = p_i^* \cdot x_i$$

而对于实际溶液中的某一组元，上式中的浓度应该换为有效浓度即活度：

$$p_i = p_i^* \cdot a_i = p_i^* \gamma_i x_i$$

由上式可见，定温下溶液中某组元的蒸气分压首先取决于该温度纯组元的蒸气压。

温度为 1600℃时，各元素的蒸气压力按照钨、钼、锆、钛、钴、镍、铁、硅、铜、铬、锡、银、铝、锰、铅、锑，铋、钙，镁、锌、镉、砷、硫、磷的顺序递增。另外，钙、镁、锌，镉的沸点在 750 ~ 1450℃之间，而砷、硫、磷的沸点或升华点则更低。一般说来，一个元素在定温下的蒸气压值越高，或者达到某一定蒸气压值所需的温度越低，则它在真空熔炼中蒸发的趋势就越大。通常，在熔炼温度下，蒸气压值低于 10^{-5} 大气压（即 1 Pa）的元素在熔炼中不会因挥发而受到损失。

其次，溶液中某组元的蒸气压值还取决于其在溶液中的有效浓度即活度，或者说取决于它在这个溶液中的活度系数。

例如，按照上面所列出的纯组元蒸气压的顺序，在 1600℃，铜和硅的蒸气压是相近的，但是由于 Fe-Cu 系合金对拉乌尔定律有正偏差，而 Fe-Si 系合金对拉乌尔定律有很大的负偏离，即 $\gamma_{Cu} > 1$ 而 $\gamma_{Si} < 1$，因而在相同温度和相同外压下进行真空处理后，钢液中剩余的硅的浓度会比铜的浓度大 17 倍。又如砷，虽然纯砷的蒸气压是很高的，但因砷溶于铁液后对拉乌尔定律有明显的负偏离，即 $\gamma_{As} < 1$，所以很难通过蒸馏去除。

还应注意，合金中某一组元是否会因挥发而改变其浓度，还要看该组元的蒸气分压与母体蒸

气分压的相对关系。对于铁基合金来说,如果某元素的蒸气分压低于铁的蒸气分压,则真空处理的结果将是该元素的富集。

为了确定钢液中某种元素能否挥发去除,引入如下公式:

$$\frac{Y}{b}=1-\left(1-\frac{X}{a}\right)^{\alpha} \tag{13-14}$$

$$\alpha=\frac{\sqrt{M_{Fe}}}{\sqrt{M_i}}\cdot\frac{\gamma_i\cdot p_i^*}{\gamma_{Fe}\cdot p_{Fe}^*} \tag{13-15}$$

式中 a、b——Fe-i 二元系合金真空处理开始时铁和 i 的起始含量,g;

X、Y——Fe-i 二元系合金经过真空处理到时间 t,铁和 i 的挥发量,g;

$\frac{Y}{b}$、$\frac{X}{a}$——铁和 i 在 t 时间之后的挥发分数;

M_{Fe}、M_i——铁和 i 的原子量;

γ_{Fe}、γ_i——铁和 i 的活度系数;

p_i^*、p_{Fe}^*——纯铁和纯 i 的蒸气压。

α 称作元素的挥发系数,二元铁合金中溶质的 α 值见表 13-1。

当 $\alpha=1$ 时,$\frac{Y}{b}=\frac{X}{a}$,即铁和 i 的挥发分数相等,真空处理过程中合金组成不发生变化;

$\alpha>1$ 时,$\frac{Y}{b}>\frac{X}{a}$,i 的挥发分数大于铁,真空处理过程中溶质 i 的浓度将降低;

$\alpha<1$ 时,$\frac{Y}{b}<\frac{X}{a}$,i 的挥发分数小于铁,真空处理过程中溶质 i 的浓度会增高。

在真空处理中,为了去除某种元素,该元素的二元铁合金中的 α 值应该大于 10。由表 13-1 可见,在真空处理过程中,铜、锰、锡等元素比较容易挥发去除,硫和砷难以去除,而镍、钴、磷在铁中反而富集。

表 13-1 二元铁合金中溶质的蒸气压及元素的挥发系数(α)值

元素	1600℃时的蒸气压/Pa	液态铁中的活度系数 γ	1600℃时的蒸气压/Pa		元素的挥发系数 α	
			0.2%	1%	计算值	实验值
Mn	5599.5	1.3			900	150
Al	253.3	0.031	0.11	0.55	1.4	-
Cu	133.3	8.0	0.00024	0.0012	125	60
Sn	106.6	1	0.014	0.07	9.1	18
Si	55.9	0.0072	0.00076	0.0038	0.07	10
Cr	25.3	1	0.000012	0.00006	3.3	-
CO	4.1	1	0.004	0.02	0.5	-
Ni	3.9	0.67	0.00006	0.0003	0.32	-
S	101324.7	-	0.000036	0.00018	-	7.5
As	101324.7	-			-	3
P	101324.7	-			-	0.6

B 真空下元素挥发的动力学

在真空条件下,钢液中元素的挥发由以下三个环节组成:

（1）合金元素由钢液内部扩散到钢液表面，其速度可表示为

$$v = -\frac{DA}{V_m\delta}\{w[\mathrm{Me}] - w[\mathrm{Me}]^*\} \tag{13-16}$$

式中各符号的涵义与以前相同。

（2）元素在钢液表面上的挥发，其速度为

$$v = p_i\sqrt{\frac{M_i}{2\pi RT}} = \sqrt{\frac{M_i}{2\pi RT}}p_i^* \cdot f_i \cdot C_i = KC_i \tag{13-17}$$

式中 p_i——钢液中合金元素的蒸气压，Pa；

M_i ——组元 i 的原子量，kg/mol；

R——气体常数，18.314 J/(K · mol)$^{-1}$。

（3）元素通过钢液表面的气相边界层转移到气相中，其速度为

$$v = \beta(C - C^*) \tag{13-18}$$

式中 β——传质系数，cm/s；

C^*——气相中元素的浓度。

由以上各式可见，无论挥发过程由什么环节控制，挥发速度都和浓度的一次方成正比，都具有一级反应的特征。另外，由公式可知，定温下某组元的蒸气压越高，表面挥发的速度就越大，当组元的蒸气压大到一定程度时，表面挥发速度将大于该组元通过边界层的扩散速度，这时后者将成为限制性环节。

钢液中不同元素的扩散系数大体为同一数量级，约为 1×10^{-4} cm²/s，而对于不同元素，传质系数也大体相同，约为 0.2 ~ 0.3 cm/s。

对于蒸气压较大的元素如锰、铅、锡等，挥发速度由液相中的扩散速度控制，显然，对于相同的元素浓度，具有大体上相等的挥发速度。

对于蒸气压较小的元素如铁、镍等，过程由钢液表面的挥发过程控制。

真空条件下，元素在气相边界层的扩散一般不会成为限制性环节，而当进行吹氩搅拌时，炉内压力增高，元素通过气相边界层的速度减慢而可能成为限制性环节。

真空感应炉的生产实践表明，如果钢液中组元的含量不大（不超过 0.25%），则各组元的挥发速度按下列顺序递增：磷、铁、砷、硫、锡、铜、锰。可见，在真空处理时，磷含量不可能因蒸发而降低。另外，钢液中碳的行为与磷相似，含氧低的钢液在真空下保持时，由于铁的挥发可能引起碳浓度的增加。

真空并不引起低碳钢中硫的变化。在高碳钢中，由于碳增大了硫在熔铁中的活度，所以随着熔炼过程中真空度的不同（133.322×10^{-2} ~ 399.966×10^{-4} Pa），硫含量可以降低 20% ~ 35%。硅也能大大增加硫的活度，故在真空下熔炼变压器钢也能收到显著的脱硫效果。

钢中的砷在真空下挥发的速度很慢，相形之下铁的损耗很大。欲从钢液中去除原含量 50% 的砷，铁的损耗高达 20%。

熔铁中锡、铜、铅的含量不大于 0.25% 时，真空熔炼有可能使它们的含量降低 50% 以上，而铁的损耗不大于 5%。

真空蒸发过程随真空度的提高而加速。但在工业性的真空熔炼中，难以保证低于 $1\sim10^{-1}$ Pa 的工作压力。所以在工业性的真空度下，蒸发速度一般不大。为了得到高质量的产品，必须采用杂质含量尽可能低的原材料。

对于钢中的有用元素，希望抑制它们的蒸发。通入惰性气体时，熔池上的压力值比真空条件下高，可以使蒸发速度减慢。为了防止有用元素的挥发，一般只需要通入不多的惰性气体。实践

表明，只要 10 kPa 的惰性气体就能使蒸发减少到真空时的几百分之一到几千分之一。这种方法在真空冶金中有重要意义。

13.1.5　真空下耐火材料的分解与还原

前已述及，钢液在进行真空冶炼和真空处理时，其脱氧程度达不到与钢液含碳量相平衡的数值。其中的一个主要原因是真空下耐火材料发生了分解与还原反应而使钢液的氧含量不断增加。

A　真空下包衬的耐火材料会发生分解

对于处在氧分压为 p_{O_2} 的气氛中的反应

$$M_{(s)} + \{O_2\}_{(p_{O_2})} = MO_{2(s)} \tag{13-19}$$

其等温方程为

$$\Delta_r G = -RT\ln K_p + RT\ln J_p$$

将平衡常数的数据代入上式

$$K_p = \frac{1}{\dfrac{p_{O_2(平)}}{p^\ominus}}, J_p = \frac{1}{\dfrac{p_{O_2(g)}}{p^\ominus}}$$

可得

$$\Delta_r G = -RT\ln\frac{p^\ominus}{p_{O_2(平)}} + RT\ln\frac{p^\ominus}{p_{O_2(g)}} \tag{13-20}$$

式中，$p_{O_2(平)}$ 为上述反应达到平衡时的氧气分压。

由上式可见，当 $p_{O_2(g)} > p_{O_2(平)}$ 时，$\Delta_r G < 0$，反应右行，M 被氧化，即气相具有氧化性；而当 $p_{O_2(g)} < p_{O_2(平)}$ 时，$\Delta_r G > 0$，反应左行，MO_2 发生分解，即气相具有还原性。

进行真空熔炼或真空处理时，当真空度高到一定程度，便会出现上述后一种情况，即耐火材料中的氧化物将发生分解反应，生成的氧使钢液中的氧含量升高。

镁质耐火材料的分解反应为

$$MgO_{2(s)} = Mg_{(g)} + \frac{1}{2}\{O_2\} \tag{13-21}$$

$$\Delta_r G^\ominus = 174750 - 49.09T \tag{13-22}$$

理论计算表明，在真空熔炼中，如果保持气相的 $p_{Mg} = 10^{-5}$ 大气压即 1 Pa，平衡时钢液中的氧浓度将达 0.066%，如果压力再降低，氧可以达到饱和浓度。因此，应该结合选定的真空度来考虑耐火材料的种类。

耐火材料中所含其他组元的分解反应如下：

$$Al_2O_{3(s)} = 2AlO_{(g)} + \frac{1}{2}\{O_2\} \tag{13-23}$$

$$\Delta_r G^\ominus = 408500 - 103.53T \tag{13-24}$$

$$SiO_{2(s)} = SiO_{(g)} + \frac{1}{2}\{O_2\} \tag{13-25}$$

$$\Delta_r G^\ominus = 189400 - 58.80T \tag{13-26}$$

B　耐火材料还会被钢液还原

钢液中的碳除了参加脱氧外，还可能与耐火材料里的氧化物发生下列反应：

$$MgO_{(s)} + [C] = Mg_{(g)} + \{CO\} \tag{13-27}$$

$$\Delta_r G^\ominus = 141400 - 59.26T \tag{13-28}$$

$$Al_2O_{3(s)} + 3[C] = 2[Al] + 3\{CO\} \tag{13-29}$$

$$\Delta_r G^\ominus = 280850 - 122.84T \tag{13-30}$$

$$SiO_{2(s)} + 2[C] = [Si] + 2\{CO\} \tag{13-31}$$

$$\Delta_r G^\ominus = 131300 - 73.93T \tag{13-32}$$

另外,如果钢中存在一些其他元素,当它们与耐火材料组元相作用可以生成气体状态产物时,则在真空下,这些元素也会使耐火材料遭到严重侵蚀。例如

$$MgO_{(s)} + [Si] = Mg_{(g)} + SiO_{(g)} \tag{13-33}$$

$$\Delta_r G^\ominus = 166150 - 54.30T \tag{13-34}$$

$$SiO_{2(s)} + [Ti] = [Si] + TiO_{2(g)} \tag{13-35}$$

$$\Delta_r G^\ominus = -12400 - 1.34T \tag{13-36}$$

耐火材料中所含氧化物可以分为两类:一类是氧化镁和氧化钙。这些氧化物被还原后生成的金属在铁基和镍基合金中实际上不溶解,而且这些金属的沸点都比炼钢温度低,这样还原出来的金属将以气态脱离熔池。另一类氧化物如氧化铝、氧化锆、氧化铍和氧化钍等,这些氧化物被还原时生成的金属,能够溶于液态的铁基和镍基的合金中,形成铝、锆、铍和钍等活度很低的溶液。因此一方面可以导致合金的增铝、增锆等,另一方面,由于这些元素在钢液中的活度低,所以会促进它们的氧化物被钢液中的碳所还原,使耐火材料受到侵蚀。

综上所述,从降低钢的含氧量和延长包衬使用寿命角度考虑,真空处理钢液时不要过分追求高的真空度和长的处理时间。

应指出的是,金属对耐火材料的侵蚀仅在耐火材料的表面上进行,表面光滑的耐火材料及结构致密的耐火材料都比较难被侵蚀。

13.2　非真空精炼原理

为了降低钢液中的气体含量、氧含量、夹杂物和超低碳钢中的碳含量,近年来国内外出现了氩气吹炼钢水新工艺,如钢包吹氩和氩氧炉精炼法(AOD 法)等。它们的共同特点是设有吹气装置,在常压条件下进行精炼,故称非真空精炼法,又叫气体稀释法。

在这些方法中吹氩具有与真空处理相类似的作用,即脱氧、脱碳、除气、搅拌钢液和去除夹杂物等,同时与真空精炼相比,设备的投资和成本费用均较低,因此有人称之为廉价真空。

13.2.1　钢包吹氩

氩气吹入钢液,既不参与化学反应,也不溶解在钢液内。纯氩中所含其他气体(氢、氮、氧、一氧化碳及其他气体氧化物)很低,向钢液中吹入氩气形成气泡时,其中其他气体的分压几乎等于零,对钢中溶解的各种气体来说无异于一个个小真空室。这样,钢液中的氢、氮等气体将不断地向氩气泡中扩散。随着扩散的进行,气泡中氢和氮等气体的分压将逐渐增大,但因气泡上浮过程中所受静压减小和受热膨胀,所以氢和氮的分压仍能保持在较低的水平,故能继续吸收氢和氮等。最后这些气体随氩气泡一道浮出钢液而被去除。

在一般的真空处理中,重要的参数是真空室的残余压力即真空度,而在氩气精炼中,则是氩气的消耗量。

表 13-2 列出了在 1600℃和 100 kPa 的条件下,吹氩去气和脱氧的临界吹氩量的理论数值。

表 13-2 去氢、去氮和脱氧所需最小吹氧量

去除气体		原始含量 $w/\%$	最终含量 $w/\%$	平衡常数	临界吹氮量/$m^3 \cdot t^{-1}$
[H]		7×10^{-4}	2×10^{-4}	27×10^{-4}	3.02
		6×10^{-4}	3×10^{-4}	27×10^{-4}	1.37
[N]		0.010	0.005	4×10^{-4}	1.624
		0.006	0.001	4×10^{-4}	13.53
[O]	w[C] =0.50%	0.004	0.001	447	0.0865
	w[C] =0.20%	0.010	0.005	447	0.108

由表 13-2 可以看出,去氢和去氮所需吹氩量是相当大的,用多孔砖在短短的钢包镇静期间从包底吹入这么多的氩气是有困难的。但是如果把吹氩和真空结合起来,便可收到十分显著的效果。例如在 50 kPa 下吹氩时,吹氩量可以减少 1/2。若是真空度达到 10 kPa,吹氩量可以节省 9/10。这意味着只要用 0.1 ~0.3 m^3/t 氩气,便可将钢中的氢从(6 ~7) $\times10^{-4}\%$ 降低到(2 ~3) $\times10^{-4}\%$。

真空吹氩的优点不仅表现在节省吹氩的数量上,它还有以下的优点:第一,由于真空下不会引起钢液的氧化和吸气,故可加大吹氩速度,不怕钢液面裸露;第二,真空本身具有一定的脱气效果,特别是氩气对熔池的搅拌,钢液面不断地更新,提高了真空的效果。因此,真空下吹氩脱气的方法得到了广泛的应用。

一般的钢包吹氩装置是在包底部砌上透气砖,把氩气从包底的透气砖吹入钢液,形成大量的细小氩气泡。透气砖除应有一定的透气度外,还必须能承受高温钢液的冲刷,具有一定的高温强度,良好的耐急冷急热性能。透气砖一般用高铝质材料制成。它在钢包底部的安装位置和数量对钢液的运动状态有很大的影响,与钢液的搅拌情况和精炼效果有密切关系。透气砖一般安装在包底半径 1/2 ~3/4 处。容量不大的钢包采用单砖,大容量的钢包也可用多砖。

钢包吹氩使用的压力一般在 0.3 ~1.2 MPa 之间,以钢液不露出渣面为限。吹氩时间长短取决于钢液温度、钢种要求等因素,通常在 3 ~15 min 之间。耗氩量为 0.2 ~0.4 m^3/t。

吹氩前无须脱氧或只进行弱脱氧,这样可以提高吹氩精炼的效果;吹氩后加脱氧剂与合金,最后再吹氩搅拌钢液一次便可进行浇铸。

实践证明,经过钢包吹氩处理的钢液,其氧含量和气体含量均有所下降。例如,碳素结构钢在 1550℃吹氩处理后,去氢率可以达到 35%,含氧量和非金属夹杂物的含量均有所降低,但去氮的效果不明显。

13.2.2 氩氧精炼

氩氧炉常简称为 AOD 炉,是美国 UCC 公司于 1968 年研制成功的。其设备为一偏口转炉,氧枪装在转炉下部侧面,正常吹炼时,喷嘴在钢水液面以下,相当于深吹;氧枪为双层管结构,内层通 $Ar+O_2$,外层管通冷却用氩气,在加料及出钢过程中照常供气,以防喷嘴堵塞,但应换为压缩空气或者氮气,所以要有一套气体切换装置。

AOD 炉常用来冶炼低碳或超低碳不锈钢种。吹炼过程中,由于氧气中混入了氩气,脱碳生成的 CO 被惰性气体所稀释,因而有利于碳的氧化同时钢液中的铬得以保护。这便是氩氧精炼不锈钢的基本原理。

随着吹炼的进行,钢液中的碳含量越来越低,为了达到脱碳保铬的目的,应逐渐增大吹入气体的 Ar/O_2 比。冶炼低碳不锈钢时,通常是将吹炼全程分为两个阶段,第一阶段的 Ar/O_2 比为 1:3,将熔池的碳吹至 0.3% 左右;第二阶段的 Ar/O_2 比为 1:2 或 1:1,将 w[C]降低到 0.12% ~

0.13%。如果冶炼超低碳不锈钢，则应增加第三阶段，Ar/O_2 比为 2∶1 或 3∶1，将 $w[C]$ 降低到 0.02% 左右，而后再吹入纯氩气搅拌 3 ~ 5 min，同时使气相中的 CO 的分压进一步降低，促进溶解在钢液中碳、氧继续反应，使之趋于平衡。

13.3 减少钢中气体的措施

从以上对钢中气体来源以及常压条件下、真空和吹氩条件下脱气原理和方法的讨论可以看出，要想有效地减少钢中的气体，可以从以下几方面入手。

13.3.1 加强原材料的干燥及烘烤

原材料的干燥和烘烤对钢中的氢含量影响很大，炉气中的水蒸气分压主要来自原材料的水分，特别是由于使用烘烤不良的石灰和多锈的炉料所造成的。曾在 15 t 电弧炉中测得炉气中的水蒸气分压达到 4 kPa，则平衡时钢中的氢可高达 $5.4 \times 10^{-4}\%$。因此，为了减少钢中氢含量首先必须注意原材料的干燥和烘烤。原材料中水分对钢中氢含量的影响见表 13-3。

表 13-3 原材料中水分对钢中氢含量的影响

原 料	气体存在形式	气 体 特 性	对钢中气体含量的影响	应采取的措施
废 钢	$Fe(OH)_2$、[H]、[N]	$Fe(OH)_2$ 吸热分解	如料厚 1mm，锈厚 0.01mm，若全部溶于钢液，每 1kg 带入氢 13.6cm/100g（$12.16 \times 10^{-4}\%$）	不要露天存放，返回法冶炼的炉料应少锈、无锈
石 灰	$Ca(OH)_2$	$Ca(OH)_2$ 在 507℃ 吸热完全分解	加入占料重 10% 的石灰中含 $Ca(OH)_2$ 10%，折合溶于钢中氢 34.5cm^3/100g（$30.84 \times 10^{-4}\%$）	使用前应加热至 550℃ 以上进行烘烤
矿 石	$Fe(OH)_2$、$FeO \cdot xH_2O$ 和少量溶解的水		加入的矿石中含溶解的水为 5%，加入量为料重的 10%，折合溶于钢中氢为 61.5cm^3/100g（$54.98 \times 10^{-4}\%$）	500℃ 以上进行烘烤
增碳剂	细小表面吸附水气		微量	烘烤温度高于 100℃

由表 13-3 可知，石灰中水分对钢中含氢量影响很大，而且石灰的吸水性很强，如果在还原期加入大量石灰时，就必须使用新焙烧的石灰或烘烤的石灰，烘烤温度越高越好。另外，还原期补加的铁合金也要求充分烘烤后加入。

切记，由于钢液真空脱气时原始氢含量高，脱气后氢含量也高，所以不能因为工艺上配有炉外精炼设备就放松对原材料的管理。

13.3.2 采用合理的生产工艺

原材料的干燥与烘烤，可减少钢中气体的来源；生产中还应采取相应的工艺措施，尽量减少钢液吸气并有效地进行脱气。

A 控制好脱碳速度和脱碳量

前已述及，脱碳速度愈大，去气速度也愈大，当去气速度大于吸气速度时，才能使钢液中的气体减少；同时，还必须有一定的脱碳量，才能保证一定的沸腾时间，以达到一定的去气量。

根据生产经验，电弧炉氧化期脱碳速度大于 0.01% C/min、脱碳量为 0.3% C 以上，就可以把夹杂物总量减低到 0.01% 以下，氢含量降低到 $3.5 \times 10^{-4}\%$ 左右，氮含量降低到 0.006% 左右。脱碳速度、脱碳量和氢含量的关系如图 13-2、图 13-3 所示。

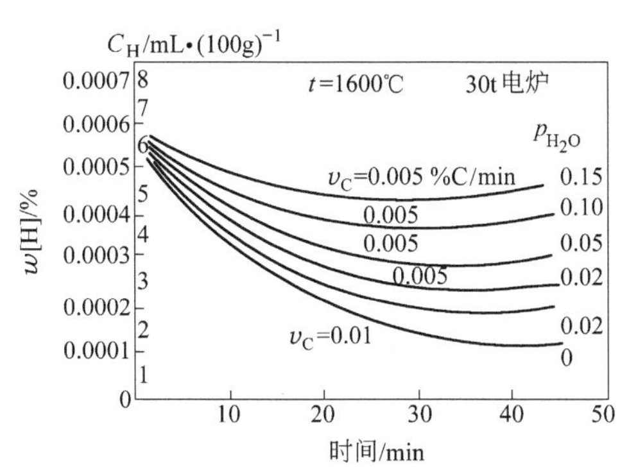

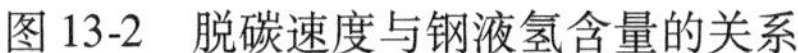

图 13-2　脱碳速度与钢液氢含量的关系

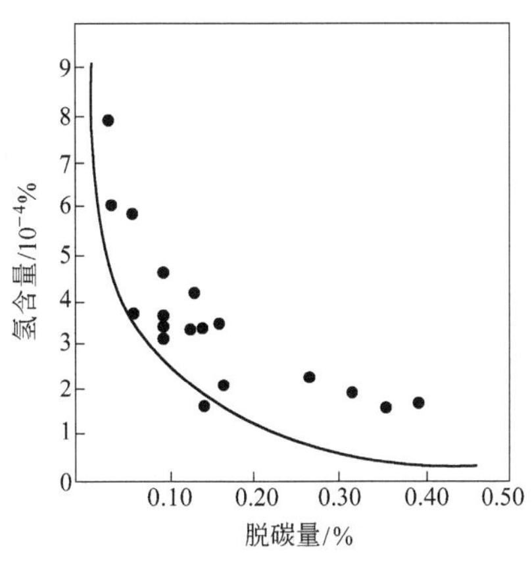

图 13-3　脱碳量与钢液氢含量的关系

通常，加铁矿石氧化的脱碳速度在 0.01% C/min 以上，吹氧氧化的脱碳速度在 0.03% C/min 以上。

必须指出，脱碳速度并非越大越好，脱碳速度过大时不仅容易造成炉渣喷溅、跑钢等事故，对炉衬冲刷也严重；同时，过分激烈的沸腾会使钢液上溅而裸露于空气中，增大吸气倾向。另外，要严格控制好氧末终点碳，防止过氧化和增碳操作。否则扒渣增碳也容易使钢液吸气和增加非金属夹杂物。

对于氧气顶吹转炉，其脱碳速度远大于电炉，一般来说，钢中气体含量相对低些，尤其是氢含量较低。但也要保证氧气纯度和注意控制好枪位，造好泡沫渣，防止严重喷溅和后吹。因为大喷后的液面下降及后吹时的废气量减少，都会有大量空气涌入炉内，使炉气中氮分压增加，从而使钢液吸氮。

B　控制好钢液温度

钢中气体含量与钢液温度有直接的关系，熔池温度越高，钢中气体的溶解度越大，越易吸收气体，故尽量避免高温钢液。对电弧炉而言，尤其要避免高温下扒渣后进行增碳操作，否则吸气量会更大。

氧气顶吹转炉，吹炼过程中要通过调整冷却剂的加入量来控制吹炼温度。如果出钢前发现炉温过高，必须加入炉料冷却熔池，测温合格后才能出钢，避免出钢过程中大量吸气。

C　正确的出钢操作

出钢时钢液要经受空气的二次氧化，其氧含量和气体含量均明显增加，详见表 13-4。

表 13-4　出钢、浇注过程中气体含量的变化

气　体	钢　　种	出钢前钢水含气量 w/%	钢包中钢水含气量 w/%	成品钢含气量 w/%
[N]	铝镇静钢	0.0026	0.0042	0.0064
[O]	GCr15	0.0025	0.0034	0.0042
[H]	30CrMnTiA	0.00041	0.000561	0.000885

由于出钢过程中钢液的增氧量和增氮量，与钢液的成分、钢-气接触界面和时间有关，因此对于非炉底出钢的电弧炉，一般要求是钢渣混出，以便渣子覆盖、保护钢液，为此摇炉速度不能过快，防止先钢后渣；加强出钢口及出钢槽的维护与修补，防止严重散流与细流。有条件时可采用氩气保护出钢。

D　采用真空、吹氩脱气

要想更有效地去除钢中气体，则需要采用各种真空脱气、钢包吹氩和炉外精炼的方法，并采取降低气体的分压（提高真空度）、真空下进行碳氧反应、增大吹氩量及增大单位脱气面积（吹氩搅拌或电磁搅拌）、适当延长真空及吹氩处理时间等措施。氮的降低还可以通过促进氮化物上浮排除而实现。

E　采用保护浇注

目前，许多精炼后的纯净钢液，仍然在大气中进行浇注，这也会造成钢液的二次氧化和吸气，表13-4中列出了一些钢种在浇注过程中钢水被空气污染的情况。

由表13-4可见，钢中的氮、氢、氧等气体含量在浇注过程中增加了50%左右。为此，采用保护浇注来改善钢的质量，是一个有效的手段。保护浇注的方法很多，目前，固体保护渣是模铸下注镇静钢锭及连铸坯生产中广泛使用的浇注保护剂，它的作用是隔热保温；防止钢液二次氧化及吸气；溶解及吸附钢液中夹杂物；改善结晶器壁（模壁）与铸坯壳（锭表面）间的传热与润滑。

思　考　题

1. 钢液脱气的热力学条件？
2. 真空脱气的动力学条件？
3. 真空精炼中钢液搅拌的种类及作用？
4. 真空精炼中的钢液加热种类？
5. 真空下元素挥发的热力学条件？
6. 真空下耐火材料是如何分解与还原的？
7. 减少钢中气体的措施有哪些？

第4篇　传热知识

热量总是由高温区向低温区传递，这是客观存在的自然现象。长期以来，人们对传热现象进行探索、研究并加以利用，逐渐形成了一门研究传热问题的专门学科——传热学。

热量的传播在近代工业生产中起着十分重要的作用。概括地说，研究传热的目的不外乎两个。其一是力求换热的增强或减弱。例如炼钢过程中增强向炉料的传热，加速炉料的熔化和熔池升温，这往往是提高产量的关键；又如力求减少炉内的热损失（减弱炉内与炉外大气间的传热），这对维护炉内高温，降低能耗和改善劳动条件十分重要。其二是确定研究对象的温度分布。确定最高温度是否超过材料所允许的温度极限，或者针对温度分布解决实际问题。

炼钢生产过程是在高温下进行的，首先必须有能盛放固态和液态物料并进行热交换的设备，即用来进行加热和冶炼的炉子。各类炼钢炉都有自己的热量来源和加热装置。例如，转炉冶炼主要的热源是铁水内元素被氧化放出的化学反应热，为此这种炉子必须有供氧装置（氧枪、喷嘴等）；电弧炉冶炼的热源是电能，这种炉子需要一套电加热设备（变压器、电极等）。

强化热源与炉料之间的热交换是提高炉内热效率的关键，各种炼钢炉由于热量来源不同，炉内热交换的形式和效果也不相同。炼钢时炉内钢水温度高达1600℃以上，高温下钢水和熔渣之间进行一系列的物理化学反应，炉衬受到各种因素的侵蚀和磨损，工作条件极其复杂。因此，炉体结构、耐火材料选用、炉内传热等都有其独特的要求和规律。

学习本课程的目的是掌握传热的一些基本知识，并在此基础上对氧气顶吹转炉和电弧炉的炉内传热进行简单的分析。

14　炼钢热能

14.1　转炉炼钢热能

氧气转炉炼钢的热量来源有铁水的物理热，铁水中元素氧化反应热和成渣反应热。

铁水物理热是指铁水带入转炉内的热量，它与铁水的温度有关，通常入炉时的铁水温度约1300℃，铁水带入的物理热占转炉热量总收入的50%以上。物理热的热量计算公式为：

$$Q_{物} = G_{铁}[C_{p固}(T_{熔} - 298) + Q_{熔} + C_{p液}(T_{液} - T_{熔})] \tag{14-1}$$

式中　$Q_{物}$——铁水物理热，J；

$G_{铁}$——铁水量，kg；

$C_{p固}$——固态生铁平均比热容，J/(kg·K)；

$C_{p液}$——铁水平均比热容，J/(kg·K)；

$T_{熔}$——生铁熔点，K；

$T_{液}$——铁水温度，K；

$Q_{熔}$——生铁熔化潜热。

转炉炼钢过程中除了铁水带入的物理热外,通常没有其他外来的热源,要使熔池温度升高,必须依靠铁水中元素的氧化反应热。在碱性转炉内有下列主要放热反应。

$$[C]+[O]=\{CO\}$$

$$[C]+1/2O_{2(g)}=\{CO\}$$

$$Fe_{(l)}+1/2O_{2(g)}=FeO_{(l)}$$

$$[Mn]+[O]=MnO_{(s)}$$

$$[Mn]+(FeO)=(MnO)+[Fe]$$

$$[Si]+2(FeO)=(SiO_2)+2[Fe]$$

$$2[P]+8(FeO)=(3FeO\cdot P_2O_5)+5[Fe]$$

$$SiO_{2(s)}+2CaO_{(s)}=(2CaO\cdot SiO_2)_{(l)}$$

$$(3FeO\cdot P_2O_5)+3(CaO)=(3CaO\cdot P_2O_5)+3(FeO)$$

在氧气顶吹转炉中,用纯氧代替空气吹炼时,减少了加热空气中氮的热损失,使铁、硅、锰和磷的氧化反应传给熔池的热量增加30% ~60%,而碳的氧化反应传给熔池的热量可增加2 ~2.5倍。在氧气顶吹转炉中,碳的氧化只有10% ~12%生成CO_2,约有88% ~90%生成CO(不完全燃烧)。尽管如此,碳氧化反应传给熔池的热量占了总化学热的54% ~58%,经有关的计算和实践证明,仅碳的氧化反应热就能够将熔池(钢液和渣)加热到冶炼所要求的终点温度。因此,氧气顶吹转炉可以用任何成分的铁水进行吹炼,甚至用硅、锰、磷含量极低的铁水,而不必考虑化学反应热的不足。

必须指出,在传给熔池反应热中,应考虑反应物的温度和所加入造渣材料的温度,它们在入炉之前是低于熔池温度的(甚至是常温),而在炉内参加反应并被加热到与熔池相同的温度,从而消耗了一定的热量,这部分热量必须从反应热中扣除。

14.2　电弧炉炼钢热能

电弧炉炼钢的热能主要是由电能通过电弧放出。电弧是一种气体在强电场中被电离而放电的现象,它由阴极区、阳极区和弧柱三部分组成(如图14-1所示)。在电弧内电流密度高达每平方米几千安培,带炫目的光亮,弧柱区内气体温度高达几千摄氏度。

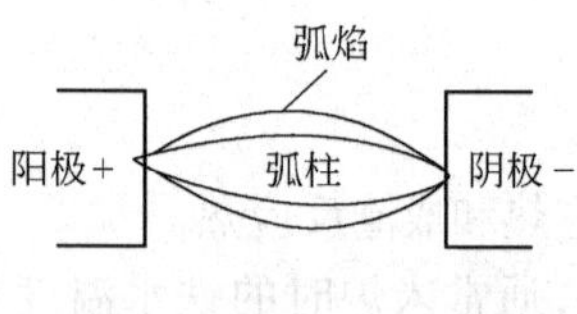

图14-1　电弧组成示意图

电弧热源可以直接向熔池辐射传热,但更多的热能被辐射和反射到炉衬,再由炉衬向熔池表面辐射传热,从而加热钢渣溶液。

电炉变压器向炉内供给的电能通常用输入功率来表示。

然而实际上加热熔池的应该是电弧功率,即电弧电压乘以电流。在假定炉子没有热损失的条件下,加热时炉料达到的理想温度与电弧功率的关系式如下:

$$t_{理}=P_{弧}\cdot\tau/C \tag{14-2}$$

式中　$t_{理}$——理想条件下炉料加热温度,K(℃);

$P_{弧}$——电弧功率,kW;

C——炉料热容量,为料重G(t)乘以每吨炉料的热容C_pkW · h/K(℃);

τ——送电加热时间,h。

此外,还有一些辅助热源,如在炉料熔化阶段,为加速炉料的熔化而输入的辅助热源(如吹氧助熔、煤氧助熔、废钢预热等);在吹氧时的氧化反应热;原辅材料带入的物理热等。但是这些热量在电弧炉炼钢中不是主要的。例如电弧炉用原料主要是废钢不是铁水,而废钢的碳、硅、锰、磷、硫等元素含量都较低,吹氧反应放出的化学热也较少,不能像转炉炼钢那样把熔池温度升高到炼钢终点温度。所以电弧炉炼钢的热量来源主要依赖于电能。

14.3 炼钢用辅助热能

炼钢用辅助热能主要是燃料燃烧热。如前所提到的原材料烘烤、电炉中的煤氧助熔以及钢包烘烤等,都是燃料燃烧供给的热量。

14.3.1 冶金生产常用燃料

14.3.1.1 固体燃料

常用的固体燃料主要是煤和焦炭。

A 煤

煤的组成物为固定碳、灰分、挥发物和水分。其中固定碳和挥发物(主要是氢气及各种碳氢化合物的气体)是可燃成分,而灰分和水分是有害的成分。

煤按照各组成物含量不同可分为泥煤、褐煤、无烟煤和烟煤。泥煤和褐煤的固定碳含量低,水分较多,所以冶金工业很少使用;无烟煤固定碳含量多,挥发物很少,但在燃烧时会受热而碎裂成粉末,所以在冶金生产中也很少使用;烟煤的固定碳含量约50% ~60%,挥发物波动在20% ~35%之间,是冶金生产中常用的天然固体燃料,还可用来炼制冶金焦炭。

工业上常将块煤或碎煤磨碎至0.05 ~0.07 mm的粒度使用,称之为粉煤。粉煤的质量取决于制造粉煤的原煤。粉煤是与空气一道喷入炉内进行燃烧的,粉煤在钢铁生产中可作为喷吹燃料。与燃烧块煤相比较,燃烧粉煤有以下优点:

(1) 粉煤与空气混合较好,燃烧迅速、完全;

(2) 可以使用预热的空气,燃烧时获得比较高的温度;

(3) 燃烧过程稳定,控制、调节容易,劳动条件较好;

(4) 能利用煤屑和劣质燃料。

粉煤燃烧的主要缺点是燃烧后的灰分大部分落在炉膛中,对金属加热和熔炼的质量都有一定的影响;空气中悬浮一定浓度的粉煤时,易发生爆炸,为此,要求输送时空气粉煤混合物的温度不能超过100 ~150℃,不允许粉煤在运输系统中长期停积,输送管道和设备上都应装置可靠的安全阀。

B 焦炭

将烟煤在炼焦炉内隔绝空气的条件下,经过900 ~1100℃的高温干馏,使煤中的挥发物、焦油、水分等挥发出去,剩下的便是焦炭。

焦炭是一种外表呈银灰色或灰黑色的坚硬而多孔的人造固体燃料,它广泛用于高炉、鼓风炉、化铁炉等,是冶金工业的一种重要的固体燃料。

14.3.1.2 液体燃料

液体燃料分为天然的和人造的两大类。天然的液体燃料是原油(石油);人造的包括由石油加工而获得的汽油、煤油、柴油和重油,以及由煤在炼焦时产生的焦油等。冶金生产中常用的液体燃料是重油。

重油是一种黑褐色的黏稠的液体,是较为理想的喷吹燃料。具有灰分和水分少、发热量和燃烧温度高、操作方便、容易控制和调节等优点。但在使用重油时应注意以下几点:

(1) 储油库的温度应比重油的闪点低4℃。所谓"闪点"是指油温高到使油表面附近空气中油蒸汽浓度增大到遇火源能发生闪火现象时的油温度。一般重油的闪点为80 ~130℃。

（2）重油输送管路中必须采取保温和加热措施，保持油温高于其凝固温度15～35℃，通常加热到60～70℃，否则会堵塞管道；进入喷嘴前的重油要加热到110～120℃，重油预热器内的加热介质的最高温度不宜超过150℃，过高会引起油的裂解而在预热器表面积炭。

（3）使用重油时燃烧室内温度不宜低于油的着火点（“着火点”也称着火温度，是指油表面的蒸汽会自行燃烧起来时的温度，通常为500～600℃）。

（4）为使重油的燃烧速度加快，燃烧完全，重油必须雾化。重油“雾化”是指把重油破碎成微小颗粒的油滴，并与气体充分混合，生产中常用空气或蒸汽作为雾化剂。

14.3.1.3 气体燃料（煤气）

与固、液体燃料相比，有以下优点：煤气与空气容易混合且可以预热，所以燃烧完全，燃烧温度高；燃烧时干净没有灰分；燃烧过程容易控制，炉内温度和气氛比较容易调节；煤气输送方便；劳动强度小，较容易实现自动化；此外，采用天然煤气、高炉煤气和焦炉煤气比较经济，因为前者是天然资源，后二者是炼铁和炼焦的副产品。因此，煤气在冶金工业和其他工业部门及日常生活中得到了广泛的应用。钢铁企业中常用的煤气有高炉煤气、焦炉煤气、转炉煤气和天然煤气，而发生炉煤气主要用于有色冶金和加工工业中。常用气体燃料组成、性能和用途如表14-1所示。

表14-1 常用气体燃料组成、性能和用途

名称		天然气		焦炉煤气	高炉煤气	转炉煤气	发生炉煤气
		气井天然气	油井伴生气	炼焦副产品	炼铁副产品	炼钢回收	用煤气化
干成分/%	$CO^{干}$	—	—	5～7	25～30	50～70	24～30
	$H_2^{干}$	0～微	0～微	50～60	1.5～3.0	0.5～2.0	12～15
	$CH_4^{干}$	85～98	70～90	20～30	0.2～0.6	—	0～3
	$C_nH_m^{干}$	0.6～1.0	4～30	1.5～2.5	—	—	0～0.6
	$H_2S^{干}$	0～微	0～微	—	—	—	—
	$(CO_2+SO_2)^{干}$	0～1	0～1	2～4	8～15	10～25	3～7
	$O_2^{干}$	0～微	0～微	0.5～0.8	0.3～0.8	0.3～0.8	0.1～0.3
	$N_2^{干}$	0.1～6	0.1～7	5～10	10～20	10～20	47～55
Q / $kJ \cdot m^{-3}$		33470～50200		15480～18830	3350～4600	6280～10460	4810～6485
用途		钢铁企业各种炉子		钢铁企业各种炉子	与焦炉煤气混合使用	用于各种炉子	有色冶金及加工工业
注意事项		易爆炸		易爆炸	易中毒	易中毒	易中毒

14.3.2 燃料组成和发热量

燃料的化学组成和发热量是燃料的两个基本特性，这两个特性对燃料的燃烧过程有重要的影响，所以是评价燃料质量的两个主要指标。

14.3.2.1 燃料的化学组成

（1）固体和液体燃料的化学组成。固、液体燃料都是由碳、氢、氧、氮、硫五种基本元素组成。此外，还含有一部分水和由矿物杂质组成的灰分。上述七种物质就是固、液体燃料的化学组成，其中碳和氢是有益的成分，氧、氮、硫、水分、灰分都是有害组成物，它们的含量对燃料质量有着重要的影响。简述如下：

碳是固体和液体燃料中的主要可燃成分，常以其含量来评价燃料的质量。碳在燃料中可与氢、氮、氧或硫组成各种有机化合物。

氢是固体和液体燃料中第二个可燃成分，但燃料中与氧结合成水的化合氢是不能燃 烧放热的，只有与碳结合的碳氢化合物中的可燃氢，燃烧时才能放出热量，氢燃烧时放出的热量要比碳的放热量大3.5倍，约为143100 kJ/kg。但由于燃料中氢含量少，所以起的作用次于碳。

硫虽然在燃烧时也能放出热量，但生成的SO_2是一种有害气体，它不仅影响金属质量和侵蚀设备，还会损害人体健康和影响植物的生长。因此，硫是燃料中的有害组成物。

燃料中的氧以各种氧化物存在，它不但不能助燃，还会使部分可燃物氧化而失去燃烧能力。所以，含氧量高是燃料质量低劣的标志之一。

水分和灰分都不能放热，而且水在燃烧蒸发时还要消耗大量的热能，而灰分的存在会妨碍通风，造成燃料的浪费和增加除灰的操作。

(2) 气体燃料的化学组成。气体燃料简称煤气，是由各种简单气体组成的混合物。其中CO、H_2、CH_4、C_2H_4、C_nH_m（称重碳氢化合物）和H_2S是煤气中的可燃组成物，而CO_2、N_2、SO_2、O_2、H_2O为不可燃组成物，此外还含微量的灰尘。

在可燃组成物中，以CH_4等碳氢化合物的发热量最大，H_2次之，CO最小。H_2S虽然可以燃烧放热，但其燃烧产物SO_2有毒，是气体燃料中的有害组成物，气体燃料中的氧含量超过一定值，会有爆炸危险，因此，一般其含量应小于0.2%。

14.3.2.2 燃料成分的表示方法

(1) 固体和液体燃料的成分是用各组成物的质量分数表示的。燃料的实际成分称为供用成分，用$C^{用}$、$H^{用}$、$O^{用}$、$N^{用}$、$S^{用}$分别代表供用燃料中各元素的质量分数，用$A^{用}$和$W^{用}$代表灰分和水分的质量分数。显然，这七种组分的质量分数总和应等于100%，即

$$C^{用} + H^{用} + O^{用} + N^{用} + S^{用} + A^{用} + W^{用} = 100\% \tag{14-3}$$

式中 $C^{用}$、$H^{用}$…——分别代表固液体燃料的供用成分，%。

如果把水分不计算在内，其他六个组成物的质量分数之和为100%，称为干燥成分，用$C^{干}$、$H^{干}$、$O^{干}$、$N^{干}$、$S^{干}$和$A^{干}$等符号表示。干燥成分表示法可以排除因水分的波动而造成其他成分的变化。

如果把水分和灰分同时排除在外，而把碳、氢、硫、氮、氧五种成分的总和作为100%，称为可燃成分。应该说明的是，氧和氮是不能燃烧的，但是它们和碳、氢等可燃成分不易分开，所以放在可燃成分范围内。可燃成分用$C^{燃}$、$H^{燃}$、$O^{燃}$、$N^{燃}$、$S^{燃}$等符号表示。

有时用组成有机物的碳、氢、氧、氮四种元素表示其组成，称有机成分。用符号$C^{机}$、$H^{机}$、$O^{机}$、$N^{机}$表示。

(2) 气体燃料的成分是用各组成物的体积分数表示的。具体表示方法有湿成分和干成分两种。湿成分是指包括水分在内的成分，即

$$CO^{湿} + H_2^{湿} + CH_4^{湿} + N_2^{湿} + H_2O^{湿} = 100\% \tag{14-4}$$

干成分不包括水分在内，即

$$CO^{干} + H_2^{干} + CH_4^{干} + N_2^{干} = 100\% \tag{14-5}$$

式中 $CO^{湿}$、$H_2^{湿}$…——分别代表湿气体燃料中各成分的体积分数，%；

$CO^{干}$、$H_2^{干}$…——分别代表干燥气体燃料中各成分的体积分数，%。

14.3.2.3　燃料的发热量

燃料燃烧的主要目的是获得热量，因而燃料在燃烧时能放出多少热量是使用部门最关心的问题。

A　发热量的定义

单位质量（或体积）的燃料，在完全燃烧的情况下所放出的热量叫做燃料的发热量，通常用符号 Q 表示。固体和液体燃料发热量的单位是 kJ/kg；气体燃料发热量的单位用 kJ/m^3 表示。为了能更明确地表示燃料发热量的大小，按照燃烧产物的状态，可将燃料发热量分为：

（1）高发热量（$Q_{高}$）。单位燃料完全燃烧后，燃烧产物的温度冷却到参加燃烧反应物质的原始温度（20℃），而且燃烧产物中的水蒸气冷凝成为0℃的水时所放出的热量，叫作燃料的高发热量。

（2）低发热量（$Q_{低}$）。单位燃料完全燃烧后，燃烧产物的温度冷却到参加燃烧反应物 质的原始温度（20℃），而且燃烧产物中的水蒸气不是冷凝成为0℃的水，而是冷凝成为20℃的水蒸气时所放出的热量，叫作燃料的低发热量。

高、低发热量的区别在于燃料产物中水的状态不同，一为0℃时液态水，一为20℃时的水蒸气，两者相差一个水的汽化潜热，约2260kJ/（kg 水）。在冶金生产实际条件下，由于温度高，水蒸气不会冷却成水，所以采用低发热量来表示燃料发热量的大小更符合实际。

B　发热量的计算公式

固、液体燃料的低发热量计算公式

$$Q_{低}=339C^{用}+1030H^{用}-109(O^{用}-S^{用})-25W^{用} \tag{14-6}$$

式中　$Q_{低}$——固、液体燃料低发热量，kJ/kg；

$C^{用}$、$H^{用}$…——分别代表燃料中各组成物的供用成分，质量分数代入公式时用绝对值，例如

$C^{用}=75\%$ 用75代入。

气体燃料的低发热量计算公式

$$Q^{低}=128CO^{湿}+108H_2{}^{湿}+360CH_4{}^{湿}+599C_2H_4{}^{湿}+231H_2S^{湿} \tag{14-7}$$

式中　$Q_{低}$——气体燃料低发热量，kJ/m^3；

$CO^{湿}$、$H_2{}^{湿}$…——分别代表气体燃料中各组成物的湿成分，体积分数代入公式时用绝对值。

C　标准燃料的概念

为了评价各种燃料的发热能力，通常选定一种标准燃料，以便和其他燃料进行比较，并用来作为表示燃料用量的单位。规定发热量为29309kJ/kg的燃料为标准燃料。这样就可以把任何燃料换算成标准燃料。例如，1kg 烟煤的发热量为24201 kJ，相当于24201/29309 = 0.83 kg 标准燃料。比值0.83称为该烟煤的热当量，燃料的热当量越大，发热量就越高。所以热当量可用来评定燃料发热量的大小。

14.3.3　燃烧的基本概念及燃烧温度

14.3.3.1　燃烧及着火温度

燃烧的实质是一种激烈的氧化反应过程，也就是燃料中的可燃物质与空气中的氧所进行的激烈氧化作用。要使燃烧稳定地进行，有两个必不可少的条件：一是连续不断地供给足够的空气，使其中氧与燃料接触良好；二是燃料必须加热到一定的温度。这样氧化反应才能自动加速

进行。

燃料开始燃烧的最低温度叫着火温度。常见燃料的着火温度如表14-2所示。

表14-2 常用燃料着火温度

燃料种类	烟 煤	焦 炭	重 油	高炉煤气	发生炉煤气	焦炉煤气	天然气
着火温度/℃	400~500	700	580	700~800	700~800	550~650	750~850

14.3.3.2 完全燃烧与不完全燃烧

A 完全燃烧

当燃料中的可燃物,全部与氧发生充分的化学反应,生成的产物(如 CO_2、H_2O、SO_2等)不可能再燃烧,这种燃烧称为完全燃烧。例如:

$$C + O_2 \rightarrow CO_2$$

$$H_2 + 1/2O_2 \rightarrow H_2O$$

$$S + O_2 \rightarrow SO_2$$

B 不完全燃烧

如果燃烧产物中还有可燃成分,或燃料中的可燃物没有充分参加燃烧反应,这种燃烧称为不完全燃烧。不完全燃烧存在下列两种情况:

(1) 化学性不完全燃烧。燃料中的可燃物由于没有得到足够的氧,或者与氧接触不良,因而燃烧产物中还有部分能燃烧的成分(如 H_2、CO 等)随同废气带走,这种现象叫化学性不完全燃烧。

此外,燃烧产物中的 CO_2在高温下会发生分解,如 $2CO_2 = 2CO + O_2$,温度越高,热分解越严重,在1600℃以上时,热分解显著,增加了燃烧产物中可燃物的含量,造成了不可避免的化学性不完全燃烧。

(2) 机械性不完全燃烧。燃料中的可燃物在参加燃烧反应前就损失掉,称为机械性不完全燃烧。例如,煤未燃烧就从炉栅间掉落,被煤渣带走;小炭粒被废气带走;煤气和重油在输送系统中漏掉等。

不论是哪种不完全燃烧,都会造成燃料的损失,降低燃烧温度。所以必须找出原因掌握燃烧规律,采取正确措施,尽可能减少不完全燃烧,以提高燃料的利用率。

14.3.3.3 空气消耗系数

燃料燃烧所需要的氧,绝大部分来源于空气。燃料中可燃物燃烧时,按其完全燃烧的化学反应计算出来的空气需要量叫做理论空气需要量,用符号 L_0表示。这是保证燃料完全燃烧所必需的最低空气量。

燃料燃烧时,仅仅供给理论空气量是不能实现完全燃烧的。因为空气中的氧和燃料的接触、混合不可能达到理想的程度。为了保证燃料完全燃烧,实际供应的空气量要多于理论空气量。如用 L_n表示实际空气量,它与理论空气量的比值称为空气消耗系数(又称空气过剩系数)。用符号 n 表示,即

$$n = L_n / L_0 \quad (14\text{-}8)$$

燃料成分一定时 L_0值是一定的,所以 L_n只随着 n 变化。换句话说,n 值的大小可以直接说明实际空气量的大小。所以,也常用空气消耗系数来代表实际助燃空气量的多少。

为了保证燃料的完全燃烧,L_n必须大于 L_0,且 n 值应大于1。但 n 值又不能太大,否则实际

助燃空气量过多,多余部分的空气吸收热量后进入燃烧产物,使燃烧产物的体积增大,带走的热量增多。因此,空气消耗系数只能在有限的范围内变动。空气消耗系数的大小,主要取决于燃料的种类、燃烧方法和燃烧装置。几种常用燃料的空气消耗系数值列于表14-3。

表14-3 常用燃料的空气消耗系数 *n* 值

燃料种类	燃烧方法	n值
固体燃料	人工加煤	1.20~1.50
	机械加煤	1.20~1.30
	粉 煤	1.15~1.25
液体燃料	低压喷嘴	1.10~1.15
	高压喷嘴	1.20~1.25
气体燃料	无焰燃烧	1.03~1.05
	有焰燃烧	1.05~1.02

14.3.3.4 燃烧温度

燃料燃烧时,其气态产物达到的温度叫做燃烧温度,用符号 $t_{产}$ 表示。

$$t_{产} = \frac{Q_{产}}{V_{产} C_{产}} \tag{14-9}$$

式中 $t_{产}$——燃烧产物的温度,℃

$Q_{产}$——燃烧产物得到的比热能,kJ/m^{3}或kJ/kg;

$C_{产}$——燃烧产物的比热容,kJ/(m^3·℃);

$V_{产}$——燃烧产物的比体积,m^3/m^{3}或m^3/kg。

在实际生产条件下,燃烧温度的高低,与燃料的种类、成分、燃烧条件及传热条件等因素有关。归纳起来,决定于燃烧过程中供入热量多少和向外散失热量多少,即决定于热量收入和热量支出的平衡关系,这种平衡关系称为热平衡。当供入热量大于支出热量时,温度逐渐升高;反之,则温度降低。当供入热量与支出热量相等时,温度便相对地稳定下来。所以,讨论燃烧温度,就是分析燃烧过程中热量收入和支出这一矛盾的对立统一关系,以便找出计算燃烧温度的方法,了解影响燃烧温度的因素,找出提高燃烧温度的措施。

燃料燃烧时热量的收入项有:

(1) 燃料的化学热 $Q_{低}$;

(2) 空气带入的物理热 $Q_{空气}$;

(3) 燃料带入的物理热 $Q_{燃}$;

热量的支出项有:

(1) 燃烧产物得到的热量 $Q_{产}$;

(2) 传给周围介质的热量 $Q_{介}$(包括熔化加热物料和炉衬的吸热等);

(3) 由于不完全燃烧所损失的热量 $Q_{不}$;

(4) 由于燃烧产物分解而损失的热量 $Q_{解}$。

列出燃烧过程的热平衡方程式:

$$Q_{低} + Q_{空气} + Q_{燃} = Q_{产} + Q_{介} + Q_{不} + Q_{解} \tag{14-10}$$

将式14-10代入式14-9得:

$$t_{产} = \frac{Q_{低} + Q_{空气} + Q_{燃} - Q_{介} - Q_{不} - Q_{解}}{V_{产} C_{产}} \tag{14-11}$$

$t_{产}$就是在实际燃烧条件下燃烧产物的温度，也称为实际燃烧温度。它是炉子实际所能达到的最高温度。

从式 14－11 可以看出，影响燃烧温度 $t_{产}$的因素很多，特别是不完全燃烧损失的热量和传给周围介质的热量，在实际生产条件下非常复杂。所以燃烧温度在生产中不是用计算的方法获得，而是用仪表直接测出。

提高燃烧温度是强化冶金过程的重要措施之一。通过实际燃烧温度的热平衡方程式可以看出，要提高 $t_{产}$的数值，必须使式中分子数值增大，或者减少式中分母的数值。这可以从以下几个方面来考虑：

（1）提高燃料的发热量 $Q_{低}$，选用发热量高的优质燃料。

（2）预热空气和燃料，增加空气和燃料的物理热 $Q_{空气}$和 $Q_{燃}$。预热温度越高，燃烧温度也就越高。空气和燃料的预热应尽量利用炉内排出的高温烟气的余热。这符合综合利用、回收废气、节约燃料的方针。但在生产中，固体燃料一般不预热，液体燃料的预热温度也很有限，而使用气体燃料时可以预热到较高的温度。如果空气和煤气的预热温度相同时，预热空气比预热煤气更有利，因为空气量比煤气量多，带入的物理热也多，而且预热空气比预热煤气安全可靠。

（3）实现燃料的完全燃烧，减少 $Q_{不}$数值。所以应控制好助燃空气量，加强煤气和空气的混合、重油的雾化等。

（4）降低炉体的热损失，使 $Q_{介}$数值降低。这就要求炉体绝热好、保温性好、气密性好，把炉体的散热损失降到最低限度。

（5）降低空气消耗系数，采用富氧空气和氧气助燃。空气消耗系数影响燃烧产物的体积，同时也影响燃料的不完全燃烧。当 $n>1$ 时，n 值越大，燃烧温度越低。这是因为 n 值增加时，烟气量 $V_{产}$也增加，使式 14-11 中的分母数值增大。因此，生产中应在保证燃料完全燃烧的前提下，采用最小的空气消耗系数。采用富氧空气及使用氧气助燃，其目的就是增加助燃空气中的氧浓度，减少燃烧产物中的氮含量，使燃烧产物的体积大大减少，从而能显著提高燃烧温度。

有时为了评价燃料燃烧过程的好坏，假设燃料是在理想条件下燃烧，这个理想条件是：“燃料完全燃烧（$Q_{不}=0$），不向周围介质散热（$Q_{介}=0$），燃料燃烧生成的热全部包含在燃烧产物之中”。在这种条件下求得的燃烧温度称为理论燃烧温度。其表达式为；

$$t_{理} = \frac{Q_{低} + Q_{空气} + Q_{燃} - Q_{解}}{V_{产} C_{产}} \tag{14-12}$$

可见，理论燃烧温度是当燃烧条件一定时（即 $Q_{低}$、$Q_{空气}$、$Q_{燃}$、n 已定），燃烧产物所能达到的最高温度。但是，由于 $Q_{介}$和 $Q_{不}$两项支出客观存在，所以理论燃烧温度实际上是不可能达到的，式 14-12 中的 $Q_{解}$和 $V_{产}$都是 $t_{理}$的函数，都要随 $t_{理}$变化而变化。所以，理论燃烧温度不能用公式直接算出，工程上多用图表法求得，这里不作介绍。

思 考 题

1. 为什么说转炉炼钢本身的热能消耗是最少的？
2. 氧气转炉炼钢必须用含硅、锰、磷、碳等元素高的铁水，否则化学反应热就不能满足炼钢升温的要求。这个观点对不对，为什么？

3. 已知烟煤的供用成分如下：
   $C^{用}=69.45\%$、$H^{用}=4.18\%$、$O^{用}=11.29\%$、$N^{用}=0.70\%$、$S^{用}=0.51\%$、$A^{用}=10.59\%$、$W^{用}=3.20\%$，求低发热量为多少？
4. 喷吹用重油供用成分为：$C^{用}=85.48\%$、$H^{用}=11.95\%$、$O^{用}=0.17\%$、$N^{用}=0.42\%$、$S^{用}=0.15\%$、$A^{用}=0.003\%$、$W^{用}=0.18\%$，求低发热量为多少？
5. 某厂用煤气的成分为：$CO^{湿}=30\%$、$CH_4{}^{湿}=1\%$、$CO_2{}^{湿}=12\%$、$O_2{}^{湿}=0.5\%$、$H_2O^{湿}=2.5\%$，求低发热量为多少？
6. 冶金生产中常用燃料有哪些？
7. 说明固、液体燃料中碳、硫、灰分三种组成物在燃料过程中的作用。
8. 说出气体燃烧中的可燃成分和不可燃成分。
9. 燃料成分有几种表示方法？
10. 什么是燃料的发热量？冶金生产实际应用时用什么表示，为什么？
11. 燃烧进行有哪两个必要条件，什么是燃烧的着火温度？
12. 什么叫完全燃烧和不完全燃烧？
13. 什么是空气消耗系数？试加以分析。
14. 什么是燃烧温度，如何提高燃烧温度？
15. 引起粉煤爆炸的原因是什么，如何防止？
16. 燃烧重油为什么要雾化？

15 传热原理

炉内传热过程很复杂，但分析起来不外乎是三种基本传热方式：传导传热（简称导热）、对流传热和辐射传热。图 15-1 简明地表示了冶金炉内热交换的过程：进入炉膛的热量通过对流和辐射两种方式将热量传给金属和炉墙；金属吸收对流和辐射传来的热量后，以导热的方式将热量传至金属内部，使金属温度升高；炉墙吸收对流和辐射传来的热量后，通过导热的方法将热量传到炉墙的外部并散失到大气中。这样，冶金炉内热量传递可分为两个阶段：第一个阶段是热量传到固、液体表面，叫外部传热；第二个阶段是热量由固、液体表面传到内部，叫内部传热。外部传热主要依靠辐射和对流两种方式进行的，两者所占比重随炉温不同而不一样，随着炉温升高，辐射传热比重增加，通常炉温大于 1000℃后，以辐射传热为主，所以炼钢炉内辐射传热是主要的传热形式；固体和液体炉料的内部传热主要依靠导热及对流。可见，在冶金炉内三种传热作用是同时存在的。但依炉子的结构和加热制度的不同，其中一种将成为最主要的传热方式。

传热可分为稳定态传热和不稳定态传热两大类。所谓稳定态传热，是指同一时间内传入物体任一部分的热量，与该部分物体传出的热量是相等的。如果传入热量多于传出热量，则该物体温度将随之升高，反之将出现温度降低。这是属于“不稳定态传热”的范围。不稳定态传热在本书中不作介绍。

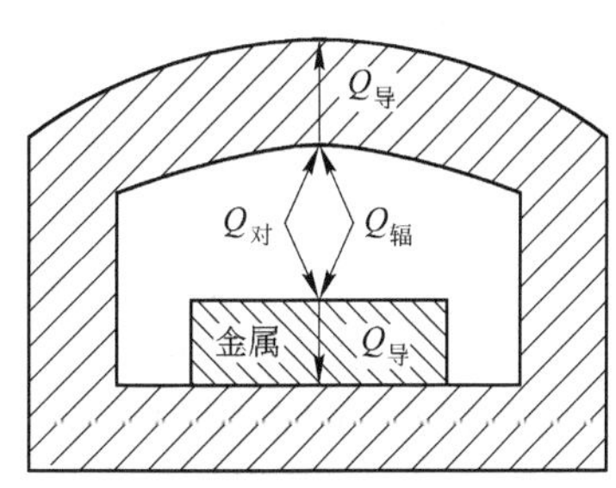

图 15-1　炉内传热示意图

15.1　稳定态传导传热

传导传热是指物体内各点温度不相等或两个温度不同的物体相接触时，热量便通过分子、原子、电子的振动，由高温部分传到低温部分，其特点是物体各部分之间不发生宏观位移。

15.1.1　传导传热的基本定律

物体内温度相同的所有点连成的面称为等温面，两等温面之间的导热基本定律为：“单位时间内传导的热量与温度差和传热面积成正比，而与距离成反比。”这个定律称作傅里叶定律。其数学表达式为：

$$Q \propto \frac{t_1 - t_2}{S} F$$

为使两者相等必须乘以系数 λ，即

$$Q = \lambda \frac{t_1 - t_2}{S} F \tag{15-1a}$$

将上式变换后，得到

$$q = \frac{Q}{F} = \lambda \frac{t_1 - t_2}{S} \tag{15-1b}$$

式中　Q——热流（指单位时间内通过某一指定截面的热量值），W；

$t_1 - t_2$——两等温面的温度差（$t_1 > t_2$），℃；

F——传热面积，m^2；

S——传热距离,m;

λ——热导率,W/(m·℃);

q——热流密度,W/m^2。

必须指出热量总是沿着温度降低的方向传递,所以温差要用高温减去低温代入上面 的公式。

热导率是表示物体导热能力大小的一个物理量,也称导热系数,用符号 λ 表示,单位为W/(m·℃),它表示传热物体厚度为1m,两表面的温度差为1℃,传热面积为$1m^2$,在1h内所传递的热量。

热导率的大小取决于材料的性质与温度,各种材料的热导率都由实验测定。通常气体的热导率最小,仅0.058~0.58W/(m·℃);液体次之,约0.093~0.698W/(m·℃);固体的热导率比较大,其中金属材料的热导率最大,为3.489~418.68W/(m·℃);而绝热材料的热导率仅为0.023~2.9W/(m·℃)。

由于气体的热导率比较小,在工业上常用增加材料气孔率的办法来减少物体的热导率,用来作为绝热材料。例如冶金炉常用的轻质黏土砖,就是用增加黏土砖的气孔率来降低热导率,用作砌炉的绝热材料。

各种材料的热导率都受温度的影响,实验证明,绝大多数材料的热导率随温度变化而改变,其关系呈线性关系。即

$$\lambda_t = \lambda_0 + at \tag{15-2}$$

式中 λ_t——温度为t℃时材料的热导率,W/(m·℃);

λ_0——温度0℃时材料的热导率,W/(m·℃);

a——温度常数,为实验测定值,1/℃;

t——材料平均温度,℃。

几种常用筑炉材料的热导率与温度的关系列于表15-1。必须说明,表中数据为实验测定值,各个测定者测定的数据并不完全一致。

表15-1 常用筑炉材料的热导率与温度的关系

材料名称	$\lambda_t = \lambda_0 + at$ / W·(m·℃)$^{-1}$
黏土砖及半硅砖	$0.698 + 0.00064t$
一级高铝砖	$2.09 + 0.000198\,t$
硅砖	$1.047 + 0.00093\,t$
镁砖	$4.3 + 0.00048\,t$
铬镁砖	$1.98\,t$
轻质黏土砖:密度为0.40g/cm^3	$0.081 + 0.00022\,t$
密度为1.00g/cm^3	$0.29 + 0.000244\,t$
硅藻土砖:密度为0.55g/cm^3	$0.093 + 0.000244\,t$
石棉绳:密度为0.80g/cm^3	$0.073 + 0.000314\,t$
红砖	$0.465 + 0.000512\,t$

15.1.2 平壁导热

15.1.2.1 单层平壁导热

设有一单层平壁炉墙，如图 15-2 所示，其内外温度分别为 t_1、t_2，炉墙厚度为 S，面积为 F（在此图中与纸面垂直）。根据傅里叶定律，在单位时间内通过此炉墙的热流 Q 与温度差（$t_1 - t_2$）和面积 F 成正比，而与厚度 S 成反比。即

$$Q = \lambda \frac{t_1 - t_2}{S} F$$

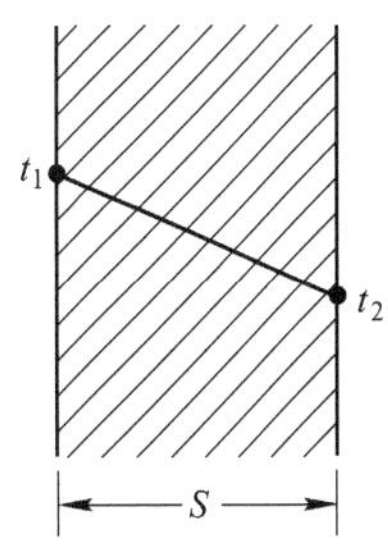

图 15-2 单层平壁导热示意图

当平壁面积为 1 m^2时，热流密度 q 为

$$q = \frac{Q}{F} = \lambda \frac{t_1 - t_2}{S} = \frac{t_1 - t_2}{S/\lambda} = \frac{\Delta t}{R}$$

式中，R 为热阻，Δt 为温度差，也叫温压。

热流密度等于温压被热阻除，与电学中电流密度等于电压被电阻除相似。可用图 15-3a 和图 15-3b 示意两者的类似，可见传热的概念与导电的概念很相似。

15.1.2.2 多层平壁导热

冶金炉不是用一种材料砌成的，通常是用各种耐火材料砌筑，并砌有绝热材料，有时加一层石棉板和钢板。由于各层材料的热导率不同，就不能用单层平壁导热的公式来计算。因此，有必要研究几种材料砌筑的炉墙导热情况。

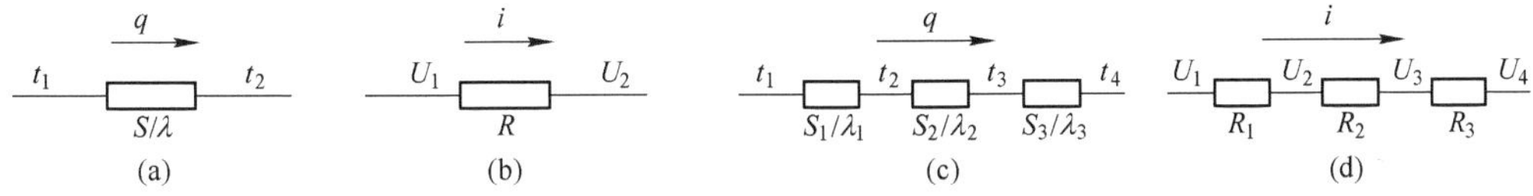

图 15-3 热阻和电阻示意

(a) 单层平壁传热；(b) 单个电阻的电路；(c) 多层平壁传热；(d) 串联电阻的电路

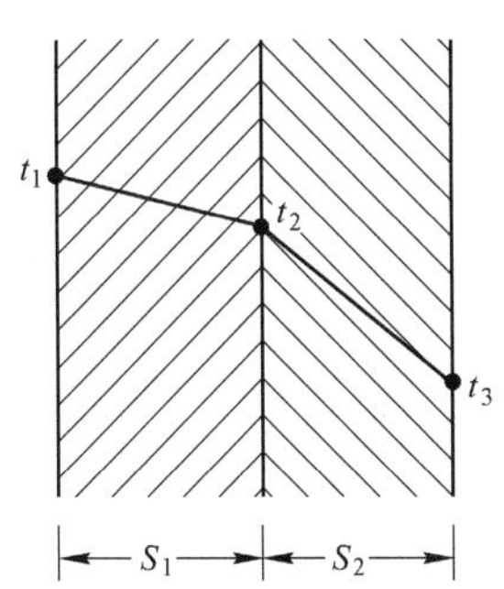

图 15-4 双层平壁导热示意图

图 15-4 为两层平壁导热示意图。内外层温度分别为 t_1、t_3，中间层温度为 t_2，厚度为 S_1、S_2，热导率分别为 λ_1、λ_2。

首先按单层平壁导热公式计算各层的热流密度：

第一层：

$$q_1 = \frac{t_1 - t_2}{S_1/\lambda_1}$$

第二层：

$$q_2 = \frac{t_2 - t_3}{S_2/\lambda_2}$$

将上述两式变换后得到；

$$t_1 - t_2 = q_1(S_1/\lambda_1)$$
$$t_2 - t_3 = q_2(S_2/\lambda_2)$$

因为是稳定态导热，通过各层的热流是相等的，热流密度也相等，即

$$q_1 = q_2 = q$$

二层温度变化的总和，是双层壁的总温度差，将上列两式相加，即得：

$$t_1 - t_3 = q\left(\frac{S_1}{\lambda_1} + \frac{S_2}{\lambda_2}\right)$$

由此

$$q = \frac{t_1 - t_3}{S_1/\lambda_1 + S_2/\lambda_2} \tag{15-3}$$

同理，也可以求出通过多层平壁的热流密度：

$$q = \frac{t_1 - t_{n+1}}{S_1/\lambda_1 + S_2/\lambda_2 + \cdots + S_n/\lambda_n} = \frac{t_1 - t_{n+1}}{\sum(S_i/\lambda_i)} = \frac{t_1 - t_{n+1}}{\sum R_i} \tag{15-4}$$

由式15-4可知：多层平壁传热就相当于一个串联电路，其总热阻等于各层热阻之和，这和电路中总电阻等于各串联电阻之和的规律是相似的（见图15-3c和图15-3d）。

例题15-1 设有一炉墙，用黏土砖和红砖两种材料砌成，厚度均为230 mm，炉墙内表面黏土砖温度为1200℃，外表面红砖温度为100℃，试求1 h通过$1m^2$炉墙的热损失。如果红砖使用的允许温度为800℃，那么在此条件下能否使用？

解：要想求出通过此炉墙的热损失，必须知道两层材料交界处的温度，用此温度求出材料的平均热导率，再计算热损失。但是两层交界处的温度还不知道，所以只能首先假设一个值，然后再核对假设的温度是否正确，这种方法叫试算逼近法。

（1）假设中间温度 t_2：

$$t_2 = (1200 + 100) \div 2 = 650℃$$

由表15-1查得各层的平均热导率为：

$$\lambda_1 = 0.698 + 0.00064(1200 + 650) \div 2 = 1.29 \quad W/(m \cdot ℃)$$

$$\lambda_2 = 0.465 + 0.000512(650 + 100) \div 2 = 0.657 \quad W/(m \cdot ℃)$$

（2）代入式15-4中得：

$$q = \frac{1200 - 100}{\dfrac{0.23}{1.29} + \dfrac{0.23}{0.657}} = 2082 \quad W/m^2$$

（3）验算中间温度。利用第一层导热公式

$$q_1 = \frac{t_1 - t_2}{S_1/\lambda_1}$$

$$t_2 = t_1 - q(S_1/\lambda_1) = 1200 - 2082(0.23/1.29) = 829℃$$

或按第二层导热公式验算

$$t_2 = t_3 - q(S_2/\lambda_2) = 100 + 2082(0.23/0.657) = 829℃$$

求出的中间温度与假设的相差太远，所以需再次假设。

（4）第二次计算，假设 $t_2 = 830℃$，各层的平均热导率为：

$$\lambda_1 = 0.698 + 0.00064(1200 + 830) \div 2 = 1.348 \quad W/(m \cdot ℃)$$

$$\lambda_2 = 0.465 + 0.000512(830 + 100) \div 2 = 0.703 \quad W/(m \cdot ℃)$$

由此

$$q = \frac{1200 - 100}{\dfrac{0.23}{1.348} + 703} = 2210 \quad W/m^2$$

（5）再次验算中间温度 t_2

$$t_2 = t_1 - q(S_1/\lambda_1) = 1200 - 2210(0.23/1.348) = 823℃$$

求出的温度与第二次假设的温度（830℃）相差不多，故认为第二次计算正确。由此得出：

（1）通过此炉墙的热流密度为 2210 W/m^2；

（2）因为 $t_2 = 823℃$，大于红砖允许使用温度 800℃，所以红砖在此条件下使用不太适宜。

15.1.3 圆筒壁导热

平壁导热的特点是导热面保持不变，而圆筒形炉（如电弧炉或转炉）向外导热时，导热面不断增大，所以不能简单地套用平壁的导热公式。

15.1.3.1 单层圆筒壁的导热

设有一圆筒壁如图 15-5 所示，内半径为 r_1，外半径为 r_2，内外表面的温度保持一定值，分别为 t_1、t_2，圆筒壁高度为 l，材料热导率为 λ，按单向稳定态导热的傅里叶定律，可得到单位时间内通过此筒壁的热流为：

$$Q = \lambda \frac{t_1 - t_2}{S} F_{均}$$

或

$$Q = \frac{t_1 - t_2}{S/(\lambda \cdot F_{均})} \tag{15-5}$$

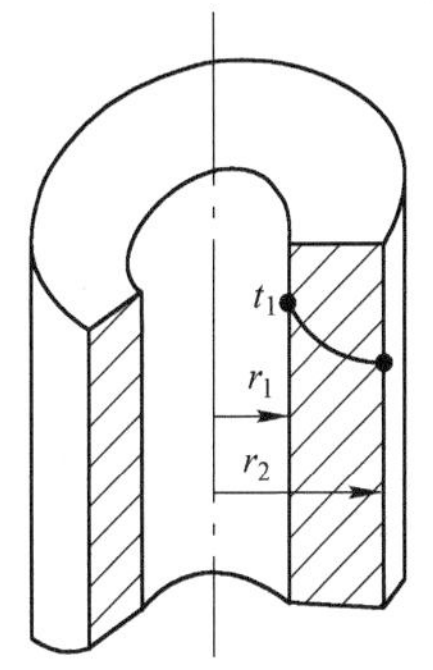

图 15-5 圆筒壁导热示意

式中 Q——通圆筒壁热流，W；

S——圆筒壁的厚度，$S = r_2 - r_1$，m；

$F_{均}$——圆筒壁内外表面积的平均值，m^2；

λ——热导率，W/(m·℃)。

圆筒壁内外表面积平均值应取对数平均值，即：

$$F_{均} = \frac{F_2 - F_1}{\ln(F_2/F_1)} = \frac{2\pi r_2 l - 2\pi r_1 l}{\ln(2\pi r_2 l/2\pi r_1 l)} = \frac{2\pi l(r_2 - r_1)}{\ln(r_2/r_1)}$$

所以，式 15-5 也可写成

$$Q = \lambda\left(\frac{t_1 - t_2}{S}\right)\left(\frac{2\pi r l(r_2 - r_1)}{\ln(r_2/r_1)}\right) = 2\pi l\lambda\left(\frac{t_1 - t_2}{\ln(r_2/r_1)}\right) \tag{15-6}$$

工程上为计算方便起见，当 $(F_2/F_1) < 2$ 时，可用算术平均值计算。即

$$F_{均} = (F_2 + F_1) \div 2$$

15.1.3.2 多层圆筒壁导热

对于多层圆筒壁可按与多层平壁导热的同样方法推导出来。即

$$Q = \frac{t_1 - t_{n+1}}{S_1/(\lambda_1 F_{1均}) + S_2/(\lambda_2 F_{1均}) + \cdots + S_n/(\lambda_n F_{1均})} \tag{15-7}$$

式中 $S_1, S_2, \cdots, S_n$——各层壁的厚度，m；

$\lambda_1, \lambda_2, \cdots \lambda_n$——各层壁的平均热导率，W/(m·℃)；

$F_{1均}, F_{2均}, \cdots, F_{n均}$——各层壁内外表面积的对数平均值或 $\Delta F < 2$ 时取算术平均值，m^2。

例题 15-2 有一个蒸汽管，内外直径各为 160 mm 及 170 mm，管外包扎两层绝热材料，第一层的厚度 $S_1 = 30$ mm，第二层的厚度 $S_2 = 50$ mm，材料的热导率平均值为：管壁 $\lambda_1 = 58.15$ W/(m·℃)，第一层绝热层 $\lambda_2 = 0.1745$ W/(m·℃)，第二层绝热层 $\lambda_3 = 0.093$ W/(m·℃)，已知蒸汽管内表面温度 $t_1 = 300℃$，最外表面温度 $t_4 = 50℃$。试求 1 m 长管段的热损失和各层界面温度。

解：

(1) 求各层表面积的平均值(1 m 长管段)

各层交界面积如下：

$$F_1 = 3.14 \times 0.16 \times 1 = 0.5\ \mathrm{m}^2$$

$$F_2 = 3.14 \times 0.17 \times 1 = 0.53\ \mathrm{m}^2$$

$$F_3 = 3.14 \times (0.17 + 2 \times 0.03) \times 1 = 0.72\ \mathrm{m}^2$$

$$F_4 = 3.14 \times (0.17 + 2 \times 0.03 + 2 \times 0.05) \times 1 = 1.04\ \mathrm{m}^2$$

因为 F_2/F_1、F_3/F_2、F_4/F_3 皆小于2，所以平均面积可用算术平均值求得。

$$F_{1均} = (F_1 + F_2) \div 2 = (0.5 + 0.53) \div 2 = 0.515\ \mathrm{m}^2$$

$$F_{2均} = (F_2 + F_3) \div 2 = (0.53 + 0.72) \div 2 = 0.625\ \mathrm{m}^2$$

$$F_{3均} = (F_3 + F_4) \div 2 = (0.72 + 1.04) \div 2 = 0.88\ \mathrm{m}^2$$

(2) 求热损失

根据公式 15-7

$$Q = \frac{t_1 - t_4}{S_1/(\lambda_1 F_{1均}) + S_2/(\lambda_2 F_{1均}) + S_3/(\lambda_3 F_{1均})}$$

$$= \frac{300 - 50}{\frac{(0.17 - 0.16) \div 2}{58.15 \times 0.515} + \frac{0.03}{0.1745 \times 0.625} + \frac{0.05}{0.093 \times 0.88}} = 282\ \mathrm{W}$$

(3) 若用对数平均值计算

$$F_{1均} = \frac{0.53 - 0.50}{\ln(0.53/0.50)} = 0.515\ \mathrm{m}^2$$

$$F_{2均} = \frac{0.72 - 0.53}{\ln(0.72/0.53)} = 0.618\ \mathrm{m}^2$$

$$F_{3均} = \frac{1.04 - 0.72}{\ln(1.04/0.72)} = 0.87\ \mathrm{m}^2$$

$$Q = \frac{300 - 50}{\frac{(0.17 - 0.16) \div 2}{58.15 \times 0.515} + \frac{0.03}{0.1745 \times 0.618} + \frac{0.05}{0.093 \times 0.87}} = 279\ \mathrm{W}$$

面积用对数平均值计算和算术平均值相比较，两者误差在1%左右，所以本例计算只需用算术平均值即可。

(4) 界面温度

$$t_2 = t_1 - Q[S_1/(\lambda_1 F_{1均})] = 300 - 282[(0.01 \div 2) \div (58.15 \times 0.515)] = 299.95\ ℃$$

$$t_3 = t_4 + Q[S_3/(\lambda_3 F_{3均})] = 50 + 282[0.05 \div (0.093 \times 0.88)] = 222\ ℃$$

或者

$$t_3 = t_1 - Q[S_1/(\lambda_1 F_{1均}) + S_2/(\lambda_2 F_{2均})]$$

$$= 300 - 282[(0.01 \div 2) \div (58.15 \times 0.515) + 0.03 \div (0.1745 \times 0.625)] = 222\ ℃$$

15.2　对流给热

15.2.1　对流给热的本质

15.2.1.1　对流传热

流体由空间某一区域向另一温度不同的区域流动时，发生热量的传递称为对流传热。由于流动时质点发生位移和互相混合,因此,对流传热和导热过程是完全不同的,它的特点是传热的流体各部分之间会发生宏观位移。

15.2.1.2　对流给热

运动流体与换热固体表面之间通过对流传热和传导传热两种方式进行热交换称为对流给热。在运动流体靠近换热固体表面处很薄的一层内(称边界层),传热只能依靠分子的碰撞和扩散,也就是依靠纯粹的导热过程进行。因此,对流给热必然包括对流传热和导热两种传热形式。

对流给热过程既受流体运动状况的支配,又受边界层内导热过程的影响,与传导传热相比,影响因素要复杂得多,但主要与流体发生流动的原因、流动状态和换热面的形状、位置有关。

(1) 流体发生流动的原因。流体内部由于各部分温度不同,温度高的部分密度小而上升,温度低的部分密度大而下沉。这种流动称为"自然对流",这样的给热称为"自然对流给热";凡是受外力作用(如风机、泵、搅拌器等)而引起流体流动叫做"强制对流",这样的给热称为"强制对流给热"。对流给热与流体的流速有关,流速越大,给热速度也越大。强制对流时流体的流速要远大于自然对流,所以强制对流的给热速度比自然对流快得多。

(2) 流体的流动状态。当流速小时,流体质点互相平行向一个方向流动,这种流动称为层流;当流速大时,流体质点不仅沿着前进方向流动,而且还在各个方向作不规则的杂乱的运动,这种流动称为紊流。对流给热时的热交换与流速和流动状态密切相关,流速越大,紊乱程度越高,对流给热能力就越强。

(3) 换热面的形状和位置。换热面的形状对自然对流和强制对流的影响是不相同的,复杂形状的表面,不利于自然对流的发展,但在强制对流时形状复杂、粗糙的表面会增强流体质点间的混合,反而有利。给热面的位置也影响自然对流给热,最明显的是散热面向上比向下时散热强度高,而受热面向下比向上时传热强度高。

15.2.2　对流给热基本公式

单位时间内的对流给热量与温度差、传热面积成正比,而将一些影响对流给热的因素用系数来表示,这样就得到对流给热的基本公式。

$$Q = \alpha_{对}(t_1 - t_2)F \tag{15-8}$$

式中　Q——对流换热量,W;

$t_1 - t_2$——流体与换热物体表面间的温度差,℃;

F——流体与换热物体的接触面积,m^2;

$\alpha_{对}$——对流给热系数,$W/(m^2 \cdot ℃)$。

式15-8可看作是系数 $\alpha_{对}$ 的定义式。$\alpha_{对}$ 的物理意义为:当流体与换热物体表面的温度差为1℃时,在1 h内通过1 m^2换热物体表面的热量。

15.2.3　对流给热系数的几个实验公式

应用公式15-8计算时,将一些影响对流给热的因素都集中在 $\alpha_{对}$ 上,因此研究对流给热的关键是在于寻求出 $\alpha_{对}$。然而由于过程的复杂性,目前对这方面的理论研究和实验工作还在继续深入和发展之中,某些过程还无法进行准确的计算。主要是通过实验得到的经验公式。必须说明,对流系数的经验公式是在具体条件下通过实验得出的,即使在相同的情况下,也由于实验的条件和测量的方法不同,综合数据的多少不一,会得出不同的经验公式。下面介绍几个常用的经验公式。

15.2.3.1 强制对流给热系数的经验公式

（1）流体在管内作紊流流动时的对流给热系数：

$$\alpha_{对} = 1.163A(W^{0.8}/d^{0.2}) \tag{15-9}$$

式中 $\alpha_{对}$——对流给热系数，W/(m²·℃)；

W——流体在管内的流速，m/s；

d——管子内径或当量直径（$d=4F/L$，F 为管道横截面面积，L 为周长），m；

A——因流体种类和温度而异的系数，常用的 A 值列于表 15-2。

表 15-2 某些流体的 A 值

水		重油		空气		烟气		水蒸气	
t/℃	A	t/℃	A	t/℃	A	t/℃	A	t/℃	A
0	1225	40	27	0	3.41	0	3.40	100	3.35
20	1590	60	45	200	3.71	200	3.98	150	3.55
40	2000	80	76	400	4.02	400	4.60	200	3.70
60	2370	100	102	600	4.26	600	4.95	250	3.89
80	2650	120	126	800	4.44	800	5.51	300	4.05
100	2900	140	169	1000	4.60	1000	5.71	350	4.28

显然，在相同条件下水的对流给热能力大于重油的对流给热能力，更大于气体的对流给热能力；对于一定温度下的一定流体，它的流速愈大，管子直径愈大，则对流给热系数愈大。

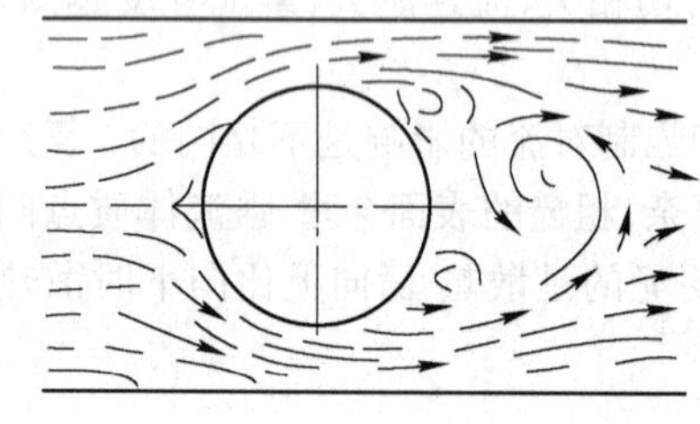

图 15-6 流体横流过管面的流动情况

（2）流体横向流过单管时的对流给热系数。流体横向流过单管时的流动情况如图 15-6 所示。

$$\alpha_{对} = 1.163B(W^{0.26}/d^{0.24})\omega_{\varphi} \tag{15-10}$$

式中 $\alpha_{对}$——对流给热系数，W/(m²·℃)；

W——流体在单管外的流速，m/s；

d——单管外径或外当量直径，m；

B——因流体种类和温度而异的系数，见表 15-3；

ω_{φ}——流体与管子间冲击角为 φ 时的修正系数，见表 15-4。

表 15-3 某些流体的 B 值

水		重油		空气		烟气		水蒸气	
t/℃	B	t/℃	B	t/℃	B	t/℃	B	t/℃	B
0	853	40	70	0	3.42	0	3.44	100	3.64
20	1025	60	81	200	3.97	200	4.56	150	3.84
40	1082	80	116	400	4.71	400	5.46	200	4.16
60	1257	100	133	600	5.16	600	6.16	250	4.45
80	1385	120	155	800	5.58	800	6.93	300	4.73
100	1430	140	178	1000	5.92	1000	7.30	350	4.97
						1600	9.50		

表 15-4 不同 φ 值的 ω_φ

φ	90°	80°	70°	60°	50°	40°	30°	20°	10°
ω_φ	1.0	1.0	0.98	0.94	0.88	0.78	0.67	0.52	0.42

显然，在相同条件下，水的对流给热能力大于重油的对流给热能力，更大于气体的对流给热能力，对于一定温度下的流体，流速愈大、管子直径愈小和冲击角度愈大，则对流给热系数愈大。

(3) 气体沿平面流动时的对流给热系数：

$$\alpha_{对} = 1.163\ (CW_{20}{}^{n} + Dk) \tag{15-11}$$

式中 $\alpha_{对}$——对流给热系数，W/(m²·℃)；

W_{20}——换算成20℃时的流速，m/s；

D——单管外径或外当量直径，m；

k、C、n——实验常数，见表 15-5。

表 15-5 实验常数 k、C、n

表面情况	$W_{20}\leq 5$ m/s			$W_{20}>5$ m/s		
	k	C	n	k	C	n
光滑表面	4.8	3.4	1	0	6.12	0.78
轧制金属表面	5.0	3.4	1	0	6.14	0.78
粗糙表面	5.3	3.6	1	0	6.47	0.78

(4) 水对管壁的给热系数

$$\alpha_{对} = 3373V^{0.85}(1 + 0.01t_{水}) \tag{15-12}$$

式中 $\alpha_{对}$——对流给热系数，W/(m²·℃)；

V——水的流速，m/s；

$t_{水}$——水流温度，℃。

例题 15-3 设有一段圆烟道，其直径 $d = 0.6$ m，进口烟气温度 $t_1 = 800$℃，出口烟气温度 $t_2 = 400$℃，烟气流速为 12 m/s，求其进口与出口的对流给热系数 $\alpha_{对}$？

解：按 $t_1 = 800$℃、$t_2 = 400$℃查表 15-2 得 $A_1 = 5.51$，$A_2 = 4.6$，分别代入式 15-9 得：

进口：$\alpha_{对} = 1.163 \times 5.51(12^{0.8}/0.6^{0.2}) = 1.163 \times 5.51 \times (7.3/0.9) = 52$ W/(m²·℃)

出口：$\alpha_{对} = 1.163 \times 4.60(12^{0.8}/0.6^{0.2}) = 1.163 \times 4.60 \times (7.3/0.9) = 43.4$ W/(m²·℃)

例题 15-4 已知氧枪外管内径 $d = 200$ mm，枪身受热长度 $l = 6$ m，氧枪冷却水平均温度为 40℃，冷却水速度 $V = 6.7$ m/s，对流给热量 $q = 2.326$ MW，试计算冷却水管内壁温度 t_1 为多少℃？

解：由式 15-8 $Q = \alpha_{对}(t_1 - t_2)F$ 变换得：

$$t_1 = Q/(\alpha_{对}F) + t_2$$

F 为枪身受热面积　　$F = \pi d\,l = 3.14 \times 0.2 \times 6 = 3.77$ m²

水对管壁的对流给热系数由式 15-12 求得：

$$\alpha_{对} = 3373V^{0.85}(1 + 0.01\,t_{水})$$
$$= 3373 \times 6.7^{\,0.85}(1 + 0.01 \times 40) = 20609\ \text{W/(m}^2\cdot℃)$$

所以　　$t_1 = [2.326 \times 10^6/(20609 \times 3.77)] + 40 = 70$ ℃

15.2.3.2 自然对流给热系数的经验公式

(1) 固体表面向无限空间的自然对流给热系数。各种设备外表面都具有一定的温度，它们与空间大气形成自然对流给热。其给热系数实验公式为：

$$\alpha_{对} = 1.163A'(\Delta t)^{1/4} \tag{15-13}$$

式中 $\alpha_{对}$——对流给热系数，W/(m^2·℃)；

Δt——固体表面与大气的温度差，℃；

A'——因固体表面位置而异的系数，散热面向上 $A'=2.8$，侧散热面 $A'=2.2$，散热面向下 $A'=1.7$。

当散热面位置一定时，固体表面温度越大，对流给热系数愈大；在相同的温度差条件下，散热面向上时的对流给热系数大于侧散热面的对流给热系数，更大于散热面向下时的对流给热系数。

(2) 电炉内的自然对流给热系数。炉内温度不同时，炉气与被加热物体之间也存在 自然对流，其自然对流给热系数的实验公式为：

$$\alpha_{对} = 2.46(\Delta t)^{0.19} \tag{15-14}$$

式中 $\alpha_{对}$——对流给热系数，W/(m^2·℃)；

Δt——炉气与被加热物之间的温度差，℃。

显然，温度差愈大，对流给热能力愈强。

15.3 辐射传热

15.3.1 辐射传热的基本概念

在冶金炉内除了导热和对流两种传热方式之外，还存在着辐射传热。在高温炉内辐射是主要的传热方式。

辐射传热与导热和对流传热有本质的区别。导热和对流传热都必须通过中间介质才 能进行，而辐射传热不需要任何介质，在真空中也能进行。太阳的热量通过极厚的真空带辐射到地球就是很好的例证。

辐射传热过程伴随着能量形式的转变，主要是热能转变成辐射能，并通过电磁波向外传递，当辐射能被物体吸收后又重新转变为热能。这种热的传递过程称为热辐射，能够进行辐射传热，并能被一般材料在工程常用温度范围内所吸收的射线，称为热射线。热射线主要部分是波长为0.1～800 μm 的射线（可见光波长为0.4～0.8 μm），其中起决定作用的热射线是波长为0.8～40 μm的红外线（红外线波段为0.8～800 μm）。

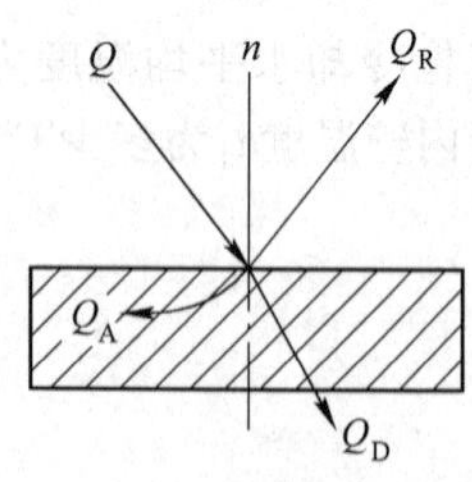

图15-7 投射到某表面的热射线

热辐射是一切物体固有的特性。任何物体只要不处于绝对零度，就都在不断地向外发射能量，同时又在不断地吸收周围物体辐射出来的能量。这种能量的相互交换，构成了辐射传热。所以，辐射能不仅从温度高的物体传向温度低的物体，同时也从温度低的物体传向温度高的物体，不过最终是温度低的物体从温度高的物体得到热能并将自己加热。

因为热射线和可见光的本性相同，所以光的传播、反射和折射的定律完全可以应用于热辐射。如图15-7所示，任意一束热射线投射到某物体表面后，如同光线一样，可能同时发生三种情况：一部分被吸收，一部分被表面反射出来，另一部分则透过该物体后继续向前传播。

设总投射能量为 Q，被吸收的部分为 Q_A，被反射的部分为 Q_R，透过的部分为 Q_D。按能量平衡关系可知：

$$Q = Q_A + Q_R + Q_D$$

$$\frac{Q_A}{Q}+\frac{Q_R}{Q}+\frac{Q_D}{Q}=1 \tag{15-15a}$$

式中 Q_A/Q——物体对热辐射的吸收率,用 A 表示;

Q_R/Q——物体对热辐射的反射率,用 R 表示;

Q_D/Q——物体对热辐射的透过率,用 D 表示。

所以式 15－15a 可以写成:

$$A+R+D=1 \tag{15-15b}$$

如果 $A=1$、$R=0$、$D=0$,表明投入的辐射热完全被该物体吸收,既无反射,也不透过。这种物体被称为“绝对黑体”,或简称“黑体”。

如果 $R=1$、$A=0$、$D=0$,表明投入的辐射热完全被反射出去,既无吸收,也不透过。这种物体被称为“绝对白体”,或简称“白体”。

如果 $D=1$、$A=0$、$R=0$,表明投入的辐射热全部透过,既不吸收,也不反射。这种物体被称为“绝对透过体”,或简称“透过体”(又称辐射热的“介热体”)。

应该指出,不要把黑体、白体、透过体与黑色物体、白色物体、透明物体混淆起来,前者是对热射线而言,后者是对可见光而言。例如,雪是白色的,对可见光有很强的反射能力,但对热射线的吸收率可达 98.5%;又如玻璃对可见光能自由透过,但对热射线则透过很少。

在自然界中,绝对黑体、绝对白体和绝对透过体是不存在的。仅是为了研究方便而所作的假设。对每一种实际物体来说,其 A、R 和 D 的数值随该物体的性质、表面状况、温度及热射线的波长而不同。

大部分固体和液体,对于热射线都是不透过体,即 $D=0$,$A+R=1$。可见,凡是反射能力强的物体,其吸收率一定低;反之,若物体的吸收率很高,其反射率必低。

气体对热射线没有反射能力,即 $R=0$,$A+D=1$。纯净的空气可看作绝对透过体,但空气中混有水汽和二氧化碳时,就变成半透过体。

15.3.2 辐射的基本定律

前面说明了热辐射的特点及热量投射到物体后的去向问题,而辐射的基本定律是讨论物体本身向外辐射的问题。

15.3.2.1 普朗克定律

普朗克定律说明绝对黑体的辐射强度与波长和温度之间的关系。根据普朗克的研究,绝对黑体单一波长的辐射强度可用下式表示,

$$I_{0\lambda}=\frac{C_1\lambda^{-5}}{e^{C_2/\lambda T}-1} \tag{15-16}$$

式中 $I_{0\lambda}$——绝对黑体(用右下方符号“0”表示)在温度为T时,波长为单一波长λ的辐射强度,W/m^3;

λ——波长,m;

T——物体表面的热力学温度,K;

e——自然对数的底,e＝2.71828…;

C_1、C_2——实验常数,$C_1=3.73\times10^{-6}W/m^2$,$C_2=1.43\times10^{-2}m\cdot K$。

式 15-16 称为“普朗克公式”。用此式进行计算得到的数据,可画成曲线如图 15-8 所示。由图中曲线可见:

(1) 黑体在每一温度下,都可以辐射出波长 0~∞ 的各种射线。当 λ 趋近于零或无穷大时,$I_{0\lambda}$ 值也趋近于零。在一般工程范围内,辐射的主要能量位于 0.8~40 μm 的波段内。

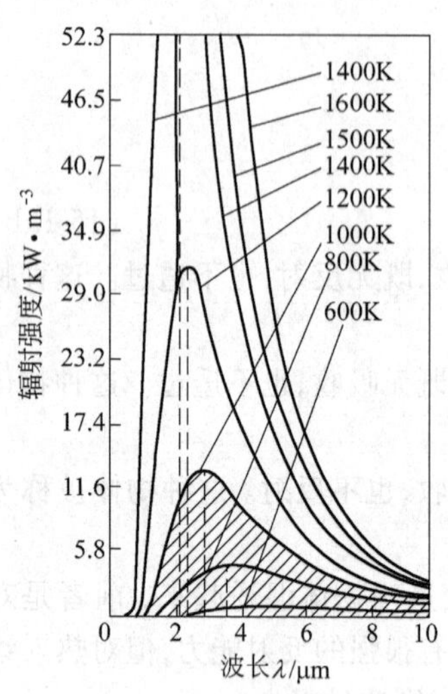

图 15-8　绝对黑体的辐射强度与波长、温度的关系

(2) 在每一个温度下,都有一个最大的辐射强度,而且随着温度升高,最大辐射强度的波长变短,物体的颜色也就由暗红逐渐变到发白的程度。利用这一特点,可以大致判断被加热物体的温度。在冶金炉正常生产的炉温 1200~1600℃下,波长为 0.8~40 μm 的红外线具有最大的辐射强度。

(3) 当热射线波长一定时,物体温度愈高,其辐射强度愈大,而且低温下辐射强度随温度的增加率不如高温下显著。因此,在综合热交换中,低温时(指 800℃以下)传热主要靠对流方式,高温时热交换主要靠辐射。

15.3.2.2　四次方定律(又称斯蒂芬-玻耳兹曼定律)

冶金炉中需寻求在某一温度下,单位时间内、单位面积上辐射出来的各种热射线能量的总和,称为物体在该温度下的"辐射能力",用符号 E 表示,单位为 W/m^2。通常黑体的辐射能力用 E_0 表示。

四次方定律说明了黑体的辐射能力与热力学温度之间的关系,可用下式表示:

$$E_0 = C_0 (T/100)^4 \tag{15-17}$$

式中　E_0——绝对黑体的辐射能力,W/m^2;

T——热力学温度,K;

C_0——对黑体的辐射系数,$C_0 = 5.67\ W/(m^2 \cdot K^4)$。

由式 15-17 可见,黑体的辐射能力与其热力学温度的四次方成正比,辐射体温度愈高,其辐射能力愈大。所以提高炉温是强化炉膛热交换最有效的措施。

上述两个基本定律都是从绝对黑体得出来的,而一般工程材料的辐射能力都要低于 绝对黑体。把某物体的辐射能力与同温度下绝对黑体的辐射能力之比称为该物体的"黑 度",用符号 ε 表示。即 $\varepsilon = E/E_0$。因此,将绝对黑体的辐射定律乘以 ε 就可用于一般物 体。例如四次方定律可以写成:

$$E = \varepsilon E_0 = \varepsilon C_0 (T/100)^4 = C\ (T/100)^4 \tag{15-18}$$

式中　E——一般物体的辐射能力,W/m^2;

ε——物体的黑度;

C——一般物体的辐射系数,$C = \varepsilon \times 5.67\ W/(m^2 \cdot K^4)$。

由于物体的辐射能力比同温度下绝对黑体的辐射能力小,因此,物体的黑度 ε 永远 小于 1,黑度愈大,其辐射能力也就愈大,愈接近黑体。所以可以用黑度表示物体辐射能力的大小。某些物体的黑度值列于表 15-6。

表 15-6　一些材料的黑度

名　称	温度/℃	ε	名　称	温度/℃	ε
表面磨光的铁	425~1020	0.144~0.377	黏土砖	高　温	0.8~0.9
表面氧化的铁	100	0.736	镁　砖	高　温	0.8

续表 15-6

名　称	温度/℃	ε	名　称	温度/℃	ε
氧化铁和铸铁	500~1200	0.84~0.95	镁铝砖	高　温	0.8
表面磨光钢件	770~1040	0.52~0.56	高铝砖	高　温	0.8
表面氧化钢件	940~1100	0.8	碳化硅	580~800	0.95~0.88
红　砖	20	0.93	炭　黑	≥1000	0.95
硅　砖	100	0.8	钢　水	≥1600	0.65

为了计算方便,将$(T/100)^4$的计算结果列于附表 4 中,用时查表即可得到所需的数据。

15.3.2.3 克希荷夫定律

克希荷夫定律说明物体的黑度与吸收率的关系。假设有两个十分靠近的大物体,其中一个为绝对黑体,另一个是黑度为 ε、吸收率为 A 的任意物体,两物体的温度相同,且两者相靠的面积一样,都为 F,如图 15-9 所示。

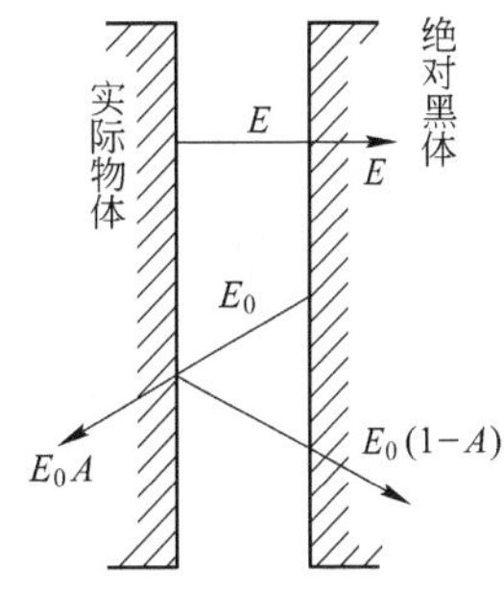

图 15-9　克希荷夫定律的推导图

实际物体对外辐射的热流 Q 为 EF 或 εE_0F 全部落到绝对黑体表面,全部被黑体吸收。

绝对黑体对外辐射和热流 Q 为 E_0F 全部落到实际物体上,被实际物体吸收一部分为 E_0FA,其余部分 $E_0F(1-A)$ 反射到黑体表面,然后全部被黑体吸收。

这时,绝对黑体得到的净热量为:

$$Q=\varepsilon E_0F+E_0F(1-A)-E_0F$$

因为假设两表面温度相等,所以实际上两物体并没有增加热量,即 $Q=0$,所以上式就成为:

$$\varepsilon=A \tag{15-19}$$

可见,在处于热平衡状态下,任何物体的黑度等于它在同温度下的吸收率。这就是克希荷夫定律,这是一个很重要的结论。由此可推出下列概念;

(1) 物体的黑度 ε 与其吸收率 A 是一致的,而黑度可以表示物体辐射能力的大小,所以能够辐射的波也能被该物体吸收。

(2) 反射率 R 大的物体,因其吸收率小,所以黑度必定小。因此,辐射能力也就小。

(3) 绝对黑体吸收率最大,所以同温度下的辐射能力也最大。即 $A=1$、$\varepsilon=1$,或者说,任何物体的辐射系数 C 都小于 C_0。

必须指出,克希荷夫定律只有在两物体温度相同时才正确。实际上黑度只与物体本身的特性有关,而吸收率除与本身特性有关外,还与外来热辐射的特性有关,所以两者之间是有差别的。但对于多数材料来说,在实际生产中所遇到的温度范围内,这个简单的关系式 $\varepsilon=A$ 还是足够精确的。

15.3.3 两物体间的辐射热交换

上面讨论的是一个物体向外界的辐射,而冶金生产常遇到的是两物体之间的辐射热交换,如炉墙与炉料之间的热交换。

两个固体表面之间的辐射热交换时,不仅要知道两个物体表面的温度、黑度或吸收率,并且还要考虑到某一表面射出的能量(包括反射出去的)中有多少能投射到另一表面上。这与两表面的形状及相对位置有关,为此要引入角度系数。

15.3.3.1　角度系数

A　角度系数的概念

角度系数是表示从某一表面射到另一表面的能量与其射出去的总能量之比。用符号 ψ 表示。1 面对 2 面的角度系数为 ψ_{12}：

$$\psi_{12} = \frac{\text{从 } F_1 \text{ 表面射到 } F_2 \text{ 表面的能量}}{\text{从 } F_1 \text{ 表面射出去的总能量}}$$

2 面对 1 面的角度系数为 ψ_{21}：

$$\psi_{21} = \frac{\text{从 } F_2 \text{ 表面射到 } F_1 \text{ 表面的能量}}{\text{从 } F_2 \text{ 表面射出去的总能量}}$$

由此可见，角度系数是一个几何量，只与两表面的形状、大小和在空间的相对位置有关，而与表面的黑度和温度无关。

B　最常见的几种封闭系统的角度系数

冶金炉中金属的加热和熔炼可近似地看作为封闭系统，下面给出几种最常见的封闭系统及它们之间的角度系数。如图 15-10 所示。

(1) 两个相距很近的大平面(图 15-10a)：

$\psi_{11}=0$　　$\psi_{12}=1$　　$\psi_{21}=1$　　$\psi_{22}=0$

(2) 一个平面或凸面 F_1 和一个曲面 F_2 组成的封闭系统(图 15-10b)：

$\psi_{11}=0$　　$\psi_{12}=1$　　$\psi_{21}=F_1/F_2$　　$\psi_{22}=(F_2-F_1)/F_2$

(3) 一个大曲面 F_2 包围一个小凸面 F_1 的封闭系统(图 15-10c)，相当钢锭在连续式加 热炉内加热：

$\psi_{11}=0$　　$\psi_{12}=1$　　$\psi_{21}=F_1/F_2$　　$\psi_{22}=(F_2-F_1)/F_2$

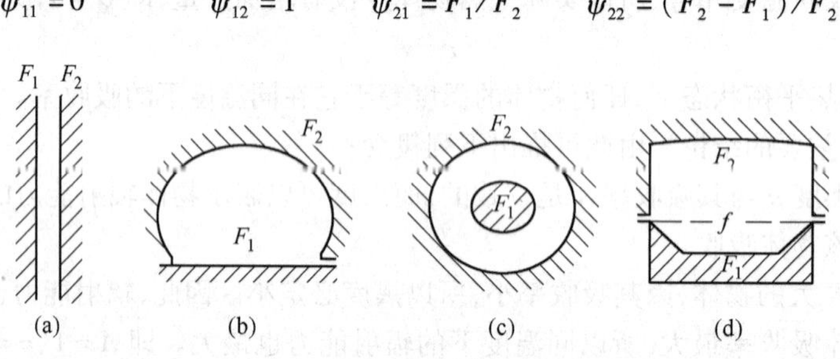

图 15-10　两个表面组成的简单封闭系统

(a) 两个相距很近的大平面；(b) 一个平面或凸面 F_1 和一个曲面 F_2 组成的封闭系统；(c) 一个大曲面 F_2 包围一个小凸面 F_1 的封闭系统；(d) 两个曲面组成的封闭系统

(4) 两个曲面组成的封闭系统(图 15-10d)：两个曲面之间相互辐射，都必须通过两曲面交界处的 f 面，它们对 f 面的角度系数即是对另一面的角度系数。所以：

$$\psi_{21}=\psi_{1f}=f/F_1 \qquad \psi_{21}=\psi_{2f}=f/F_2$$

15.3.3.2　封闭系统内两表面间的辐射热交换

(1) 设有两个互相平行的黑体大平面，表面积均为 F，表面温度保持一定，分别为 T_1、T_2 并且 $T_1>T_2$，这时表面 1 辐射出的能量 E_1 全部投射到 2 面，并且全部被吸收；同时表面 2 辐射出的能量 E_2 也全部投射到 1 面，并且全部被吸收。因为 $T_1>T_2$，所以最终是 2 面获得热量，其值等于两

个面所辐射出的能量之差。即

$$Q=(E_1-E_2)F$$
$$=C_0[(T_1/100)^4-(T_2/100)^4] \quad (15\text{-}20)$$

式中 Q——2 面获得的热流,W;

E_1、E_2——1 面和 2 面投射出的能量,W/m^2;

T_1、T_2——1 面和 2 面的热力学温度,K;

F——热交换面积,m^2;

C_0——绝对黑体的辐射系数,$C_0=5.67$ W/(m^2 · K^4)。

(2) 如果两个互相平行的大平面是一般物体,情况就复杂得多。因为从一表面辐射出的能量虽然全部投射到另一表面上,但只有一部分被吸收,另一部分被反射回去,反射回去的能量再次被吸收和反射。热交换过程就是这样多次吸收和反射的复杂过程。如图 15-11 所示。这个过程表示如下:

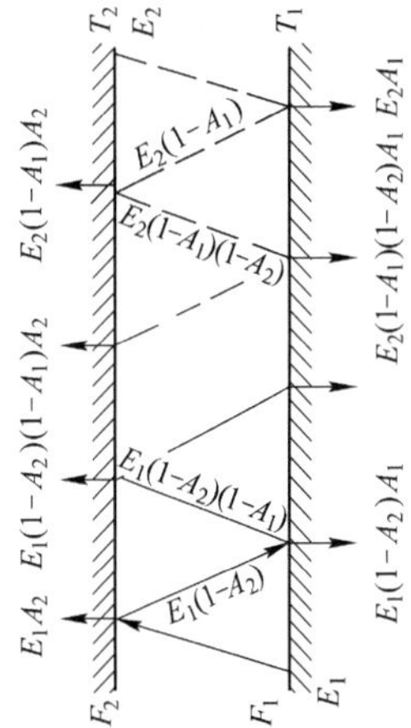

图 15-11 两平行表面间的辐射热交换

1 面辐射的热量	E_1
被 2 面吸收的热量	E_1A_2
2 面反射回去的热量	$E_1(1-A_2)$
l 面吸收 2 面反射回来的热量	$E_1(1-A_2)A_1$
1 面反射回去的热量	$E_1(1-A_2)(1-A_1)$
2 面吸收 1 面反射回来的热量	$E_1(1-A_2)(1-A_1)A_2$
……	……

依此类推继续进行下去,其辐射出去的能量经过吸收和反射而逐渐减弱。同理:

2 面辐射的热量	E_2
被 1 面吸收的热量	E_2A_1
1 面反射回去的热量	$E_2(1-A_1)$
2 面吸收 l 面反射回来的热量	$E_2(1-A_1)A_2$
2 面反射回去的热量	$E_2(1-A_1)(1-A_2)$
1 面吸收 2 面反射回来的热量	$E_2(1-A_1)(1-A_2)A_1$
……	……

要将两表面间的净热交换量计算出来,可按辐射-吸收-反对-吸收的无限循环追算下去,最后求出其和。其获得的热流算法十分繁琐,下面给出其计算公式。

$$Q=\frac{C_0}{1/\varepsilon_1+1/\varepsilon_2-1}[(T_1/100)^4-(T_2/100)^4]F \quad (15\text{-}21a)$$

式中 Q——2 面获得的热流,W;

ε_1、ε_2——1 面和 2 面的黑度;

T_1、T_2——1 面和 2 面的热力学温度,K;

F——热交换面积,m^2;

C_0——绝对黑体的辐射系数,$C_0=5.67$ W/(m^2 · K^4)。

令式 15-21a 中 $\frac{C_0}{1/\varepsilon_1+1/\varepsilon_2-1}=C_{导}$,则式 15-21a 可改写成:

$$Q=C_{导}[(T_1/100)^4-(T_2/100)^4]F \quad (15\text{-}21b)$$

式中 $C_{导}$——综合辐射系数，$W/(m^2 \cdot K^4)$。

(3) 两个任意表面组成的封闭系统，其面积、温度、吸收率及黑度分别为 F_1、F_2、T_1、T_2、A_1、A_2、ε_1、ε_2，$T_1 > T_2$，按照上面的分析方法，同样可以得出计算公式如下：

$$Q = C_{导}[(T_1/100)^4 - (T_2/100)^4]F_1\Psi_{12} \tag{15-22}$$

式中 $C_{导} = \dfrac{C_0}{1+(1/\varepsilon_1 - 1)\Psi_{12} + (1/\varepsilon_2 - 1)\Psi_{21}}$ $W/(m^2 \cdot K^4)$

对于两个互相平行的大平板 $\Psi_{12} = \Psi_{21} = 1$，则公式 15-22 就变成公式 15-21a，如果平行大平板的 $\varepsilon_1 = \varepsilon_2 = 1$，则公式就变成式 15-20。所以式 15-22 是一个通式。

例题 15-5 某加热炉炉膛长 4 m，宽 2.5 m，高 3 m，内壁温度 $t_1 = 1300℃$，黑度 $\varepsilon_1 = 0.8$，如果将炉盖打开 5 min，问其辐射热损失有多少（车间温度为 20℃）？

解：本题属于两曲面组成的封闭系统，其中加热炉炉膛为曲面 F_1，车间为另一曲面 F_2，加热炉上口为两面相交处的平面 f。

$$F_1 = (4 + 2.5) \times 3 \times 2 + 4 \times 2.5 = 49 \text{ m}^2$$

F_2为车间面积，可以认为无限大

$$f = 4.0 \times 2.5 = 10 \text{ m}^2$$

$$\Psi_{12} = \Psi_{1f} = f/F_1 = 10/49 = 0.204$$

$$\Psi_{21} = \Psi_{2f} = f/F_2 = 10/\infty = 0$$

$$C_{导} = \frac{C_0}{1+(1/\varepsilon_1 - 1)\Psi_{12} + (1/\varepsilon_2 - 1)\Psi_{21}}$$

$$= \frac{5.67}{1+(1/0.8 - 1)0.204} = 5.395 \text{ W}/(m^2 \cdot K^4)$$

$$Q = 5.395 \times [(1573/100)^4 - 293/100]^4 \times 49 \times 0.204 \times (5/60) = 275 \text{ kW}$$

15.3.4 气体与固体间的辐射热交换

燃料在炉内燃烧后，通过炉气将热量给予被加热物体，因此，在冶金炉内实际上进行的是高温炉气（或火焰）与固体间的辐射热交换。

15.3.4.1 气体辐射和吸收的特点

(1) 不同的气体的辐射和吸收能力是不同的。单原子和双原子气体如 H_2、O_2、N_2 等的辐射和吸收能力极小，实际上可以看作既不辐射也不吸收；只有多原子气体如 CO_2、H_2O、CH_4 等才有较大的辐射和吸收能力，这些多原子气体称为辐射气体或吸收气体。

(2) 固体能够辐射和吸收 λ 为 $0 \sim \infty$ 所有波长的热射线，而气体只能辐射和吸收某些特定的波段，因而气体的辐射定律不同于固体的辐射定律。例如 CO_2 的辐射能力与 $T^{3.3}$ 成正比、H_2O 的辐射能力与 $T^{3.0}$ 成正比。但为了计算方便，通常仍用四次方定律计算。即

$$E_{气} = \varepsilon_{气} C_0 (T_{气}/100)^4 = C_{气}(T_{气}/100)^4 \tag{15-23}$$

式中 $E_{气}$——气体的辐射能力，W/m^2；

$T_{气}$——气体的平均热力学温度，K；

$\varepsilon_{气}$——气体的黑度；

$C_{气}$——气体的辐射系数，$W/(m^2 \cdot K^4)$。

(3) 固体的辐射和吸收都是在表面进行的，而气体则在整个体积内进行。因此，热射线投入气体内部后，遇到 CO_2、H_2O、CH_4 等吸收气体分子愈多，射线强度降低愈快，气体的黑度也愈大。

15.3.4.2 气体(火焰)的黑度

根据克希荷夫定律,$\varepsilon = A$,可见影响气体吸收率的因素也就是影响气体黑度的因素,现分析如下:

(1) 混合气体内辐射气体的浓度。辐射气体浓度愈大,气体的吸收率也愈大。气体浓度通常用分压 p 表示,单位为大气压,在冶金炉内气体总压一般为 1 个大气压(除了真空冶炼外),当气体压力单位用 Pa 表示、总压 $p^{\ominus} = 101325$ Pa 时,气体分压写成 $p/p^{\ominus}$,其辐射气体的分压也就是它的体积百分浓度。

(2) 气层厚度。气层愈厚,射线经过气层的路程(即射线长度)愈长,气体的吸收率愈大,射线长度用 s 表示,单位为 m。

(3) 气体温度。气体温度升高,体积膨胀,使单位体积内气体的分子数目减少,因而气体吸收率减小。

由上可知,影响气体黑度的因素是分压 p(或 $p/p^{\ominus}$)、射线长度 s 和气体温度 $T_{气}$。经研究得知,CO_2和 H_2O 的黑度可用下列公式计算。

$$\varepsilon_{CO_2} = 0.7(p_{CO_2} \cdot s^{1/3})(T/100)^{-0.5} \tag{15-24}$$

$$\varepsilon_{H_2O} = 0.7(p_{H_2O^{0.8}} \cdot s^{0.5})(T/100)^{-1} \tag{15-25}$$

式中 ε_{CO_2}、ε_{H_2O}——CO_2和 H_2O 的黑度;

p_{CO_2}、p_{H_2O}——CO_2和 H_2O 的分压,0.1 MPa;

s——射线长度,m;

T——气体的热力学温度,K。

为了计算方便,可将上述关系分别绘制成图 15-12 和图 15-13。图中纵坐标表示气体黑度,横坐标表示气体温度,曲线表示射线长度和气体分压的乘积。所以知道温度 $t_{气}$和($p \cdot s$) 后,就可以从图中查得黑度 ε_{CO_2}和 ε_{H_2O}。

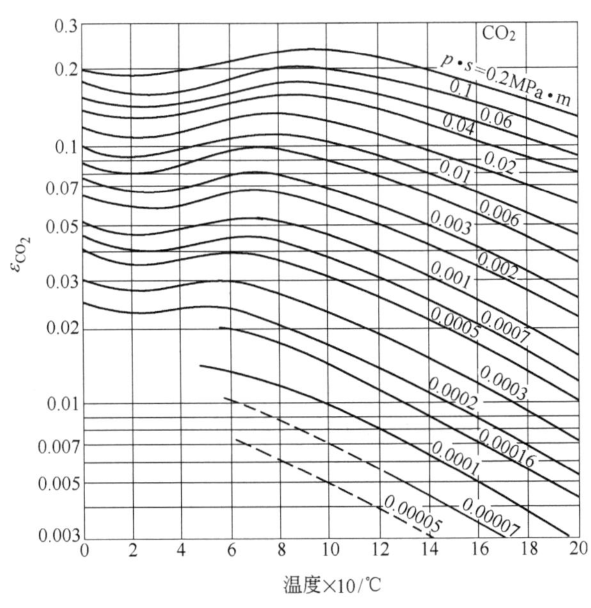

图 15-12 CO_2 的黑度 ε_{CO_2}曲线(总压 = 0.1 MPa)

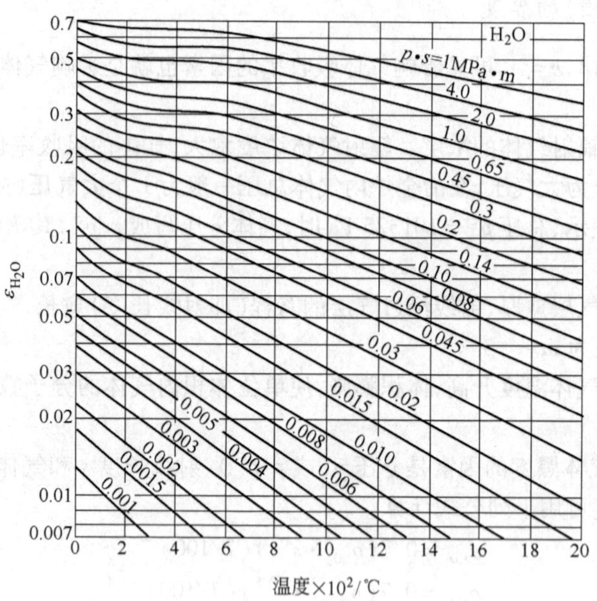

图 15-13 H_2O 的黑度 ε_{H_2O} 曲线(总压 =0.1 MPa)

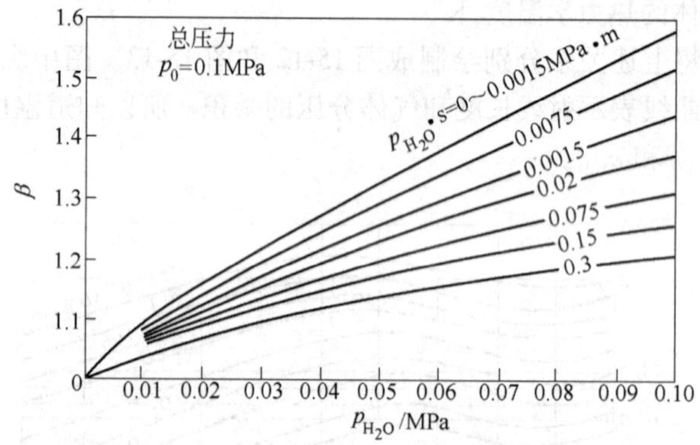

图 15-14 蒸气分压对 ε_{H_2O} 影响的校正系数

必须指出,在绘制图 15-12 和图 15-13 时,把分压 p 和射线长度 s 对黑度的影响同等看待,这对于 CO_2 是符合的,但对于 H_2O 来说就不正确,因为从式 15-25 可见,分压 p_{H_2O} 对黑度的影响较射线长度的影响要大些,所以从图 15-13 查出的 ε'_{H_2O},还需乘上一个校正系数 β 才是 H_2O 的黑度 ε_{H_2O}。系数 β 可由图 15-14 查出。混合气体内同时存在 CO_2 和 H_2O 时,气体的总黑度近似等于二者之和。即

$$\varepsilon_{气} = \varepsilon_{CO_2} + \varepsilon_{H_2O} \tag{15-26}$$

如果气体层在各个方向上的厚度不一样,必须找出一个平均射线长度进行计算,平均长度的计算公式如下:

$$s = 0.9 \times 4V/F \tag{15-27}$$

式中 s——平均射线长度,m;

V——气体的体积,m^3;

F——气体与固体的接触面积,m^2

0.9——考虑气体本身相互间吸收的影响。

火焰的黑度对于炉内辐射传热有重要意义。如果燃料燃烧生成的只是 CO_2 和 H_2O 时，由计算可知,炉气的黑度是不大的($\varepsilon_{气}=0.2\sim0.3$),但是燃料中由于部分碳氢化合物在高温下分解,生成极细的炭黑。这种炭黑微粒的辐射能力比气体大得多($\varepsilon=0.95$),而且可以辐射可见光波。由于这种发光火焰存在,使炉子的生产率得到显著增加。通常在气体火焰中喷入少量重油或焦油,使 ε 提高到0.7左右,这种增加火焰黑度的方法叫做“火焰掺炭”,此法已广泛用于某些炉子。但是,产生固体炭粒的同时,将造成燃料的不完全燃烧,从而降低火焰的温度,使辐射能量随热力学温度四次方按比例减少,反而对传热不利。因此,只有当火焰黑度很低时,采用“火焰掺炭法”才有较大的效果。

15.3.4.3 气体与固体间的辐射热交换

冶金炉内充满辐射气体时,气体会加热炉壁,被加热的炉壁也进行辐射,其热交换过程为:气体不断向炉壁辐射热量,炉壁得到热量后,部分被吸收,其余被反射回去,被反射回去的热量穿过气体时,被吸收一部分,剩下的可达对面炉壁,被对面炉壁吸收一部分,剩下的又反射回来,如此循环下去,热射线逐渐减弱;再从炉壁来看,它辐射出去的热量被气体吸收一部分后,其余的穿过气体到达对面炉壁,被对面炉壁吸收一部分,剩下的又反射回来,这样循环下去,热射线也逐渐减弱。

分析上述情况后,引导出气体向炉壁辐射传热的计算式:

$$Q=\frac{C_0}{1/\varepsilon_{气}+1/(\varepsilon_{壁}-1)}[(T_{气}/100)^4-(T_{壁}/100)^4]\cdot F_{壁} \tag{15-28}$$

式中 Q——气体向炉壁辐射的热流,W

$\varepsilon_{气}$、$\varepsilon_{壁}$——气体和炉壁的黑度;

$T_{气}$、$T_{壁}$——气体和炉壁的热力学温度,K;

$F_{壁}$——气体和炉壁的接触面积,m^2。

15.4 稳定态综合传热

在实际传热过程中,往往同时包含着导热、对流和辐射三种基本传热方式。例如在炼钢电弧炉内,电弧热源以辐射的形式把热量传给炉渣和炉墙内壁,而炉渣又以对流和导热的形式把热量传给钢水,炉壁内衬又以导热的形式把热量传给外壁,然后散失在大气中。这种导热、对流和辐射同时存在的传热过程,就叫综合传热。下面介绍冶金炉中常见的几种稳定态综合传热过程。

15.4.1 气体与表面间的热交换

炼铁高炉、有色冶炼炉,竖式焙烧炉等在散料层状态下工作的炉子,高温气体和料块表面间的传热,通常是辐射和对流同时存在。所以总的传热量应是辐射传热量和对流传热量之和,如果用 Q 表示所得总热量,则根据式15-8和式15-21可得:

$$Q=\alpha_{对}(t_1-t_2)F+C_{导}[(T_1/100)^4-(T_2/100)^4]F \tag{A}$$

为了方便起见,可将两个传热量都用对流给热的形式表示,令

$$C_{导}[(T_1/100)^4-(T_2/100)^4]=\alpha_{辐}(t_1-t_2) \tag{B}$$

$\alpha_{辐}$称为辐射给热系数，将(B)式代入(A)式得：

$$Q = \alpha_{对}(t_1 - t_2)F + \alpha_{辐}(t_1 - t_2)F$$
$$= (\alpha_{对} + \alpha_{辐})(t_1 - t_2)F \quad (C)$$

令 $\alpha_{\Sigma} = (\alpha_{对} + \alpha_{辐})$，则(C)式变为：

$$Q = \alpha_{\Sigma}(t_1 - t_2)F \quad (15\text{-}29)$$

式中 α_{Σ}——综合给热系数，W/(m²·℃)；

t_1——高温物体的温度，℃；

t_2——低温物体的温度，℃；

F——物体的加热表面积，m²。

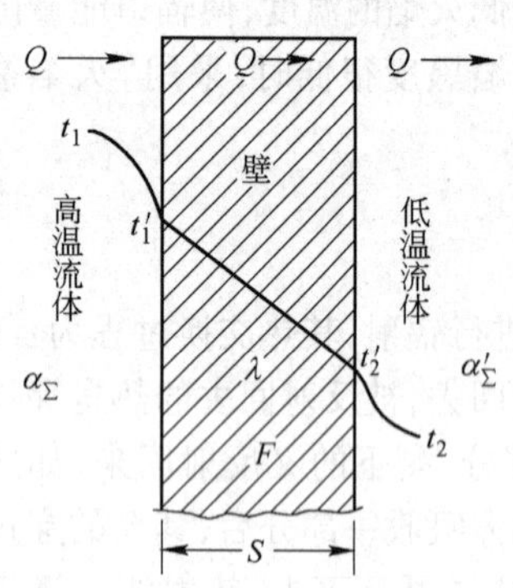

图15-15　流体通过固体壁对另一流体的传热

式15-29是对流和辐射同时存在的综合传热的基本公式。由式可见，物体间的温度差、给热表面积和综合给热系数，是影响辐射和对流同时存在的综合传热的三个基本因素。在冶金炉生产和处于散料状态下工作的炉子，都可以通过改变这三个因素来增强传热过程。例如采取规定炉料的块度、增加物料的透气性来扩大给热表面积等技术措施，从而强化传热过程。

15.4.2　流体通过固体壁对另一流体的传热

炼钢炉内高温气体通过炉衬向大气空间或水冷设备的传热、管道内的高温流体通过管壁向大气空间或低温流体的传热等，都是属于这种综合传热。

图15-15是这种综合传热的示意图。由图可见，壁的一侧为高温流体，另一侧为低温流体。因此这个传热过程是分三个过程进行的：

(1) 高温流体对壁表面的辐射和对流（炉气对炉壁的传热）；

(2) 壁高温表面对壁低温表面的传导传热（炉壁内部传热）；

(3) 壁低温表面对低温流体的辐射和对流（炉壁外侧与大气空间的传热）。

下面依据固体壁类型不同，分别介绍它们的传热关系式。

15.4.2.1　固体壁为单层平壁

第一传热过程的传热量，可用式15-29计算。即

$$Q_1 = \alpha_{\Sigma}(t_1 - t_1')F \quad (a)$$

第二传热过程的传热量，可用式15-1计算。即

$$Q_2 = \frac{\lambda}{S}(t_1' - t_2')F \quad (b)$$

第三传热过程的传热量，仍可用式15-29计算。即

$$Q_3 = \alpha_{\Sigma}'(t_2' - t_2)F \quad (c)$$

因为是稳定态传热，同一时间内传入物体任一部分的热量与该部分物体传出的热量是相等的。所以 $Q_1 = Q_2 = Q_3 = Q$，解式(a)、(b)、(c)联立方程可得：

$$Q = \frac{1}{1/\alpha_{\Sigma} + S/\lambda + 1/\alpha_{\Sigma}'}(t_1 - t_2)F \quad (15\text{-}30)$$

式中　t_1——高温流体的温度，℃；

t_2——低温流体的温度,℃;

α_Σ——高温流体对壁高温表面的综合给热系数,W/(m² · ℃);

$\alpha_\Sigma{}'$——壁低温表面对低温流体的综合给热系数,W/(m² · ℃);

S——壁厚,m;

λ——壁的热导率,W/(m · ℃);

F——物体的加热表面积,m²。

15.4.2.2 固体壁为多层平壁

$$Q = \frac{1}{1/\alpha_\Sigma + \sum(S_i/\lambda_i) + 1/\alpha_\Sigma{}'}(t_1 - t_2)F \tag{15-31}$$

15.4.2.3 固体壁为圆筒壁

大多数圆筒壁可以用平壁公式计算,但当壁很厚,圆壁内外表面积相差很大时,要用下式计算。

$$Q = \frac{1}{1/(\alpha_\Sigma \cdot F_{内}) + S/(\lambda \cdot F_{均}) + 1/(\alpha_\Sigma{}' \cdot F_{外})}(t_1 - t_2) \tag{15-32}$$

式中 $F_{内}$——圆筒壁内表面面积,m²;

$F_{外}$——圆筒壁外表面面积,m²;

$F_{均}$——$F_{内}$与$F_{外}$的平均值,m²。

由上述讨论可知,为了减少通过炉壁的热损失,最有效的措施是减少炉墙的散热面积 F,增加炉壁厚度 S 和采用绝热材料,使材料的热导率 λ 降低。

思 考 题

1. 某炉墙由两层耐火材料组成,内层为镁砖,厚460 mm,外层为轻质黏土砖,厚230 毫米,现测得内外表面温度分别为1600℃和105℃。求通过1 m²炉墙的热损失是多少?
2. 某圆筒形炉壁由两层耐火材料组成,内层为镁砖,外层为黏土砖,两层紧密接触,镁砖内径为2.94 m,外径为3.54 m,黏土砖外径为3.77 m,炉壁内外表面温差分别为1200℃和150℃。试求热流密度及中间温度是多少?
3. 什么叫热导率,为什么轻质黏土砖可以做绝热材料?
4. 什么叫稳定态传热,什么叫不稳定态传热?
5. 手接触室温下的钢块和木块,总觉得钢块比木块冷,为什么?如何减少炉壁的热损失。
6. 在直径分别为0.2m和0.1m的两种管道内,热烟气流量皆为 $V_0 = 0.15\text{m}^3/\text{s}$,当烟气温度为1000℃时,求出两种管道内的对流给热系数各为多少?根据计算结果说明管道直径大小对 $a_{对}$ 值的影响。
7. 什么叫对流给热,对流传热和传导传热有什么区别?
8. 什么叫层流,什么叫紊流?
9. 你认为应采取哪些措施来强化或减弱对流给热?
10. 已知某加热电炉炉膛尺寸为:长700 mm,宽500 mm,高400 mm,炉衬黑度 $\varepsilon_1 = 0.7$,表面温度为1350℃;被加热物为钢板,其尺寸为:长500 mm,宽400 mm,表面温度为500℃,黑度 $\varepsilon_2 = 0.8$。试求炉膛内衬1 h辐射给钢板的热量是多少?
11. 设有一个高温炉炉膛长4 m,宽2.5 m,高3 m,内壁温度 $t_1 = 1300$℃,黑度 $\varepsilon_1 = 0.8$,如果将炉盖打开

5 min。问其辐射热损失有多少?

12. 辐射传热的特点是什么,它与传导传热、对流给热有何区别?
13. 黑色物体是不是黑体,白色物体是不是白体,透明物体是不是透过体,为什么?
14. 普朗克定律说明了什么问题?
15. 绝对黑体的辐射能力与热力学温度有何关系?
16. 什么叫黑度,什么叫吸收率,两者有何关系?
17. 什么是角度系数,为什么要用它?
18. 什么叫火焰掺炭法,在什么条件下使用,为什么?
19. 气体的辐射和吸收与固体相比较有什么特点?
20. 已知烟道壁厚 $S=250$ mm,砖的平均热导率 $\lambda=0.87$ W/(m·℃),烟气温度 $t_1=600$℃,周围空气温度 $t_2=30$℃,烟气对烟道内壁的总综合给热系数 $\alpha_{\Sigma1}=35$ W/(m^2·℃),烟道外壁对空气的总综合给热系数 $\alpha_{\Sigma2}=12$ W/(m^2·℃)。试求该烟道平壁的热损失为多少?
21. 写出气体与表面之间综合传热的基本公式,并分析影响该传热过程的主要因素。
22. 试分析流体通过固体壁对另一流体的传热过程,并写出综合给热系数的表达式。
23. 已知条件

(1) 钢包上口内径为1.6 m,底部内径为1.4 m,高为1.5 m;

(2) 包衬内层为黏土砖,厚度为230 mm,外层为轻质黏土砖,厚度为65 mm,两层紧密接触;

(3) 包内盛满钢水,钢水温度为1500℃,钢液表面黑度为 $\varepsilon=0.35$,车间温度及钢包外表面温度为30℃。

求:(1)钢液1 min通过钢包口辐射散热量为多少?

(2) 钢包包衬的热损失为多少?(不考虑包衬外壳钢板的影响)

16 炼钢炉的热工分析

16.1 氧气顶吹转炉

氧气顶吹转炉炼钢法是用纯度大于99%、压力为0.8~1.5 MPa的氧气，通过水冷喷枪从顶部（由炉口垂直伸入炉内）吹入铁水的一种炼钢方法（图16-1）。

16.1.1 氧气转炉内氧流股与传热的关系

在氧气顶吹转炉的冶炼过程中，向炉内喷吹高速氧流股，使氧与铁液中的元素反应，放出大量的热，保证冶炼正常进行。当氧气喷枪将高速氧流股冲击转炉熔池表面时，在铁液表面形成一个凹坑，如图16-2所示。凹坑最低点到熔池表面的垂直距离称为冲击深度（h_0），形成的凹坑面积称为冲击面积（用凹坑直径d_0表示）。氧气流股的冲击作用，引起熔池铁水运动，起到机械搅拌作用，同时氧气沿着凹坑曲面流动，逐渐被铁水吸收，并与铁水中的碳、硅、锰、磷、铁等元素反应而放出大量的热。

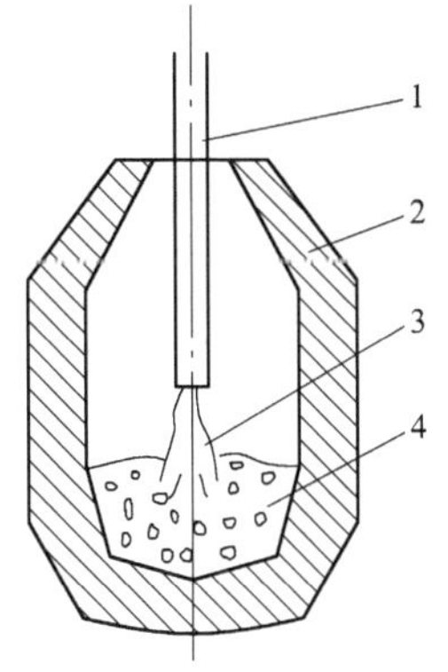

图16-1 氧气顶吹转炉示意图
1—氧枪；2—炉体；3—氧流股；
4—熔池

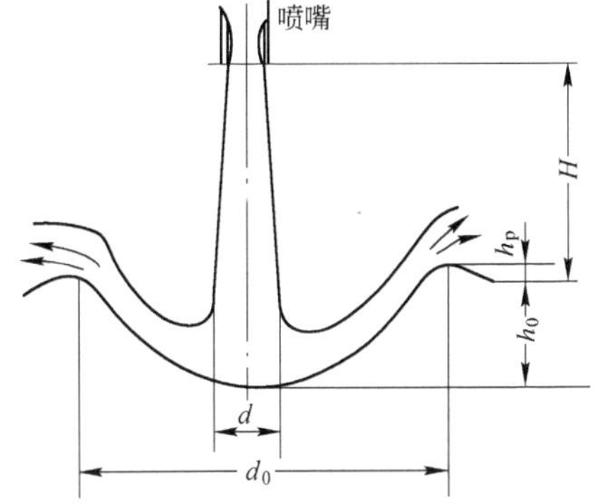

图16-2 冲击凹坑示意图
H—冲击高度；h_p—凸肩高度；h_0—冲击深度；
d—氧流股直径；d_0—凹坑直径

由于铁液内碳氧反应使熔池面上空间形成以CO为主的高温气体，但CO受到高速氧流股的抽引而吸入氧流股，在高温下会燃烧成CO_2。因此，流股表面会形成一股高温的气体火焰，随着流股远离喷嘴，其气体组成发生很大的变化，即O_2含量减少和CO_2含量增加，温度也逐渐升高。由于燃烧反应的进行，引起了流股的温度升高及体积膨胀，最终流股可以看成是一股燃烧的火焰（主要是炉气中CO在燃烧）。在吹炼过程中，炉内的热交换，主要是高温氧气流股与熔渣和液态金属炉料之间的强制对流给热和辐射传热。

高速氧气流股与熔池的相互作用，是对转炉炼钢过程中产生的各种复杂现象的首要的和决定性的环节。当氧气流股对熔池铁水的搅拌作用强烈而均匀时，铁水内的化学反应过程快而平衡，温度分布均匀，整个冶炼过程迅速而稳定。因此，控制氧流股对熔池的冲击作用是十分重要的，这将在炼钢专业课中叙述。

16.1.2　提高转炉炼钢热能的利用率

转炉炼钢的热量是产生于熔池之中，所以热效率是比较高的，约为70%。

在转炉炼钢过程中，有效热仅仅是指加热钢水的那部分热量，无效热是指炉气物理热、烟尘带走的热、渣中铁珠和喷溅金属带走的热、熔渣的物理热以及通过炉衬导热等的其他热损失。提高总热效率可使热量得到更充分的利用，可以加入更多的废钢及铁矿石，可以提高转炉的技术经济指标。

$$\text{总热效率}=\frac{\text{有效热}}{\text{有效热}+\text{无效热}}\times 100\% \tag{16-1}$$

氧气顶吹转炉提高总热效率的关键是减少渣量（炉渣物理热占总热量的15%左右）及煤气回收利用，此外减少热损失（主要是缩短冶炼时间和炉与炉的间隔时间），造好渣和减少喷溅也是提高总热效率的重要途径。

在现代氧气转炉炼钢过程中，从传热学来考虑，还存在一些可利用的潜力，简单介绍如下：

16.1.2.1　使CO在炉膛内完全燃烧

解决CO在炉膛内的完全燃烧，能更完全地利用熔池中的碳能量。解决完全燃烧的办法虽然有，但都不是尽善尽美。例如：

（1）提高枪位，增加CO的燃烧量。但是这会明显地降低炉衬的使用寿命，而且CO的热量利用系数也不很高。

（2）采用双流氧枪或在熔池上部水平面的部位上，另设一个第二层（高位的）氧气喷嘴，以供氧气使CO完全燃烧之用。但在完全燃烧区附近的炉衬，会遭到局部的蚀损，使炉衬寿命略有下降。然而有可能增大金属料中废钢的比例，并强化冶炼。所以此方案具有一定的发展前途。

16.1.2.2　提高转炉煤气的回收和有效利用

氧气转炉炼钢虽是能耗最低的炼钢方法，但由于吹炼过程中排出的烟气温度高达1260 ℃左右，含CO约90%，因此回收这部分能量是转炉炼钢节能潜力最大的环节。目前，一般转炉吨钢可以回收煤气60 ~ 110 m^3左右。

16.1.2.3　改善完全燃烧的火焰向熔池的传热

这在原则上需要增大气液两相的接触面积，并可在火焰中加入粉状材料（如精矿粉、石灰粉），因为粉状材料能强烈地吸收热量而进入熔池，并增大火焰的黑度。

16.2　电弧炉热工分析

16.2.1　电弧炉炉膛内的热交换

16.2.1.1　热交换过程

炼钢电弧炉的热能主要是由电弧放出，炉膛内参与热交换的物体是电弧、炉料和炉衬，它们构成一个封闭系统。炉膛内同时存在着下列传热过程，如图16-3所示。其中1 ~ 5的过程是无数次反复进行着的。

上述过程对钢液的传热：可分为外部传热（电弧-炉衬-液面）和内部传热（液面-液内部）。

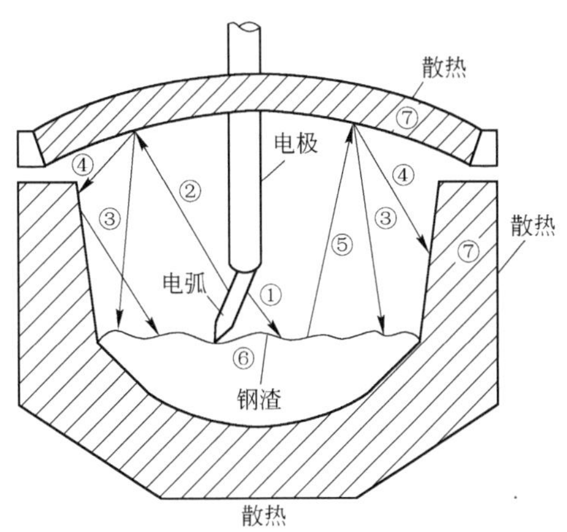

图 16-3 电弧炉熔炼室传热示意图

1—电弧直接向液面辐射;2—电弧向炉衬内表面辐射;3—炉衬内表面向液面辐射;4—炉衬内表面之间的辐射;5—液面向炉衬内表面辐射;6—熔池上表面向钢液内部导热和对流传热;7—通过炉衬和空隙向车间散热

电弧热源是通过直接向熔池辐射传热和通过炉衬间接多次向熔池面辐射传热,从而加热熔池,使钢、渣液体升温。在电极下端的熔池为高温区,装料时应尽可能将大块炉料及难熔的炉料放在高温区。

16.2.1.2 熔炼室向熔池液面的传热(外部传热)

电弧炉炼钢采用固体废钢作为炉料,所以在熔炼初期,固体炉料包围电弧,输入炉内的电弧功率直接被固体炉料所吸收。所以输入功率愈大,固体料熔化愈快。这个阶段炉衬基本上不受电弧辐射。

熔化后期,形成由熔渣和钢液组成的熔池。在熔炼室中高温弧光以辐射的方式,把本身的热量传给被加热的熔池和炉衬(炉墙和炉盖)。其中仅 10% ~15% 的电弧功率是从电弧端面直接射向熔池面,约有 85% ~90% 的电弧功率是从弧柱体射向炉衬和熔池(约各占一半)。熔渣的黑度为 $\varepsilon_{渣}=0.5\sim0.6$,钢水的黑度约 $\varepsilon_{钢}=0.65$。所以,尽管电弧与渣面距离很近,但钢渣面直接吸收电弧功率($P_{弧}$)的比重并不多,其功率($P_{渣吸}$)可估算如下:

$$P_{渣吸}=(0.1P_{弧}+0.45P_{弧})\times\varepsilon_{渣}=0.55P_{弧}\times(0.5\sim0.6)=(0.275\sim0.33)P_{弧}$$

可见,有 70% 的电弧功率是由电弧光及熔池面辐射到炉衬内表面,炉衬砌有绝热层,使得导热性差,而且炉衬的黑度高达 0.8 ~0.9,所以炉衬内表面被加热到比熔池高得多的温度。虽然炉衬本身不是一个放热体,但能吸收弧光辐射来的热量而具有高温。当炉衬温度稳定后,它吸收的热量,除一小部分经导热散失于四周外,大部分都反射给熔渣。因此,炉衬是传递热量的中间介质。如方块图 16-4 所示。

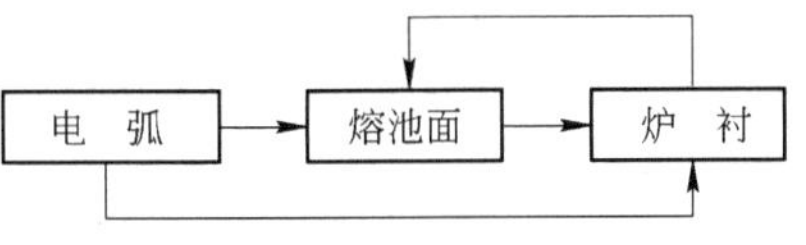

图 16-4 电弧炉熔炼室外部传热方块图

在实际生产中希望造泡沫渣,能增加炉渣的黑度及侧面将电弧包围起来,这样既可增加炉渣直接吸收电弧功率，又可减轻炉衬的热负荷而提高炉衬的使用寿命。

16.2.1.3 熔渣表面向熔池内部传热

炼钢熔池由钢液和液态炉渣所组成，液渣层位于电弧和钢液之间。电弧从上面加热炉渣，炉渣再以传导传热方式来加热钢液。由于钢液内部没有垂直方向的自然对流，虽然在电弧电流作用下产生电动力，但其范围仅限于电弧下局部熔池的表面层，而整个熔池是近于平静的，所以仅依靠自上而下的定向导热来加热熔池深处的钢液，其效果极差。

上述情况可以从测量熔池纵深方向各处温度得到证实。例如，在15 t电弧炉上进行测量，炉渣与钢液上表面之间的温差可达180℃；对钢液进行搅拌后，其温差可以减少到26℃。又如在装入量为20t的电弧炉中，熔池面直径为3.4 m，熔池深度为0.5 m，用钨钼热电偶测温。结果指出：在平静的熔池中，钢液沿纵深的温度差为(0.5～1.5)℃/cm；人工用1～2个耙子搅拌，能使温差减少到0.5℃/cm。为此可以得出以下几点：

(1) 在炼钢氧化期，向熔池吹入高压氧气，熔池内发生碳氧反应，CO气泡逸出，造成熔池剧烈沸腾。此时钢液内部虽有温差存在，但温差极小，可以认为各处温度是比较均匀的。这是由于剧烈沸腾，强化对流给热的结果。

(2) 在熔池平静的还原期中，炉渣和钢液之间存在着明显的温差；在沿钢液纵深方向也存在着温度差，在小容量电弧炉上测量得到的温差为(0.5～1.5)℃/cm，用人工搅拌可以减少温差，但在深度较大的熔池中效果不明显。所以某些电弧炉采用电磁搅拌设备来减少温差。

(3) 在熔池水平方向上除电极下高温区外，温度差远比纵深方向为小，而且水平方向上各点的温差绝对值不随炉子容量加大而增加。

钢渣之间及钢液纵深方向上的温度差，对炉衬极为不利。因为冶炼工艺对钢液平均温度有一定的要求，当上下温差大时，必然使熔池表面温度提高，从而造成炉衬对熔池的辐射热交换变得困难，使炉衬工作条件变坏。因此在冶炼过程中应加强对熔池的搅拌，在炉前操作中，测温前必须对熔池进行搅拌，并测量熔池深度中部钢液的温度才有代表性。

16.2.2 电弧炉冶炼的能量供给制度

冶炼工艺要求各个冶炼阶段的钢液具有一定的温度，而这种温度制度是靠合理的能量供给制度来实现的。所谓电弧炉炼钢的能量供给制度是指：在不同冶炼阶段向炉内输入电弧功率的多少。现按冶炼工艺阶段定性简述如下。

16.2.2.1 熔化期

刚通电时，电弧在固体炉料上面接近炉盖处起弧，弧光辐射到炉盖，但很快电极就插入炉料，电弧被炉料所包围。当电弧被炉料包围后，直到炉料大部分熔化电弧暴露在钢液面上为止，这阶段炉料直接吸收电弧功率，炉衬几乎不参加热交换，可以输入最大功率和高电压。

随着炉料熔化，电弧暴露在熔池面上，炉衬参加热交换，熔池非高温区主要依靠炉衬辐射而加热。考虑到炉墙的位置和熔池面之间的夹角略大于90°，而炉盖几乎与熔池面并行，因此认为，在加热熔池方面炉盖起主要作用。输入炉内电弧功率的分配可用下式表示：

$$P_{弧} = P_{有用} + P_{热损} + P_{衬储} \tag{16-2}$$

式中 $P_{弧}$——电弧功率，kW；

$P_{有用}$——加热炉渣和钢液的功率，kW；

$P_{热损}$——通过炉衬和缝隙损失的功率，kW；

$P_{衬储}$——炉衬储存的能量，使炉衬升温，kW。

随着冶炼进行，炉衬温度升高，炉衬储存能量的程度降低，而 $P_{热损}$ 却增加。$P_{有用}$ 由两部分组成，一部分是电弧直接辐射给炉料，另一部分是先辐射到炉衬，再从炉衬反射给熔池。炉衬反射给熔池功率的大小，由炉衬温度和熔池表面温度四次方之差来决定。

$$q = \frac{4}{800}\left[(T_1/100)^4 - (T_2/100)^4\right] \tag{16-3}$$

式中　q——炉衬辐射给熔池面的热流，kW/m^2；

T_1——炉衬内表面温度（$T_1 = t_1℃ + 273$），K；

T_2——熔池上表面温度（$T_2 = t_2℃ + 273$），K；

4/800——辐射系数，$kW/(m^2 \cdot K^4)$；

角度系数为 1。

熔炼初期温差大，这种传热可以大量进行，随着熔池温度升高，这种传热进行的程度变小。当输入的电弧功率不变时，由于熔池表面温度的升高，$P_{有用}$ 下降，必然导致 $P_{热损} + P_{衬储}$ 增加。而 $P_{热损}$ 的增加是不希望的，$P_{衬储}$ 增加会引起炉衬温度的升高，当温度升高到超过炉衬耐火度时，必然会使炉衬（特别是炉盖）损坏。为了减少热损失和不使炉盖、炉墙损坏，输入炉内的电弧功率应随熔池温度升高而减少。

16.2.2.2　氧化期

氧化期中由于向熔池吹氧及炉内碳氧反应，使熔池剧烈沸腾，熔池内部对流传热得到强化，钢液内部温差小，为钢液升温创造了有利条件。同时由于氧化放热反应，熔池温度有可能接近或超过炉衬所能承受的最高温度，这时应减少输入功率或停止向炉内送电。

16.2.2.3　还原期

此阶段熔池平静，熔池内部主要是导热，钢液上下温差大。此时尽管炉衬温度已很高，甚至接近损坏值，钢液升温还是很困难。所以不能向炉内送入大功率，以免炉衬损坏。可见还原期只能使钢液温度维持不变，甚至略有下降。

思 考 题

1. 试分析电弧炉炉膛内热交换的过程，并说明炉衬在传热过程中的作用。
2. 从传热角度说明，为什么输入功率应随熔池温度升高而减少？

附　　录

附录1　化合物的标准生成吉布斯自由能附录

$(\Delta_f G_m^{\ominus} = A + BT \quad J \cdot mol^{-1})$

反　应	$-A/J \cdot mol^{-1}$	$B/J \cdot mol^{-1} \cdot K^{-1}$	温度范围/K
$2Al_{(s)} + 1.5O_2 = Al_2O_{3(s)}$	1675100	313.20	298～933(m)
$2Al_{(l)} + 1.5O_2 = Al_2O_{3(s)}$	1682927	323.24	933～2315(m)
$4Al_{(l)} + 3C = Al_4C_{3(s)}$	265000	95.06	933～2473
$Al_{(l)} + 0.5P_2 = AlP_{(s)}$	249500	104.25	933～1900
$3Al_2O_{3(s)} + 2SiO_{2(s)} = 3Al_2O_3 \cdot 2SiO_{2(s)}$	8600	−17.41	298～2023(m)
$2B_{(s)} + 1.5O_2 = B_2O_{3(l)}$	1228800	210.04	723～2316(b)
$4B_{(s)} + C = B_4C_{(s)}$	41500	5.56	298～2303
$B_{(s)} + 0.5N_2 = BN_{(s)}$	250600	87.61	298～2303
$Ba_{(s)} + 0.5O_2 = BaO_{(s)}$	568200	97.07	280～1002(m)
$Ba_{(l)} + 0.5S = BaS_{(s)}$	543900	123.43	1002～1895
$BaO_{(s)} + CO_2 = BaCO_{3(s)}$	250750	147.07	1073～1333
$2BaO_{(s)} + SiO_{2(s)} = 2BaO \cdot SiO_{(s)}$	259800	−5.86	298～2033(m)
$BaO_{(s)} + SiO_{2(s)} = BaO \cdot SiO_{2(s)}$	149000	−6.28	298～1878(m)
$C_{(石)} = C_{(金刚石)}$	−1443	4.48	298～1173
$C_{(石)} + 0.5O_2 = CO$	114400	−85.77	773～2273
$C_{(石)} + O_2 = CO_2$	395350	−0.54	773～2273
$2C_{(石)} + 2H_2 = C_2H_{4(g)}$	40390	80.46	298～2473
$C_{(石)} + 2H_2 = CH_{4(g)}$	91044	110.67	773～2273
$C_{(石)} + 0.5S_2 = CS_{(g)}$	163300	−87.86	298～2273
$C_{(石)} + S_2 = CS_{2(g)}$	11400	−6.48	298～2273
$C_{(石)} + 0.5O_2 + 0.5S_2 = COS_{(g)}$	202800	−9.96	773～2273
$Ca_{(l)} + 0.5O_2 = CaO_{(s)}$	640150	108.57	1112～1757(b)
$Ca_{(l)} + 0.5S_2 = CaS_{(s)}$	548100	103.85	1112～1757
$3Ca_{(s)} + N_2 = Ca_3N_{2(s)}$	435100	198.7	298～1112
$Ca_{(l)} + 2C = CaC_{2(s)}$	60250	−26.28	1112～1757
$Ca_{(s)} + Si_{(s)} = CaSi_{(s)}$	150600	15.5	298～1112
$3Ca_{(s)} + P_2 = Ca_3P_{2(s)}$	648500	216.3	298～1112
$3Ca_{(l)} + P_2 = Ca_3P_{2(s)}$	653400	144.01	1273～1573
$Ca_{(l)} + Cl_2 = CaCl_{2(l)}$	798600	145.98	1112～1757
$Ca_{(l)} + F_2 = CaF_{2(s)}$	1219600	162.3	1112～1757
$CaO_{(s)} + CO_2 = CaCO_{3(s)}$	170577	144.19	973～1473
$3CaO_{(s)} + Al_2O_{3(s)} = 3CaO \cdot Al_2O_{3(s)}$	12600	−24.69	773～1808

续附录表1

反　应	$-A$/J·mol^{-1}	B/J·mol^{-1}·K^{-1}	温度范围/K
$CaO_{(s)} + Al_2O_{3(s)} = CaO \cdot Al_2O_{3(s)}$	18000	18.83	773～1903
$CaO_{(s)} + 2Al_2O_{3(s)} = CaO \cdot 2Al_2O_{3(s)}$	16700	−25.52	773～2023
$CaO_{(s)} + 6Al_2O_{3(s)} = CaO \cdot 6Al_2O_{3(s)}$	16380	−37.58	1373～1873
$12CaO_{(s)} + 7Al_2O_{3(s)} = 12CaO \cdot 7Al_2O_{3(s)}$	73053	−207.53	298～1773
$2CaO_{(s)} + Fe_2O_{3(s)} = 2CaO \cdot Fe_2O_{3(s)}$	53100	−2.51	973～1723(m)
$CaO_{(s)} + Fe_2O_{3(s)} = CaO \cdot Fe_2O_{3(s)}$	29700	−4.81	973～1489(m)
$3CaO_{(s)} + P_2 + 2.5O_2 = 3CaO \cdot P_2O_{5(s)}$	2313800	556.5	298～2003
$2CaO_{(s)} + P_2 + 2.5O_2 = 2CaO \cdot P_2O_{5(s)}$	218900	585.80	298～2003(m)
$3CaO_{(s)} + SiO_{2(s)} = 3CaO \cdot SiO_{2(s)}$	118800	−6.7	298～1773
$2CaO_{(s)} + SiO_{2(s)} = 2CaO \cdot SiO_{2(s)}$	118800	−11.3	298～2403
$3CaO_{(s)} + 2SiO_{2(s)} = 3CaO \cdot 2SiO_{2(s)}$	236800	9.6	298～1773
$CaO_{(s)} + SiO_{2(s)} = CaO \cdot SiO_{2(s)}$	92500	2.5	298～1813(m)
$3CaO_{(s)} + 2TiO_{2(s)} = 3CaO \cdot 2TiO_{2(s)}$	207100	−11.51	298～1673
$4CaO_{(s)} + 3TiO_{2(s)} = 4CaO \cdot 3TiO_{2(s)}$	292900	−17.57	298～1673
$CaO_{(s)} + TiO_{2(s)} = CaO \cdot TiO_{2(s)}$	79900	−3.35	298～1673
$3CaO_{(s)} + V_2O_{5(s)} = 3CaO \cdot V_2O_{5(s)}$	332200	0.0	298～943
$2CaO_{(s)} + Al_2O_{3(s)} + SiO_{2(s)} = 2CaO \cdot Al_2O_3 \cdot SiO_{2(s)}$	170000	8.8	298～1773
$CaO_{(s)} + Al_2O_{3(s)} + SiO_{2(s)} = CaO \cdot Al_2O_3 \cdot SiOF_2(s)$	105855	14.23	298～1673
$CaO_{(s)} + Al_2O_{3(s)} + 2SiO_{2(s)} = CaO \cdot Al_2O_3 \cdot 2SiO_{2(s)}$	139000	17.2	298～1826
$Ce_{(s)} + H_2 = CeH_{2(s)}$	208400	153.68	298～1071
$2Ce_{(s)} + 3C = Ce_2C_{3(s)}$	188300	−14.64	1071～1473
$Ce_{(l)} + 0.5N_2 = CeN_{(s)}$	488300	177.11	2273～2848
$2Ce_{(s)} + 1.5O_2 = Ce_2O_{3(s)}$	1788000	286.6	298～1071(m)
$Ce_{(s)} + O_2 = CeO_{2(s)}$	1083700	211.84	298～1071(m)
$Ce_{(l)} + 0.5S_2 = CeS_{(s)}$	534900	90.96	1071～2723
$2Ce_{(l)} + O_2 + 0.5S_2 = Ce_2O_2S_{(s)}$	1769800	332.6	1071～1773
$Co_{(l)} + 0.5O_2 = CoO_{(s)}$	245600	78.66	298～1768
$3Co_{(l)} + 2O_2 = Co_3O_{4(s)}$	957300	456.93	298～973
$Cr_{(s)} + 1.5O_2 = CrO_{3(s)}$	580500	259.2	298～460(m)
$Cr_{(s)} + 1.5O_2 = CrO_{3(l)}$	546600	185.2	460～1000
$Cr_{(s)} + O_2 = CrO_{2(s)}$	587900	170.3	298～1660
$2Cr_{(s)} + 1.5O_2 = Cr_2O_{3(s)}$	1110140	247.32	1173～1923
$3Cr_{(s)} + 2O_2 = Cr_3O_{4(s)}$	1355200	264.64	1923～1963(m)
$Cr_{(s)} + 0.5O_2 = CrO_{(l)}$	334220	63.81	1938～2023
$Cr_{(s)} + 0.5S_2 = CrS_{(s)}$	202500	56.07	1373～1573
$4Cr_{(s)} + C(s) = Cr_4C_{(s)}$	96200	−11.7	298～1793(m)
$23Cr_{(s)} + 6C_{(s)} = Cr_{23}C_{6(s)}$	309600	−77.4	298～1773
$7Cr_{(s)} + 3C = Cr_7C_{3(s)}$	153600	−37.2	298～2130

续附录表 1

反　应	$-A$/J·mol^{-1}	B/J·mol^{-1}·K^{-1}	温度范围/K
$3Cr_{(s)}+2C=Cr_3C_{2(s)}$	791000	-17.7	298~2130
$2Cr_{(s)}+0.5N_2=Cr_2N_{(s)}$	99200	46.99	1273~1673
$Cr_{(s)}+0.5N_2=CrN_{(s)}$	113400	73.2	298~773
$2Cu_{(s)}+0.5O_2=Cu_2O_{(s)}$	169100	73.33	298~1356(m)
$Cu_{(s)}+0.5O_2=CuO_{(s)}$	152260	85.35	298~1356
$Fe_{(s)}+0.5O_2=FeO_{(s)}$	264000	64.59	298~1650
$Fe_{(l)}+0.5O_2=FeO_{(l)}$	256060	53.68	1675~2273
$3Fe_{(s)}+2O_2=Fe_3O_{4(s)}$	1103120	307.38	298~1870(m)
$2Fe_{(s)}+1.5O_2=Fe_2O_{3(s)}$	815023	251.12	298~1735
$4Fe_{(\gamma)}+0.5N_2=Fe_4N_{(s)}$	33500	69.79	673~953
$3Fe_{(\alpha)}+C=Fe_3C_{(s)}$	-29040	-28.03	298~1000
$Fe_{(\gamma)}+0.5S_2=FeS_{(s)}$	154900	56.86	1179~1261
$Fe_{(l)}+0.5S_2=FeS_{(s)}$	164000	61.09	1261~1468(m)
$Fe_{(l)}+0.5O_2+Cr_2O_{3(s)}=Fe\cdot Cr_2O_{3(s)}$	330500	80.33	1809~1973
$2FeO_{(s)}+SiO_{2(s)}=2FeO\cdot SiO_{2(s)}$	36200	21.09	928~1493(m)
$2FeO_{(s)}+TiO_{2(s)}=2FeO\cdot TiO_{2(s)}$	33900	5.86	298~1573
$Fe_{(s)}+0.5O_2+V_2O_{3(s)}=FeO\cdot V_2O_{3(s)}$	288700	62.34	1023~1809
$H_2+0.5O_2=H_2O_{(g)}$	247500	55.88	298~2273
$H_2+0.5S_2=H_2S_{(g)}$	91630	50.58	298~2273
$2K_{(s)}+0.5O_2=K_2O_{(s)}$	487700	2532.35	336~763(m)
$K_2O_{(s)}+SiO_2=K_2O\cdot SiO_{2(s)}$	279900	-0.46	298~1249
$2La_{(s)}+1.5O_2=La_2O_{3(s)}$	1786600	278.28	298~1193
$La_{(l)}+0.5S_2=LaS_{(s)}$	527200	104.18	1193~1773
$2La_{(s)}+1.5S_2=La_2S_{3(s)}$	1418400	285.77	1193~1773
$Mg_{(s)}+0.5O_2=MgO_{(s)}$	601230	107.59	298~922(m)
$Mg_{(l)}+0.5O_2=MgO_{(s)}$	609570	116.52	922~1363(b)
$Mg_{(g)}+0.5O_2=MgO_{(s)}$	732702	205.99	1363~2000
$Mg_{(s)}+0.5S_2=MgS_{(s)}$	409600	94.39	298~922(m)
$Mg_{(l)}+0.5S_2=MgS_{(s)}$	408880	97.98	922~1363(b)
$Mg_{(g)}+0.5S_2=MgS_{(s)}$	539740	193.05	1363~1973
$MgO_{(s)}+CO_2=MgCO_{3(s)}$	116300	173.43	298~675(d)
$2MgO_{(s)}+SiO_{2(s)}=2MgO\cdot SiO_{2(s)}$	67200	4.31	298~2171(m)
$Mn_{(s)}+0.5O_2=MnO_{(s)}$	385360	73.75	298~1400
$Mn_{(l)}+0.5O_2=MnO_{(s)}$	407354	88.37	1517(m)~2335
$3Mn_{(s)}+2O_2=Mn_3O_{4(s)}$	1381640	334.67	298~1550
$2Mn_{(s)}+1.5O_2=Mn_2O_{3(s)}$	956400	251.71	298~1550
$Mn_{(s)}+O_2=MnO_{2(s)}$	519700	180.83	298~1000
$Mn_{(s)}+0.5S_2=MnS_{(s)}$	296500	76.74	973~1473

续附录表1

反 应	$-A$/J·mol^{-1}	B/J·mol^{-1}·K^{-1}	温度范围/K
$7Mn_{(s)}+3C=Mn_7C_{3(s)}$	127600	21.09	298 ~ 1473
$3Mn_{(s)}+C=Mn_3C_{(s)}$	13930	-1.09	298 ~ 1310
$2MnO_{(s)}+SiO_2(s)=2MnO\cdot SiO_{2(s)}$	53600	24.73	298 ~ 1618
$Mo_{(s)}+O_2=MoO_{2(s)}$	578200	166.5	298 ~ 2273
$0.5N_2+1.5H_2=NH_{3(g)}$	53720	116.52	298 ~ 2273
$0.5N_2+O_2=NO_{2(g)}$	-32300	63.35	298 ~ 2273
$2Na_{(l)}+0.5O_2=Na_2O_{(s)}$	421600	141.34	371 ~ 1405(m)
$2Na_{(g)}+0.5O_2=Na_2O_{(l)}$	518800	234.7	1405 ~ 2223(m)
$2Na_{(l)}+0.5S_2=Na_2S_{(s)}$	439300	143.93	371 ~ 1071(m)
$Na_{(g)}+0.5F_2=NaF_{(l)}$	624300	148.24	1269 ~ 2063(b)
$Na_{(l)}+C+0.5N_2=NaCN_{(s)}$	90540	31.14	371 ~ 835(m)
$NaO_{(l)}+CO_2=Na_2CO_{3(l)}$	316350	130.83	1405 ~ 2273
$Na_2O_{(s)}+2SiO_{2(s)}=Na_2O\cdot 2SiO_{2(s)}$	233500	-3.85	298 ~ 1147(m)
$Nb_{(s)}+0.5O_2=NbO_{(s)}$	414200	86.6	298 ~ 2210(m)
$2Nb_{(s)}+2.5O_2=Nb_2O_{5(s)}$	1888200	419.7	298 ~ 1785(m)
$2Nb_{(s)}+C_{(s)}=Nb_2C_{(s)}$	193700	11.7	298 ~ 1773
$2Nb_{(s)}+0.5N_2=Nb_2N_{(s)}$	251040	83.3	298 ~ 2673(m)
$0.5P_{2(g)}+0.5O_2=PO_{(g)}$	77800	-11.50	298 ~ 1973
$0.5P_{2(g)}+O_2=PO_{2(g)}$	385800	60.25	298 ~ 1973
$2P_{2(g)}+5O_2=P_4O_{10(g)}$	3156000	1010.9	631(s) ~ 1973
$0.5P_{2(g)}+1.5H_2=PH_{3(g)}$	71500	108.2	298 ~ 1973
$Pb_{(l)}+0.5O_2=PbO_{(s)}$	219140	101.15	601 ~ 1158(m)
$0.5S_2+0.5O_2=SO_{(g)}$	57780	-4.98	718 ~ 2273
$0.5S_2+O_2=SO_{2(g)}$	361660	72.68	718 ~ 2273
$0.5S_2+1.5O_2=SO_{3(g)}$	457900	163.34	718 ~ 2273
$Si_{(s)}+0.5O_2=SiO_{(g)}$	104200	-82.51	298 ~ 1685(m)
$Si_{(s)}+O_2=SiO_{2(s,石)}$	907100	175.73	298 ~ 1685(m)
$SiO_{2(s)}=SiO_{2(l)}$	-9581	-4.80	1996(m)
$Si_{(s)}+O_2=SiO_{2(s,\beta,方)}$	904760	173.38	298 ~ 1685(m)
$Si_{(l)}+O_2=SiO_{2(s,\beta,方)}$	946350	197.64	1685 ~ 1996(m)
$Si_{(l)}+O_2=SiO_{2(l)}$	921740	185.91	1996 ~ 3514(b)
$Si_{(s)}+0.5S_2=SiS_{(g)}$	956	-81.01	973 ~ 1685(m)
$Si_{(s)}+S_2=SiS_{2(s)}$	-326350	-138.95	298 ~ 1363(m)
$Si_{(s)}+2F_2=SiF_{4(g)}$	1615400	144.43	298 ~ 1685
$Si_{(s)}+C=SiC_{(s,\beta)}$	73050	7.66	298 ~ 1685
$Sr_{(l)}+0.5O_2=SrO_{(s)}$	597100	102.38	1041 ~ 1650
$Sr_{(l)}+0.5S_2=SrS_{(s)}$	518800	96.2	1041 ~ 1650
$SrO_{(s)}+CO_2=SrCO_{3(s)}$	214600	141.58	973 ~ 1516(d)

续附录表 1

反 应	$-A$/J·mol^{-1}	B/J·mol^{-1}·K^{-1}	温度范围/K
$Ti_{(s)}+0.5O_2=TiO_{(s,\beta)}$	514600	74.1	298~1943
$Ti_{(s)}+O_2=TiO_{2(s,金)}$	941000	177.57	298~1943
$2Ti_{(s)}+1.5O_2=Ti_2O_{3(s)}$	1502100	258.1	298~1943
$3Ti_{(s)}+2.5O_2=Ti_3O_{5(s)}$	2435100	420.5	298~1943
$Ti_{(s)}+C=TiC_{(s)}$	184800	12.55	298~1943
$Ti_{(s)}+0.5N_2=TiN_{(s)}$	336300	93.26	298~1943
$V_{(s)}+0.5O_2=VO_{(s)}$	424700	80.04	298~2073
$2V_{(s)}+1.5O_2=V_2O_{3(s)}$	1202900	237.53	298~2243
$V_{(s)}+O_2=VO_{2(s)}$	706300	155.31	298~1633(m)
$2V_{(s)}+2.5O_2=V_2O_{5(l)}$	−1447400	321.58	943~2273
$2V_{(s)}+C_{(s)}=V_2C_{(s)}$	146400	3.35	298~1973
$V_{(s)}+C_{(s)}=VC_{(s)}$	102100	9.58	298~2273
$V_{(s)}+0.5N_2=VN_{(s)}$	214640	82.43	298~2619(d)
$W_{(s)}+1.5O_2=WO_{3(s)}$	833500	245.43	298~1745(m)
$W_{(s)}+O_2=WO_{2(s)}$	581200	171.84	298~2273(d)
$2W_{(s)}+C=W_2C_{(s)}$	30540	−2.34	1575~1673
$Zr_{(s)}+O_2=ZrO_{2(s)}$	1092000	183.7	298~2123
$Zr_{(s)}+0.5S_2=ZrS_{(s)}$	−237200	−78.2	298~2123
$Zr_{(s)}+C=ZrC_{(s)}$	196650	9.2	298~2123
$Zr_{(s)}+0.5N_2=ZrN_{(s)}$	363600	92.0	298~2123
$ZrO_{2(s)}+SiO_{2(s)}=ZrO_2\cdot SiO_{2(s)}$	26800	12.6	298~1980(m)

附录2　常用物理化学常数表

常　　数	国　际　制	厘米-克-秒制
阿伏加德罗常数(Avogadro), N_A 玻耳兹曼常数(Boltzmann), k	$6.02\times10^{23}mol^{-1}$ $1.38\times10^{-23}J/K$ R/N_A	$6.02\times10^{23}mol^{-1}$ $3.3\times10^{-24}cal/℃$ $1.38\times10^{-16}erg/℃$
法拉第常数(Faraday), F	96500C/mol $96487\ J/(V\cdot mol)^{-1}$	$96487C\cdot mol^{-1}$ $23061cal\cdot mol^{-1}$
摩尔气体常数, R	$8.314J/(mol\cdot K)^{-1}$	$1.987cal/(℃\cdot mol)^{-1}$, $8.314\times10^{7}erg/(℃\cdot mol)^{-1}$ $82.07cm^3\cdot atm/(℃\cdot mol)^{-1}$
理想气体摩尔体积, V_0	$22.4\times10^{-3}m^3/mol$ (273K, 100 kPa)	$22400cm^3$(℃, atm) 22.4L(℃, atm)
$RT\ln x$	$19.147T\lg x$ J/mol	$4.575T\lg x$ cal/mol
基本电荷, e	$1.602\times10^{-19}C$	
普朗克常数(Planck), h	$6.626\times10^{-34}J/s$	$1.584\times10^{-34}cal\cdot s$, $6.626\times10^{-27}erg\cdot s$

附录3　物理量的单位及两种单位制的转换关系

物　理　量	国　际　制	厘米-克-秒制	转　换　式
长度(l)	m	cm, Å	$1cm=10^{-2}m$, $1Å=10^{-10}m$
面积(A)	m^2	cm^2	$1cm^2=10^{-4}m^2$
体积(V)	m^3	cm^3(c. c.), L	$1cm^3=10^{-6}m^3$, $1L=10^{-3}m^3$, $1mL=10^{-6}m^3=1dm^3=10^3cm^3$
时间(t)	s	min	1s = 1/60 min
温度(T)	K	(t)℃	℃ +273 = K
质量(M), (m)	kg, mol	g	$1g=10^{-3}kg$
物质的量(n)	mol		
量浓度(c)	mol/m^3	$mol\cdot L^{-1}$	$1mol/L=10^3mol/m^3$
能(E), 功(W), 热量(Q)	$J(N\cdot m)$	cal, erg	1cal = 4.184J, $1erg=10^{-7}J$
密度(ρ)	kg/m^3 mol/m^3	$g\cdot cm^{-3}$	$1g\cdot cm^{-3}=10^3kg\cdot m^{-3}$
力(F)	$N(kg\cdot m\cdot s^{-2})$	dyn	$1dyn=10^{-5}N$
压力(p)	$Pa(N\cdot m^{-2})$	atm, bar, Torr	1atm = 100kPa, 1bar = 100kPa, 1Torr = 133.32Pa
表面张力(σ)	$N\cdot m^{-1}$ $J\cdot m^{-2}$	$dyn\cdot cm^{-1}$ $erg\cdot cm^{-2}$	$1dyn\cdot cm^{-1}=10^{-3}N\cdot m^{-1}$ $1erg\cdot cm^{-2}=10^{-3}J\cdot m^{-2}$
黏度 η(动力黏度) ν(运动黏度)	$Pa\cdot s$, $N\cdot sm^{-2}$ $m^2\cdot s^{-1}$	P(Poise) St	$1P=1dyn\cdot s\cdot cm^{-2}$, $1P=0.1Pa\cdot s$ $1St=10^{-4}m^2\cdot s^{-1}$
扩散系数(D)	$m^2\cdot s^{-1}$	$cm^2\cdot s^{-1}$	$1cm^2\cdot s^{-1}=10^{-4}m^2\cdot s^{-1}$
电动势(E)	V	V	
电导率(κ)	$s\cdot m^{-1}$	Ω/cm	$1\Omega^{-1}\cdot cm^{-1}=10^2S\cdot m^{-1}$

附录4 $\left(\frac{t+273}{100}\right)^4=\left(\frac{T}{100}\right)^4$ 的计算值

t/℃	$(T/100)^4/K^4$	t/℃	$(T/100)^4/K^4$	t/℃	$(T/100)^4/K^4$	t/℃	$(T/100)^4/K^4$
0	55.55	460	2887	910	19585	1360	71120
10	64.15	470	3048	920	20256	1370	72870
20	73.70	480	3215	930	20945	1380	74660
30	84.29	490	3389	940	21650	1390	76480
40	95.98	500	3570	950	22373	1400	78340
50	108.84	510	3759	960	23112	1410	80230
60	122.96	520	3954	970	23872	1420	82160
70	138.41	530	4158	980	24646	1430	34110
80	155.27	540	4369	990	25445	1440	86110
90	173.64	550	4588	1000	26262	1450	88140
100	193.57	560	4815	1010	27097	1460	90200
110	215.2	570	5040	1020	27951	1470	92300
120	238.5	580	5294	1030	28824	1480	94430
130	263.8	590	5547	1040	29719	1490	96610
140	290.9	600	5808	1050	30637	1500	98820
150	320.2	610	6079	1060	31573	1510	101060
160	351.5	620	6359	1070	32533	1520	103350
170	385.1	630	6649	1080	33512	1530	105680
180	421.1	640	6948	1090	34515	1540	108040
190	459.5	650	7258	1100	35537	1650	110450
200	500.5	660	7577	1110	36580	1560	112890
210	544.3	670	7908	1120	37653	1570	115380
220	590.8	680	8248	1130	38747	1580	117900
230	640.2	690	8600	1140	39862	1590	120460
240	692.2	700	8963	1150	41003	1600	123070
250	748.2	710	9337	1160	42168	1610	125730
260	807.1	720	9723	1170	43358	1620	128410
270	869.4	730	10120	1180	44572	1630	131150
280	935.2	740	10530	1190	45810	1640	133940
290	1004.4	750	10953	1200	47080	1650	136750
300	1078.0	760	11387	1210	48370	1660	139610
310	1155.3	770	11834	1220	49690	1670	142520
320	1236.5	780	12295	1230	51030	1680	145480

续附录表4

t/℃	$(T/100)^4$/K^4	t/℃	$(T/100)^4$/K^4	t/℃	$(T/100)^4$/K^4	t/℃	$(T/100)^4$/K^4
330	1322.1	790	12768	1240	52400	1690	148480
340	1412.0	800	13256	1250	53800	1700	151540
350	1506.5	810	13757	1260	55230	1710	154630
360	1605.5	820	14272	1270	56690	1720	157780
370	1079.4	830	14802	1280	58170	1730	160960
380	1818.2	840	15347	1290	59680	1740	164200
390	1932.2	850	15903	1300	61220	1750	167500
400	2052	860	16479	1310	62790	1760	170820
410	2176	870	17069	1320	64400	1770	174210
420	2306	880	17637	1330	66030	1780	177650
430	2443	890	18294	1340	67690	1790	181140
440	2584	900	18933	1350	69390	1800	184670
450	2733						

参考文献

1 韩至成. 炼钢学(上册). 北京:冶金工业出版社,1980
2 张家芸等. 冶金物理化学. 北京:冶金工业出版社,2004
3 王雅贞等. 转炉炼钢问答. 北京:冶金工业出版社,2003
4 曲英等. 冶金反应工程学导论. 北京:冶金工业出版社,1988
5 陈家祥等. 钢铁冶金学(炼钢部分). 北京:冶金工业出版社,1990
6 黄希祜. 钢铁冶金原理(第3版). 北京:冶金工业出版社,2002

冶金工业出版社部分图书推荐

书　名	作　者	定价(元)
能源与环境(本科国规教材)	冯俊小　主编	35.00
钢铁冶金原理(第4版)(本科教材)	黄希祜　编	82.00
冶金与材料热力学(本科教材)	李文超　等编	65.00
冶金热工基础(本科教材)	朱光俊　主编	36.00
钢铁冶金原燃料及辅助材料(本科教材)	储满生　主编	59.00
钢铁冶金学(炼铁部分)(第4版)	吴胜利　主编	65.00
现代冶金工艺学(钢铁冶金卷)(第3版)(本科国规教材)	朱苗勇　主编	75.00
钢铁冶金学教程(本科教材)	包燕平　等编	49.00
冶金过程数学模型与人工智能应用(本科教材)	龙红明　主编	28.00
炼钢学(本科教材)	雷　亚　等编	42.00
炉外精炼教程(本科教材)	高泽平　主编	40.00
连续铸钢(第3版)(本科教材)	贺道中　主编	49.00
冶金设备基础(本科教材)	朱　云　主编	55.00
冶金设备课程设计(本科教材)	朱　云　主编	19.00
冶金设备及自动化(本科教材)	王立萍　等编	29.00
炼铁厂设计原理(本科教材)	万　新　主编	38.00
炼钢厂设计原理(本科教材)	王令福　主编	29.00
轧钢厂设计原理(本科教材)	阳　辉　主编	46.00
铁矿粉烧结原理与工艺(本科教材)	龙红明　编	28.00
物理化学(第2版)(高职国规教材)	邓基芹　主编	36.00
无机化学(高职高专教材)	邓基芹　主编	36.00
煤化学(高职高专教材)	邓基芹　主编	25.00
冶金专业英语(第3版)(高职国规教材)	侯向东　主编	49.00
冶金原理(第2版)(高职国规教材)	卢宇飞　主编	45.00
烧结矿与球团矿生产(高职高专教材)	王悦祥　主编	29.00
烧结矿与球团矿生产实训	吕晓芳　等编	36.00
金属材料及热处理(高职高专教材)	王悦祥　等编	35.00
高炉冶炼操作与控制(高职高专教材)	侯向东　主编	49.00
转炉炼钢操作与控制(高职高专教材)	李　荣　等编	39.00
炉外精炼操作与控制(高职高专教材)	高泽平　主编	38.00
连续铸钢操作与控制(高职高专教材)	冯　捷　等编	39.00
炼铁技术(高职高专教材)	卢宇飞　主编	29.00
炼铁工艺及设备(高职高专教材)	郑金星　主编	49.00
高炉炼铁设备(高职高专教材)	王宏启　主编	36.00
铁合金生产工艺与设备(第2版)(高职国规教材)	刘　卫　主编	45.00
矿热炉控制与操作(第2版)(高职国规教材)	石　富　主编	39.00
炼钢工艺及设备(高职高专教材)	郑金星　等编	49.00
稀土冶金技术(第2版)(高职国规教材)	石　富　主编	39.00
铝冶金生产操作与控制(高职高专教材)	王红伟　等编	42.00